U0175294

# 最优化方法

张　鹏　编著

科学出版社
北　京

# 内 容 简 介

本书介绍优化理论的基本概念和最优化问题的基本求解方法，内容包括线性规划、整数规划、动态规划、图与网络算法、无约束优化、约束优化等. 这些优化概念和方法从总体上可分为组合优化和连续优化两大类. 本书的内容可看作是计算机类专业本科算法课程的延伸，尤其注重数学概念的应用和分析证明能力的训练.

本书可作为计算机类专业高年级本科生以及应用数学类专业本科生相关课程的教学参考书.

**图书在版编目(CIP)数据**

最优化方法/张鹏编著. —北京：科学出版社，2023.4
ISBN 978-7-03-075324-3

Ⅰ. ①最…　Ⅱ. ①张…　Ⅲ. ①最优化算法　Ⅳ. ①O242.23

中国版本图书馆 CIP 数据核字(2023)第 055979 号

责任编辑：李　欣　孙翠勤／责任校对：杨聪敏
责任印制：吴兆东／封面设计：无极书装

科学出版社 出版
北京东黄城根北街 16 号
邮政编码：100717
http://www.sciencep.com
北京中石油彩色印刷有限责任公司 印刷
科学出版社发行　各地新华书店经销
*
2023 年 4 月第　一　版　开本：720×1000　1/16
2024 年 1 月第二次印刷　印张：22 1/4
字数：450 000
**定价：128.00 元**
(如有印装质量问题，我社负责调换)

# 前　言

计算机科学的核心是算法, 算法的研究重点是分析. 算法分析为算法的性能和应用提供了理论上的保证, 使得人们不再完全依赖于在有限数据集上的实验所产生的观测结果. 算法分析在计算机科学中的地位和作用, 正如数学分析在数学中的地位和作用一样. 计算机和软件专业的本科生面临着大量的技术性问题, 有的学生热衷于学习编程语言、软件开发技术. 但这同时也使得他们对计算机算法的学习和研究产生却步心理, 计算机科学中非常具学术色彩的算法分析理论在教学和科研也成为其薄弱的环节.

鉴于以上原因，本书的写作正是为了夯实计算机和软件专业的学生算法分析的理论基础和相关的数学知识基础, 增强他们在算法分析方面的科研训练, 培养和提高他们在优化领域和算法分析领域从事科研工作的能力.

本书介绍优化理论的基本概念和最优化问题的基本求解方法, 内容包括线性规划、整数规划、动态规划、图与网络算法、无约束优化、约束优化等. 这些优化概念和方法从总体上可分为组合优化和连续优化两大类. 组合优化可以看作是传统的计算机算法内容的延伸, 连续优化则可看作是数学分析中函数求极值这一基本问题的延伸. 现在, 机器学习的迅速兴起, 对计算机类专业的学生也提出了连续优化方面的概念和方法的要求. 这构成了本书的选材依据. 本书最主要的特色是从计算机科学的视角讲解最优化方法, 书中包含大量的来自于计算机科学方面的例子, 来解释最优化方法的理论和算法. 本书的另一个特色是写作尽可能做到简明、易懂、自包含, 能够深入浅出地将概念、理论、算法、分析讲解清楚.

自从 2011 年开始至今 (2022 年), 作者在山东大学计算机学院和软件学院给本科生讲授运筹学课程和最优化方法课程, 共承担了 18 次教学任务, 授课班级包括泰山学堂计算机班以及软件工程、数字媒体、计算机科学与技术等专业的班级. 十余年的授课, 在最优化方法课程的教学上积累了丰富的经验. 作者在给软件和计算机专业的学生上课时, 能够以最短路问题、最小生成树问题、最大流问题等来源于计算机科学的例子给学生讲解理论知识, 这样就一下子拉近了看似枯燥的理论知识与学生的距离, 迅速增加了教学内容的亲和力, 捕捉住学生渴望学习知识的心理动机. 作者多年来的授课内容一直广受好评, 取得了良好的教学效果.

作者在教学过程中, 曾经使用过《运筹学》(刁在筠等, 第 3 版, 高等教育出版社, 2007 年)、《运筹学导论》(Hillier 等, 第 9 版 (影印版), 清华大学出版社,

2010 年)、《最优化方法》(杨庆之, 科学出版社, 2015 年) 和《最优化理论与算法》(陈宝林, 第 2 版, 清华大学出版社, 2005 年) 作为教材. 作者的《最优化方法》讲义, 是根据这些教材编写的, 在山东大学计算机学院和软件学院长期使用. 本书是根据作者长期积累的教学讲义并结合自己的科研工作进一步完善而来的, 特此向以上教材的编著者表示诚挚的谢意. 本书在写作过程中, 得到徐大川、李敏等教授的帮助. 山东大学软件学院的上课班级的同学们, 帮助检查并纠正了教学讲义中的一些 (尤其是文字方面的) 错误. 科学出版社的李欣编辑为本书的顺利出版做了大量的工作. 在此, 一并向他们表示诚挚的感谢. 本书的出版得到了国家自然科学基金 (项目编号: 61972228, 61672323) 以及山东大学教改项目的资助.

最后, 作者愿引用李大潜院士给《数学分析》(陈纪修等, 第 1 版, 高等教育出版社, 1999 年) 写的《序》中的一段话, 作为本书前言的结束, 这也是作者在教学和写作过程中长期秉持的理念:

“要让学生把主要的精力集中到那些最基本、最主要的内容上, 真正学深学透, 一生受用不尽. 将简单的东西故弄玄虚, 讲得复杂、烦琐, 使学生高深莫测的, 绝不是一个水平高的好教师; 相反, 将复杂的内容, 抓住实质讲得明白易懂, 使学生觉得自然亲切、趣味盎然的, 才是一个高水平的良师.”

由于受作者水平所限, 本书的疏漏在所难免. 真诚欢迎读者批评指正, 作者电子邮箱: algzhang@sdu.edu.cn.

作　者

2022 年 8 月

# 目　录

# 第 1 章　凸集和凸函数

本章首先简要介绍最优化方法这门学科，然后着重介绍凸集和凸函数这两个基本概念及其相关的性质. 凸集和凸函数在最优化方法中广泛出现在线性规划、无约束优化以及约束优化等问题的描述和求解方法中.

## 1.1　最优化问题和方法

最优化方法学科研究优化问题的求解方法. 现实生活中，优化问题多种多样，最优化方法主要研究那些可以用数学模型刻画的优化问题. 这些问题从总体上可分为组合优化问题和连续优化问题两类，它们是按照数学模型中所使用的变量的不同类型来划分的.

在历史上，优化技术出现得很早. 17 世纪时，在微积分技术的发展过程中，牛顿就研究过极值问题. 后来又出现了处理带约束的目标函数极值问题的拉格朗日 (Joseph-Louis Lagrange, 法国, 1736—1813) 乘数法. 1847 年，柯西 (Augustin-Louis Cauchy, 法国, 1789—1857) 研究了函数值沿什么方向下降最快的问题，提出了最速下降法. 1939 年，康托罗维奇 (Kantorovich, 苏联, 1912—1986) 提出了下料问题和运输问题的求解方法. 直至 20 世纪 30 年代，最优化这个古老的课题尚未形成独立的学科.

20 世纪 40 年代以来，由于工业生产和科学研究的迅猛发展，特别是计算机的日益广泛应用，最优化理论和算法迅速发展起来，成为运筹学的主体内容. 运筹学 (最优化方法) 中的组合优化部分和计算机科学中的算法设计与分析部分是部分重合的，由于组合优化技术更强调了数学方法的运用，因此组合优化可以看作是传统的算法设计与分析的延伸. 运筹学中的连续优化部分是在数学分析中的求导数和求极值的基础上发展起来的. 现在，机器学习中损失函数的求解正好是连续优化问题. 因此，运筹学的连续优化部分也构成了应用计算机科学解决实际问题的基础.

最优化方法的组合优化技术主要包括整数线性规划、动态规划以及面向问题的各种启发式方法等. 最优化方法中的连续优化技术可分为线性规划和非线性规划，也可分为无约束优化和约束优化，这是分别按照不同的划分标准划分的. 值得指出的是，线性规划技术，按照变量的类型划分属于连续优化，但线性规划技术也可以用于求解组合优化问题. 例如在近似算法中，线性规划是获得广泛成功的一种算法设计方法. 使用线性规划技术设计组合优化问题的近似算法时, 人们首先用线性规划描述组合优化问题的松弛, 然后求解线性规划得到最优解, 再通过舍入等方法将线性规划最优解转化为组合优化问题的可行解.

下面我们看几个典型的优化问题.

**例 1.1.1**　利润最大化问题. 某工厂用 $m$ 种原料生产 $n$ 种产品. 第 $i$ 种 $(1 \leqslant i \leqslant m)$ 原料的数量为 $b_i$. 每单位的第 $j$ 种 $(1 \leqslant j \leqslant n)$ 产品需要第 $i$ 种原料的数量为 $a_{ij}$, 可获利润为 $c_j \geqslant 0$. 问如何安排生产, 才能使总利润最大?

例 1.1.1 中的利润最大化问题是经济领域中经常遇到的一个非常基本的问题. 这个问题可以用线性规划或整数线性规划进行描述和求解.

在这里, 我们定义 $x_j$ 为第 $j$ 种产品的产量. 则所有 $n$ 种产品的总利润就是 $c_1x_1 + c_2x_2 + \cdots + c_nx_n$. 问题的目标是最大化这个总利润. 当然, 利润不可能无限大, 因为安排生产受限于原材料的供给. 当第 $j$ 种产品的产量为 $x_j$ 时, 生产这 $n$ 种产品对原料 $i$ 的需求为 $a_{i1}x_1 + a_{i2}x_2 + \cdots + a_{in}x_n$, 显然应有 $a_{i1}x_1 + a_{i2}x_2 + \cdots + a_{in}x_n \leqslant b_i$, 因为第 $i$ 种原料总共有 $b_i$ 那么多. 另外, 每种产品的产量也不能为负数. 综合起来, 我们就得到

$$\begin{aligned} \max \quad & c_1x_1 + c_2x_2 + \cdots + c_nx_n \\ \text{s.t.} \quad & a_{i1}x_1 + a_{i2}x_2 + \cdots + a_{in}x_n \leqslant b_i, \quad \forall i, \\ & x_j \geqslant 0, \qquad \forall j. \end{aligned} \tag{1.1.1}$$

这就是例 1.1.1 的数学模型, 这是一个**线性规划**, 因为在这个规划中目标函数和约束条件都只包含变量的一次项, 没有变量的二次项以及更高次项, 更没有变量的幂以外的其他函数.

值得指出的是, 线性规划 (1.1.1) 适用于描述那些产品 “无限可分” 的利润最大化问题, 如产品为面粉、食用油等. 换言之, 产品数量取值为实数应该是有意义的.

如果在利润最大化问题中, 产品数量仅能取值为整数, 例如产品为家具、门窗等, 则我们需要使用**整数线性规划**为利润最大化问题建模, 如线性规划 (1.1.2) 所示.

$$\begin{aligned} \max \quad & c_1x_1 + c_2x_2 + \cdots + c_nx_n \\ \text{s.t.} \quad & a_{i1}x_1 + a_{i2}x_2 + \cdots + a_{in}x_n \leqslant b_i, \quad \forall i, \\ & x_j \in \mathbb{Z}^+, \qquad \forall j. \end{aligned} \tag{1.1.2}$$

**定义 1.1.2 设施选址问题** (Facility Location Problem)

实例: 有 $m$ 个设施和 $n$ 个客户, 设施和客户之间, 以及设施之间、客户之间都有距离, 这些距离满足三角不等式. 打开第 $i$ $(1 \leqslant i \leqslant m)$ 个设施有一个费用 $f_i \geqslant 0$. 每个客户都需要连接到一个打开的设施上.

目标: 打开若干设施, 满足客户的连通需求, 使得设施的打开费用和客户的连接费用之和最小.

设施选址问题是组合优化领域中一个著名的最小优化问题. 它描述了这样一种场景: 比如有一个工厂, 它有分布在多处地点的零售点. 现在这个工厂要建立若干仓库, 以满足向零售点配送货物的需要. 建设仓库就有一个建设费用, 仓库建好之后, 零售点就会选择距离最近的仓库供货. 如何在若干的候选位置建设仓库, 以满足零售点的供货需求, 就表达为设施选址问题. 在这里, 仓库的候选位置就是设施位置, 零售点就是客户. 设施的打开费用就是建设仓库的费用, 客户的连接费用就是所有零售点到其最近的仓库的距离之和.

在定义 1.1.2 中, 一个问题是按照实例和目标两部分叙述的. 这是在计算机科学中对问题描述的一种常见的形式. 定义 1.1.2 中的"实例"也可以叫做"输入","目标"也可以叫做"输出". 当问题是判定问题时 (即, 回答"是"和"否"的问题),"目标"也可以写作"询问".

关于设施选址问题,"从 $m$ 个设施中选择若干设施打开"和"从 $m$ 个设施位置中选择若干位置建立设施"这两种说法是等价的.

在这里, 我们继续用线性规划对设施选址问题进行建模, 以领略线性规划强大的表达能力.

定义变量 $y_i$ 表示是否打开设施 $i$, 若 $y_i = 0$, 表示不打开设施 $i$, 若 $y_i = 1$, 则表示打开设施 $i$. 定义变量 $x_{ij}$ 表示客户 $j$ 是否连接到设施 $i$ 上, 它的值也是 0 或者 1. 这样, 问题的总费用就可以表达为 $\sum_i f_i y_i + \sum_{i,j} c_{ij} x_{ij}$, 这里 $c_{ij}$ 表示顶点 $i$ 和 $j$ 之间的距离. 客户 $j$ 要连接到设施 $i$ 上, 必须在设施 $i$ 打开的条件下才行, 这可以用 $x_{ij} \leqslant y_i$ 来表达. 另外, 每个客户一定要连接到某个设施上, 这可表达为 $\sum_i x_{ij} \geqslant 1$. 因此, 设施选址问题的线性规划模型为

$$
\begin{aligned}
\min \quad & \sum_i f_i y_i + \sum_{i,j} c_{ij} x_{ij} \\
\text{s.t.} \quad & x_{ij} \leqslant y_i, && \forall i, j, \\
& \sum_i x_{ij} \geqslant 1, && \forall j, \\
& x_{ij}, y_i \in \{0, 1\}, && \forall i, j.
\end{aligned}
$$

这个线性规划是一个**整数线性规划**, 因为它的每个变量只能取整数值.

设施选择问题是一个基本的 NP 困难问题. 设施选址问题还有很多的变形. 对于设施选址问题及其变形, 学者们设计了很多的近似算法, 其中有若干算法是非常有名的. 感兴趣的读者可进一步参考 [47]、[62]、[64] 等著作及其引用的论文.

**例 1.1.3** 机器学习中的函数优化问题. 神经网络是机器学习中的一种模型, 它和优化问题密切相关. 多层感知机 (Multi-Layer Perceptron, MLP) 是一种由若干模拟的神经元排列成矩阵结构的前馈神经网络, 它所完成的基本任务是进行分类. 可以使用一个函数 $\boldsymbol{b}=h(\boldsymbol{a},\boldsymbol{x})$ 来表达多层感知机所完成的任务. 这里, 向量 $\boldsymbol{a}$ 是输入数据, 向量 $\boldsymbol{x}$ 是多层感知机使用的参数, $\boldsymbol{b}$ 是多层感知机的输出, 其含义是把输入数据 $\boldsymbol{a}$ 在参数 $\boldsymbol{x}$ 的控制下分类成 $\boldsymbol{b}$ 所表达的那种类型. 例如, 在实际应用中, 可将图像数据输入给神经网络, 让它将图像分成若干种类型.

为了使神经网络能够以尽量高的准确率完成分类, 需要设定参数 $\boldsymbol{x}$ 的合适的值, 这是在训练数据的帮助下完成的, 即人们通常说的 "训练一个神经网络". **训练集**可表达为 $D=\{(\boldsymbol{a}_1,\boldsymbol{b}_1),(\boldsymbol{a}_2,\boldsymbol{b}_2),\cdots,(\boldsymbol{a}_m,\boldsymbol{b}_m)\}$, 即, 已经知道数据 $\boldsymbol{a}_i$ 的类型为 $\boldsymbol{b}_i$, $\boldsymbol{b}_i$ 也称为数据 $\boldsymbol{a}_i$ 的标签. 训练一个神经网络, 就是调整参数 $\boldsymbol{x}$, 使得某种**损失函数**的值尽量地小. 若选择平方误差为损失函数, 则多层感知机的优化模型为

$$\min_{\boldsymbol{x}} \quad \sum_{i=1}^{m}\|h(\boldsymbol{a}_i,\boldsymbol{x})-\boldsymbol{b}_i\|_2^2,$$

其中, $\|\cdot\|_2$ 表示 2 范数, 其定义为 $\|\boldsymbol{x}\|_2=\sqrt{\sum_i |x_i|^2}$. 按照最优化方法的观点, 这是一个**无约束优化问题**. 在这里, 为了简单说明问题, 我们将优化模型简化了. 实际使用的优化模型还要加上一个正则项来进行修正. 这些细节就略去了.

在足够强大的训练集的支持下将一个神经网络训练好 (即, 选择好了参数 $\boldsymbol{x}$ 的值), 就可以在应用中使用这个神经网络完成数据分类任务了.

## 1.2 凸集及相关性质

**定义 1.2.1** 设 $\boldsymbol{x}^{(1)}$, $\boldsymbol{x}^{(2)}\in\mathbb{R}^n$ 是两个点, $\lambda\in[0,1]$ 是一个实数. 则

$$\lambda\boldsymbol{x}^{(1)}+(1-\lambda)\boldsymbol{x}^{(2)}$$

称为 $\boldsymbol{x}^{(1)}$ 和 $\boldsymbol{x}^{(2)}$ 的**凸组合**.

两个点 $\boldsymbol{x}^{(1)}$, $\boldsymbol{x}^{(2)}\in\mathbb{R}^n$ 的凸组合还是 $\mathbb{R}^n$ 中的一个点. 它们的所有凸组合构成以这两个点为端点的一条线段.

**定义 1.2.2** 设 $\boldsymbol{x}^{(1)}$, $\boldsymbol{x}^{(2)}\in\mathbb{R}^n$ 是两个点, $\lambda\in(0,1)$ 是一个实数. 则

$$\lambda\boldsymbol{x}^{(1)}+(1-\lambda)\boldsymbol{x}^{(2)}$$

称为 $\boldsymbol{x}^{(1)}$ 和 $\boldsymbol{x}^{(2)}$ 的**严格凸组合**.

**定义 1.2.3** 设 $S \subseteq \mathbb{R}^n$ 是一个点集. 若对 $S$ 中的任意两点 $\boldsymbol{x}^{(1)}, \boldsymbol{x}^{(2)}$, 对任意实数 $\lambda \in [0,1]$, 都有

$$\lambda \boldsymbol{x}^{(1)} + (1-\lambda)\boldsymbol{x}^{(2)} \in S,$$

则称 $S$ 为**凸集**.

例如, 欧氏空间中三角形区域、矩形区域、圆形区域都是凸集. 在几何直观上, 凸集就是边界"向外鼓"的集合.

**例 1.2.4** $\mathbb{R}^n$ 中的点集 $\{\boldsymbol{x} \mid \boldsymbol{a}^{\mathrm{T}}\boldsymbol{x} = b\}$ 称为超平面. 读者可验证超平面是凸集.

**例 1.2.5** $\mathbb{R}^n$ 中的点集 $\{\boldsymbol{x} \mid \boldsymbol{a}^{\mathrm{T}}\boldsymbol{x} \leqslant b\}$ 称为半空间. 半空间是凸集.

**定义 1.2.6** 设 $S$ 是一个非空凸集. 若 $\boldsymbol{x} \in S$ 不能表示成 $S$ 中两个不同点的严格凸组合, 则称 $\boldsymbol{x}$ 是凸集 $S$ 的**顶点**.

在几何直观上, 三角形区域的顶点、矩形区域的顶点都是符合定义 1.2.6 的顶点. 读者可领略定义 1.2.6 的精妙. 注意, 圆形区域是凸集, 它有无数个顶点.

凸集具有良好的性质, 人们对凸集有比较深入的把握. 当一个数学规划的可行解的集合是一个凸集时, 意味着这个数学规划可能会比较容易求解. 例如, 线性规划的可行域是凸集, 当一个线性规划有解时, 它的最优解可在顶点上取得. 这些知识将在第 2 章中详细介绍.

## 1.3 凸集的分离

凸集是点的集合, 不在一个凸集中的点, 在直观上, 位于这个凸集的"外面". 我们如何使用数学的语言来精确描述这种直观? 进而, 两个凸集若不相交, 它们是"分离"开的, 这样的直观用数学语言如何表达? 令人惊奇的是, 这种看上去非常基本的直观概念, 却蕴含着深刻的道理. 例如, 由点和凸集的分离定理 1.3.3, 可以推导出著名的 Farkas 引理 (引理 1.3.4) (G. Farkas, 匈牙利, 1847—1930), 而 Farkas 引理可推导出线性规划的强对偶定理 (定理 4.2.5). 再如, 由凸集和凸集的分离定理 1.3.9 可推导出戈丹引理 (引理 1.3.10)(P. A. Gordan, 德国, 1837—1912), 而戈丹引理又可推导出关于约束优化的著名的 K-T 定理 (定理 10.3.7).

### 1.3.1 点和凸集的分离

在介绍定理 1.3.2 之前, 先来回顾一下下确界符号 inf.

**定义 1.3.1** 令 $S \subseteq \mathbb{R}$ 是一个集合, 若 $\exists m$, 使得 $\forall x \in S$, 都有 $x \geqslant m$, 则称 $m$ 是 $S$ 的一个**下界**. 记 $L$ 是 $S$ 的所有下界所组成的集合. 则 $L$ 中的最大元

素 $\alpha$ 称为 $S$ 的**下确界**, 记为

$$\alpha = \inf S.$$

**定理 1.3.2**　设 $S \subset \mathbb{R}^n$ 是非空闭凸集, $\boldsymbol{y} \in \mathbb{R}^n$ 但 $\boldsymbol{y} \notin S$, 则存在唯一的点 $\bar{\boldsymbol{x}} \in S$ 使得

$$\|\boldsymbol{y} - \bar{\boldsymbol{x}}\| = \inf\{\|\boldsymbol{y} - \boldsymbol{x}\| \mid \boldsymbol{x} \in S\}.$$

**证明**　先证 "存在". 定义函数

$$f(\boldsymbol{x}) = \|\boldsymbol{y} - \boldsymbol{x}\|,$$

则 $f(\boldsymbol{x})$ 是连续函数.

若 $S$ 是有界集, 则 $S$ 是非空、有界且闭的, 所以函数 $f(\boldsymbol{x})$ 在 $S$ 上可以达到最小值, 即 $\exists \bar{\boldsymbol{x}} \in S$, 使得

$$f(\bar{\boldsymbol{x}}) \leqslant f(\boldsymbol{x}), \quad \forall \boldsymbol{x} \in S.$$

即, $\|\boldsymbol{y} - \bar{\boldsymbol{x}}\| = \inf\{\|\boldsymbol{y} - \boldsymbol{x}\| \mid \boldsymbol{x} \in S\}$.

现在假设 $S$ 不是有界集. 在 $S$ 中任取一点 $\boldsymbol{z}$, 以 $\boldsymbol{y}$ 为球心, 以 $r = \|\boldsymbol{y} - \boldsymbol{z}\|$ 为半径做一个球 $C = \{\boldsymbol{x} \mid \|\boldsymbol{y} - \boldsymbol{x}\| \leqslant r\}$, 如图 1.3.1 所示.

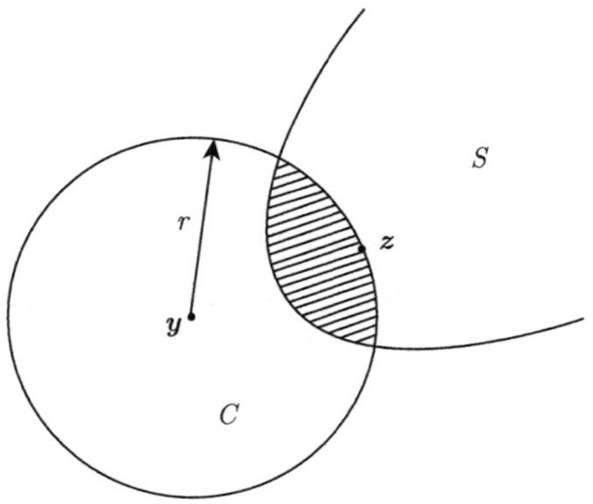


图 1.3.1

显然 $C \cap S$ 是非空有界闭集. 所以函数 $f(\boldsymbol{x})$ 在 $C \cap S$ 上可以达到最小值, 即 $\exists \bar{\boldsymbol{x}} \in C \cap S$, 使得

$$f(\bar{\boldsymbol{x}}) \leqslant f(\boldsymbol{x}), \quad \forall \boldsymbol{x} \in C \cap S.$$

而 $\forall \boldsymbol{x} \in S \setminus C$, 都有

$$\|\boldsymbol{y} - \boldsymbol{x}\| \geqslant \|\boldsymbol{y} - \boldsymbol{z}\| \geqslant \|\boldsymbol{y} - \bar{\boldsymbol{x}}\|.$$

所以 $\|\boldsymbol{y} - \bar{\boldsymbol{x}}\| = \inf\{\|\boldsymbol{y} - \boldsymbol{x}\| \mid \boldsymbol{x} \in S\}$.

再证"唯一". 令 $r=\inf\{\|\boldsymbol{y}-\boldsymbol{x}\| \mid \boldsymbol{x}\in S\}$. 设存在 $\hat{\boldsymbol{x}}\in S$, 使

$$\|\boldsymbol{y}-\bar{\boldsymbol{x}}\|=\|\boldsymbol{y}-\hat{\boldsymbol{x}}\|=r.$$

于是得到

$$\begin{aligned}\|\boldsymbol{y}-(\bar{\boldsymbol{x}}+\hat{\boldsymbol{x}})/2\|&=\left\|\frac{1}{2}(\boldsymbol{y}-\bar{\boldsymbol{x}})+\frac{1}{2}(\boldsymbol{y}-\hat{\boldsymbol{x}})\right\|\\&=\frac{1}{2}\|(\boldsymbol{y}-\bar{\boldsymbol{x}})+(\boldsymbol{y}-\hat{\boldsymbol{x}})\|\\&\leqslant\frac{1}{2}\|\boldsymbol{y}-\bar{\boldsymbol{x}}\|+\frac{1}{2}\|\boldsymbol{y}-\hat{\boldsymbol{x}}\|=r,\end{aligned}$$

其中的不等号是三角不等式, 即向量 $\boldsymbol{y}-\bar{\boldsymbol{x}}$ 的长度与向量 $\boldsymbol{y}-\hat{\boldsymbol{x}}$ 的长度之和大于等于向量 $(\boldsymbol{y}-\bar{\boldsymbol{x}})+(\boldsymbol{y}-\hat{\boldsymbol{x}})$ 的长度.

由于 $S$ 为凸集, $\bar{\boldsymbol{x}},\hat{\boldsymbol{x}}\in S$, 故 $(\bar{\boldsymbol{x}}+\hat{\boldsymbol{x}})/2\in S$, 因此 $\|\boldsymbol{y}-(\bar{\boldsymbol{x}}+\hat{\boldsymbol{x}})/2\|\geqslant r$. 于是, 实际上, 我们有

$$\|\boldsymbol{y}-(\bar{\boldsymbol{x}}+\hat{\boldsymbol{x}})/2\|=\frac{1}{2}\|\boldsymbol{y}-\bar{\boldsymbol{x}}\|+\frac{1}{2}\|\boldsymbol{y}-\hat{\boldsymbol{x}}\|.$$

这表明

$$\boldsymbol{y}-\bar{\boldsymbol{x}}=\lambda(\boldsymbol{y}-\hat{\boldsymbol{x}}),\tag{1.3.1}$$

其中 $\lambda$ 是一个数.

因此,

$$\|\boldsymbol{y}-\bar{\boldsymbol{x}}\|=|\lambda|\|\boldsymbol{y}-\hat{\boldsymbol{x}}\|.$$

由于 $\|\boldsymbol{y}-\bar{\boldsymbol{x}}\|=\|\boldsymbol{y}-\hat{\boldsymbol{x}}\|$, 可知 $|\lambda|=1$. 若 $\lambda=-1$, 由 (1.3.1), 可推出 $\boldsymbol{y}\in S$, 与假设矛盾. 因此 $\lambda=1$, 从而由 (1.3.1) 得到 $\bar{\boldsymbol{x}}=\hat{\boldsymbol{x}}$. ∎

定理 1.3.2 的叙述中没有表明 $S$ 是否为有界集, 因此才有了在证明中先引入一个球 $C$ 的证法 ($C\cap S$ 是有界集).

**定理 1.3.3** 设 $S\subset\mathbb{R}^n$ 是非空闭凸集, $\boldsymbol{y}\in\mathbb{R}^n$ 但 $\boldsymbol{y}\notin S$, 则存在向量 $\boldsymbol{p}\neq\boldsymbol{0}$ 及数 $\epsilon>0$, 使得

$$\boldsymbol{p}^{\mathrm{T}}\boldsymbol{y}\geqslant\epsilon+\boldsymbol{p}^{\mathrm{T}}\boldsymbol{x},\quad\forall\boldsymbol{x}\in S.$$

**证明** 由定理 1.3.2, 可知 $\exists\bar{\boldsymbol{x}}\in S$, 使得

$$\|\boldsymbol{y}-\bar{\boldsymbol{x}}\|=\inf\{\|\boldsymbol{y}-\boldsymbol{x}\| \mid \boldsymbol{x}\in S\}.$$

令 $\boldsymbol{p}=\boldsymbol{y}-\bar{\boldsymbol{x}}$, $\epsilon=\boldsymbol{p}^{\mathrm{T}}\boldsymbol{p}$. 由于 $\boldsymbol{y}\neq\bar{\boldsymbol{x}}$, 显然有 $\epsilon>0$. 下面证明, 这样的 $\boldsymbol{p}$ 和 $\epsilon$, 对任意的 $\boldsymbol{x}\in S$, 即有 $\boldsymbol{p}^{\mathrm{T}}\boldsymbol{y}\geqslant\epsilon+\boldsymbol{p}^{\mathrm{T}}\boldsymbol{x}$.

由于

$$\begin{aligned}\boldsymbol{p}^{\mathrm{T}}(\boldsymbol{y}-\boldsymbol{x})&=\boldsymbol{p}^{\mathrm{T}}(\boldsymbol{y}-\bar{\boldsymbol{x}}+\bar{\boldsymbol{x}}-\boldsymbol{x})\\&=\boldsymbol{p}^{\mathrm{T}}\boldsymbol{p}+\boldsymbol{p}^{\mathrm{T}}(\bar{\boldsymbol{x}}-\boldsymbol{x})\\&=\epsilon+(\boldsymbol{y}-\bar{\boldsymbol{x}})^{\mathrm{T}}(\bar{\boldsymbol{x}}-\boldsymbol{x}),\end{aligned}$$

因此只需证 $(\boldsymbol{y}-\bar{\boldsymbol{x}})^{\mathrm{T}}(\bar{\boldsymbol{x}}-\boldsymbol{x})\geqslant 0$.

在 $\bar{\boldsymbol{x}}$ 与 $\boldsymbol{x}$ 的连线上任取一点 $\lambda\boldsymbol{x}+(1-\lambda)\bar{\boldsymbol{x}}$, 则有

$$\begin{aligned}\|\boldsymbol{y}-\bar{\boldsymbol{x}}\|^2&\leqslant\|\boldsymbol{y}-(\lambda\boldsymbol{x}+(1-\lambda)\bar{\boldsymbol{x}})\|^2\\&=\|(\boldsymbol{y}-\bar{\boldsymbol{x}})+\lambda(\bar{\boldsymbol{x}}-\boldsymbol{x})\|^2\\&=\|(\boldsymbol{y}-\bar{\boldsymbol{x}})\|^2+\lambda^2\|\bar{\boldsymbol{x}}-\boldsymbol{x}\|^2+2\lambda(\boldsymbol{y}-\bar{\boldsymbol{x}})^{\mathrm{T}}(\bar{\boldsymbol{x}}-\boldsymbol{x}),\end{aligned}$$

其中第一个不等号是因为 $\bar{\boldsymbol{x}}$ 是 $S$ 中距离 $\boldsymbol{y}$ 最近的点, 而 $(\lambda\boldsymbol{x}+(1-\lambda)\bar{\boldsymbol{x}})$ 也是 $S$ 中的点.

由此可知

$$(\boldsymbol{y}-\bar{\boldsymbol{x}})^{\mathrm{T}}(\bar{\boldsymbol{x}}-\boldsymbol{x})+\frac{\lambda}{2}\|\bar{\boldsymbol{x}}-\boldsymbol{x}\|^2\geqslant 0.$$

令 $\lambda\to 0$, 则得到 $(\boldsymbol{y}-\bar{\boldsymbol{x}})^{\mathrm{T}}(\bar{\boldsymbol{x}}-\boldsymbol{x})\geqslant 0$. ∎

定理 1.3.3 的证明, 可由图 1.3.2 形象地说明. 我们可以看到, 向量 $\boldsymbol{y}$ 与向量 $\boldsymbol{p}$ 的内积严格大于 $S$ 中任何向量 $\boldsymbol{x}$ 与 $\boldsymbol{p}$ 的内积.

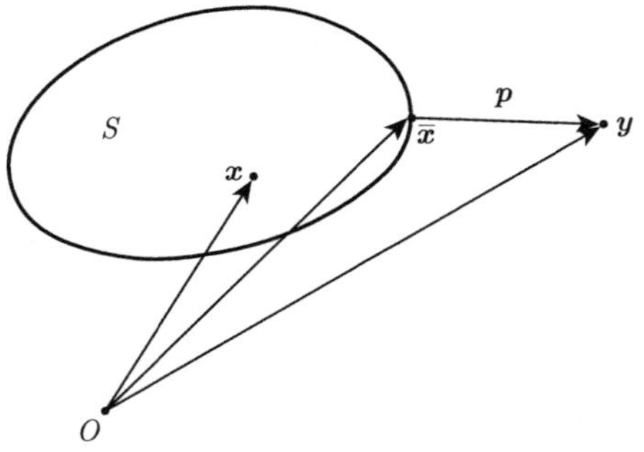


图 1.3.2

由点和凸集的分离定理 1.3.3, 可证得著名的 Farkas 引理.

**引理 1.3.4** (Farkas 引理)　设 $\boldsymbol{A}$ 为 $m\times n$ 矩阵, $\boldsymbol{c}\in\mathbb{R}^n$, 则

$$\{\boldsymbol{A}\boldsymbol{x}\leqslant\boldsymbol{0},\boldsymbol{c}^{\mathrm{T}}\boldsymbol{x}>0\}\text{ 有解}\Leftrightarrow\{\boldsymbol{A}^{\mathrm{T}}\boldsymbol{y}=\boldsymbol{c},\boldsymbol{y}\geqslant\boldsymbol{0}\}\text{ 无解}.$$

Farkas 引理是说两个不等式系统有且仅有一个有解, 因此 Farkas 引理被称为一种 "择一性定理".

**证明** (⇒) 反证, 假设 $\exists \boldsymbol{y} \geqslant \boldsymbol{0}$, 使得

$$\boldsymbol{A}^{\mathrm{T}}\boldsymbol{y} = \boldsymbol{c}.$$

令 $\bar{\boldsymbol{x}}$ 是 $\{\boldsymbol{A}\boldsymbol{x} \leqslant \boldsymbol{0}, \boldsymbol{c}^{\mathrm{T}}\boldsymbol{x} > 0\}$ 的解. 于是,

$$\boldsymbol{y}^{\mathrm{T}}\boldsymbol{A}\bar{\boldsymbol{x}} = \boldsymbol{c}^{\mathrm{T}}\bar{\boldsymbol{x}}.$$

由于 $\boldsymbol{y} \geqslant \boldsymbol{0}$, $\boldsymbol{A}\bar{\boldsymbol{x}} \leqslant \boldsymbol{0}$, 因此 $\boldsymbol{y}^{\mathrm{T}}\boldsymbol{A}\bar{\boldsymbol{x}} \leqslant 0$. 从而 $\boldsymbol{c}^{\mathrm{T}}\bar{\boldsymbol{x}} \leqslant 0$, 与 $\boldsymbol{c}^{\mathrm{T}}\bar{\boldsymbol{x}} > 0$ 矛盾.

(⇐) 令

$$S = \{\boldsymbol{A}^{\mathrm{T}}\boldsymbol{y} \mid \boldsymbol{y} \geqslant \boldsymbol{0}\}.$$

由于 $\{\boldsymbol{A}^{\mathrm{T}}\boldsymbol{y} = \boldsymbol{c}, \boldsymbol{y} \geqslant \boldsymbol{0}\}$ 无解, 可知 $\boldsymbol{c} \notin S$. 由定理 1.3.3, 存在 $\bar{\boldsymbol{x}} \neq \boldsymbol{0}$ 以及数 $\epsilon > 0$, 使得 $\forall \boldsymbol{z} \in S$, 有

$$\bar{\boldsymbol{x}}^{\mathrm{T}}\boldsymbol{c} \geqslant \epsilon + \bar{\boldsymbol{x}}^{\mathrm{T}}\boldsymbol{z}.$$

由于 $\epsilon > 0$, 实际上有

$$\bar{\boldsymbol{x}}^{\mathrm{T}}\boldsymbol{c} > \bar{\boldsymbol{x}}^{\mathrm{T}}\boldsymbol{z}.$$

即 $\forall \boldsymbol{y} \geqslant \boldsymbol{0}$, 有

$$\boldsymbol{c}^{\mathrm{T}}\bar{\boldsymbol{x}} > \boldsymbol{y}^{\mathrm{T}}\boldsymbol{A}\bar{\boldsymbol{x}}. \tag{1.3.2}$$

令 $\boldsymbol{y} = \boldsymbol{0}$, 则可以得到

$$\boldsymbol{c}^{\mathrm{T}}\bar{\boldsymbol{x}} > 0. \tag{1.3.3}$$

注意到 (1.3.2) 中 $\boldsymbol{c}^{\mathrm{T}}\bar{\boldsymbol{x}}$ 是一个具体的数. 由于 $\boldsymbol{y}$ 可以取大于等于 $\boldsymbol{0}$ 的任意向量, 必有

$$\boldsymbol{A}\bar{\boldsymbol{x}} \leqslant \boldsymbol{0}. \tag{1.3.4}$$

否则, 若 $\boldsymbol{A}\bar{\boldsymbol{x}} > \boldsymbol{0}$, 则可以取到一个 $\boldsymbol{y}$(实际上有无穷多这样的 $\boldsymbol{y}$) 使得 $\boldsymbol{y}^{\mathrm{T}}\boldsymbol{A}\bar{\boldsymbol{x}} \not< \boldsymbol{c}^{\mathrm{T}}\bar{\boldsymbol{x}}$.

(1.3.4) 和 (1.3.3) 表明 $\bar{\boldsymbol{x}}$ 是 $\{\boldsymbol{A}\boldsymbol{x} \leqslant \boldsymbol{0}, \boldsymbol{c}^{\mathrm{T}}\boldsymbol{x} > 0\}$ 的一个解. ∎

Farkas 引理还有若干等价的形式和一些变形.

**引理 1.3.5** (Farkas 引理[57]) 设 $\boldsymbol{A}$ 为 $m \times n$ 矩阵, $\boldsymbol{b} \in \mathbb{R}^m$, 则

$$\{\boldsymbol{A}\boldsymbol{x} = \boldsymbol{b}, \boldsymbol{x} \geqslant \boldsymbol{0}\} \text{ 有解} \Leftrightarrow \{\boldsymbol{A}^{\mathrm{T}}\boldsymbol{y} \geqslant \boldsymbol{0}, \boldsymbol{b}^{\mathrm{T}}\boldsymbol{y} < 0\} \text{ 无解}.$$

**证明**　先回忆引理 1.3.4 中叙述的 Farkas 引理 (符号 $\boldsymbol{A}$, $\boldsymbol{c}$, $\boldsymbol{x}$, $\boldsymbol{y}$ 按引理 1.3.4 的约定). 注意到 $\{\boldsymbol{Ax} \leqslant \boldsymbol{0}, \boldsymbol{c}^{\mathrm{T}}\boldsymbol{x} > 0\}$ 有解当且仅当 $\{\boldsymbol{Ax} \geqslant \boldsymbol{0}, \boldsymbol{c}^{\mathrm{T}}\boldsymbol{x} < 0\}$ 有解, 因此引理 1.3.4 的结论也可表述为

$$\{\boldsymbol{Ax} \geqslant \boldsymbol{0}, \boldsymbol{c}^{\mathrm{T}}\boldsymbol{x} < 0\} \text{ 有解} \Leftrightarrow \{\boldsymbol{A}^{\mathrm{T}}\boldsymbol{y} = \boldsymbol{c}, \boldsymbol{y} \geqslant \boldsymbol{0}\} \text{ 无解},$$

即

$$\{\boldsymbol{A}^{\mathrm{T}}\boldsymbol{y} = \boldsymbol{c}, \boldsymbol{y} \geqslant \boldsymbol{0}\} \text{ 有解} \Leftrightarrow \{\boldsymbol{Ax} \geqslant \boldsymbol{0}, \boldsymbol{c}^{\mathrm{T}}\boldsymbol{x} < 0\} \text{ 无解}.$$

将 $\boldsymbol{A}^{\mathrm{T}}$ 换为 $\boldsymbol{A}$, $\boldsymbol{y}$ 换为 $\boldsymbol{x}$, $\boldsymbol{c}$ 换为 $\boldsymbol{b}$, $\boldsymbol{x}$ 换为 $\boldsymbol{y}$, 则得到本引理的结论. ■

推论 1.3.6 是 Farkas 引理的一个变形.

**推论 1.3.6** ([57])　$\boldsymbol{A}$ 为矩阵, $\boldsymbol{b}$, $\boldsymbol{c}$ 为向量. 则

$$\{\boldsymbol{Ax} \leqslant \boldsymbol{b}\} \text{ 有解} \Leftrightarrow \{\boldsymbol{A}^{\mathrm{T}}\boldsymbol{y} = \boldsymbol{0},\ \boldsymbol{y} \geqslant \boldsymbol{0},\ \boldsymbol{b}^{\mathrm{T}}\boldsymbol{y} < 0\} \text{ 无解}.$$

**说明**　由于 $\{\boldsymbol{A}^{\mathrm{T}}\boldsymbol{y} = \boldsymbol{0}, \boldsymbol{y} \geqslant \boldsymbol{0}\}$ 总是有解 $\boldsymbol{y} = \boldsymbol{0}$, $\{\boldsymbol{A}^{\mathrm{T}}\boldsymbol{y} = \boldsymbol{0}, \boldsymbol{y} \geqslant \boldsymbol{0}, \boldsymbol{b}^{\mathrm{T}}\boldsymbol{y} < 0\}$ 无解等价于 $\min\{\boldsymbol{b}^{\mathrm{T}}\boldsymbol{y} \mid \boldsymbol{A}^{\mathrm{T}}\boldsymbol{y} = \boldsymbol{0}, \boldsymbol{y} \geqslant \boldsymbol{0}\} \geqslant 0$.

**证明**　令 $\tilde{\boldsymbol{A}} = \begin{bmatrix} \boldsymbol{A} & -\boldsymbol{A} & \boldsymbol{I} \end{bmatrix}$, $\tilde{\boldsymbol{x}} = \begin{bmatrix} \boldsymbol{x}^{+} \\ \boldsymbol{x}^{-} \\ \boldsymbol{x}^{a} \end{bmatrix}$. 则 $\{\boldsymbol{Ax} \leqslant \boldsymbol{b}\}$ 有解等价于 $\{\tilde{\boldsymbol{A}}\tilde{\boldsymbol{x}} = \boldsymbol{b}, \tilde{\boldsymbol{x}} \geqslant \boldsymbol{0}\}$ 有解, 因为上述方法是通过引入约束变量 $\tilde{\boldsymbol{x}}^{+}, \tilde{\boldsymbol{x}}^{-}, \tilde{\boldsymbol{x}}^{a} \geqslant \boldsymbol{0}$, 将 $\boldsymbol{x}$ 替换为 $\tilde{\boldsymbol{x}}^{+} - \tilde{\boldsymbol{x}}^{-}$, 并引入人工变量 $\boldsymbol{x}^{a}$ 将不等式约束替换成等式约束得到的.

由 Farkas 引理 1.3.5, $\{\tilde{\boldsymbol{A}}\tilde{\boldsymbol{x}} = \boldsymbol{b}, \tilde{\boldsymbol{x}} \geqslant \boldsymbol{0}\}$ 有解等价于 $\{\tilde{\boldsymbol{A}}^{\mathrm{T}}\boldsymbol{y} \geqslant \boldsymbol{0}, \boldsymbol{b}^{\mathrm{T}}\boldsymbol{y} < 0\}$ 无解. 而 $\tilde{\boldsymbol{A}}\boldsymbol{y} \geqslant \boldsymbol{0}$ 等价于 $\boldsymbol{A}^{\mathrm{T}}\boldsymbol{y} \geqslant \boldsymbol{0}, -\boldsymbol{A}^{\mathrm{T}}\boldsymbol{y} \geqslant \boldsymbol{0}, \boldsymbol{y} \geqslant \boldsymbol{0}$. ■

令 $S$ 为非空凸集, $\partial S$ 表示 $S$ 的边界. $\mathrm{cl}S = \{\boldsymbol{x} \mid \forall \epsilon > 0, N_{\epsilon}(\boldsymbol{x}) \cap S \neq \varnothing\}$ 表示 $S$ 的闭包.

点和凸集的分离定理 (定理 1.3.3) 表明有一个向量 $\boldsymbol{p}$ 可将非空闭凸集 $S$ 和 $S$ 之外的一个点 $\boldsymbol{y}$ 分开. 下面的定理 1.3.7 表明, 当 $S$ 为非空凸集时 (不要求为闭集), $S$ 的边界上的点 $\boldsymbol{y}$ 与 $S$ 闭包中的点 $\boldsymbol{x}$ 满足 $\boldsymbol{p}^{\mathrm{T}}\boldsymbol{y} \geqslant \boldsymbol{p}^{\mathrm{T}}\boldsymbol{x}$, 可理解为是一种比 “分离” ($\boldsymbol{p}^{\mathrm{T}}\boldsymbol{y} \geqslant \epsilon + \boldsymbol{p}^{\mathrm{T}}\boldsymbol{x}$, $\epsilon > 0$) 弱的关系.

**定理 1.3.7**　设 $S \subseteq \mathbb{R}^{n}$ 是一个非空凸集, $\boldsymbol{y} \in \partial S$. 则存在向量 $\boldsymbol{p} \neq \boldsymbol{0}$, 使得 $\forall \boldsymbol{x} \in \mathrm{cl}S$, 都有 $\boldsymbol{p}^{\mathrm{T}}\boldsymbol{y} \geqslant \boldsymbol{p}^{\mathrm{T}}\boldsymbol{x}$.

**证明**　由于 $\boldsymbol{y} \in \partial S$, 则存在序列 $\{\boldsymbol{y}^{(k)}\}$, $\boldsymbol{y}^{(k)} \notin S$, 使得 $\boldsymbol{y}^{(k)} \to \boldsymbol{y}$. 对于这样的每一个点 $\boldsymbol{y}^{(k)}$, 由于 $\boldsymbol{y}^{(k)} \notin S$, 由点和凸集的分离定理 1.3.3, 可知存在非零向量 $\boldsymbol{p}^{(k)}$, 使得对每个点 $\boldsymbol{x} \in \mathrm{cl}S$, 都有 $\boldsymbol{p}^{(k)\mathrm{T}}\boldsymbol{y}^{(k)} > \boldsymbol{p}^{(k)\mathrm{T}}\boldsymbol{x}$. 进一步可假设此处的 $\boldsymbol{p}^{(k)}$ 为单位向量.

由于序列 $\{\boldsymbol{p}^{(k)}\}$ 中的每个向量都是单位向量, 因此向量序列 $\{\boldsymbol{p}^{(k)}\}$ 有界. 由波尔查诺-魏尔斯特拉斯 (Bolzano-Weierstrass) 定理, 序列 $\{\boldsymbol{p}^{(k)}\}$ 存在收敛子序列 $\{\boldsymbol{p}^{(k_j)}\}$. 假设该子序列收敛于单位向量 $\boldsymbol{p}$.

对于子序列 $\{\boldsymbol{p}^{(k_j)}\}$ 当然成立 $\forall \boldsymbol{x} \in \mathrm{cl}S$, $\boldsymbol{p}^{(k_j)\mathrm{T}}\boldsymbol{y}^{(k_j)} > \boldsymbol{p}^{(k_j)\mathrm{T}}\boldsymbol{x}$. 固定 $\boldsymbol{x} \in \mathrm{cl}S$, 令 $k_j \to \infty$, 便得到 $\boldsymbol{p}^{\mathrm{T}}\boldsymbol{y} \geqslant \boldsymbol{p}^{\mathrm{T}}\boldsymbol{x}$. 于是, 存在非零向量 $\boldsymbol{p}$, $\forall \boldsymbol{x} \in \mathrm{cl}S$, 都有 $\boldsymbol{p}^{\mathrm{T}}\boldsymbol{y} \geqslant \boldsymbol{p}^{\mathrm{T}}\boldsymbol{x}$. ∎

定理 1.3.7 的证明中说 "向量序列 $\{\boldsymbol{p}^{(k)}\}$ 有界", 指的是存在某个 $M > 0$, $\forall k$, 都有 $\|\boldsymbol{p}^{(k)}\| \leqslant M$. 换言之, 也就是 $\{\boldsymbol{p}^{(k)}\}$ 中的所有点都可以被某个半径有限的球包住. 在本证明中, 每个 $\boldsymbol{p}^{(k)}$ 都是单位向量, 因此按照定义显然 $\{\boldsymbol{p}^{(k)}\}$ 是有界的.

由定理 1.3.3 和定理 1.3.7, 可证明如下定理 1.3.8, 该定理也表明了一种形式的点和凸集的分离. 与定理 1.3.3 相比, 定理 1.3.8 不要求凸集 $S$ 是闭的.

**定理 1.3.8** 设 $S \subseteq \mathbb{R}^n$ 是一个非空凸集, $\boldsymbol{y} \notin S$. 则存在向量 $\boldsymbol{p} \neq \boldsymbol{0}$, 使得 $\forall \boldsymbol{x} \in \mathrm{cl}S$, 都有 $\boldsymbol{p}^{\mathrm{T}}\boldsymbol{y} \geqslant \boldsymbol{p}^{\mathrm{T}}\boldsymbol{x}$.

**证明** 若 $S$ 是一个闭集, 则由定理 1.3.3, 本定理成立.

设 $S$ 不是闭集. 考虑 $\boldsymbol{y} \notin S$ 的两种情形: ① $\boldsymbol{y} \notin \mathrm{cl}S$, ② $\boldsymbol{y} \in \mathrm{cl}S$ 但 $\boldsymbol{y} \notin S$, 即, $y \in \partial S$. 在情形 ① 下, 由定理 1.3.3, 本定理成立. 在情形 ② 下, 由定理 1.3.7, 本定理成立. ∎

### 1.3.2 凸集和凸集的分离

定理 1.3.9 是著名的两个非空凸集的分离定理.

**定理 1.3.9** 设 $S$ 和 $T$ 是 $\mathbb{R}^n$ 中的两个非空凸集, $S \cap T = \varnothing$. 则存在非零向量 $\boldsymbol{p}$, 使得

$$\inf\{\boldsymbol{p}^{\mathrm{T}}\boldsymbol{x} \mid \boldsymbol{x} \in S\} \geqslant \sup\{\boldsymbol{p}^{\mathrm{T}}\boldsymbol{y} \mid \boldsymbol{y} \in T\}.$$

**证明** 定义

$$U = \{\boldsymbol{z} \mid \boldsymbol{z} = \boldsymbol{y} - \boldsymbol{x}, \forall \boldsymbol{x} \in S, \forall \boldsymbol{y} \in T\}.$$

由于 $S$ 和 $T$ 都是非空凸集, $U$ 也是非空凸集. 并且, 由于 $S \cap T = \varnothing$, 可知 $\boldsymbol{0} \notin U$. 因此, 由定理 1.3.8, 可知 $\exists \boldsymbol{p} \neq \boldsymbol{0}$, 使得 $\forall \boldsymbol{z} \in U$, 都有 $\boldsymbol{p}^{\mathrm{T}}\boldsymbol{0} \geqslant \boldsymbol{p}^{\mathrm{T}}\boldsymbol{z}$, 即, $\forall \boldsymbol{x} \in S$, $\forall \boldsymbol{y} \in T$,

$$\boldsymbol{p}^{\mathrm{T}}\boldsymbol{x} \geqslant \boldsymbol{p}^{\mathrm{T}}\boldsymbol{y}.$$ ∎

**引理 1.3.10** (戈丹引理) 设 $\boldsymbol{A}$ 为 $m \times n$ 矩阵. 则

$$\{\boldsymbol{A}\boldsymbol{x} < \boldsymbol{0}\} \text{ 有解 } \Leftrightarrow \{\boldsymbol{A}^{\mathrm{T}}\boldsymbol{y} = \boldsymbol{0}, \boldsymbol{y} \geqslant \boldsymbol{0}, \boldsymbol{y} \neq \boldsymbol{0}\} \text{ 无解}.$$

**证明**　(⇒) 由于 $\{\boldsymbol{Ax}<\boldsymbol{0}\}$ 有解, 不妨假设 $\bar{\boldsymbol{x}}$ 满足 $\boldsymbol{A}\bar{\boldsymbol{x}}<\boldsymbol{0}$. 下面反证结论. 假设有 $\bar{\boldsymbol{y}}\geqslant\boldsymbol{0}$, $\bar{\boldsymbol{y}}\neq\boldsymbol{0}$, 满足 $\boldsymbol{A}^{\mathrm{T}}\bar{\boldsymbol{y}}=\boldsymbol{0}$, 即

$$\bar{\boldsymbol{y}}^{\mathrm{T}}\boldsymbol{A}=\boldsymbol{0}.$$

因此,

$$\bar{\boldsymbol{y}}^{\mathrm{T}}\boldsymbol{A}\bar{\boldsymbol{x}}=0.$$

由于 $\boldsymbol{A}\bar{\boldsymbol{x}}<\boldsymbol{0}$, 因此 $\bar{\boldsymbol{y}}$ 的诸分量不可能全为负数. 即, $\bar{\boldsymbol{y}}\ngeqslant\boldsymbol{0}$, 矛盾.

(⇐) 我们需要证明, 若 $\{\boldsymbol{A}^{\mathrm{T}}\boldsymbol{y}=\boldsymbol{0},\boldsymbol{y}\geqslant\boldsymbol{0},\boldsymbol{y}\neq\boldsymbol{0}\}$ 无解, 则 $\{\boldsymbol{Ax}<\boldsymbol{0}\}$ 有解. 我们将证明该命题的逆否命题, 即, 若 $\{\boldsymbol{Ax}<\boldsymbol{0}\}$ 无解, 则 $\{\boldsymbol{A}^{\mathrm{T}}\boldsymbol{y}=\boldsymbol{0},\boldsymbol{y}\geqslant\boldsymbol{0},\boldsymbol{y}\neq\boldsymbol{0}\}$ 有解.

令

$$S'=\{\boldsymbol{z}\mid\boldsymbol{z}=\boldsymbol{Ax}\}$$

以及

$$S=\{\boldsymbol{z}\mid\boldsymbol{z}<\boldsymbol{0}\}.$$

由于 $\{\boldsymbol{Ax}<\boldsymbol{0}\}$ 无解, 因此 $S'\cap S=\varnothing$.

由两个非空凸集的分离定理 (定理 1.3.9), 存在向量

$$\boldsymbol{y}\neq\boldsymbol{0},\tag{1.3.5}$$

使得 $\forall\boldsymbol{z}'\in S'$, $\forall\boldsymbol{z}\in S$, 都有 $\boldsymbol{y}^{\mathrm{T}}\boldsymbol{z}'\geqslant\boldsymbol{y}^{\mathrm{T}}\boldsymbol{z}$, 即

$$\boldsymbol{y}^{\mathrm{T}}\boldsymbol{Ax}\geqslant\boldsymbol{y}^{\mathrm{T}}\boldsymbol{z},\quad\forall\boldsymbol{x},\forall\boldsymbol{z}<\boldsymbol{0}.\tag{1.3.6}$$

在 (1.3.6) 中, 取 $\boldsymbol{x}=\boldsymbol{0}$, 则得到

$$\boldsymbol{y}^{\mathrm{T}}\boldsymbol{z}\leqslant 0,\quad\forall\boldsymbol{z}<\boldsymbol{0}.$$

由于 $\boldsymbol{z}$ 的分量可取任意的负数, 因此 $\boldsymbol{y}$ 不能有负的分量. 即

$$\boldsymbol{y}\geqslant\boldsymbol{0}.\tag{1.3.7}$$

另一方面, 由 (1.3.6) 和 (1.3.7), 则得到

$$\boldsymbol{y}^{\mathrm{T}}\boldsymbol{Ax}\geqslant 0,\quad\forall\boldsymbol{x}.\tag{1.3.8}$$

(反证. 假设 $\exists\boldsymbol{x}$, $\boldsymbol{y}^{\mathrm{T}}\boldsymbol{Ax}=-\epsilon<0$, 其中 $\epsilon>0$ 是某个常数. 由于 $\boldsymbol{y}\geqslant\boldsymbol{0}$ 且是一个固定的向量, 则可取到一个充分小的 $\delta>0$, 当 $\boldsymbol{z}<\boldsymbol{0}$ 的各个分量的绝对值都小于

等于 $\delta$ 时, 对于所有这样的 $\boldsymbol{z}$, 都有 $\boldsymbol{y}^{\mathrm{T}}\boldsymbol{z} > -\epsilon$. 由 (1.3.6), 这表明对假设存在的这个 $\boldsymbol{x}$, 有 $\boldsymbol{y}^{\mathrm{T}}\boldsymbol{A}\boldsymbol{x} \geqslant \boldsymbol{y}^{\mathrm{T}}\boldsymbol{z} > -\epsilon$, 矛盾.)

在 (1.3.8) 中令 $\boldsymbol{x} = -\boldsymbol{A}^{\mathrm{T}}\boldsymbol{y}$, 则得到 $-\|\boldsymbol{A}^{\mathrm{T}}\boldsymbol{y}\| \geqslant 0$, 因此

$$\boldsymbol{A}^{\mathrm{T}}\boldsymbol{y} = \boldsymbol{0}. \tag{1.3.9}$$

(1.3.5)、(1.3.7)、(1.3.9) 表明 $\{\boldsymbol{A}^{\mathrm{T}}\boldsymbol{y} = \boldsymbol{0}, \boldsymbol{y} \geqslant \boldsymbol{0}, \boldsymbol{y} \neq \boldsymbol{0}\}$ 有解. ■

## 1.4 凸 函 数

凸函数是一类具有良好性质的函数, 有了这些性质的帮助, 相对其他类型的函数而言, 能够比较容易地找到函数的最优值 (对函数进行优化). 从另一个角度而言, 凸函数实际上是一类比较容易掌握的函数, 人们对它的研究广泛、深入, 是在优化问题中遇到的一类基本的函数.

### 1.4.1 凸函数及相关性质

**定义 1.4.1** 设 $S \subseteq \mathbb{R}^n$ 为非空凸集, $f$ 是定义在 $S$ 上的实函数. 如果对任意的 $\boldsymbol{x}^{(1)}, \boldsymbol{x}^{(2)} \in S$ 及每个数 $\lambda \in (0,1)$, 都有

$$f(\lambda\boldsymbol{x}^{(1)} + (1-\lambda)\boldsymbol{x}^{(2)}) \leqslant \lambda f(\boldsymbol{x}^{(1)}) + (1-\lambda)f(\boldsymbol{x}^{(2)}),$$

则称 $f$ 为 $S$ 上的**凸函数** (Convex Function).

凸函数的图像示意图如图 1.4.1 所示. 注意线性函数 (函数图像是一条直线) 也是凸函数.

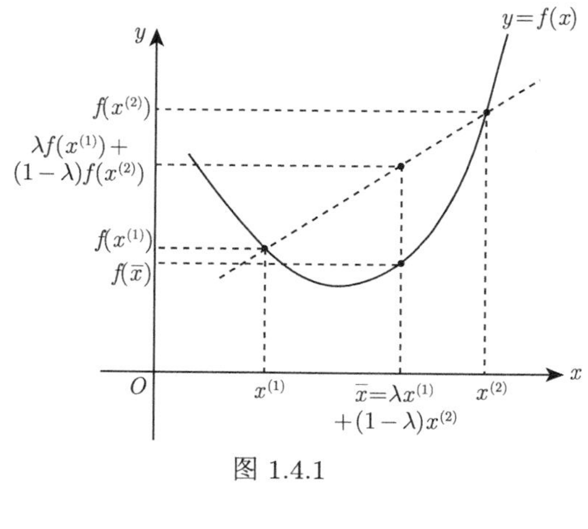


图 1.4.1

**定义 1.4.2**　设 $S \subseteq \mathbb{R}^n$ 为非空凸集, $f$ 是定义在 $S$ 上的实函数. 如果对任意的 $\boldsymbol{x}^{(1)}, \boldsymbol{x}^{(2)} \in S$ 及每个数 $\lambda \in (0,1)$, 都有

$$f(\lambda \boldsymbol{x}^{(1)} + (1-\lambda)\boldsymbol{x}^{(2)}) < \lambda f(\boldsymbol{x}^{(1)}) + (1-\lambda) f(\boldsymbol{x}^{(2)}),$$

则称 $f$ 为 $S$ 上的**严格凸函数**.

不难验证凸函数具有如下性质.

**性质 1.4.3**　设 $f$ 是定义在凸集 $S$ 上的凸函数, $\lambda \geqslant 0$ 是一个数, 则 $\lambda f$ 也是定义在 $S$ 上的凸函数.

**性质 1.4.4**　设 $f_1$ 和 $f_2$ 是定义在凸集 $S$ 上的凸函数, 则 $f_1 + f_2$ 也是定义在 $S$ 上的凸函数.

**性质 1.4.5**　设 $f_1$ 和 $f_2$ 是定义在凸集 $S$ 上的凸函数, 则 $\max(f_1, f_2)$ 也是定义在 $S$ 上的凸函数.

定理 1.4.6 是凸函数的一条重要的基本性质.

**定理1.4.6**　设 $S$ 是 $\mathbb{R}^n$ 中的非空凸集, $f$ 是定义在 $S$ 上的凸函数, 则 $f$ 在 $S$ 上的局部极小点也是全局极小点.

**证明**　设 $\bar{\boldsymbol{x}}$ 是 $f$ 的一个局部极小点, 即, 存在 $\bar{\boldsymbol{x}}$ 的 $\epsilon > 0$ 邻域 $N(\bar{\boldsymbol{x}}, \epsilon)$, 使得 $\forall \boldsymbol{x} \in S \cap N(\bar{\boldsymbol{x}}, \epsilon)$, 都有 $f(\bar{\boldsymbol{x}}) \leqslant f(\boldsymbol{x})$.

假设 $\bar{\boldsymbol{x}}$ 不是全局极小点, 则存在 $\hat{\boldsymbol{x}} \in S$, 使 $f(\hat{\boldsymbol{x}}) < f(\bar{\boldsymbol{x}})$. 由于 $S$ 是凸集, 因此对每一个数 $\lambda \in (0,1)$, 都有 $\lambda\hat{\boldsymbol{x}} + (1-\lambda)\bar{\boldsymbol{x}} \in S$. 又由于 $f$ 是 $S$ 上的凸函数, 因此有

$$\begin{aligned} f(\lambda\hat{\boldsymbol{x}} + (1-\lambda)\bar{\boldsymbol{x}}) &\leqslant \lambda f(\hat{\boldsymbol{x}}) + (1-\lambda) f(\bar{\boldsymbol{x}}) \\ &< \lambda f(\bar{\boldsymbol{x}}) + (1-\lambda) f(\bar{\boldsymbol{x}}) \\ &= f(\bar{\boldsymbol{x}}). \end{aligned}$$

当 $\lambda$ 取得充分小时, 可使

$$\lambda\hat{\boldsymbol{x}} + (1-\lambda)\bar{\boldsymbol{x}} \in S \cap N(\bar{\boldsymbol{x}}, \epsilon),$$

这与 $\bar{\boldsymbol{x}}$ 是局部极小点矛盾. 原假设不成立, 定理得证. ■

在最优化学科中, 通常假设要求解的问题为最小优化问题, 而对于目标函数是凸函数的情形, 凸函数的极值就是其极小值, 正是最小优化问题要求的解. 因此, 在最优化学科中, 对凸函数的优化就成为一个非常基本的问题, 而实践中那些最大优化问题, 也往往被等价地转换成最小优化问题而进行求解和研究.

实际上不难想象, 还有一类函数称为凹函数, 它们的定义和凸函数在形式上是对称的. 为完整性, 我们给出凹函数的定义.

**定义 1.4.7** 设 $S \subseteq \mathbb{R}^n$ 为非空凸集, $f$ 是定义在 $S$ 上的实函数. 如果对任意的 $\boldsymbol{x}^{(1)}, \boldsymbol{x}^{(2)} \in S$ 及每个数 $\lambda \in (0,1)$, 都有

$$f(\lambda \boldsymbol{x}^{(1)} + (1-\lambda)\boldsymbol{x}^{(2)}) \geqslant \lambda f(\boldsymbol{x}^{(1)}) + (1-\lambda) f(\boldsymbol{x}^{(2)}),$$

则称 $f$ 为 $S$ 上的**凹函数** (Concave Function).

凹函数如图 1.4.2 所示. 注意线性函数也是凹函数.

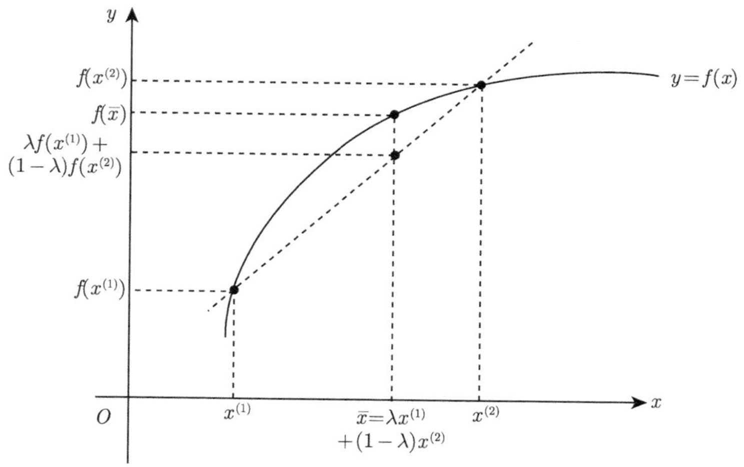


图 1.4.2

**定义 1.4.8** 设 $S \subseteq \mathbb{R}^n$ 为非空凸集, $f$ 是定义在 $S$ 上的实函数. 如果对任意的 $\boldsymbol{x}^{(1)}, \boldsymbol{x}^{(2)} \in S$ 及每个数 $\lambda \in (0,1)$, 都有

$$f(\lambda \boldsymbol{x}^{(1)} + (1-\lambda)\boldsymbol{x}^{(2)}) > \lambda f(\boldsymbol{x}^{(1)}) + (1-\lambda) f(\boldsymbol{x}^{(2)}),$$

则称 $f$ 为 $S$ 上的**严格凹函数**.

### 1.4.2 凸函数的判别

我们先给出判别凸函数的一阶条件. 这需要用到梯度的概念.

设集合 $S \subseteq \mathbb{R}^n$ 非空, $f(\boldsymbol{x})$ 为定义在 $S$ 上的可微函数. 则 $f(\boldsymbol{x})$ 在 $\boldsymbol{x}$ 处的梯度为

$$\nabla f(\boldsymbol{x}) = \begin{bmatrix} \dfrac{\partial f(\boldsymbol{x})}{\partial x_1} \\ \dfrac{\partial f(\boldsymbol{x})}{\partial x_2} \\ \vdots \\ \dfrac{\partial f(\boldsymbol{x})}{\partial x_n} \end{bmatrix}.$$

**定理 1.4.9** 设 $f(\boldsymbol{x})$ 是非空开凸集 $S \subseteq \mathbb{R}^n$ 上的可微函数. 则

$f(\boldsymbol{x})$ 是凸函数 $\Leftrightarrow \forall \boldsymbol{x}^{(1)}, \forall \boldsymbol{x}^{(2)}$, 都有

$$f(\boldsymbol{x}^{(2)}) \geqslant f(\boldsymbol{x}^{(1)}) + \nabla f(\boldsymbol{x}^{(1)})^{\mathrm{T}}(\boldsymbol{x}^{(2)} - \boldsymbol{x}^{(1)}).$$

**证明** ($\Rightarrow$) 设 $f(\boldsymbol{x})$ 为凸函数. 根据凸函数的定义, 对任意的 $\boldsymbol{x}^{(1)}, \boldsymbol{x}^{(2)} \in S$ 及每个数 $\lambda \in (0,1)$, 有

$$f(\lambda \boldsymbol{x}^{(2)} + (1-\lambda)\boldsymbol{x}^{(1)}) \leqslant \lambda f(\boldsymbol{x}^{(2)}) + (1-\lambda) f(\boldsymbol{x}^{(1)}),$$

即

$$f(\lambda \boldsymbol{x}^{(2)} + (1-\lambda)\boldsymbol{x}^{(1)}) - f(\boldsymbol{x}^{(1)}) \leqslant \lambda \left( f(\boldsymbol{x}^{(2)}) - f(\boldsymbol{x}^{(1)}) \right),$$

即

$$\frac{f(\boldsymbol{x}^{(1)} + \lambda(\boldsymbol{x}^{(2)} - \boldsymbol{x}^{(1)})) - f(\boldsymbol{x}^{(1)})}{\lambda} \leqslant f(\boldsymbol{x}^{(2)}) - f(\boldsymbol{x}^{(1)}).$$

令 $\lambda \to 0^+$, 两端取极限, 则上述不等式左端是 $f(\boldsymbol{x})$ 在 $\boldsymbol{x}^{(1)}$ 处沿方向 $\boldsymbol{x}^{(2)} - \boldsymbol{x}^{(1)}$ 的右侧导数, 即

$$\mathrm{D}^+ f(\boldsymbol{x}^{(1)}; \boldsymbol{x}^{(2)} - \boldsymbol{x}^{(1)}) = \lim_{\lambda \to 0^+} \frac{f(\boldsymbol{x}^{(1)} + \lambda(\boldsymbol{x}^{(2)} - \boldsymbol{x}^{(1)})) - f(\boldsymbol{x}^{(1)})}{\lambda}.$$

由定理 12.7.4, $\mathrm{D}^+ f(\boldsymbol{x}^{(1)}; \boldsymbol{x}^{(2)} - \boldsymbol{x}^{(1)}) = \nabla f(\boldsymbol{x}^{(1)})^{\mathrm{T}}(\boldsymbol{x}^{(2)} - \boldsymbol{x}^{(1)})$. 因此, 就得到

$$\nabla f(\boldsymbol{x}^{(1)})^{\mathrm{T}}(\boldsymbol{x}^{(2)} - \boldsymbol{x}^{(1)}) \leqslant f(\boldsymbol{x}^{(2)}) - f(\boldsymbol{x}^{(1)}),$$

即

$$f(\boldsymbol{x}^{(2)}) \geqslant f(\boldsymbol{x}^{(1)}) + \nabla f(\boldsymbol{x}^{(1)})^{\mathrm{T}}(\boldsymbol{x}^{(2)} - \boldsymbol{x}^{(1)}).$$

($\Leftarrow$) 任取 $\boldsymbol{x}^{(1)}, \boldsymbol{x}^{(2)} \in S$ 以及数 $\lambda \in (0,1)$. 令

$$\boldsymbol{y} = \lambda \boldsymbol{x}^{(2)} + (1-\lambda)\boldsymbol{x}^{(1)},$$

即, $\boldsymbol{y}$ 是 $\boldsymbol{x}^{(1)}$ 和 $\boldsymbol{x}^{(2)}$ 的一个凸组合. 由于 $S$ 为凸集, 可知 $\boldsymbol{y} \in S$.

在点 $\boldsymbol{x}^{(1)}$ 和 $\boldsymbol{y}$ 上应用前提条件, 得到

$$f(\boldsymbol{x}^{(1)}) \geqslant f(\boldsymbol{y}) + \nabla f(\boldsymbol{y})^{\mathrm{T}}(\boldsymbol{x}^{(1)} - \boldsymbol{y}).$$

在点 $\boldsymbol{x}^{(2)}$ 和 $\boldsymbol{y}$ 上应用前提条件, 得到

$$f(\boldsymbol{x}^{(2)}) \geqslant f(\boldsymbol{y}) + \nabla f(\boldsymbol{y})^{\mathrm{T}}(\boldsymbol{x}^{(2)} - \boldsymbol{y}).$$

用 $1-\lambda$ 和 $\lambda$ 对应乘以上述两个不等式, 再把得到的两个不等式相加, 即得

$$\begin{aligned}
&(1-\lambda)f(\boldsymbol{x}^{(1)}) + \lambda f(\boldsymbol{x}^{(2)}) \\
\geqslant& f(\boldsymbol{y}) + \nabla f(\boldsymbol{y})^{\mathrm{T}}\left((1-\lambda)(\boldsymbol{x}^{(1)} - \boldsymbol{y}) + \lambda(\boldsymbol{x}^{(2)} - \boldsymbol{y})\right) \\
=& f(\boldsymbol{y}) + \nabla f(\boldsymbol{y})^{\mathrm{T}}\left(\lambda \boldsymbol{x}^{(2)} + (1-\lambda)\boldsymbol{x}^{(1)} - \boldsymbol{y}\right) \\
=& f(\boldsymbol{y}),
\end{aligned}$$

即

$$f(\boldsymbol{y}) \leqslant \lambda f(\boldsymbol{x}^{(2)}) + (1-\lambda)f(\boldsymbol{x}^{(1)}),$$

即

$$f(\lambda \boldsymbol{x}^{(2)} + (1-\lambda)\boldsymbol{x}^{(1)}) \leqslant \lambda f(\boldsymbol{x}^{(2)}) + (1-\lambda)f(\boldsymbol{x}^{(1)}).$$ ■

**定理 1.4.10** 设 $f(\boldsymbol{x})$ 是非空开凸集 $S \subseteq \mathbb{R}^n$ 上的可微函数. 则

$f(\boldsymbol{x})$ 是严格凸函数 $\Leftrightarrow \forall \boldsymbol{x}^{(1)}, \forall \boldsymbol{x}^{(2)}, \boldsymbol{x}^{(1)} \neq \boldsymbol{x}^{(2)}$, 都有

$$f(\boldsymbol{x}^{(2)}) > f(\boldsymbol{x}^{(1)}) + \nabla f(\boldsymbol{x}^{(1)})^{\mathrm{T}}(\boldsymbol{x}^{(2)} - \boldsymbol{x}^{(1)}).$$

**证明** ($\Rightarrow$) 由于 $f(\boldsymbol{x})$ 是严格凸函数, 自然也是凸函数. 任取两个不同的点 $\boldsymbol{x}^{(1)}, \boldsymbol{x}^{(2)} \in S$, 令 $\boldsymbol{y} = \dfrac{1}{2}(\boldsymbol{x}^{(1)} + \boldsymbol{x}^{(2)})$, 显然 $\boldsymbol{y} \in S$. 在 $\boldsymbol{y}$ 和 $\boldsymbol{x}^{(1)}$ 上应用定理 1.4.9, 则得到

$$f(\boldsymbol{y}) \geqslant f(\boldsymbol{x}^{(1)}) + \nabla f(\boldsymbol{x}^{(1)})^{\mathrm{T}}(\boldsymbol{y} - \boldsymbol{x}^{(1)}).$$

因为 $f(\boldsymbol{x})$ 是严格凸函数, 我们有

$$f(\boldsymbol{y}) = f\left(\frac{1}{2}\boldsymbol{x}^{(1)} + \frac{1}{2}\boldsymbol{x}^{(2)}\right) < \frac{1}{2}f(\boldsymbol{x}^{(1)}) + \frac{1}{2}f(\boldsymbol{x}^{(2)}).$$

于是有

$$\frac{1}{2}f(\boldsymbol{x}^{(1)}) + \frac{1}{2}f(\boldsymbol{x}^{(2)}) > f(\boldsymbol{x}^{(1)}) + \nabla f(\boldsymbol{x}^{(1)})^{\mathrm{T}}(\boldsymbol{y} - \boldsymbol{x}^{(1)}).$$

代入 $\boldsymbol{y}$, 便得到

$$f(\boldsymbol{x}^{(2)}) > f(\boldsymbol{x}^{(1)}) + \nabla f(\boldsymbol{x}^{(1)})^{\mathrm{T}}(\boldsymbol{x}^{(2)} - \boldsymbol{x}^{(1)}).$$

($\Leftarrow$) 证明与定理 1.4.9 类似, 不再重复. ∎

下面我们给出判别凸函数的二阶条件. 为此, 先介绍黑塞矩阵的概念.

设集合 $S \subseteq \mathbb{R}^n$ 非空, $f(\boldsymbol{x})$ 为定义在 $S$ 上的二次可微函数. 则 $f(\boldsymbol{x})$ 在 $\boldsymbol{x}$ 处的黑塞 (Hessian) 矩阵为

$$\nabla^2 f(\boldsymbol{x}) = \begin{bmatrix} \dfrac{\partial^2 f(\boldsymbol{x})}{\partial x_1 \partial x_1} & \dfrac{\partial^2 f(\boldsymbol{x})}{\partial x_1 \partial x_2} & \cdots & \dfrac{\partial^2 f(\boldsymbol{x})}{\partial x_1 \partial x_n} \\ \dfrac{\partial^2 f(\boldsymbol{x})}{\partial x_2 \partial x_1} & \dfrac{\partial^2 f(\boldsymbol{x})}{\partial x_2 \partial x_2} & \cdots & \dfrac{\partial^2 f(\boldsymbol{x})}{\partial x_2 \partial x_n} \\ \vdots & \vdots & & \vdots \\ \dfrac{\partial^2 f(\boldsymbol{x})}{\partial x_n \partial x_1} & \dfrac{\partial^2 f(\boldsymbol{x})}{\partial x_n \partial x_2} & \cdots & \dfrac{\partial^2 f(\boldsymbol{x})}{\partial x_n \partial x_n} \end{bmatrix}.$$

**定理 1.4.11** 设 $f(\boldsymbol{x})$ 是非空开凸集 $S \subseteq \mathbb{R}^n$ 上的二次可微函数. 则

$$f(\boldsymbol{x}) \text{ 是凸函数} \quad \Leftrightarrow \quad \text{在每一点 } \boldsymbol{x} \in S \text{ 处黑塞矩阵半正定}.$$

**证明** ($\Rightarrow$) 任取 $\bar{\boldsymbol{x}} \in S$ 以及 $\boldsymbol{x} \in \mathbb{R}^n$. 由于 $S$ 为开集, 故存在 $\delta > 0$, 使得 $\forall \lambda \in [-\delta, \delta]$, 都有 $\bar{\boldsymbol{x}} + \lambda \boldsymbol{x} \in S$.

在 $\bar{\boldsymbol{x}} + \lambda \boldsymbol{x}$ 和 $\bar{\boldsymbol{x}}$ 上应用定理 1.4.9, 则得到

$$f(\bar{\boldsymbol{x}} + \lambda \boldsymbol{x}) \geqslant f(\bar{\boldsymbol{x}}) + \lambda \nabla f(\bar{\boldsymbol{x}})^{\mathrm{T}} \boldsymbol{x}. \tag{1.4.1}$$

由于 $f(\boldsymbol{x})$ 二次可微, $f(\boldsymbol{x})$ 在 $\bar{\boldsymbol{x}}$ 处的带佩亚诺 (Peano, 曾译皮亚诺) 余项的二阶泰勒 (Brook Taylor, 英国, 1685—1731) 展开式为

$$f(\boldsymbol{x}) = f(\bar{\boldsymbol{x}}) + \nabla f(\bar{\boldsymbol{x}})^{\mathrm{T}}(\boldsymbol{x} - \bar{\boldsymbol{x}}) + \frac{1}{2}(\boldsymbol{x} - \bar{\boldsymbol{x}})^{\mathrm{T}} \nabla^2 f(\bar{\boldsymbol{x}})(\boldsymbol{x} - \bar{\boldsymbol{x}}) + o(||\boldsymbol{x} - \bar{\boldsymbol{x}}||^2).$$

将 $\bar{\boldsymbol{x}} + \lambda \boldsymbol{x}$ 当作 $\boldsymbol{x}$ 代入上式, 则得到

$$f(\bar{\boldsymbol{x}} + \lambda \boldsymbol{x}) = f(\bar{\boldsymbol{x}}) + \lambda \nabla f(\bar{\boldsymbol{x}})^{\mathrm{T}} \boldsymbol{x} + \frac{1}{2}\lambda^2 \boldsymbol{x}^{\mathrm{T}} \nabla^2 f(\bar{\boldsymbol{x}}) \boldsymbol{x} + o(||\lambda \boldsymbol{x}||^2). \tag{1.4.2}$$

由 (1.4.1) 和 (1.4.2), 可得

$$\frac{1}{2}\lambda^2 \boldsymbol{x}^{\mathrm{T}} \nabla^2 f(\bar{\boldsymbol{x}}) \boldsymbol{x} + o(||\lambda \boldsymbol{x}||^2) \geqslant 0,$$

即

$$\frac{1}{2}\boldsymbol{x}^{\mathrm{T}}\nabla^2 f(\bar{\boldsymbol{x}})\boldsymbol{x}+\frac{o(||\lambda\boldsymbol{x}||^2)}{\lambda^2}\geqslant 0.$$

令 $\lambda\to 0$, 即得到

$$\boldsymbol{x}^{\mathrm{T}}\nabla^2 f(\bar{\boldsymbol{x}})\boldsymbol{x}\geqslant 0,$$

因此 $\nabla^2 f(\bar{\boldsymbol{x}})$ 半正定.

($\Leftarrow$) 对任意的 $\bar{\boldsymbol{x}},\boldsymbol{x}\in S$, 由带拉格朗日余项的泰勒公式, 有

$$f(\boldsymbol{x})=f(\bar{\boldsymbol{x}})+\nabla f(\bar{\boldsymbol{x}})^{\mathrm{T}}(\boldsymbol{x}-\bar{\boldsymbol{x}})+\frac{1}{2}(\boldsymbol{x}-\bar{\boldsymbol{x}})^{\mathrm{T}}\nabla^2 f(\hat{\boldsymbol{x}})(\boldsymbol{x}-\bar{\boldsymbol{x}}),$$

其中 $\hat{\boldsymbol{x}}=\lambda\bar{\boldsymbol{x}}+(1-\lambda)\boldsymbol{x}$, $\lambda$ 是 $(0,1)$ 中的某一个数 (在此处的泰勒展开式中, 展开到了一阶导数处, 后面的 $\frac{1}{2}(\boldsymbol{x}-\bar{\boldsymbol{x}})^{\mathrm{T}}\nabla^2 f(\hat{\boldsymbol{x}})(\boldsymbol{x}-\bar{\boldsymbol{x}})$ 称为拉格朗日余项). 由于 $S$ 是凸集, 因此 $\hat{\boldsymbol{x}}\in S$.

根据假设, $\nabla^2 f(\hat{\boldsymbol{x}})$ 半正定, 因此 $(\boldsymbol{x}-\bar{\boldsymbol{x}})^{\mathrm{T}}\nabla^2 f(\hat{\boldsymbol{x}})(\boldsymbol{x}-\bar{\boldsymbol{x}})\geqslant 0$. 于是, $f(\boldsymbol{x})\geqslant f(\bar{\boldsymbol{x}})+\nabla f(\bar{\boldsymbol{x}})^{\mathrm{T}}(\boldsymbol{x}-\bar{\boldsymbol{x}})$. 由定理 1.4.9, $f(\boldsymbol{x})$ 是 $S$ 上的凸函数. ∎

在定理 1.4.11 的证明中, 用到了小 $o$ 符号. $o(||\lambda\boldsymbol{x}||^2)$(自变量为 $\lambda$) 的含义是, 在此有一个 $\lambda$ 的函数, 不妨写作 $u(\lambda)$, 当 $\lambda\to 0$ 时 (该句在证明中按照一般的惯例省略了), $u(\lambda)=o(||\lambda\boldsymbol{x}||^2)$. 根据 $o$ 符号的定义, 有 $\lim_{\lambda\to 0}\dfrac{u(\lambda)}{||\lambda\boldsymbol{x}||^2}=0$.

因为 $\lim_{\lambda\to 0}\dfrac{u(\lambda)}{||\lambda\boldsymbol{x}||^2}=0$, 所以有 $0=\lim_{\lambda\to 0}\dfrac{u(\lambda)}{||\lambda\boldsymbol{x}||^2}=\lim_{\lambda\to 0}\dfrac{u(\lambda)}{\lambda^2||\boldsymbol{x}||^2}=\dfrac{1}{||\boldsymbol{x}||^2}\lim_{\lambda\to 0}\dfrac{u(\lambda)}{\lambda^2}$, 即 $\lim_{\lambda\to 0}\dfrac{u(\lambda)}{\lambda^2}=0$.

在定理 1.4.11 的证明中, 还用到了带佩亚诺余项的泰勒展开式. 要注意证明的叙述中"在 $\bar{\boldsymbol{x}}$ 展开"的含义, 是指在 $\bar{\boldsymbol{x}}$ 的某个邻域内可以做这样的展开. 因此, 在接下来证明中将 $\bar{\boldsymbol{x}}+\lambda\boldsymbol{x}$ 代入 $f(\boldsymbol{x})$ 的泰勒展开式时, 需要满足 $\bar{\boldsymbol{x}}+\lambda\boldsymbol{x}$ 在这个邻域内的条件 (即, 展开式并不是对任意的 $\boldsymbol{x}$ 都成立). 然而, 这个条件是可以满足的, 因为接下来的证明中要让 $\lambda\to 0$.

**定理 1.4.12** 设 $f(\boldsymbol{x})$ 是非空开凸集 $S\subseteq\mathbb{R}^n$ 上的二次可微函数. 则

在每一点 $\boldsymbol{x}\in S$ 处黑塞矩阵正定 $\Rightarrow$ $f(\boldsymbol{x})$ 是严格凸函数.

**证明** 对任意的 $\bar{\boldsymbol{x}},\boldsymbol{x}\in S$, 由 (带拉格朗日余项的) 泰勒公式, 有

$$f(\boldsymbol{x})=f(\bar{\boldsymbol{x}})+\nabla f(\bar{\boldsymbol{x}})^{\mathrm{T}}(\boldsymbol{x}-\bar{\boldsymbol{x}})+\frac{1}{2}(\boldsymbol{x}-\bar{\boldsymbol{x}})^{\mathrm{T}}\nabla^2 f(\hat{\boldsymbol{x}})(\boldsymbol{x}-\bar{\boldsymbol{x}}),$$

其中 $\hat{\boldsymbol{x}}=\lambda\bar{\boldsymbol{x}}+(1-\lambda)\boldsymbol{x}$, $\lambda$ 是 $(0,1)$ 中的某一个数. 由于 $S$ 是凸集, 因此 $\hat{\boldsymbol{x}}\in S$.

根据假设, $\nabla^2 f(\hat{\boldsymbol{x}})$ 正定, 因此当 $\boldsymbol{x}\neq\bar{\boldsymbol{x}}$ 时, $(\boldsymbol{x}-\bar{\boldsymbol{x}})^{\mathrm{T}}\nabla^2 f(\hat{\boldsymbol{x}})(\boldsymbol{x}-\bar{\boldsymbol{x}})>0$. 于是, $\forall\boldsymbol{x}, \forall\bar{\boldsymbol{x}}, \boldsymbol{x}\neq\bar{\boldsymbol{x}}$, 都有 $f(\boldsymbol{x})>f(\bar{\boldsymbol{x}})+\nabla f(\bar{\boldsymbol{x}})^{\mathrm{T}}(\boldsymbol{x}-\bar{\boldsymbol{x}})$. 由定理 1.4.10, $f(\boldsymbol{x})$ 是 $S$ 上的严格凸函数. ∎

当函数 $f(\boldsymbol{x})$ 是二次函数时, 我们还有一个简单的判别定理. 首先, 回忆二次函数 $f(\boldsymbol{x})$ 都可以写成如下的形式

$$f(\boldsymbol{x})=\frac{1}{2}\boldsymbol{x}^{\mathrm{T}}\boldsymbol{A}\boldsymbol{x}+\boldsymbol{b}^{\mathrm{T}}\boldsymbol{x}+c.$$

**定理 1.4.13**　给定二次函数 $f(\boldsymbol{x})=\frac{1}{2}\boldsymbol{x}^{\mathrm{T}}\boldsymbol{A}\boldsymbol{x}+\boldsymbol{b}^{\mathrm{T}}\boldsymbol{x}+c$, 其中 $\boldsymbol{x}\in\mathbb{R}^n$. 则

$$f \text{ 是严格凸函数} \Leftrightarrow \boldsymbol{A} \text{ 是正定矩阵}.$$

**证明**　($\Leftarrow$) 由定理 1.4.12, 立即可证.
($\Rightarrow$) 取 $\boldsymbol{x}\neq\boldsymbol{0}$ 和 $\boldsymbol{0}$ 两个点. 由于 $f$ 是严格凸函数, 因此 $\forall\lambda\in(0,1)$,

$$\begin{aligned}
&f(\lambda\boldsymbol{x}+(1-\lambda)\boldsymbol{0})<\lambda f(\boldsymbol{x})+(1-\lambda)f(\boldsymbol{0})\\
\Leftrightarrow&\frac{1}{2}\lambda^2\boldsymbol{x}^{\mathrm{T}}\boldsymbol{A}\boldsymbol{x}+\lambda\boldsymbol{b}^{\mathrm{T}}\boldsymbol{x}+c<\frac{1}{2}\lambda\boldsymbol{x}^{\mathrm{T}}\boldsymbol{A}\boldsymbol{x}+\lambda\boldsymbol{b}^{\mathrm{T}}\boldsymbol{x}+\lambda c+(1-\lambda)c\\
\Leftrightarrow&\lambda^2\boldsymbol{x}^{\mathrm{T}}\boldsymbol{A}\boldsymbol{x}<\lambda\boldsymbol{x}^{\mathrm{T}}\boldsymbol{A}\boldsymbol{x}\\
\Leftrightarrow&(\lambda-\lambda^2)\boldsymbol{x}^{\mathrm{T}}\boldsymbol{A}\boldsymbol{x}>0\\
\Leftrightarrow&\boldsymbol{x}^{\mathrm{T}}\boldsymbol{A}\boldsymbol{x}>0.
\end{aligned}$$

由于 $\boldsymbol{x}$ 是任意的非零向量, 这表明 $\boldsymbol{A}$ 正定. ∎

## 1.5　凸规划问题

**定义 1.5.1**　称数学规划

$$\begin{aligned}
\min\quad & f(\boldsymbol{x}) && \text{(CP)}\\
\text{s.t.}\quad & g_i(\boldsymbol{x})\geqslant 0,\quad \forall i\in G,\\
& h_j(\boldsymbol{x})=0,\quad \forall j\in H
\end{aligned}$$

为**凸规划**, 其中, $f(\boldsymbol{x})$ 是凸函数, $g_i(\boldsymbol{x})$ 是凹函数, $h_j(\boldsymbol{x})$ 是线性函数, $G$ 和 $H$ 都是指标集 (下标的集合).

**说明**　$\forall\lambda\in(0,1)$, 对任意满足约束 $g_i(\cdot)\geqslant 0$ 的 $\boldsymbol{x}$, $\boldsymbol{y}$, 由于 $g_i(\boldsymbol{x})$ 是凹函数, $g_i(\lambda\boldsymbol{x}+(1-\lambda)\boldsymbol{y})\geqslant\lambda g_i(\boldsymbol{x})+(1-\lambda)g_i(\boldsymbol{y})\geqslant 0$. 因此, 满足 $g_i(\boldsymbol{x})\geqslant 0$ 的 $\boldsymbol{x}$ 的集合是凸集. 类似地, $\forall\lambda\in(0,1)$, 对任意满足约束 $h_j(\cdot)=0$ 的 $\boldsymbol{x}$, $\boldsymbol{y}$, 由于 $h_j(\boldsymbol{x})$ 是线性函数, $h_j(\lambda\boldsymbol{x}+(1-\lambda)\boldsymbol{y})=\lambda h_j(\boldsymbol{x})+(1-\lambda)h_j(\boldsymbol{y})=0$. 因此, 满足 $h_j(\boldsymbol{x})=0$ 的 $\boldsymbol{x}$ 的集合也是凸集. 于是, (CP) 的可行域是多个凸集的交, 仍为凸集. 这种凸集上的凸函数极小化问题, 就是凸规划.

注意到诸 $h_j(\boldsymbol{x})$ 为线性函数, 这表明 $h_j(\boldsymbol{x})=0,\forall j\in H$ 的形式为 $\boldsymbol{Ax}-\boldsymbol{b}=\boldsymbol{0}$, 这与线性规划标准型 (参见 2.1 节) 的约束是一致的.

凸规划具有良好的性质, 相对其他类型的规划而言比较容易求解, 是人们研究得很广泛的一类数学规划. 关于凸规划人们已经建立起了深厚的理论, 凸规划在现实中也具有广泛的应用.

## 1.6 习　题

1. 设 $D\subseteq\mathbb{R}^n$ 是凸集, 则 $D$ 中任意 $m$ 个点的凸组合仍属于 $D$.

2. 两个不相交的凸集的并, 也能构成一个凸集吗? 为什么?

3. 设 $f(\boldsymbol{x})$, $g(\boldsymbol{x})$ 均为凸集 $S$ 上关于 $\boldsymbol{x}$ 的凸函数. 证明 $h(\boldsymbol{x})=\max\{f(\boldsymbol{x}),g(\boldsymbol{x})\}$ 也是 $\boldsymbol{x}$ 的凸函数.

4. 设 $h\colon\mathbb{R}\to\mathbb{R}$ 是凸函数. 证明 $h(a-y)$ 是 $y$ 的凸函数, 其中 $a$ 为某个常数.

5. 凹函数在定义上和凸函数是对称的, 因此凸函数的许多判别定理也可以平行地推广到凹函数上来. 请证明如下定理.

**定理 1.6.1**　设 $f(\boldsymbol{x})$ 是非空开凸集 $S\subseteq\mathbb{R}^n$ 上的可微函数. 则

$$f(\boldsymbol{x})\text{ 是凹函数}\Leftrightarrow\forall\boldsymbol{x}^{(1)},\forall\boldsymbol{x}^{(2)},\text{都有}$$
$$f(\boldsymbol{x}^{(2)})\leqslant f(\boldsymbol{x}^{(1)})+\nabla f(\boldsymbol{x}^{(1)})^{\mathrm{T}}(\boldsymbol{x}^{(2)}-\boldsymbol{x}^{(1)}).$$

**定理 1.6.2**　设 $f(\boldsymbol{x})$ 是非空开凸集 $S\subseteq\mathbb{R}^n$ 上的可微函数. 则

$$f(\boldsymbol{x})\text{ 是严格凹函数}\Leftrightarrow\forall\boldsymbol{x}^{(1)},\forall\boldsymbol{x}^{(2)},\boldsymbol{x}^{(1)}\neq\boldsymbol{x}^{(2)},\text{都有}$$
$$f(\boldsymbol{x}^{(2)})<f(\boldsymbol{x}^{(1)})+\nabla f(\boldsymbol{x}^{(1)})^{\mathrm{T}}(\boldsymbol{x}^{(2)}-\boldsymbol{x}^{(1)}).$$

**定理 1.6.3**　设 $f(\boldsymbol{x})$ 是非空开凸集 $S\subseteq\mathbb{R}^n$ 上的二次可微函数. 则

$$f(\boldsymbol{x})\text{ 是凹函数}\quad\Leftrightarrow\quad\text{在每一点 }\boldsymbol{x}\in S\text{ 处黑塞矩阵半负定}.$$

**定理 1.6.4**　设 $f(\boldsymbol{x})$ 是非空开凸集 $S\subseteq\mathbb{R}^n$ 上的二次可微函数. 则

$$\text{在每一点 }\boldsymbol{x}\in S\text{ 处黑塞矩阵负定}\quad\Rightarrow\quad f(\boldsymbol{x})\text{ 是严格凹函数}.$$

**定理 1.6.5**　给定二次函数 $f(\boldsymbol{x})=\dfrac{1}{2}\boldsymbol{x}^{\mathrm{T}}\boldsymbol{Ax}+\boldsymbol{b}^{\mathrm{T}}\boldsymbol{x}+c$, 其中 $\boldsymbol{x}\in\mathbb{R}^n$. 则

$$f\text{ 是严格凹函数}\Leftrightarrow\boldsymbol{A}\text{ 是负定矩阵}.$$

6. 计算下列函数的黑塞矩阵, 并指出哪些函数是凸函数, 哪些函数是凹函数, 哪些函数是非凸非凹函数.

(a) $f(x_1, x_2) = x_1^2 - x_1x_2 + x_2^2 - 10x_1 - 4x_2 + 60$.

(b) $f(x_1, x_2) = -x_1^2 + 2x_1x_2 - 5x_2^2 + 10x_1 - 10x_2$.

(c) $f(x_1, x_2, x_3) = x_1^2 - 2x_1x_2 + 2x_1x_3 + 3x_2^2 + 6x_2x_3 + 9x_3^2$.

# 第 2 章　线性规划的基本性质

从本章开始到第 5 章我们介绍线性规划, 包括其基本概念、求解方法、基本理论等. 线性规划是运筹学和最优化方法的最基本的内容之一. 人们在生产实际中遇到的大量优化问题, 都可以用线性规划描述. 线性规划在运筹学和最优化方法中研究得比较早, 其理论也发展得相对成熟.

## 2.1　线性规划的形式

### 2.1.1　线性规划的三种基本形式

称具有如下形式的数学规划

$$\begin{aligned}
\min \quad & c_1x_1 + c_2x_2 + \cdots + c_nx_n && && \text{(LPG)}\\
\text{s.t.} \quad & a_{i1}x_1 + a_{i2}x_2 + \cdots + a_{in}x_n = b_i, && i = 1, \cdots, p, \\
& a_{i1}x_1 + a_{i2}x_2 + \cdots + a_{in}x_n \geqslant b_i, && i = p+1, \cdots, m, \\
& x_j \geqslant 0, && j = 1, \cdots, q, \\
& x_j \gtreqless 0, && j = q+1, \cdots, n
\end{aligned}$$

为**线性规划**.

线性规划 (LPG) 由两大部分构成, 即*目标函数* (Objective Function) $c_1x_1 + c_2x_2 + \cdots + c_nx_n$ 和线性规划需满足的*约束* (Constraints), 这些约束以等式或不等式的形式在符号 "s.t." 后面给出. 约束也称为 "约束条件". 线性规划 (LPG) 中含有若干变量, 通常记为 $x_1, x_2, \cdots, x_n$. 这些变量也称为 "决策变量". 之所以叫做决策变量, 是因为线性规划通常描述一个应用问题, 而变量代表了应用问题中需要求解的未知量, 对这些未知量需要进行 "决策". 约束共分为两类, 一类叫做*功能约束*, 是 (LPG) 中的前两行约束. 这些约束通常描述了具体应用问题应该满足的条件, 因此称为 "功能" 约束. 另一类叫做*变量约束*, 是 (LPG) 中的后两行约束. 变量约束都是作用在单个变量上的. 具有 $x_j \geqslant 0$ 形式约束的变量称为*限制变量*. 具有 $x_j \gtreqless 0$ 形式约束的变量称为*无限制变量*. 约束 $x_j \gtreqless 0$ 表示变量 $x_j$ 的取值没有 (正、负、零) 限制, 可以是任意的实数, 实际上表达的是 "没有约束". 当一个变量是无限制变量时, 其约束 $x_j \gtreqless 0$ 也可以不出现在线性规划中.

线性规划的目标函数是变量的线性函数, 约束中关系符号左边的表达式也是变量的线性函数. 因此, 人们把这样的数学规划称为线性规划. 由于线性规划的目标函数和约束都是线性的, 而线性函数也是凸函数, 因此线性规划是一种简单的凸规划.

线性规划 (LPG) 称为线性规划的**一般型** (General Form). 实际上在线性规划中可以使用三种形式的功能约束: 等式约束、大于等于约束和小于等于约束, 以及三种形式的变量约束: $x_j \geqslant 0$、$x_j \gtreqless 0$ 和 $x_j \leqslant 0$. 由于小于等于约束两端乘上 $-1$ 之后就变成了大于等于约束, 以及非正变量 $x_j$ 用 $-x_j$ 代替就变成了非负变量, 因此在线性规划的一般型 (LPG) 中, 并没有写上小于等于约束和非正变量约束.

线性规划还有**标准型** (Standard Form) 的写法, 如 (LPS) 所示.

$$
\begin{aligned}
\min \quad & c_1x_1 + c_2x_2 + \cdots + c_nx_n & & \text{(LPS)}\\
\text{s.t.} \quad & a_{i1}x_1 + a_{i2}x_2 + \cdots + a_{in}x_n = b_i, & i = 1, \cdots, m, &\\
& x_j \geqslant 0, & j = 1, \cdots, n. &
\end{aligned}
$$

在线性规划的标准型中, 没有不等式的功能约束, 也没有无限制的变量. 所有的功能约束都是等式约束, 所有的变量都是非负变量.

对于线性规划的标准型, 我们可以用

$$
\boldsymbol{A} = \begin{bmatrix} a_{11} & a_{12} & \cdots & a_{1n} \\ a_{21} & a_{22} & \cdots & a_{2n} \\ \vdots & \vdots & & \vdots \\ a_{m1} & a_{m2} & \cdots & a_{mn} \end{bmatrix}
$$

表示功能约束的系数矩阵, 用 $\boldsymbol{b} = \begin{bmatrix} b_1 \\ b_2 \\ \vdots \\ b_m \end{bmatrix}$ 表示功能约束的右端项构成的向量, 用

$\boldsymbol{c} = \begin{bmatrix} c_1 \\ c_2 \\ \vdots \\ c_n \end{bmatrix}$ 表示目标函数中各变量的系数构成的向量, 用向量 $\boldsymbol{x} = \begin{bmatrix} x_1 \\ x_2 \\ \vdots \\ x_n \end{bmatrix}$ 表示

决策变量构成的向量, 则线性规划的标准型可写为如下以矩阵和向量表达的形式:

$$\begin{aligned} \min \quad & \boldsymbol{c}^{\mathrm{T}}\boldsymbol{x} \\ \text{s.t.} \quad & \boldsymbol{A}\boldsymbol{x} = \boldsymbol{b}, \\ & \boldsymbol{x} \geqslant \mathbf{0}. \end{aligned} \tag{LPS}$$

线性规划的标准型多用于线性规划的理论分析中. 也有实际问题其线性规划 (松弛) 写出来就是标准型的形式, 例如下面的最短路问题.

**定义 2.1.1　最短 $s$-$t$ 路问题**

实例: 给定一个图 $G=(V,E)$, 边 $e\in E$ 上定义有费用 (长度) $c_e\geqslant 0$. 有两个特殊的顶点 $s,t\in V$, 其中 $s$ 是源顶点, $t$ 是目标顶点.

目标: 找一条从 $s$ 到 $t$ 的总长度最短的路径.

最短路问题是计算机科学中一个非常基本的、经典的组合优化问题. 最短路问题可以定义在无向图上, 也可以定义在有向图上. 有各种各样形式的最短路问题. 定义 2.1.1 中给出的是最短 $s$-$t$ 路问题, 这可以说是最基本的最短路问题. 为简便, 最短 $s$-$t$ 路问题也简称为最短路问题.

线性规划松弛就是一种线性规划, 它的具体含义在例 2.1.2 之后再解释.

**例 2.1.2**　写出有向图上最短路问题的线性规划松弛.

**解**　把最短路问题看成是一个流值为 1 的最小费用流问题. 在边 $e$ 上定义变量 $x_e$, 表示在该边上 (沿边的方向) 的流量. 离开 $s$ 的流量为 1, 进入 $t$ 的流量为 1. 这可用约束表达为 $\sum_{e\in\delta^+(s)}x_e=1$ 和 $\sum_{e\in\delta^-(t)}x_e=1$. 符号 $\delta^+(v)$ 表示离开顶点 $v$ 的边的集合, $\delta^-(v)$ 表示进入顶点 $v$ 的边的集合. 除 $s$, $t$ 外, 其余每个顶点 $v$ 都满足流守恒约束, 即进入的流量和流出的流量相等, 这可以用约束 $\sum_{e\in\delta^-(v)}x_e-\sum_{e\in\delta^+(v)}x_e=0$ 来表达. 于是可以得到最短路问题的整数线性规划.

$$\begin{aligned} \min \quad & \sum_e c_e x_e \\ \text{s.t.} \quad & \sum_{e\in\delta^+(s)} x_e = 1, \\ & \sum_{e\in\delta^-(v)} x_e - \sum_{e\in\delta^+(v)} x_e = 0, \quad \forall v\neq s,t, \\ & \sum_{e\in\delta^-(t)} x_e = 1, \\ & x_e\in\{0,1\}, \quad \forall e. \end{aligned} \tag{2.1.1}$$

当用最小费用流问题来看待最短路问题时，最短路问题是一条“不可分”(Unsplittable) 流. 由于流的流值为 1, 因此每条边上的流量 $x_e$ 是一个 0-1 变量. 这恰好表达了不可分流.

把这个整数线性规划放松, 就得到最短路问题的线性规划松弛.

$$\begin{aligned}\min\quad & \sum_{e} c_e x_e \\ \text{s.t.}\quad & \sum_{e\in\delta^+(s)} x_e = 1, \\ & \sum_{e\in\delta^-(v)} x_e - \sum_{e\in\delta^+(v)} x_e = 0, \quad \forall v \neq s,t, \\ & \sum_{e\in\delta^-(t)} x_e = 1, \\ & x_e \geqslant 0, \quad \forall e.\end{aligned} \tag{2.1.2}$$

■

我们用一个具体的例子来解释一下例 2.1.2 中给出的最短路问题的线性规划松弛 (图 2.1.1).

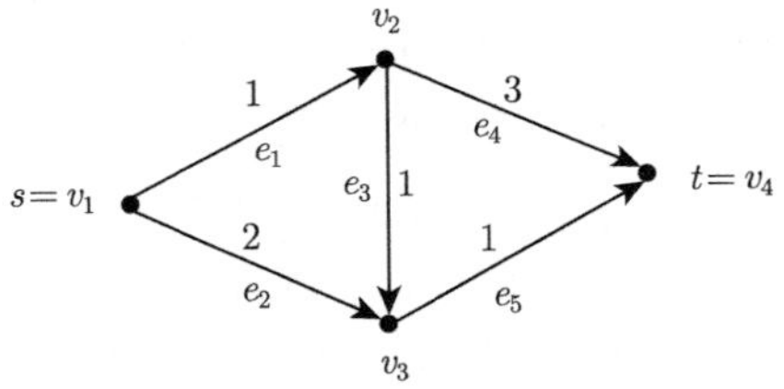


图 2.1.1

在这个例子上, 最短路问题的线性规划松弛为

$$\begin{aligned}\min\quad & x_1 + 2x_2 + x_3 + 3x_4 + x_5 \\ \text{s.t.}\quad & x_1 + x_2 = 1, \\ & -x_1 + x_3 + x_4 = 0, \\ & -x_2 - x_3 + x_5 = 0, \\ & -x_4 - x_5 = -1, \\ & x_j \geqslant 0, \quad \forall j.\end{aligned} \tag{2.1.3}$$

所谓线性规划松弛, 是相对于整数线性规划而言的. 在最短路问题的线性规划松弛中, 变量约束由 $x_e \in \{0,1\}$ 放松为 $x_e \geqslant 0$, 因此我们说它是一种线性规划松弛 (LP Relaxation). 线性规划松弛就是一种线性规划.

务必注意, 一般地, 线性规划松弛比原问题放松了, 它并没有确切刻画原问题. 例如, 对于最短路问题的线性规划松弛 (2.1.3), 存在一个最优解为 $x_1 = 1/2$, $x_2 = 1/2$, $x_3 = 1/2$, $x_4 = 0$, $x_5 = 1$. 那么, 对于这样一个解, 边 $e_1$ (以及 $e_2$, $e_3$) 是选还是不选在最短路中呢? 单从解上看, 并没有答案. 因此, 最短路问题的线性规划松弛描述了比最短路问题更松的一种"想象中的问题".

除了一般型和标准型外, 线性规划还有**规范型** (Canonical Form) 的写法, 如 (LPC) 所示.

$$
\begin{aligned}
\min \quad & c_1x_1 + c_2x_2 + \cdots + c_nx_n && \text{(LPC)}\\
\text{s.t.} \quad & a_{i1}x_1 + a_{i2}x_2 + \cdots + a_{in}x_n \geqslant b_i, \quad i = 1, \cdots, m,\\
& x_j \geqslant 0, \quad j = 1, \cdots, n.
\end{aligned}
$$

$$
\begin{aligned}
\min \quad & \boldsymbol{c}^{\mathrm{T}}\boldsymbol{x} && \text{(LPC)}\\
\text{s.t.} \quad & \boldsymbol{A}\boldsymbol{x} \geqslant \boldsymbol{b},\\
& \boldsymbol{x} \geqslant \boldsymbol{0}.
\end{aligned}
$$

在线性规划的规范型中, 没有等式功能约束, 没有无限制变量. 所有的功能约束都是不等式约束, 所有变量都是非负变量. 与标准型相比较而言, 线性规划的规范型在线性规划理论分析中用得比较少. 然而, 有一些实际问题, 其线性规划 (松弛) 写出来就是规范型的, 比如下面的顶点覆盖问题.

**定义 2.1.3 顶点覆盖问题** (Vertex Cover Problem)

实例: 无向图 $G = (V, E)$.

目标: 找一个最小尺寸的顶点子集 $V' \subseteq V$, 使得 $V'$ 包含 $E$ 中每一条边的至少一个顶点 (称为"覆盖"这条边).

**例 2.1.4** 写出顶点覆盖问题的线性规划松弛.

**解** 定义变量 $x_u$ 表示顶点 $u$ 是否被选择. 约束 $x_u + x_v \geqslant 1$ 表示对于一条边 $(u, v)$, 两个端点必须至少选择其中一个. 问题的目标是最小化所选择的顶点的数目. 于是, 可得到顶点覆盖问题的整数线性规划:

$$\begin{aligned}\min \quad & \sum_{v \in V} x_v \\ \text{s.t.} \quad & x_u + x_v \geqslant 1, \quad \forall (u, v) \in E, \\ & x_v \in \{0, 1\}, \quad \forall v \in V.\end{aligned}$$

这个整数线性规划的松弛为

$$\begin{aligned}\min \quad & \sum_{v \in V} x_v \\ \text{s.t.} \quad & x_u + x_v \geqslant 1, \quad \forall (u, v) \in E, \\ & x_v \geqslant 0, \quad \forall v \in V.\end{aligned}$$

■

我们可以看到, 顶点覆盖问题的线性规划松弛天然就是规范型的. 这个线性规划中没有任何斧凿的痕迹.

同样需要注意, 顶点覆盖问题的线性规划松弛描述了比顶点覆盖问题更松的一种问题. 例如, 在顶点覆盖问题的线性规划松弛中, 我们可以合理想象在一个最优解中有 $x_u = 1/2$, 对某个顶点 $u$. 但这样的一个解并不直接对应于一个顶点覆盖.

我们来看一个具体的顶点覆盖问题的例子 (图 2.1.2).

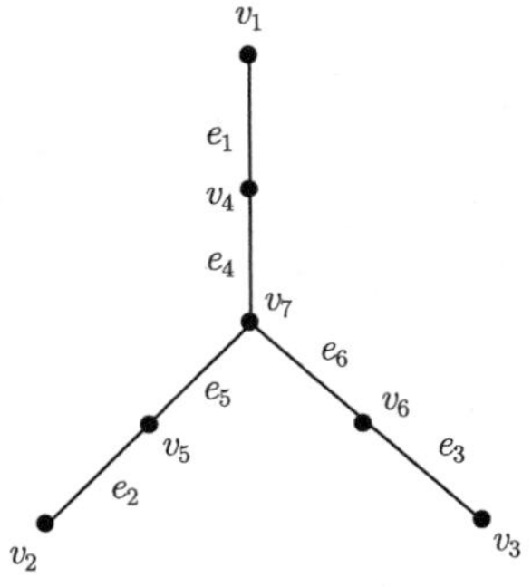


图 2.1.2

在这个例子上, 顶点覆盖问题的线性规划松弛如下所示.

$$\begin{aligned}\min \quad & \sum_{j} x_j \\ \text{s.t.} \quad & x_1 + x_4 \geqslant 1, \\ & x_2 + x_5 \geqslant 1,\end{aligned}$$

$$x_3 + x_6 \geqslant 1,$$
$$x_4 + x_7 \geqslant 1,$$
$$x_5 + x_7 \geqslant 1,$$
$$x_6 + x_7 \geqslant 1,$$
$$x_j \geqslant 0, \quad \forall j.$$

### 2.1.2 三种形式相互等价

在 2.1.1 节, 我们介绍了线性规划的三种形式, 并说明这是线性规划的三种"写法". 这暗示线性规划的三种形式是等价的. 从最优解值相等的角度而言, 这三种形式确实是相互等价的. 要了解到这一点, 只需要熟悉以下变换规则.

(1) 目标函数中的 min 变 max, max 变 min.

线性规划可以有最大优化和最小优化两种形式. 令 $\boldsymbol{c}^{\mathrm{T}}\boldsymbol{x}$ 为目标函数, 则最大优化目标函数的写法为 $\max \boldsymbol{c}^{\mathrm{T}}\boldsymbol{x}$, 最小优化目标函数的写法为 $\min \boldsymbol{c}^{\mathrm{T}}\boldsymbol{x}$. 由于 $\max \boldsymbol{c}^{\mathrm{T}}\boldsymbol{x}$ 等价于 $\min -\boldsymbol{c}^{\mathrm{T}}\boldsymbol{x}$, 最大优化的线性规划和最小优化的线性规划是等价的. 最大优化的线性规划可以通过对其目标函数取负, 变成最小优化的线性规划, 反之亦然.

(2) 不等式约束改变不等号方向.

将不等式的两端同乘以 $-1$, 不等式的不等号改变方向, 前后两个不等式是等价的.

(3) 等式约束变不等式约束.

等式约束 $a_{i1}x_1 + \cdots + a_{in}x_n = b_i$ 等价于如下两条不等式约束:

$$a_{i1}x_1 + \cdots + a_{in}x_n \geqslant b_i,$$
$$a_{i1}x_1 + \cdots + a_{in}x_n \leqslant b_i.$$

(4) 不等式约束变等式约束.

对于不等式约束, 可以通过添加非负变量的办法将其变为等式约束. 具体而言, 不等式约束 $a_{i1}x_1 + \cdots + a_{in}x_n \geqslant b_i$ 等价于

$$a_{i1}x_1 + \cdots + a_{in}x_n - x_{n+1} = b_i,$$
$$x_{n+1} \geqslant 0.$$

不等式约束 $a_{i1}x_1 + \cdots + a_{in}x_n \leqslant b_i$ 等价于

$$a_{i1}x_1 + \cdots + a_{in}x_n + x_{n+1} = b_i,$$
$$x_{n+1} \geqslant 0.$$

(5) 非正变量变非负变量.

若线性规划中有一个变量是非正的: $x_i \leqslant 0$, 则可以去掉这个约束, 增加一个新的变量约束: $x_i' \geqslant 0$, 然后用 $-x_i'$ 替换线性规划中所有的 $x_i$. 变换前后的线性规划是等价的.

(6) 无限制变量变限制变量.

假设 $x_j$ 为无限制变量: $x_j \gtrless 0$. 在线性规划中, 去掉这个约束, 然后将所有的 $x_j$ 替换为 $x_j^+ - x_j^-$, 其中 $x_j^+$, $x_j^-$ 为新引进的两个非负变量. 则变换前后的线性规划是等价的.

**例 2.1.5**　将如下线性规划变为标准型.

$$\begin{aligned} \max \quad & -x_1 + x_2 \\ \text{s.t.} \quad & 2x_1 - x_2 \geqslant -2, \\ & x_1 - 2x_2 \leqslant 2, \\ & x_1 + x_2 \leqslant 5, \\ & x_1 \geqslant 0, \quad x_2 \geqslant 0. \end{aligned} \tag{LP1}$$

**解**　首先将目标函数取负, 使线性规划变成最小化的形式. 然后加入非负变量 $x_3$, $x_4$, $x_5$, 将线性规划的三条不等式约束变成等式约束. 这样就得到

$$\begin{aligned} \min \quad & x_1 - x_2 \\ \text{s.t.} \quad & 2x_1 - x_2 - x_3 = -2, \\ & x_1 - 2x_2 + x_4 = 2, \\ & x_1 + x_2 + x_5 = 5, \\ & x_j \geqslant 0, \quad \forall j. \end{aligned} \tag{LP1S}$$

这是一个标准型的线性规划. ∎

线性规划 (LP1) 及其标准型 (LP1S) 在本书介绍线性规划理论时经常作为例子使用.

## 2.2　可行域和顶点

给一个线性规划, 假设其含有 $n$ 个变量 $x_1, \cdots, x_n$. 则 $\mathbb{R}^n$ 中的任何一个点 $\boldsymbol{x}$, 都称为该线性规划的一个**解**. 进一步地, 满足该线性规划所有约束 (包括功能约束

和变量约束) 的解, 称为该线性规划的一个**可行解**. 注意, 这里的术语和线性方程组的术语有所不同. 在线性代数中, 满足线性方程组 (中的所有等式约束) 的点, 才称为解. 不满足线性方程组的点不能称为解. 而在线性规划中, $n$ 维空间中的一个点就称为解. 不可行的解也称为解. 这是一种惯用法, 也是容易理解的.

给定一个线性规划, 其所有可行解的集合, 称为该线性规划的**可行域**.

对于简单的线性规划, 可以用图示的方法画出其可行域.

**例 2.2.1** 画出线性规划 (LP1) 的可行域.

$$\begin{aligned}\max \quad & -x_1+x_2\\ \text{s.t.} \quad & 2x_1-x_2\geqslant -2,\\ & x_1-2x_2\leqslant 2,\\ & x_1+x_2\leqslant 5,\\ & x_1\geqslant 0,\quad x_2\geqslant 0.\end{aligned}$$

**解** 线性规划 (LP1) 的可行域由 5 个半空间的交构成. 在画一个半空间时, 比如 $2x_1-x_2\geqslant -2$, 我们可以先画出直线 $2x_1-x_2=-2$. 接下来的一个重要的问题是确定这条直线的哪一侧是 (由) 大于等于 $-2$ 的 (点构成的). 这里有一个简单的判断方法: 看直线方程某一个变量的系数是正还是负就可以了. 比如 $x_1$ 的系数是正的, 因此 $x_1$ 越大, $2x_1-x_2$ 的值就越大, 于是直线的右下方 ($x_1$ 增大的方向) 是大于等于 $-2$ 的. 看 $x_2$ 的系数也是一样的结论: $x_2$ 的系数是负的, 因此 $x_2$ 越小, $2x_1-x_2$ 的值就越大, 于是直线的右下方 ($x_2$ 减小的方向) 是大于等于 $-2$ 的.

据此, 可得到线性规划 (LP1) 的可行域如图 2.2.1 所示.

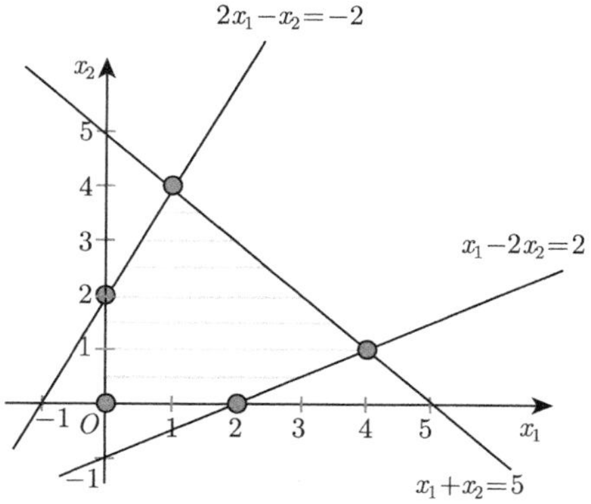


图 2.2.1

∎

**定理 2.2.2**　线性规划的可行域是一个凸集.

**证明**　线性规划的每个约束定义了一个解的集合. 如果是不等式约束, 则这个集合是半空间. 如果是等式约束, 则这个集合是超平面. 半空间和超平面都是凸集. 多个半空间和超平面的交也是凸集. 因此, 线性规划的可行域是凸集. ∎

由例 2.2.1 可知, 线性规划 (LP1) 的可行域有 5 个顶点. 线性规划的可行域是凸集, 凸集的顶点 (若有) 得到了人们的关注. 那么, 人们为什么要关注可行域的顶点呢? 这是因为, 线性规划若有最优值, 它的最优值就会在顶点上取得. 这可从 2.3 节线性规划的图解法得到说明. 定理 2.5.2 对此给出了证明.

## 2.3　解线性规划的图解法

对于线性规划, 最迫切的问题是找出它的最优解. 对于变量数目不超过 3 个的简单的线性规划, 可以尝试使用图解法找最优解.

**例 2.3.1**　用图解法解线性规划 (LP1).

**解**　首先, 将线性规划的可行域画在坐标平面上 (如图 2.3.1). 然后, 估计目标函数的一个值, 比如 0, 将直线 $-x_1 + x_2 = 0$ 画出来. 这条直线称为等值线, 这是因为, 这条直线上的任何点处的目标函数值均相等. 如果等值线与可行域没有交集, 则根据等值线的位置重复进行猜测, 直到等值线与可行域有交集, 这表明有可行解其目标函数值为等值线所代表的值. 然后, 由于本线性规划是最大化目标函数, 则向着使等值线的目标函数值增大的方向平行移动等值线. 等值线移出可行域之前与可行域的最后的交点, 则为最优解. 对于线性规划 (LP1), 最优解为 $x_1 = 1, x_2 = 4$, 最优解值为 3.

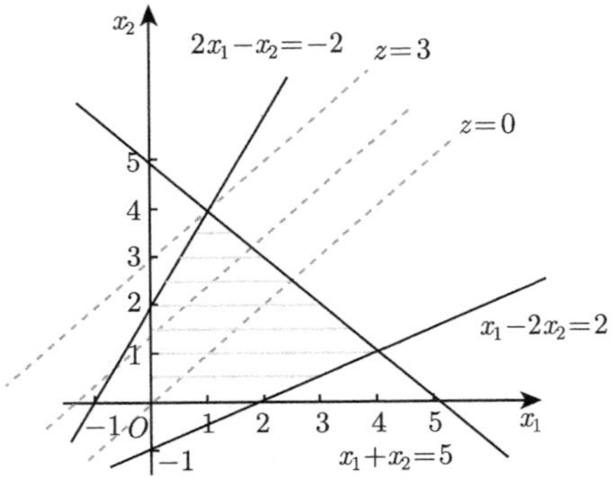


图 2.3.1

在图 2.3.1 中, 符号 $z$ 表示目标函数值. ∎

由于线性规划的可行域是由半空间和超平面围成的, 它的边界都是线段或平面. 因此, 对于含有 2 个变量的线性规划, 当等值线最后即将移出可行域时, 它和可行域的交集可能是顶点或线段. 对于含有 3 个变量的线性规划, 目标函数构成一个等值面. 当等值面最后即将移出可行域时, 它和可行域的交集可能是顶点、线段或平面. 对于含有 4 个及以上变量的线性规划, 则不适于用图解法求解.

从线性规划的图解法可知, 由于目标函数是变量的线性函数, 它只在一个线性的方向上增加或减小. 因此, 等值线离开可行域时的最后一个点 (或重合的边界上的任一个点) 就是最优解.

根据对线性规划可行域及目标函数的观察, 可以归纳出线性规划是否有解的几种情形. (给定一个实值函数 $f$, 若存在两个常数 $m$ 和 $M$, 使得对于定义域中的任意的 $\boldsymbol{x}$, 都有 $m \leqslant f(\boldsymbol{x}) \leqslant M$, 则称 $f$ 为*有界函数*.)

(1) 可行域是空集 ($F = \varnothing$), 称问题*无解*或*不可行*.

(2) 可行域 $F \neq \varnothing$, 但目标函数在可行域上无界, 此时称该问题*最优解无界*. 这对应于可行域是无界的 (不存在一个有限半径的球, 将该可行域包住) 情形, 而线性规划的目标函数也是无界的. 注意当线性规划最优解无界时, 线性规划无最优解, 但有无穷多的可行解.

(3) 可行域 $F \neq \varnothing$, 且目标函数在可行域上有界, 此时问题有*最优解*. 这种情形又分为两种情况:

- 最优解存在且唯一. 此种情形对应于图解法中, 当目标函数等值线 (面) 离开可行域时, 与可行域的交集仅是一个顶点.

- 最优解存在且不唯一. 此种情形对应于图解法中, 当目标函数等值线 (面) 离开可行域时, 与可行域的交集是一条边界. 此时边界上任意一个点都是最优解.

由于线性规划可行域的边界必包含顶点, 当存在最优解时, 最优解一定可以在可行域的顶点上达到. 当最优解不唯一时, 任意两个最优解的凸组合还是最优解, 此时线性规划有无穷多的最优解. 不存在线性规划有有限个最优解的情况.

显然, 图解法只能在二维空间或三维空间中进行, 对于大于三维的高维空间, 无法手工作图. 因此, 必须寻求线性规划的*代数解法*. 在代数解法中, 需要研究这样的问题: 如何找到顶点? 如何从一个顶点转移到另一个顶点? 为此, 首先需要对顶点进行代数刻画.

## 2.4 基本解和基本可行解

考虑线性规划的标准型:

$$\begin{aligned} \min \quad & \boldsymbol{c}^{\mathrm{T}}\boldsymbol{x} \\ \text{s.t.} \quad & \boldsymbol{A}\boldsymbol{x} = \boldsymbol{b}, \end{aligned} \tag{LPS}$$

$$\boldsymbol{x} \geqslant \boldsymbol{0}.$$

在该标准型中, 系数矩阵 $\boldsymbol{A}$ 是一个 $m$ 行 $n$ 列的矩阵.

首先可假定系数矩阵 $\boldsymbol{A}$ 和增广矩阵 $\begin{bmatrix} \boldsymbol{A} & \boldsymbol{b} \end{bmatrix}$ 的秩相同, 否则的话线性方程组 $\boldsymbol{Ax} = \boldsymbol{b}$ 无解, (LPS) 的可行域为空.

对于系数矩阵 $\boldsymbol{A}$, 若 $m > n$, 则 $\boldsymbol{A}$ 的秩必小于 $m$, 即 $\boldsymbol{A}$ 中有多余的行 (所谓 "多余" 是指这一行可由其他行线性组合得到). 这些多余的行对应着多余的约束, 它们可以从 (LPS) 中去掉. 因此, 我们假设系数矩阵 $\boldsymbol{A}$ 是行满秩的, 即, $r(\boldsymbol{A}) = m$, 且 $m \leqslant n$. 进一步地, 若 $m = n$, 则线性方程组 $\boldsymbol{Ax} = \boldsymbol{b}$ 有唯一解, 从而解线性规划退化成解线性方程组的问题. 因此, 一般地, 对于线性规划标准型 (LPS), 可假设 $m < n$.

**定义 2.4.1** 设 $\boldsymbol{B}$ 是约束矩阵 $\boldsymbol{A}$ 的一个满秩子方阵, 则称 $\boldsymbol{B}$ 为一个**基**; $\boldsymbol{B}$ 中的列向量称为**基向量**.

由于 $\boldsymbol{A}$ 为行满秩矩阵, 可知任一个基中共有 $m$ 个线性无关的基向量. 约束矩阵 $\boldsymbol{A}$ 的任何一个满秩子方阵均可作为线性规划的基. 选定 $\boldsymbol{A}$ 的一个基 $\boldsymbol{B}$ 之后, $\boldsymbol{A}$ 可分块表示为

$$\boldsymbol{A} = \begin{bmatrix} \boldsymbol{B} & \boldsymbol{N} \end{bmatrix}.$$

**定义 2.4.2** 设 (LPS) 选定了一个基. 变量 $\boldsymbol{x}$ 中与基向量对应的 $m$ 个分量称为**基变量**, 其余的变量为**非基变量**.

一般地, 给定一个基 $\boldsymbol{B}$, 可记解

$$\boldsymbol{x} = \begin{bmatrix} \boldsymbol{x}_B \\ \boldsymbol{x}_N \end{bmatrix},$$

其中 $\boldsymbol{x}_B$ 包含所有的基变量, $\boldsymbol{x}_N$ 包含所有的非基变量. 这是解 $\boldsymbol{x}$ 相对于基 $\boldsymbol{B}$ 的分块表达.

考察线性规划的标准型 (LPS), 假设取定了一个基 $\boldsymbol{B}$, 约束矩阵 $\boldsymbol{A}$ 分块为 $\begin{bmatrix} \boldsymbol{B} & \boldsymbol{N} \end{bmatrix}$, 向量 $\boldsymbol{x}$ 按照 $\boldsymbol{B}$ 分块为 $\begin{bmatrix} \boldsymbol{x}_B \\ \boldsymbol{x}_N \end{bmatrix}$. 则等式约束 $\boldsymbol{Ax} = \boldsymbol{b}$ 变为

$$\boldsymbol{Bx}_B + \boldsymbol{Nx}_N = \boldsymbol{b}.$$

上式两端左乘 $\boldsymbol{B}^{-1}$, 则等式约束变为 $\boldsymbol{x}_B + \boldsymbol{B}^{-1}\boldsymbol{Nx}_N = \boldsymbol{B}^{-1}\boldsymbol{b}$, 这就是典式.

**定义 2.4.3** 对于标准型的线性规划, 假设取定了一个基 $\boldsymbol{B}$, 则等式约束

$$\boldsymbol{x}_B + \boldsymbol{B}^{-1}\boldsymbol{Nx}_N = \boldsymbol{B}^{-1}\boldsymbol{b} \tag{2.4.1}$$

称为对应于基 $\boldsymbol{B}$ 的**典则方程组**, 简称为**典式**.

**定义 2.4.4** 设 $\boldsymbol{B}$ 是线性规划 (LPS) 的一个基. 令 $\boldsymbol{x}_B=\boldsymbol{B}^{-1}\boldsymbol{b}$, $\boldsymbol{x}_N=\boldsymbol{0}$, 可得一个解, 称为相应于 $\boldsymbol{B}$ 的**基本解** (Basic Solution). 若 $\boldsymbol{x}_B\geqslant\boldsymbol{0}$, 则 $\boldsymbol{x}$ 也是一个可行解, 此时基本解 $\boldsymbol{x}$ 称为**基本可行解** (Basic Feasible Solution, 简记为 bfs), 对应的基矩阵 $\boldsymbol{B}$ 称为可行基.

由于基本解 $\boldsymbol{x}=\begin{bmatrix}\boldsymbol{B}^{-1}\boldsymbol{b}\\ \boldsymbol{0}\end{bmatrix}$, 观察典式可知 $\boldsymbol{x}$ 显然满足约束 $\boldsymbol{A}\boldsymbol{x}=\boldsymbol{b}$, 但 $\boldsymbol{x}$ 不一定满足约束 $\boldsymbol{x}\geqslant\boldsymbol{0}$. 因此, 基本解 $\boldsymbol{x}$ 不一定是可行的. 但是, 只要 $\boldsymbol{B}^{-1}\boldsymbol{b}\geqslant\boldsymbol{0}$, $\boldsymbol{x}$ 就是可行的.

**例 2.4.5** 下述线性规划 (LP1S) 是线性规划 (LP1) 的标准型. 找出该标准型的所有基本可行解.

$$\begin{aligned}\min\quad & x_1-x_2 \\ \text{s.t.}\quad & 2x_1-x_2-x_3=-2,\\ & x_1-2x_2+x_4=2,\\ & x_1+x_2+x_5=5,\\ & x_j\geqslant 0,\quad \forall j.\end{aligned}\tag{LP1S}$$

**解** 系数矩阵 $\boldsymbol{A}=\begin{bmatrix}2&-1&-1&0&0\\1&-2&0&1&0\\1&1&0&0&1\end{bmatrix}$. 下面通过枚举的办法, 找出其中所有的可行基. 由于 $\boldsymbol{A}$ 有 5 列, 共有 $\binom{5}{3}=10$ 个可能的基. 但并不是 $\boldsymbol{A}$ 中的任意 3 列都构成基. 我们需要验证选取的 3 列是线性无关的 (即, 构成的矩阵是可逆的). 当找出来的方阵 $\boldsymbol{B}$ 可作为基时, 再计算 $\boldsymbol{B}^{-1}\boldsymbol{b}$ 的值, 判断对应的基本解是否为 bfs. 详细计算过程如下.

(1) 123 列.

$$\boldsymbol{B}=\begin{bmatrix}2&-1&-1\\1&-2&0\\1&1&0\end{bmatrix},\quad \boldsymbol{B}^{-1}=\begin{bmatrix}0&\frac{1}{3}&\frac{2}{3}\\0&-\frac{1}{3}&\frac{1}{3}\\-1&1&1\end{bmatrix},\quad \boldsymbol{B}^{-1}\boldsymbol{b}=\begin{bmatrix}4\\1\\9\end{bmatrix},$$

$\boldsymbol{x}=\begin{bmatrix}4&1&9&0&0\end{bmatrix}^{\mathrm{T}}$, 是 bfs.

(2) 124 列.

$$\boldsymbol{B}=\begin{bmatrix}2&-1&0\\1&-2&1\\1&1&0\end{bmatrix},\quad \boldsymbol{B}^{-1}=\begin{bmatrix}\frac{1}{3}&0&\frac{1}{3}\\-\frac{1}{3}&0&\frac{2}{3}\\-1&1&1\end{bmatrix},\quad \boldsymbol{B}^{-1}\boldsymbol{b}=\begin{bmatrix}1\\4\\9\end{bmatrix}.$$

$\boldsymbol{x}=\begin{bmatrix}1&4&0&9&0\end{bmatrix}^{\mathrm{T}}$, 是 bfs.

(3) 125 列.

$$\boldsymbol{B}=\begin{bmatrix}2&-1&0\\1&-2&0\\1&1&1\end{bmatrix},\quad \boldsymbol{B}^{-1}=\begin{bmatrix}\frac{2}{3}&-\frac{1}{3}&0\\-\frac{1}{3}&-\frac{2}{3}&0\\-1&1&1\end{bmatrix},\quad \boldsymbol{B}^{-1}\boldsymbol{b}=\begin{bmatrix}-2\\-2\\9\end{bmatrix}.$$

$\boldsymbol{x}=\begin{bmatrix}-2&-2&0&0&9\end{bmatrix}^{\mathrm{T}}$, 不可行.

(4) 134 列.

$$\boldsymbol{B}=\begin{bmatrix}2&-1&0\\1&0&1\\1&0&0\end{bmatrix},\quad \boldsymbol{B}^{-1}=\begin{bmatrix}0&0&1\\-1&0&2\\0&1&-1\end{bmatrix},\quad \boldsymbol{B}^{-1}\boldsymbol{b}=\begin{bmatrix}5\\12\\-3\end{bmatrix}.$$

$\boldsymbol{x}=\begin{bmatrix}5&0&12&-3&0\end{bmatrix}^{\mathrm{T}}$, 不可行.

(5) 135 列.

$$\boldsymbol{B}=\begin{bmatrix}2&-1&0\\1&0&0\\1&0&1\end{bmatrix},\quad \boldsymbol{B}^{-1}=\begin{bmatrix}0&1&0\\-1&2&0\\0&-1&1\end{bmatrix},\quad \boldsymbol{B}^{-1}\boldsymbol{b}=\begin{bmatrix}2\\6\\3\end{bmatrix}.$$

$\boldsymbol{x}=\begin{bmatrix}2&0&6&0&3\end{bmatrix}^{\mathrm{T}}$, 是 bfs.

(6) 145 列.

$$\boldsymbol{B}=\begin{bmatrix}2&0&0\\1&1&0\\1&0&1\end{bmatrix},\quad \boldsymbol{B}^{-1}=\begin{bmatrix}\frac{1}{2}&0&0\\-\frac{1}{2}&1&0\\-\frac{1}{2}&0&1\end{bmatrix},\quad \boldsymbol{B}^{-1}\boldsymbol{b}=\begin{bmatrix}-1\\3\\6\end{bmatrix}.$$

$\boldsymbol{x}=\begin{bmatrix}-1&0&0&3&6\end{bmatrix}^{\mathrm{T}}$, 不可行.

(7) 234 列.

$$\boldsymbol{B}=\begin{bmatrix}-1 & -1 & 0\\ -2 & 0 & 1\\ 1 & 0 & 0\end{bmatrix},\quad \boldsymbol{B}^{-1}=\begin{bmatrix}0 & 0 & 1\\ -1 & 0 & -1\\ 0 & 1 & 2\end{bmatrix},\quad \boldsymbol{B}^{-1}\boldsymbol{b}=\begin{bmatrix}5\\ -3\\ 12\end{bmatrix}.$$

$\boldsymbol{x}=\begin{bmatrix}0 & 5 & -3 & 12 & 0\end{bmatrix}^{\mathrm{T}}$, 不可行.

(8) 235 列.

$$\boldsymbol{B}=\begin{bmatrix}-1 & -1 & 0\\ -2 & 0 & 0\\ 1 & 0 & 1\end{bmatrix},\quad \boldsymbol{B}^{-1}=\begin{bmatrix}0 & -\frac{1}{2} & 0\\ -1 & \frac{1}{2} & 0\\ 0 & \frac{1}{2} & 1\end{bmatrix},\quad \boldsymbol{B}^{-1}\boldsymbol{b}=\begin{bmatrix}-1\\ 3\\ 6\end{bmatrix}.$$

$\boldsymbol{x}=\begin{bmatrix}0 & -1 & 3 & 0 & 6\end{bmatrix}^{\mathrm{T}}$, 不可行.

(9) 245 列.

$$\boldsymbol{B}=\begin{bmatrix}-1 & 0 & 0\\ -2 & 1 & 0\\ 1 & 0 & 1\end{bmatrix},\quad \boldsymbol{B}^{-1}=\begin{bmatrix}-1 & 0 & 0\\ -2 & 1 & 0\\ 1 & 0 & 1\end{bmatrix},\quad \boldsymbol{B}^{-1}\boldsymbol{b}=\begin{bmatrix}2\\ 6\\ 3\end{bmatrix}.$$

$\boldsymbol{x}=\begin{bmatrix}0 & 2 & 0 & 6 & 3\end{bmatrix}^{\mathrm{T}}$, 是 bfs.

(10) 345 列.

$$\boldsymbol{B}=\begin{bmatrix}-1 & 0 & 0\\ 0 & 1 & 0\\ 0 & 0 & 1\end{bmatrix},\quad \boldsymbol{B}^{-1}=\begin{bmatrix}-1 & 0 & 0\\ 0 & 1 & 0\\ 0 & 0 & 1\end{bmatrix},\quad \boldsymbol{B}^{-1}\boldsymbol{b}=\begin{bmatrix}2\\ 2\\ 5\end{bmatrix}.$$

$\boldsymbol{x}=\begin{bmatrix}0 & 0 & 2 & 2 & 5\end{bmatrix}^{\mathrm{T}}$, 是 bfs.

对于这个例子, 共有 10 个基 (10 个子方阵都是可逆的), 其中有 5 个基其对应的基本解是 bfs, 它们分别是

(i) 123 列, $\begin{bmatrix}4 & 1 & 9 & 0 & 0\end{bmatrix}^{\mathrm{T}}$.

(ii) 124 列, $\begin{bmatrix}1 & 4 & 0 & 9 & 0\end{bmatrix}^{\mathrm{T}}$.

(iii) 135 列, $\begin{bmatrix} 2 & 0 & 6 & 0 & 3 \end{bmatrix}^{\mathrm{T}}$.

(iv) 245 列, $\begin{bmatrix} 0 & 2 & 0 & 6 & 3 \end{bmatrix}^{\mathrm{T}}$.

(v) 345 列, $\begin{bmatrix} 0 & 0 & 2 & 2 & 5 \end{bmatrix}^{\mathrm{T}}$. ■

我们可以把线性规划 (LP1S) 的 5 个基本可行解表示在图中, 如图 2.4.1 所示.

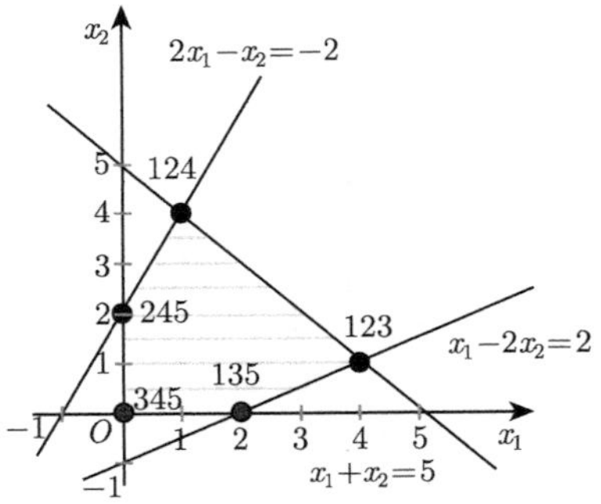


图 2.4.1

从图 2.4.1 中可以看到, 线性规划 (LP1S) 的 5 个 bfs 恰好对应 5 个顶点. 这对一般的线性规划也成立吗? 由于线性规划的作图法有很大的局限性, 我们转而求助于代数的方法, 对 bfs 的代数特性进行考察.

为了便于比较, 我们把线性规划 (LP1S) 的 5 个基本可行解和 5 个不可行的基本解全部表示在了图中, 如图 2.4.2 所示. 图中圆形的点表示基本可行解, 三角形的点表示不可行的基本解.

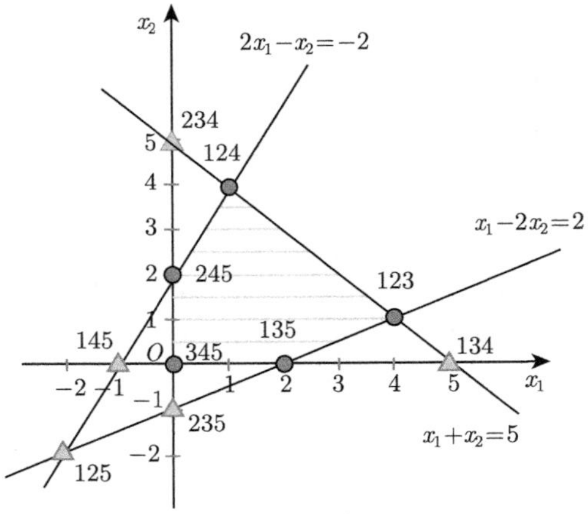


图 2.4.2

**定理 2.4.6** 设 $\boldsymbol{x}$ 为线性规划 (LPS) 的可行解. 则 $\boldsymbol{x}$ 是 bfs $\Leftrightarrow$ $\boldsymbol{x}$ 的正分量所对应的 $\boldsymbol{A}$ 中的列线性无关.

**证明** 设 $\boldsymbol{x}$ 的前 $k$ 个分量为正分量. 即

$$\boldsymbol{x}=\begin{bmatrix} x_1 & x_2 & \cdots & x_k & 0 & \cdots & 0 \end{bmatrix}^{\mathrm{T}},$$

其中 $x_j>0, 1\leqslant j\leqslant k$. 假设 $k$ 个正分量所对应的 $\boldsymbol{A}$ 中的列为

$$\boldsymbol{A}_1, \boldsymbol{A}_2, \cdots, \boldsymbol{A}_k.$$

($\Rightarrow$) 由于 $\boldsymbol{x}$ 是 bfs, 只有基变量可能取正值. 因此 $x_1, \cdots, x_k$ 均为基变量. 因此, $\boldsymbol{A}_1, \boldsymbol{A}_2, \cdots, \boldsymbol{A}_k$ 是 $\boldsymbol{x}$ 的基 $\boldsymbol{B}$ 的组成部分, 必线性无关.

($\Leftarrow$) 由于 $\boldsymbol{A}_1, \boldsymbol{A}_2, \cdots, \boldsymbol{A}_k$ 线性无关, 且 $r(\boldsymbol{A})=m$, 可知 $k\leqslant m$.

下面分两种情况 ($k=m$ 和 $k<m$) 将 $\boldsymbol{A}$ 划分为 $\begin{bmatrix} \boldsymbol{B} & \boldsymbol{N} \end{bmatrix}$.

若 $k=m$, 则令 $\boldsymbol{B}=\begin{bmatrix} \boldsymbol{A}_1 & \boldsymbol{A}_2 & \cdots & \boldsymbol{A}_k \end{bmatrix}$, $\boldsymbol{B}$ 是 $m$ 阶满秩方阵. 令 $\boldsymbol{N}=\begin{bmatrix} \boldsymbol{A}_{k+1} & \boldsymbol{A}_{k+2} & \cdots & \boldsymbol{A}_n \end{bmatrix}$. 于是 $\boldsymbol{A}=\begin{bmatrix} \boldsymbol{B} & \boldsymbol{N} \end{bmatrix}$.

下面考虑 $k<m$ 的情形. 由于 $r(\boldsymbol{A})=m$, 矩阵 $\boldsymbol{A}$ 的列向量组的秩亦为 $m$. 因此, 可从 $\boldsymbol{A}$ 中余下的 $n-k$ 列中挑选出 $m-k$ 列, 将 $\boldsymbol{A}_1, \cdots, \boldsymbol{A}_k$ 扩充为一个含有 $m$ 个向量的极大线性无关组. 设挑选出的列为 $\boldsymbol{A}_{j_1}, \cdots, \boldsymbol{A}_{j_{m-k}}$, 则 $\boldsymbol{A}_1, \cdots, \boldsymbol{A}_k, \boldsymbol{A}_{j_1}, \cdots, \boldsymbol{A}_{j_{m-k}}$ 线性无关. 令 $\boldsymbol{B}=\begin{bmatrix} \boldsymbol{A}_1 & \cdots & \boldsymbol{A}_k & \boldsymbol{A}_{j_1} & \cdots & \boldsymbol{A}_{j_{m-k}} \end{bmatrix}$, $\boldsymbol{N}$ 为 $\boldsymbol{A}$ 去掉 $\boldsymbol{B}$ 之后余下的所有列, 于是 $\boldsymbol{A}=\begin{bmatrix} \boldsymbol{B} & \boldsymbol{N} \end{bmatrix}$.

$\boldsymbol{x}$ 相应地分块为 $\begin{bmatrix} \boldsymbol{x}_B \\ \boldsymbol{x}_N \end{bmatrix}$. 由于 $\boldsymbol{x}_N$ 的项不是正分量, 可知 $\boldsymbol{x}_N=\boldsymbol{0}$. 由于 $\boldsymbol{x}$ 可行, 因此 $\boldsymbol{x}$ 满足约束 $\begin{bmatrix} \boldsymbol{B} & \boldsymbol{N} \end{bmatrix}\begin{bmatrix} \boldsymbol{x}_B \\ \boldsymbol{x}_N \end{bmatrix}=\boldsymbol{b}$. 再由 $\boldsymbol{x}_N=\boldsymbol{0}$, 可知 $\boldsymbol{x}_B=\boldsymbol{B}^{-1}\boldsymbol{b}$. 因此, $\boldsymbol{x}$ 是 bfs. ∎

我们对证明中用到的极大线性无关向量组的概念做一简单解释. 由代数理论, 一个向量组的任意两个极大线性无关部分组中包含的向量个数相同. 这个个数就称为向量组的秩 (参见 [6], 第 57 页, 命题 1.5 之推论 1). 由于 $r(\boldsymbol{A})=m$, 由矩阵的秩的定义, $\boldsymbol{A}$ 的列向量组的秩也为 $m$. 因此, 由上述性质, 从 $\boldsymbol{A}_1, \cdots, \boldsymbol{A}_k$ 开始扩充到的任何一个极大线性无关部分组必含有 $m$ 个列.

**推论 2.4.7** 若 $\begin{bmatrix} 0 & 0 & \cdots & 0 \end{bmatrix}^{\mathrm{T}}$ 可行, 则其为 bfs.

**定理 2.4.8** 设 $\boldsymbol{x}$ 为线性规划 (LPS) 的可行解. 则 $\boldsymbol{x}$ 是可行域 $F$ 的顶点 $\Leftrightarrow$ $\boldsymbol{x}$ 的正分量所对应的 $\boldsymbol{A}$ 中的列线性无关.

**证明** 设 $\boldsymbol{x}$ 的前 $k$ 个分量取正值, 即

$$\boldsymbol{x} = \begin{bmatrix} x_1 & x_2 & \cdots & x_k & 0 & \cdots & 0 \end{bmatrix}^{\mathrm{T}},$$

其中 $x_j > 0, 1 \leqslant j \leqslant k$. 假设 $\boldsymbol{x}$ 的正分量所对应的 $\boldsymbol{A}$ 中的列分别为

$$\boldsymbol{A}_1, \boldsymbol{A}_2, \cdots, \boldsymbol{A}_k.$$

($\Rightarrow$) 反证. 假设 $\boldsymbol{A}_1, \boldsymbol{A}_2, \cdots, \boldsymbol{A}_k$ 线性相关, 则存在非零向量

$$\boldsymbol{\delta} = \begin{bmatrix} \delta_1 & \delta_2 & \cdots & \delta_k & 0 & \cdots & 0 \end{bmatrix}^{\mathrm{T}},$$

使得 $\sum_{j=1,\cdots,k} \delta_j \boldsymbol{A}_j = \boldsymbol{0}$.

由于 $\boldsymbol{x}$ 是可行解, 可知 $\sum_{j=1,\cdots,k} x_j \boldsymbol{A}_j = \boldsymbol{b}$.

因此, $\forall \epsilon > 0$, 有 $\sum_{j=1,\cdots,k} (x_j \pm \epsilon\delta_j) \boldsymbol{A}_j = \boldsymbol{b}$.

令 $\boldsymbol{y} = \begin{bmatrix} x_1 + \epsilon\delta_1 \\ \vdots \\ x_k + \epsilon\delta_k \\ \boldsymbol{0} \end{bmatrix}, \boldsymbol{z} = \begin{bmatrix} x_1 - \epsilon\delta_1 \\ \vdots \\ x_k - \epsilon\delta_k \\ \boldsymbol{0} \end{bmatrix}$, 则有 $\boldsymbol{A}\boldsymbol{y} = \boldsymbol{b}$ 及 $\boldsymbol{A}\boldsymbol{z} = \boldsymbol{b}$.

因为 $1 \leqslant j \leqslant k$, $x_j > 0$, 所以当 $\epsilon > 0$ 取到充分小的时候, 就有 $\boldsymbol{y} \geqslant 0$ 以及 $\boldsymbol{z} \geqslant 0$. 这表明 $\boldsymbol{y} \in F$, $\boldsymbol{z} \in F$(可行).

由于 $\delta \neq 0$, 因此 $\boldsymbol{y} \neq \boldsymbol{z}$. 由 $\boldsymbol{y}$ 和 $\boldsymbol{z}$ 的构造, 可知 $\boldsymbol{x} = \frac{1}{2}\boldsymbol{y} + \frac{1}{2}\boldsymbol{z}$. 这表明 $\boldsymbol{x}$ 可以写成两个不相等的可行解的凸组合, 与 $\boldsymbol{x}$ 是 $F$ 的顶点矛盾.

($\Leftarrow$) 只需要证 $\boldsymbol{x}$ 不能写成两个不相等的可行解的严格凸组合. 反证. 假设存在 $\boldsymbol{y} \in F$, $\boldsymbol{z} \in F$, $\boldsymbol{y} \neq \boldsymbol{z}$, $\lambda \in (0,1)$, 使得 $\boldsymbol{x} = \lambda\boldsymbol{y} + (1-\lambda)\boldsymbol{z}$.

当 $j \geqslant k+1$ 时, 因为 $x_j = 0$, $y_j \geqslant 0$, $z_j \geqslant 0$, 故有 $y_j = z_j = 0$.

由 $\boldsymbol{A}\boldsymbol{y} = \boldsymbol{b}$, $\boldsymbol{A}\boldsymbol{z} = \boldsymbol{b}$, 可知 $\boldsymbol{A}(\boldsymbol{y} - \boldsymbol{z}) = \boldsymbol{0}$. 因此, $\sum_{j=1,\cdots,k} (y_j - z_j) \boldsymbol{A}_j = \boldsymbol{0}$.

又因为 $\boldsymbol{y} \neq \boldsymbol{z}$, $y_j - z_j$ 不全为 0. 因此, $\boldsymbol{A}_1, \cdots, \boldsymbol{A}_k$ 线性相关, 矛盾. ∎

**定理 2.4.9** 给定线性规划 (LPS), 则 $\boldsymbol{x}$ 是 bfs $\Leftrightarrow$ $\boldsymbol{x}$ 是可行域的顶点.

**证明** 由定理 2.4.6、定理 2.4.8 立即可证. ∎

定理 2.4.9 是一个非常重要的定理. 该定理表明, 对于一个标准型的线性规划, 其 bfs 和可行域的顶点是同一个概念. 借由该定理, 我们可以摆脱几何上的直观, 而由代数的方法研究线性规划的性质.

值得指出的是, 在例 2.4.5 中, 我们枚举的是线性规划标准型 (LP1S) 的 bfs. 在这个例子中, 线性规划标准型 (LP1S) 的 bfs 和线性规划 (LP1) 的可行域的顶点是一一对应的. 这可由图 2.4.1 清晰地表达. 但这个对应关系不能推广到一般的线性规划和其标准型上.

对于线性规划, 最基本的问题之一莫过于求它的最优解. 根据例 2.3.1 的观察, 一个线性规划如果有最优解, 则必可在其可行域的顶点上取得最优解. 现在我们假设这个观察是对的, 由定理 2.4.9, 我们就有了一个解线性规划的非常简单的枚举法: 逐个枚举出线性规划标准型的每个基, 检查这个基是否可以产生一个 bfs. 若可以, 则计算并记录这个 bfs 的解值. 最后, 所有 bfs 的解值中之最优者, 就是线性规划的最优解. 这样, 就把从线性规划可行域中的可能存在的无穷多个可行解中搜索最优解, 陡然降低到从最多 $\binom{n}{m}$ 个 bfs 中搜索最优解, 从而把一件不可能的事情 (从无穷多个可行解中搜索) 变成可能 (从有限多个 bfs 中搜索). 因此, 现在我们就可以用枚举法编写程序解线性规划了.

下面只剩下一个问题: 从例 2.3.1 得到的观察 (一个线性规划如果有最优解, 则必可在其可行域的顶点上取得最优解), 是否可以推广到一般的线性规划呢? 如果可以, 上述枚举法就有了完备的理论基础. 这个答案是可以的, 这由下面 2.5 节线性规划基本定理所揭示.

## 2.5 线性规划基本定理

由线性规划的图解法, 我们观察到线性规划的最优解若有的话, 可以在可行域的顶点上取得. 下面我们通过代数的方法来证明这一几何直观, 即定理 2.5.1 和定理 2.5.2. 这两个定理为使用代数化的方法寻找最优解指明了方向, 它们被称为*线性规划基本定理*.

**定理 2.5.1** 一个标准型的线性规划, 若有可行解, 则至少有一个基本可行解.

**证明** 设 $\boldsymbol{x}$ 是 (LPS) 的任意一个可行解. 若 $\boldsymbol{x}=\boldsymbol{0}$, 则由推论 2.4.7, $\boldsymbol{x}$ 为 bfs, 得证.

否则, 设 $\boldsymbol{x}$ 的非零分量为前 $k$ 个, 即

$$\boldsymbol{x}=\begin{bmatrix} x_1 & x_2 & \cdots & x_k & 0 & \cdots & 0 \end{bmatrix}^{\mathrm{T}},$$

其对应的 $\boldsymbol{A}$ 中的列分别为

$$\boldsymbol{A}_1, \boldsymbol{A}_2, \cdots, \boldsymbol{A}_k.$$

若 $\boldsymbol{A}_1, \boldsymbol{A}_2, \cdots, \boldsymbol{A}_k$ 线性无关, 则由定理 2.4.6, $\boldsymbol{x}$ 为 bfs, 得证.

否则 ($\boldsymbol{A}_1, \boldsymbol{A}_2, \cdots, \boldsymbol{A}_k$ 线性相关), 存在非零向量

$$\boldsymbol{\delta} = \begin{bmatrix} \delta_1 & \delta_2 & \cdots & \delta_k & 0 & \cdots & 0 \end{bmatrix}^{\mathrm{T}},$$

使得 $\delta_1\boldsymbol{A}_1 + \delta_2\boldsymbol{A}_2 + \cdots + \delta_k\boldsymbol{A}_k = \boldsymbol{0}$. 由于 $\forall 1 \leqslant j \leqslant k$, $x_j > 0$, 可取一个适当大小的正数 $\epsilon$, 使得

$$x_j + \epsilon\delta_j \geqslant 0, \quad \forall 1 \leqslant j \leqslant k,$$
$$x_j - \epsilon\delta_j \geqslant 0, \quad \forall 1 \leqslant j \leqslant k,$$

且上述 $2k$ 个不等式中至少有一个以等号成立.

由于 $\boldsymbol{A}(\boldsymbol{x} + \epsilon\boldsymbol{\delta}) = \boldsymbol{A}\boldsymbol{x} + \epsilon\boldsymbol{A}\boldsymbol{\delta} = \boldsymbol{A}\boldsymbol{x} = \boldsymbol{b}$, 可知 $\boldsymbol{x} + \epsilon\boldsymbol{\delta}$ 为线性规划的可行解. 同理, 可知 $\boldsymbol{x} - \epsilon\boldsymbol{\delta}$ 亦为线性规划的可行解.

于是在 $\boldsymbol{x} + \epsilon\boldsymbol{\delta}$ 和 $\boldsymbol{x} - \epsilon\boldsymbol{\delta}$ 中就有一个解是线性规划的可行解, 且其非零分量的数目比 $\boldsymbol{x}$ 至少少一个. 在这个解上继续上述证明过程, 得到一系列的非零分量数目逐步减少的可行解. 最后总可以在一个全零或非零分量对应的列向量线性无关的可行解上结束, 这样的解必为 bfs. ∎

**定理 2.5.2**　线性规划标准型 (LPS) 若有最优解, 则一定存在一个 bfs 是最优解.

**证明**　设 $\boldsymbol{x}^*$ 是 (LPS) 的一个最优解. 若 $\boldsymbol{x}^*$ 为全零或非零分量对应的列向量线性无关, 则 $\boldsymbol{x}^*$ 是 bfs, 定理得证.

否则, 可按定理 2.5.1 证明之方法构造两个可行解 $\boldsymbol{x}^* + \epsilon\boldsymbol{\delta}$ 和 $\boldsymbol{x}^* - \epsilon\boldsymbol{\delta}$, 且其中至少有一个解其非零分量的个数比 $\boldsymbol{x}^*$ 少.

由于 $\boldsymbol{x}^*$ 为最优解, 因此 $\boldsymbol{c}^{\mathrm{T}}\boldsymbol{x}^* \leqslant \boldsymbol{c}^{\mathrm{T}}(\boldsymbol{x}^* + \epsilon\boldsymbol{\delta}) = \boldsymbol{c}^{\mathrm{T}}\boldsymbol{x}^* + \epsilon\boldsymbol{c}^{\mathrm{T}}\boldsymbol{\delta}$, 可知 $\boldsymbol{c}^{\mathrm{T}}\boldsymbol{\delta} \geqslant 0$. 类似地, $\boldsymbol{c}^{\mathrm{T}}\boldsymbol{x}^* \leqslant \boldsymbol{c}^{\mathrm{T}}(\boldsymbol{x}^* - \epsilon\boldsymbol{\delta}) = \boldsymbol{c}^{\mathrm{T}}\boldsymbol{x}^* - \epsilon\boldsymbol{c}^{\mathrm{T}}\boldsymbol{\delta}$, 可知 $\boldsymbol{c}^{\mathrm{T}}\boldsymbol{\delta} \leqslant 0$.

因此 $\boldsymbol{c}^{\mathrm{T}}\boldsymbol{\delta} = 0$, 从而 $\boldsymbol{c}^{\mathrm{T}}(\boldsymbol{x}^* + \epsilon\boldsymbol{\delta}) = \boldsymbol{c}^{\mathrm{T}}\boldsymbol{x}^*$, 以及 $\boldsymbol{c}^{\mathrm{T}}(\boldsymbol{x}^* - \epsilon\boldsymbol{\delta}) = \boldsymbol{c}^{\mathrm{T}}\boldsymbol{x}^*$. 这表明 $\boldsymbol{x}^* + \epsilon\boldsymbol{\delta}$ 和 $\boldsymbol{x}^* - \epsilon\boldsymbol{\delta}$ 都是最优解.

从 $\boldsymbol{x}^* + \epsilon\boldsymbol{\delta}$ 和 $\boldsymbol{x}^* - \epsilon\boldsymbol{\delta}$ 的非零分量数目少的那个解上, 继续上述证明过程, 得到一系列的非零分量数目逐步减少的最优解. 最后总可以在一个全零或非零分量对应的列向量线性无关的最优解上结束. 这样的最优解必为 bfs. ∎

由定理 2.5.2, 若线性规划有最优解, 只需要枚举其 bfs 就可以找到最优解了. 然而, 枚举 bfs 还是要花费指数时间的. 由于线性规划的规模可能很大, 比如有成千上万个变量 (考虑图上的线性规划问题), 枚举 bfs 在实际中不可行. 因此, 除了

简单的枚举法求线性规划的最优解以外, 有没有更有效的办法? 答案是有的, 这就是贪心法. 在下面第 3 章, 我们通过介绍单纯形算法来回答这个问题. 单纯形算法是一种贪心法.

## 2.6 习　题

1. 有 10 个实数 $a_1, a_2, \cdots, a_{10}$. 写一个线性规划, 能够求出其中的最小数.

2. 给一个图, 边上有非负费用, 最小生成树问题询问费用最小的一棵树, 能够覆盖图上所有的顶点. 试写出最小生成树问题的线性规划松弛. 所谓松弛, 是指允许变量取任意实数值, 而不是只取整数值. (提示: 请参考 5.1.2 节.)

3. 将下述线性规划变为标准型.

$$\begin{aligned}\min\quad & x_1 - x_2 + 2x_3\\ \text{s.t.}\quad & 2x_1 + x_2 - x_3 \leqslant 3,\\ & 0 \leqslant x_1 \leqslant 3,\\ & -1 \leqslant x_2 \leqslant 6,\\ & x_3 \geqslant 0.\end{aligned}$$

4. 用图解法解线性规划.

(a)
$$\begin{aligned}\max\quad & x_1 + x_2\\ \text{s.t.}\quad & x_1 - x_2 \geqslant 0,\\ & 3x_1 - x_2 \leqslant -3,\\ & x_1, x_2 \geqslant 0.\end{aligned}$$

(b)
$$\begin{aligned}\max\quad & 2x_1 + x_2\\ \text{s.t.}\quad & 3x_1 + 5x_2 \leqslant 15,\\ & 6x_1 + 2x_2 \leqslant 24,\\ & x_1, x_2 \geqslant 0.\end{aligned}$$

5. 给一个规范型的线性规划, 记为 LP1:

$$\begin{aligned}\min\quad & \boldsymbol{c}^{\mathrm{T}}\boldsymbol{x}\\ \text{s.t.}\quad & \boldsymbol{A}\boldsymbol{x} \geqslant \boldsymbol{b},\\ & \boldsymbol{x} \geqslant \boldsymbol{0}.\end{aligned}$$

通过增加变量的方式, 将其变为标准型的线性规划, 记为 LP2:

$$\min\quad \boldsymbol{c}^{\mathrm{T}}\boldsymbol{x}$$

$$\text{s.t.} \quad \boldsymbol{A}\boldsymbol{x} - \boldsymbol{x}_s = \boldsymbol{b},$$
$$\boldsymbol{x}, \boldsymbol{x}_s \geqslant \boldsymbol{0}.$$

证明: 若 $\boldsymbol{x}$ 是 LP1 可行域的顶点, 则 $\begin{bmatrix} \boldsymbol{x} \\ \boldsymbol{x}_s \end{bmatrix}$ 也是 LP2 的顶点, 其中 $\boldsymbol{x}_s = \boldsymbol{A}\boldsymbol{x} - \boldsymbol{b}$.

# 第 3 章　单纯形算法

著名的单纯形算法 (The Simplex Method), 是由丹齐格 (G. Dantzig, 美国, 1914—2005) 提出的. 由于生产实际中有大量的问题可用线性规划建模, 解线性规划的单纯形算法就显示了它强大的生命力. 由于在单纯形算法等方面的杰出的贡献, 丹齐格教授被认为是线性规划的开创者.

## 3.1　单纯形算法的基本思想

从线性规划的图解法可知, 由于目标函数是变量的线性函数, 它只在一个线性的方向上增加或减小. 因此, 等值线离开可行域时与可行域相交的顶点就是最优解.

同时, 我们观察到是最优解的这最后一个点, 它的邻居顶点的目标函数值都不比这个点的目标函数值更好. 那么, 是不是可以得出一般的结论, 若一个顶点, 其邻居顶点都不比这个点更好, 那么这个顶点就是最优解吗? 对于线性规划而言, 这个结论是成立的.

为什么呢? 这依赖于线性规划的两个重要性质. ① 线性规划的目标函数是线性函数. ② 线性规划的可行域是凸集. 若线性规划的可行域不是凸集, 我们就不能得出上述结论. 如图 3.1.1 所示, 顶点 $a$ 的邻居顶点都不比它更好, 顶点 $b$ 的邻居顶点也都不比它更好, 但显然 $a$ 比 $b$ 更优.

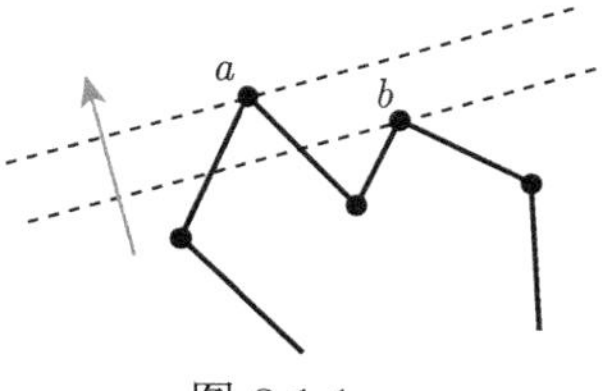


图 3.1.1

实际上, 在凸优化理论中, 我们有更一般的定理: 定义在凸集上的凸函数的局部最优解就是全局最优解 (定理 1.4.6). 线性规划的目标函数是凸函数, 可行域是凸集, 因此线性规划目标函数的局部最优解就是它的全局最优解.

对于线性规划而言, 我们可以想办法先定位到一个顶点, 然后按照一定规则不断 “找到下一个顶点” (即, 遍历顶点). 由于局部最优解就是全局最优解, 当当前顶点是局部最优解时, 我们就找到了问题的最优解. 当前顶点有多个邻居顶点, 应该选择哪一个顶点作为下一个顶点呢? 贪心法是一个朴素的方法: 选择使目标函数值改进最大的邻居顶点作为下一个顶点. 这就是单纯形算法背后的思想.

## 3.2 几何形式的单纯形算法

当线性规划很简单可以用图示的方法画出可行域时, 可以在可行域上使用贪心法找到最优解.

**例 3.2.1** 例 2.4.5 的图 2.4.1 中画出了线性规划 (LP1) 的可行域和全部 5 个顶点. 使用贪心的方法找到 (LPI) 的最优解.

**解** 假设一开始我们定位在顶点 $(0,0)$ 上. 顶点 $(0,0)$ 的解值为 0, 它的两个邻居顶点 $(0,2)$ 和 $(2,0)$ 的解值分别为 2 和 $-2$, 因此, 下一步我们移动到顶点 $(0,2)$ 上. 这个顶点的邻居顶点为 $(1,4)$ 和 $(0,0)$, 它们的解值分别为 3 和 0, 因此下一步我们再移动到顶点 $(1,4)$ 上. 顶点 $(1,4)$ 的邻居顶点为 $(0,2)$ 和 $(4,1)$, 它们的解值分别为 2 和 $-3$, 都不比 $(1,4)$ 的解值更大, 因此 $(1,4)$ 就是线性规划 (LP1) 的最优解. ∎

例 3.2.1 中用贪心的方法在图形化的可行域上找到最优解的过程, 实际上就是单纯形算法的原型, 可以称之为几何化的单纯形算法.

几何化的单纯形算法过分依赖于直观, 且显然不能处理哪怕规模稍大一点的线性规划. 要解决一般的线性规划, 我们必须将单纯形算法代数化、符号化, 并且要解决如下依赖于直观的问题: ① 如何定位到第一个顶点. ② 如何找到下一个顶点. 下面我们一一解决这些问题.

## 3.3 代数化的单纯形算法

### 3.3.1 基本思想

给定一个线性规划的标准型, 假设对于当前选取的基 $\boldsymbol{B}$, 满足 $\boldsymbol{x}_B=\boldsymbol{B}^{-1}\boldsymbol{b}\geqslant\boldsymbol{0}$. 则现在就有了一个初始的 bfs. 但这个 bfs 不一定是最优. 单纯形算法, 使用一个简单的规则来判定当前 bfs 是否最优, 并且在不是最优的情形下, 通过转换当前的基, 更换到一个相邻的更优的 (目标函数值更小的)bfs. 当当前 bfs 的邻居 bfs 都不比它更优时, 当前的 bfs 就是最优的, 此时单纯形算法结束并输出最优解.

### 3.3.2 代数化的单纯形算法示例

我们通过一个例子来展示代数化的单纯形算法. 线性规划 (LP1) 的标准型为

$$\begin{array}{llllllll}
\min & x_1 & -x_2 & & & & & \\
\text{s.t.} & 2x_1 & -x_2 & -x_3 & & & = & -2, \\
 & x_1 & -2x_2 & & +x_4 & & = & 2, \\
 & x_1 & +x_2 & & & +x_5 & = & 5, \\
 & & & & & x_j & \geqslant & 0, \quad \forall j.
\end{array}$$

第一行约束的右端项是负的, 将第一行约束两端乘以 $-1$, 将它的右端项变成非负的. 然后, 将目标函数转化成一个新的约束, 就得到

$$\begin{array}{lllllllll}
\min & z & & & & & & & \\
\text{s.t.} & z & -x_1 & +x_2 & & & & = & 0, \\
 & & -2x_1 & +x_2 & +x_3 & & & = & 2, \\
 & & x_1 & -2x_2 & & +x_4 & & = & 2, \\
 & & x_1 & +x_2 & & & +x_5 & = & 5, \\
 & & & & & & x_j & \geqslant & 0, \quad \forall j.
\end{array}$$

目标函数转化成的约束称为第 0 行, 以区别于线性规划原有的约束. 将目标函数转化成约束的目的是为了能够对线性规划的各行进行统一的初等行变换.

选取 $\boldsymbol{B} = \begin{bmatrix} \boldsymbol{A}_3 & \boldsymbol{A}_4 & \boldsymbol{A}_5 \end{bmatrix} = \begin{bmatrix} 1 & 0 & 0 \\ 0 & 1 & 0 \\ 0 & 0 & 1 \end{bmatrix}$ 为基, 这个基恰好是一个单位矩阵. 则 $\boldsymbol{x}_B = \begin{bmatrix} x_3 \\ x_4 \\ x_5 \end{bmatrix} = \boldsymbol{B}^{-1}\boldsymbol{b} = \boldsymbol{b} = \begin{bmatrix} 2 \\ 2 \\ 5 \end{bmatrix}$, 就得到一个初始的 bfs $\boldsymbol{x} = \begin{bmatrix} 0 & 0 & 2 & 2 & 5 \end{bmatrix}^{\mathrm{T}}$. 这也解释了我们为什么将约束的右端项变成非负的.

迭代 1.

回忆第 0 行为

$$z - x_1 + x_2 = 0.$$

一般地, 我们将第 0 行记为 $z + \boldsymbol{\zeta}^{\mathrm{T}}\boldsymbol{x} = 0$. 这里, $\boldsymbol{\zeta}$ 是第 0 行左端 $\boldsymbol{x}$ 所有分量的系数组成的向量.

现在, 第 0 行相当于

$$z = 0 + x_1 - x_2.$$

注意到 $x_1$ 和 $x_2$ 均为非基变量, 它们的值均为 0. 要减少目标函数值 $z$, 可减少 $x_1$ 或增加 $x_2$ (因为上式右端 $x_1$ 的系数为正, $x_2$ 的系数为负). 由于所有变量

(不包括引入的变量 $z$) 均为非负变量, 不能减少 $x_1$ (若减少 $x_1$, 则其值成为负的), 因此只能增加 $x_2$. $x_2$ 可以增加多少呢? 这还要看功能约束.

在讨论增加 $x_2$ 的值之前, 再观察一下第 0 行.

在上例的第 0 行中, 只有非基变量, 而没有基变量, 实际上这不是偶然的. 这是因为对于现在的线性规划, 基变量在第 0 行中的系数为 0. 这一特性在后面的迭代中一直保持.

现在, 我们选定了 $x_3$, $x_4$, $x_5$ 为基变量. 如果第 0 行中有基变量, 就可以通过初等行变换 (高斯消元), 在第 0 行中将它们消去. 在我们现在看到的例子中, 第 0 行中恰好没有基变量 (这是因为我们选择的基变量都是将线性规划 (LP1) 变成标准型时人工添加的变量, 它们本来就不出现在目标函数中). 因此, 现在先不必做高斯消元了.

于是, 一般地, 可以假设第 0 行中没有基变量. 因此, 只需考虑通过调整非基变量的值来改进当前的 $z$. 由于 $\boldsymbol{x}_N$ 的当前值都为 0, 因此不能减小 $\boldsymbol{x}_N$ (若减小, 则变成负数, 不符合变量约束).

因此, 若 $\forall j$ 都有 $\zeta_j \leqslant 0$, 则增加任何一个非基变量都不能改进 (减少) 当前的目标函数值. 这意味着当前的 bfs 就是局部最优解, 从而也是全局最优解. 由此, 得到解线性规划的**最优性准则**:

若所有 $\zeta_j \leqslant 0$, 则当前 bfs 就是最优的.

(注意: "所有 $\zeta_j \leqslant 0$" 是 "当前 bfs 最优" 的充分条件, 而非必要条件. 因此, 不能说 "存在 $\zeta_j > 0$, 当前 bfs 就不是最优的".)

现在我们再回到增加 $x_2$ 的问题. 由于可能会通过增加 $x_2$ 来减少 $z$, 因此无法判定当前 bfs 是最优的. 如果 $x_2$ 确实可以增加, 那当前 bfs 必定不是最优的.

那么 $x_2$ 可以增加多少呢?

固定 $x_1 = 0$. 则有

第 1 行: $x_3 = 2 - x_2 \geqslant 0 \Rightarrow x_2 \leqslant \dfrac{2}{1} = 2.$

第 2 行: $x_4 = 2 + 2x_2 \geqslant 0 \Rightarrow x_2$ 无上界.

第 3 行: $x_5 = 5 - x_2 \geqslant 0 \Rightarrow x_2 \leqslant \dfrac{5}{1} = 5.$

因此, $x_2$ 能够增加到 2, 而不违反所有的功能约束和变量约束. (在特殊情况下, $x_2$ 也可能增加不了. 比如 $x_3$(或 $x_5$) 所在行的右端项为 0.) 由此, 可得到增加非基变量的**最小比值测试**方法:

要增加的非基变量可以增加到的值为

$$\min\left\{\frac{\bar{b}_i}{\bar{a}_{ik}}\middle|\bar{a}_{ik}>0, i=1,2,\cdots,m\right\}.$$

单纯形算法是以迭代的形式进行的, 每次迭代都选择一个新的基. 因此, 在单纯形算法的每次迭代中, 所求解的线性规划的典式是随之发生变化的. 在最小比值测试中, 符号 $\bar{b}_i$ 表示当前典式的右端项 $\bar{\boldsymbol{b}}=\boldsymbol{B}^{-1}\boldsymbol{b}$ 的第 $i$ 个分量, $\bar{a}_{ik}$ 表示当前典式的系数矩阵 $\bar{\boldsymbol{A}}=\boldsymbol{B}^{-1}\boldsymbol{A}$ 的第 $i$ 行、第 $k$ 列的元.

$x_2$ 增加到 2 时, 成为新的基变量; 相应地, $x_3$ 变为 0, 成为新的非基变量 (表 3.3.1).

**表 3.3.1**

| | |
|---|---|
| 原 bfs | 非基变量 $x_1=0$, $x_2=0$ |
| | 基变量 $x_3=2$, $x_4=2$, $x_5=5$ |
| 新 bfs | 非基变量 $x_1=0$, $x_3=0$ |
| | 基变量 $x_2=2$, $x_4=?$, $x_5=?$ |

为求出新的基变量 $x_4$ 和 $x_5$ 的值, 只需要解下列线性方程组:

$$\begin{array}{cccccccc} z & -x_1 & +x_2 & & & & = & 0, \\ & -2x_1 & +x_2 & +x_3 & & & = & 2, \\ & x_1 & -2x_2 & & +x_4 & & = & 2, \\ & x_1 & +x_2 & & & +x_5 & = & 5. \end{array}$$

由于含 $x_4$ 的第 2 行以及含有 $x_5$ 的第 3 行都含有变量 $x_2$, 而其值不为 0, 因此只需要做一次**高斯消元**即可: 用第 1 行的 $x_2$ 将第 2 行、第 3 行的 $x_2$ 消去, 同时也将目标函数值所在的第 0 行的 $x_2$ 消去.

$$\begin{array}{cccccccc} z & +x_1 & & -x_3 & & & = & -2, \\ & -2x_1 & +x_2 & +x_3 & & & = & 2, \\ & -3x_1 & & +2x_3 & +x_4 & & = & 6, \\ & 3x_1 & & -x_3 & & +x_5 & = & 3. \end{array}$$

因此, 当前 bfs $\boldsymbol{x}=\begin{bmatrix} 0 & 2 & 0 & 6 & 3 \end{bmatrix}^{\mathrm{T}}$.

迭代 2.

现在第 0 行为

$$z+x_1-x_3=-2.$$

最优性测试. 由于并不是所有 $\zeta_j$ 都小于等于 0, 因此无法判定当前 bfs 为最优解.

第 0 行相当于

$$z = -2 - x_1 + x_3.$$

由于 $z = -2 - x_1 + x_3$, 尝试通过增加 $x_1$ 来减少 $z$.

最小比值测试.

固定 $x_3 = 0$.

第 1 行: $x_2 = 2 + 2x_1 \geqslant 0 \Rightarrow x_1$ 无上界.

第 2 行: $x_4 = 6 + 3x_1 \geqslant 0 \Rightarrow x_1$ 无上界.

第 3 行: $x_5 = 3 - 3x_1 \geqslant 0 \Rightarrow x_1 \leqslant \dfrac{3}{3} = 1$.

因此, $x_1$ 需要增加到 1, 相应地, $x_5$ 变为 0 (表 3.3.2).

**表 3.3.2**

| | |
|---|---|
| 原 bfs | 非基变量 $x_1 = 0,\ x_3 = 0$ |
| | 基变量 $x_2 = 2,\ x_4 = 6,\ x_5 = 3$ |
| 新 bfs | 非基变量 $x_3 = 0,\ x_5 = 0$ |
| | 基变量 $x_1 = 1,\ x_2 = ?,\ x_4 = ?$ |

$$\begin{array}{cccccccc}
z & & & -\frac{2}{3}x_3 & & -\frac{1}{3}x_5 & = & -3, \\
& & x_2 & +\frac{1}{3}x_3 & & +\frac{2}{3}x_5 & = & 4, \\
& & & x_3 & +x_4 & +x_5 & = & 9, \\
& x_1 & & -\frac{1}{3}x_3 & & +\frac{1}{3}x_5 & = & 1.
\end{array}$$

当前 bfs $\boldsymbol{x} = \begin{bmatrix} 1 & 4 & 0 & 9 & 0 \end{bmatrix}^{\mathrm{T}}$.

迭代 3.

现在, 第 0 行为

$$z - \frac{2}{3}x_3 - \frac{1}{3}x_5 = -3.$$

最优性测试. 现在所有 $\zeta_j$ 都小于等于 0, 当前 bfs 为最优解.

可对比图解法, 观察上述方法求解线性规划 (LP1) 的过程.

下面, 我们给出一般的单纯形算法, 并对其进行理论分析. 首先介绍线性规划的形式变换, 并引入一些符号.

# 3.4 一般的单纯形算法

## 3.4.1 检验数向量

选定基 $\boldsymbol{B}$ 之后, 线性规划标准型 (LPS) 的目标函数可写为

$$\begin{aligned} z = & \boldsymbol{c}^{\mathrm{T}}\boldsymbol{x} = \boldsymbol{c}_B^{\mathrm{T}}\boldsymbol{x}_B + \boldsymbol{c}_N^{\mathrm{T}}\boldsymbol{x}_N \\ = & \boldsymbol{c}_B^{\mathrm{T}}(\boldsymbol{B}^{-1}\boldsymbol{b} - \boldsymbol{B}^{-1}\boldsymbol{N}\boldsymbol{x}_N) + \boldsymbol{c}_N^{\mathrm{T}}\boldsymbol{x}_N \\ = & \boldsymbol{c}_B^{\mathrm{T}}\boldsymbol{B}^{-1}\boldsymbol{b} - (\boldsymbol{c}_B^{\mathrm{T}}\boldsymbol{B}^{-1}\boldsymbol{N} - \boldsymbol{c}_N^{\mathrm{T}})\boldsymbol{x}_N. \end{aligned}$$

**定义 3.4.1** 给定线性规划标准型 (LPS), 取定基 $\boldsymbol{B}$. 记 $\boldsymbol{\zeta}_N^{\mathrm{T}} = \boldsymbol{c}_B^{\mathrm{T}}\boldsymbol{B}^{-1}\boldsymbol{N} - \boldsymbol{c}_N^{\mathrm{T}}$. 令 $\boldsymbol{\zeta}_B^{\mathrm{T}} = \boldsymbol{0}$. 则

$$\boldsymbol{\zeta}^{\mathrm{T}} = \begin{bmatrix} \boldsymbol{\zeta}_B^{\mathrm{T}} & \boldsymbol{\zeta}_N^{\mathrm{T}} \end{bmatrix} = \begin{bmatrix} \boldsymbol{0} & \boldsymbol{c}_B^{\mathrm{T}}\boldsymbol{B}^{-1}\boldsymbol{N} - \boldsymbol{c}_N^{\mathrm{T}} \end{bmatrix}$$

称为**检验数向量**.

由检验数向量的定义, 可知 $z = \boldsymbol{c}^{\mathrm{T}}\boldsymbol{x} = \boldsymbol{c}_B^{\mathrm{T}}\boldsymbol{B}^{-1}\boldsymbol{b} - \boldsymbol{\zeta}^{\mathrm{T}}\boldsymbol{x}$, 即

$$z + \boldsymbol{\zeta}^{\mathrm{T}}\boldsymbol{x} = \boldsymbol{c}_B^{\mathrm{T}}\boldsymbol{B}^{-1}\boldsymbol{b}.$$

这就是求解线性规划时单纯形算法使用的规划的第 0 行的代数表达.

进一步地, 单纯形算法使用的线性规划的形式为

$$\begin{aligned} \min \quad & z \\ \text{s.t.} \quad & z + \boldsymbol{\zeta}^{\mathrm{T}}\boldsymbol{x} = \boldsymbol{c}_B^{\mathrm{T}}\boldsymbol{B}^{-1}\boldsymbol{b}, \\ & \boldsymbol{x}_B + \boldsymbol{B}^{-1}\boldsymbol{N}\boldsymbol{x}_N = \boldsymbol{B}^{-1}\boldsymbol{b}, \\ & \boldsymbol{x} \geqslant \boldsymbol{0}. \end{aligned} \tag{3.4.1}$$

这是标准型的线性规划相对于基 $\boldsymbol{B}$ 的一个等价形式.

## 3.4.2 目标函数值和检验数向量的值

单纯形算法在执行过程中不断地从一个 bfs 换到另一个 bfs, 这是通过更改当前的基实现的. 设当前的 bfs $\boldsymbol{x} = \begin{bmatrix} \boldsymbol{B}^{-1}\boldsymbol{b} \\ \boldsymbol{0} \end{bmatrix}$. 则其解值 $\boldsymbol{c}^{\mathrm{T}}\boldsymbol{x} = \boldsymbol{c}_B^{\mathrm{T}}\boldsymbol{B}^{-1}\boldsymbol{b} - \boldsymbol{\zeta}^{\mathrm{T}}\boldsymbol{x} = \boldsymbol{c}_B^{\mathrm{T}}\boldsymbol{B}^{-1}\boldsymbol{b}$. 即, 单纯形算法所使用的线性规划右上角的

$$\boldsymbol{c}_B^{\mathrm{T}}\boldsymbol{B}^{-1}\boldsymbol{b}$$

就是 $\boldsymbol{x}=\begin{bmatrix}\boldsymbol{B}^{-1}\boldsymbol{b}\\ \boldsymbol{0}\end{bmatrix}$ 时的目标函数值.

由检验数向量的定义 3.4.1, 可知

$$\begin{aligned}\boldsymbol{\zeta}^{\mathrm{T}}&=\begin{bmatrix}\boldsymbol{\zeta}_B^{\mathrm{T}} & \boldsymbol{\zeta}_N^{\mathrm{T}}\end{bmatrix}\\&=\begin{bmatrix}\boldsymbol{0} & \boldsymbol{c}_B^{\mathrm{T}}\boldsymbol{B}^{-1}\boldsymbol{N}-\boldsymbol{c}_N^{\mathrm{T}}\end{bmatrix}\\&=\begin{bmatrix}\boldsymbol{c}_B^{\mathrm{T}}\boldsymbol{B}^{-1}\boldsymbol{B}-\boldsymbol{c}_B^{\mathrm{T}} & \boldsymbol{c}_B^{\mathrm{T}}\boldsymbol{B}^{-1}\boldsymbol{N}-\boldsymbol{c}_N^{\mathrm{T}}\end{bmatrix}\\&=\begin{bmatrix}\boldsymbol{c}_B^{\mathrm{T}}\boldsymbol{B}^{-1}\boldsymbol{B} & \boldsymbol{c}_B^{\mathrm{T}}\boldsymbol{B}^{-1}\boldsymbol{N}\end{bmatrix}-\begin{bmatrix}\boldsymbol{c}_B^{\mathrm{T}} & \boldsymbol{c}_N^{\mathrm{T}}\end{bmatrix}\\&=\boldsymbol{c}_B^{\mathrm{T}}\boldsymbol{B}^{-1}\begin{bmatrix}\boldsymbol{B} & \boldsymbol{N}\end{bmatrix}-\begin{bmatrix}\boldsymbol{c}_B^{\mathrm{T}} & \boldsymbol{c}_N^{\mathrm{T}}\end{bmatrix}\\&=\boldsymbol{c}_B^{\mathrm{T}}\boldsymbol{B}^{-1}\boldsymbol{A}-\boldsymbol{c}^{\mathrm{T}}.\end{aligned}$$

即, 检验数向量的计算公式为

$$\boldsymbol{\zeta}^{\mathrm{T}}=\boldsymbol{c}_B^{\mathrm{T}}\boldsymbol{B}^{-1}\boldsymbol{A}-\boldsymbol{c}^{\mathrm{T}}. \tag{3.4.2}$$

**例 3.4.2**　考察线性规划 (LP1S), 这是一个标准型的线性规划, 其目标函数的系数向量为

$$\boldsymbol{c}^{\mathrm{T}}=\begin{bmatrix}1 & -1 & 0 & 0 & 0\end{bmatrix}^{\mathrm{T}}.$$

当选取系数矩阵 $\boldsymbol{A}$ 的第 3、4、5 列为基时,

$$\boldsymbol{c}_B^{\mathrm{T}}=\begin{bmatrix}0 & 0 & 0\end{bmatrix}^{\mathrm{T}}.$$

因此, $\boldsymbol{c}_B^{\mathrm{T}}\boldsymbol{B}^{-1}\boldsymbol{b}=0$, 这是当前 bfs $\begin{bmatrix}0 & 0 & 2 & 2 & 5\end{bmatrix}^{\mathrm{T}}$ 的解值. 由 (3.4.2),

$$\boldsymbol{\zeta}^{\mathrm{T}}=-\boldsymbol{c}^{\mathrm{T}}=\begin{bmatrix}-1 & 1 & 0 & 0 & 0\end{bmatrix}^{\mathrm{T}}.$$

故 3.3.2 节单纯形算法示例迭代 1 开始时, 线性规划的第 0 行 $z+\boldsymbol{\zeta}^{\mathrm{T}}\boldsymbol{x}=\boldsymbol{c}_B^{\mathrm{T}}\boldsymbol{B}^{-1}\boldsymbol{b}$ 为

$$z-x_1+x_2=0.$$

### 3.4.3 单纯形算法

有了基和检验数向量这些概念, 就可以方便地描述一般的单纯形算法了.

**算法 3.4.1** 基本的单纯形算法.

(1) 找一个初始可行基 $\boldsymbol{B}=\begin{bmatrix} \boldsymbol{A}_{B(1)} & \boldsymbol{A}_{B(2)} & \cdots & \boldsymbol{A}_{B(m)} \end{bmatrix}$.

(2) 求出检验数向量、$\bar{\boldsymbol{A}}=\boldsymbol{B}^{-1}\boldsymbol{A}$、$\bar{\boldsymbol{b}}=\boldsymbol{B}^{-1}\boldsymbol{b}$.

(3) $k \leftarrow \arg\max\{\zeta_j \mid j=1,2,\cdots,n\}$.

(4) 如果 $\zeta_k \leqslant 0$ 则当前 bfs 就是最优解, 停止.

(5) 如果 $\bar{\boldsymbol{A}}_k \leqslant \boldsymbol{0}$, 则问题无界, 停止.

(6) $r \leftarrow \arg\min\left\{\dfrac{\bar{b}_i}{\bar{a}_{ik}}\middle|\bar{a}_{ik}>0, i=1,2,\cdots,m\right\}$.

(7) 以 $\boldsymbol{A}_k$ 替代当前基 $\boldsymbol{B}$ 中的列 $\boldsymbol{A}_{B(r)}$, 得到一个新的基 $\boldsymbol{B}$, 转第 (2) 步.

在算法中, 以 $\boldsymbol{B}=\begin{bmatrix} \boldsymbol{A}_{B(1)} & \boldsymbol{A}_{B(2)} & \cdots & \boldsymbol{A}_{B(m)} \end{bmatrix}$ 表示当前的基, 其中 $\boldsymbol{A}_{B(i)}$ $(1 \leqslant i \leqslant m)$ 表示矩阵 $\boldsymbol{A}$ 的第 $B(i)$ 列构成基 $\boldsymbol{B}$ 的第 $i$ 列, 诸 $B(i)$ 从 $[n]$ 中取值, 且互不重复.

在算法 3.4.1 的第 (1) 步, 并没有明确说明是如何找到初始可行基的. 这一步实际上是留到 3.9 节解决的. 现在, 我们假设可以用"观察法"找到初始可行基.

单纯形算法形式简洁, 能够求解看上去复杂的有很多变量和约束的线性规划, 具有强大的生命力. 单纯形算法是由著名的数学家丹齐格教授发明的, 丹齐格被人们尊称为线性规划之父. 单纯形算法早已经被编制成计算机程序, 运行在世界的各个角落里, 就像最短路问题的算法 (如迪杰斯特拉 (E. Dijkstra, 荷兰, 1930—2002) 算法)、最小生成树问题的算法 (如普里姆 (R. Prim, 美国, 1921—2009) 算法、克鲁斯卡尔 (J. Kruskal, 美国, 1928—2010) 算法) 等基本算法一样, 默默地为人类社会做着贡献.

在几何中, 有一种几何体称为*单形* (或*单纯形*)(Simplex), 记为 $\Delta_k$, 其定义为

$$\Delta_k=\left\{\boldsymbol{x}\in\mathbb{R}^k\middle|\boldsymbol{x}\geqslant\boldsymbol{0}, \sum_i x_i=1\right\}.$$

$\Delta_k$ 是 $\mathbb{R}^k$ 中一种 $k-1$ 维的多面体 (Polytope). $\Delta_2$ 是一条线段, $\Delta_3$ 是一个正三角形, $\Delta_4$ 是一个正四面体. 在英文中, 单形之所以叫做"Simplex", 是因为它被认为是最简单的多面体. 多面体是线性规划可行域的一种常见形式. 单纯形算法的名字可能来源于"单形可用作为线性规划可行域的典型代表"这样一种含义, 然而这只是一种没有经过考证的猜测.

## 3.5　表格化的单纯形算法

在手工演算单纯形算法时, 为了便于处理换基等操作, 通常使用表格化的单纯形算法, 即, 将线性规划组织在表格中, 然后在表格上演算单纯形算法.

### 3.5.1　单纯形表

完整的单纯形表就是将单纯形算法使用的线性规划形式组织在表格中 (表 3.5.1).

**表 3.5.1**

| | $z$ | $x_1$ | $\cdots$ | $x_r$ | $\cdots$ | $x_m$ | $x_{m+1}$ | $\cdots$ | $x_k$ | $\cdots$ | $x_n$ | $\boldsymbol{c}_B^{\mathrm{T}}\bar{\boldsymbol{b}}$ |
|---|---|---|---|---|---|---|---|---|---|---|---|---|
| | 1 | 0 | $\cdots$ | 0 | $\cdots$ | 0 | $\zeta_{m+1}$ | $\cdots$ | $\zeta_k$ | $\cdots$ | $\zeta_n$ | |
| $x_1$ | 0 | 1 | $\cdots$ | 0 | $\cdots$ | 0 | $\bar{a}_{1,m+1}$ | $\cdots$ | $\bar{a}_{1k}$ | $\cdots$ | $\bar{a}_{1n}$ | $\bar{b}_1$ |
| $\vdots$ | $\vdots$ | $\vdots$ | $\vdots$ | $\vdots$ | $\vdots$ | $\vdots$ | $\vdots$ | $\vdots$ | $\vdots$ | $\vdots$ | $\vdots$ | $\vdots$ |
| $x_r$ | 0 | 0 | $\cdots$ | 1 | $\cdots$ | 0 | $\bar{a}_{r,m+1}$ | $\cdots$ | $\bar{a}_{rk}$ | $\cdots$ | $\bar{a}_{rn}$ | $\bar{b}_r$ |
| $\vdots$ | $\vdots$ | $\vdots$ | $\vdots$ | $\vdots$ | $\vdots$ | $\vdots$ | $\vdots$ | $\vdots$ | $\vdots$ | $\vdots$ | $\vdots$ | $\vdots$ |
| $x_m$ | 0 | 0 | $\cdots$ | 0 | $\cdots$ | 1 | $\bar{a}_{m,m+1}$ | $\cdots$ | $\bar{a}_{mk}$ | $\cdots$ | $\bar{a}_{mn}$ | $\bar{b}_m$ |

单纯形算法每换一次基, 就得到一张新的表格. 在不断地换基的过程中, 会发现变量 $z$ 所对应的列的各元素均不会改变 (变量 $z$ 不在向量 $\boldsymbol{x}$ 中), 因此可将表格中变量 $z$ 的列去掉, 得到实际使用的单纯形表 (表 3.5.2).

**表 3.5.2**

| | $x_1$ | $\cdots$ | $x_r$ | $\cdots$ | $x_m$ | $x_{m+1}$ | $\cdots$ | $x_k$ | $\cdots$ | $x_n$ | $\boldsymbol{c}_B^{\mathrm{T}}\bar{\boldsymbol{b}}$ |
|---|---|---|---|---|---|---|---|---|---|---|---|
| | 0 | $\cdots$ | 0 | $\cdots$ | 0 | $\zeta_{m+1}$ | $\cdots$ | $\zeta_k$ | $\cdots$ | $\zeta_n$ | |
| $x_1$ | 1 | $\cdots$ | 0 | $\cdots$ | 0 | $\bar{a}_{1,m+1}$ | $\cdots$ | $\bar{a}_{1k}$ | $\cdots$ | $\bar{a}_{1n}$ | $\bar{b}_1$ |
| $\vdots$ | $\vdots$ | $\vdots$ | $\vdots$ | $\vdots$ | $\vdots$ | $\vdots$ | $\vdots$ | $\vdots$ | $\vdots$ | $\vdots$ | $\vdots$ |
| $x_r$ | 0 | $\cdots$ | 1 | $\cdots$ | 0 | $\bar{a}_{r,m+1}$ | $\cdots$ | $\bar{a}_{rk}$ | $\cdots$ | $\bar{a}_{rn}$ | $\bar{b}_r$ |
| $\vdots$ | $\vdots$ | $\vdots$ | $\vdots$ | $\vdots$ | $\vdots$ | $\vdots$ | $\vdots$ | $\vdots$ | $\vdots$ | $\vdots$ | $\vdots$ |
| $x_m$ | 0 | $\cdots$ | 0 | $\cdots$ | 1 | $\bar{a}_{m,m+1}$ | $\cdots$ | $\bar{a}_{mk}$ | $\cdots$ | $\bar{a}_{mn}$ | $\bar{b}_m$ |

演算单纯形算法的关键在于获得第一张单纯形表, 我们把这张表格称为初始的单纯形表. 要获得初始的单纯形表, 最方便的办法莫过于从线性规划标准型中直接读取数据填表. 下面我们介绍这一方法.

第 1 步: 将线性规划转换为标准型. 做行变换使右端项 $\boldsymbol{b} \geqslant \boldsymbol{0}$.

第 2 步: 从线性规划标准型中读取系数矩阵 $\boldsymbol{A}$、向量 $\boldsymbol{c}$ 和向量 $\boldsymbol{b}$, 构造表格 (表 3.5.3).

表 3.5.3

| | |
|---|---|
| $-\boldsymbol{c}^{\mathrm{T}}$ | $\boldsymbol{0}$ |
| $\boldsymbol{A}$ | $\boldsymbol{b}$ |

这张表格可称为"预备单纯形表". 注意, 它不是正式的单纯形表, 因为还没有选定基. 初学者尤其注意不能从这张表格开始执行单纯形算法.

第 3 步: 选取 $\boldsymbol{A}$ 中的若干列为基, 用初等行变换将这些列变为单位阵, 检验数行 (第 0 行) 一同参与变换. 得到*初始单纯形表* (表 3.5.4).

表 3.5.4

| | |
|---|---|
| $\boldsymbol{c}_B^{\mathrm{T}}\boldsymbol{B}^{-1}\boldsymbol{A}-\boldsymbol{c}^{\mathrm{T}}$ | $\boldsymbol{c}_B^{\mathrm{T}}\boldsymbol{B}^{-1}\boldsymbol{b}$ |
| $\boldsymbol{B}^{-1}\boldsymbol{A}$ | $\boldsymbol{B}^{-1}\boldsymbol{b}$ |

当行变换完成后, 预备单纯形表中的各项就自然变成了初始单纯形表中的各项.

手工演算单纯形算法时, 就是从初始单纯形表开始执行的. 实际上, 在单纯形算法执行的过程中, 每一张单纯形表的形式都和初始单纯形表是一样的, 它们的区别仅在于选择的基不同.

### 3.5.2 旋转

在单纯形算法执行的过程中, 从一个基换到另一个基称为*旋转* (Pivot). 在旋转操作中, 新选定的基变量 $x_k$ 进基, 被替换出去的变量 $x_{B(r)}$ 出基.

当选定进基变量 $x_k$ 和出基变量 $x_{B(r)}$ 后, 旋转操作的具体做法为: 通过矩阵行初等变换, 将 $\bar{a}_{B(r)k}$ 变为 1, 然后将单纯形表中第 $k$ 列其余各元素 (包括第 0 行的第 $k$ 列) 变为 0. 这就完成了换基.

假设旋转操作之前的基 $\boldsymbol{B}=\begin{bmatrix}\boldsymbol{A}_1 & \boldsymbol{A}_2 & \cdots & \boldsymbol{A}_m\end{bmatrix}$, 出基变量为 $x_r$(在这里, 为便于表达, 我们假设 $B(r)=r$), 进基变量为 $x_k$, 则对应的单纯形表为表 3.5.5.

表 3.5.5

| | $x_1$ | $\cdots$ | $x_r$ | $\cdots$ | $x_m$ | $x_{m+1}$ | $\cdots$ | $x_k$ | $\cdots$ | $x_n$ | $\boldsymbol{c}_B^{\mathrm{T}}\bar{\boldsymbol{b}}$ |
|---|---|---|---|---|---|---|---|---|---|---|---|
| | 0 | $\cdots$ | 0 | $\cdots$ | 0 | $\zeta_{m+1}$ | $\cdots$ | $\zeta_k$ | $\cdots$ | $\zeta_n$ | |
| $x_1$ | 1 | $\cdots$ | 0 | $\cdots$ | 0 | $\bar{a}_{1,m+1}$ | $\cdots$ | $\bar{a}_{1k}$ | $\cdots$ | $\bar{a}_{1n}$ | $\bar{b}_1$ |
| $\vdots$ | $\vdots$ | $\vdots$ | $\vdots$ | $\vdots$ | $\vdots$ | $\vdots$ | $\vdots$ | $\vdots$ | $\vdots$ | $\vdots$ | $\vdots$ |
| $x_r$ | 0 | $\cdots$ | 1 | $\cdots$ | 0 | $\bar{a}_{r,m+1}$ | $\cdots$ | $\boxed{\bar{a}_{rk}}$ | $\cdots$ | $\bar{a}_{rn}$ | $\bar{b}_r$ |
| $\vdots$ | $\vdots$ | $\vdots$ | $\vdots$ | $\vdots$ | $\vdots$ | $\vdots$ | $\vdots$ | $\vdots$ | $\vdots$ | $\vdots$ | $\vdots$ |
| $x_m$ | 0 | $\cdots$ | 0 | $\cdots$ | 1 | $\bar{a}_{m,m+1}$ | $\cdots$ | $\bar{a}_{mk}$ | $\cdots$ | $\bar{a}_{mn}$ | $\bar{b}_m$ |

旋转操作之后, 单纯形表为表 3.5.6.

**表 3.5.6**

| | $x_1$ | $\cdots$ | $x_r$ | $\cdots$ | $x_m$ | $x_{m+1}$ | $\cdots$ | $x_k$ | $\cdots$ | $x_n$ | $c_B^{\mathrm{T}}\hat{b}$ |
|---|---|---|---|---|---|---|---|---|---|---|---|
| | 0 | $\cdots$ | $\hat{\zeta}_r$ | $\cdots$ | 0 | $\hat{\zeta}_{m+1}$ | $\cdots$ | 0 | $\cdots$ | $\hat{\zeta}_n$ | |
| $x_1$ | 1 | $\cdots$ | $\hat{a}_{1r}$ | $\cdots$ | 0 | $\hat{a}_{1,m+1}$ | $\cdots$ | 0 | $\cdots$ | $\bar{a}_{1n}$ | $\hat{b}_1$ |
| $\vdots$ | $\vdots$ | $\vdots$ | $\vdots$ | $\vdots$ | $\vdots$ | $\vdots$ | $\vdots$ | $\vdots$ | $\vdots$ | $\vdots$ | $\vdots$ |
| $x_r$ | 0 | $\cdots$ | $\hat{a}_{rr}$ | $\cdots$ | 0 | $\hat{a}_{r,m+1}$ | $\cdots$ | 1 | $\cdots$ | $\bar{a}_{rn}$ | $\hat{b}_r$ |
| $\vdots$ | $\vdots$ | $\vdots$ | $\vdots$ | $\vdots$ | $\vdots$ | $\vdots$ | $\vdots$ | $\vdots$ | $\vdots$ | $\vdots$ | $\vdots$ |
| $x_m$ | 0 | $\cdots$ | $\hat{a}_{mr}$ | $\cdots$ | 1 | $\hat{a}_{m,m+1}$ | $\cdots$ | 0 | $\cdots$ | $\bar{a}_{mn}$ | $\hat{b}_m$ |

新的单纯形表对应的基为 $\begin{bmatrix} \boldsymbol{A}_1 & \cdots & \boldsymbol{A}_{r-1} & \boldsymbol{A}_k & \boldsymbol{A}_{r+1} & \cdots & \boldsymbol{A}_m \end{bmatrix}$. 这个基实际上就是用 $\boldsymbol{A}_k$ 替换了基 $\boldsymbol{B}$ 的第 $r$ 列得到的.

为便于区别, 假设旋转操作之后得到的新的单纯形表上的系数矩阵为 $\hat{\boldsymbol{A}}$, 检验数向量为 $\hat{\boldsymbol{\zeta}}$, 右端项向量为 $\hat{\boldsymbol{b}}$. 则旋转操作之后单纯形表上各元素的值的表达式为

(1) 第 $r$ 行元素都除以 $\bar{a}_{rk}$: $\hat{a}_{rj} = \dfrac{\bar{a}_{rj}}{\bar{a}_{rk}}$, $\hat{b}_r = \dfrac{\bar{b}_r}{\bar{a}_{rk}}$.

(2) 其余各行受变换的影响, 各元素的值均发生了变化. 新的第 $i$ $(i \neq r)$ 行 = 原第 $i$ 行 + 新的第 $r$ 行 $\times(-\bar{a}_{ik})$.

(a) 第 0 行: $\hat{\zeta}_j = \zeta_j + \dfrac{\bar{a}_{rj}}{\bar{a}_{rk}}(-\zeta_k)$, $\boldsymbol{c}_B^{\mathrm{T}}\hat{\boldsymbol{b}} = \boldsymbol{c}_B^{\mathrm{T}}\bar{\boldsymbol{b}} + \dfrac{\bar{b}_r}{\bar{a}_{rk}}(-\zeta_k)$.

(b) 除第 0 行和第 $r$ 行外的其余各行 $(i \neq 0, r)$: $\hat{a}_{ij} = \bar{a}_{ij} + \dfrac{\bar{a}_{rj}}{\bar{a}_{rk}}(-\bar{a}_{ik})$, $\hat{b}_i = \bar{b}_i + \dfrac{\bar{b}_r}{\bar{a}_{rk}}(-\bar{a}_{ik})$.

**例 3.5.1**　用单纯形法解线性规划 (LP1).

$$
\begin{aligned}
\max\quad & -x_1 + x_2 \\
\text{s.t.}\quad & 2x_1 - x_2 \geqslant -2, \\
& x_1 - 2x_2 \leqslant 2, \\
& x_1 + x_2 \leqslant 5, \\
& x_1 \geqslant 0, x_2 \geqslant 0.
\end{aligned}
$$

**解**　首先将线性规划变为标准型.

$$
\begin{aligned}
\min\quad & x_1 - x_2 \\
\text{s.t.}\quad & 2x_1 - x_2 - x_3 = -2,
\end{aligned}
$$

$$x_1 - 2x_2 + x_4 = 2,$$

$$x_1 + x_2 + x_5 = 5,$$

$$x_j \geqslant 0, \quad \forall j.$$

构造预备单纯形表 (表 3.5.7).

**表 3.5.7**

| $x_1$ | $x_2$ | $x_3$ | $x_4$ | $x_5$ | |
|---|---|---|---|---|---|
| −1 | 1 | 0 | 0 | 0 | 0 |
| 2 | −1 | −1 | 0 | 0 | −2 |
| 1 | −2 | 0 | 1 | 0 | 2 |
| 1 | 1 | 0 | 0 | 1 | 5 |

将第 1 行乘以 −1, 即得到初始单纯形表 (表 3.5.8).

**表 3.5.8**

| | $x_1$ | $x_2$ | $x_3$ | $x_4$ | $x_5$ | |
|---|---|---|---|---|---|---|
| | −1 | 1 | 0 | 0 | 0 | 0 |
| $x_3$ | −2 | $\boxed{1}$ | 1 | 0 | 0 | 2 |
| $x_4$ | 1 | −2 | 0 | 1 | 0 | 2 |
| $x_5$ | 1 | 1 | 0 | 0 | 1 | 5 |

验证:

$$\boldsymbol{c}^{\mathrm{T}} = \begin{bmatrix} 1 & -1 & 0 & 0 & 0 \end{bmatrix}^{\mathrm{T}}.$$

$$\boldsymbol{B} = \begin{bmatrix} -1 & 0 & 0 \\ 0 & 1 & 0 \\ 0 & 0 & 1 \end{bmatrix}.$$

$$\boldsymbol{b} = \begin{bmatrix} -2 \\ 2 \\ 5 \end{bmatrix}.$$

$$\boldsymbol{x}_B = \begin{bmatrix} x_3 & x_4 & x_5 \end{bmatrix}^{\mathrm{T}} = \boldsymbol{B}^{-1}\boldsymbol{b} = \begin{bmatrix} 2 & 2 & 5 \end{bmatrix}^{\mathrm{T}},$$

$$\boldsymbol{x}_N = \begin{bmatrix} x_1 & x_2 \end{bmatrix}^{\mathrm{T}} = \begin{bmatrix} 0 & 0 \end{bmatrix}^{\mathrm{T}}.$$

检验数向量 $\boldsymbol{\zeta}^{\mathrm{T}} = \boldsymbol{c}_B^{\mathrm{T}}\boldsymbol{B}^{-1}\boldsymbol{A} - \boldsymbol{c}^{\mathrm{T}} = \begin{bmatrix} 0 & 0 & 0 \end{bmatrix}^{\mathrm{T}}\boldsymbol{B}^{-1}\boldsymbol{A} - \boldsymbol{c}^{\mathrm{T}} = -\boldsymbol{c}^{\mathrm{T}}.$

目标函数值 $z = \boldsymbol{c}_B^{\mathrm{T}}\boldsymbol{B}^{-1}\boldsymbol{b} = \begin{bmatrix} 0 & 0 & 0 \end{bmatrix}\begin{bmatrix} 2 \\ 2 \\ 5 \end{bmatrix} = 0.$

$$\boldsymbol{B}^{-1}\boldsymbol{A} = \begin{bmatrix} -1 & 0 & 0 \\ 0 & 1 & 0 \\ 0 & 0 & 1 \end{bmatrix}\begin{bmatrix} 2 & -1 & -1 & 0 & 0 \\ 1 & -2 & 0 & 1 & 0 \\ 1 & 1 & 0 & 0 & 1 \end{bmatrix} = \begin{bmatrix} -2 & 1 & 1 & 0 & 0 \\ 1 & -2 & 0 & 1 & 0 \\ 1 & 1 & 0 & 0 & 1 \end{bmatrix}.$$

迭代 1.

由于 $\zeta_2 = 1 > 0$, 所以无法判定该基本可行解是最优解. 同时系数矩阵该列有大于 0 的元素, 所以取 $x_2$ 为进基变量.

计算 $r = \arg\min\left\{\dfrac{2}{1}, \dfrac{5}{1}\right\} = 1$, 所以取第 1 个约束对应的基变量 $x_3$ 为出基变量.

在上表中把 $x_2$ 对应的列变成单位向量, 系数矩阵第 1 行对应的元素为 1, 则可以得到新的基本可行解的单纯形表 (表 3.5.9).

**表 3.5.9**

| | $x_1$ | $x_2$ | $x_3$ | $x_4$ | $x_5$ | $-2$ |
|---|---|---|---|---|---|---|
| | 1 | 0 | $-1$ | 0 | 0 | |
| $x_2$ | $-2$ | 1 | 1 | 0 | 0 | 2 |
| $x_4$ | $-3$ | 0 | 2 | 1 | 0 | 6 |
| $x_5$ | $\boxed{3}$ | 0 | $-1$ | 0 | 1 | 3 |

迭代 2.

由于 $\zeta_1 = 1 > 0$, 所以无法判定该基本可行解是最优解. 同时, 系数矩阵第 $k = 1$ 列有大于 0 的元素, 所以取 $x_1$ 为进基变量.

计算 $r = \arg\min\{3/3\} = 3$, 所以取第 3 个约束对应的基变量 $x_5$ 为出基变量.

在表 3.5.9 中把系数矩阵第 3 行第 1 列对应的元素为 1, $x_1$ 对应的第 1 列变成单位向量, 则得到新的单纯形表 (表 3.5.10).

**表 3.5.10**

| | $x_1$ | $x_2$ | $x_3$ | $x_4$ | $x_5$ | $-3$ |
|---|---|---|---|---|---|---|
| | 0 | 0 | $-\dfrac{2}{3}$ | 0 | $-\dfrac{1}{3}$ | |
| $x_2$ | 0 | 1 | $\dfrac{1}{3}$ | 0 | $\dfrac{2}{3}$ | 4 |
| $x_4$ | 0 | 0 | 1 | 1 | 1 | 9 |
| $x_1$ | 1 | 0 | $-\dfrac{1}{3}$ | 0 | $\dfrac{1}{3}$ | 1 |

由于检验数都小于等于 0, 所以该基本可行解是最优解, 对应的最优解为 $\begin{bmatrix} 1 & 4 & 0 & 9 & 0 \end{bmatrix}^{\mathrm{T}}$, 最优值为 $-3$. 在求解过程中, 共遇到 3 个 bfs, 如图 3.5.1 所示, 它们在图中用圆圈标出.

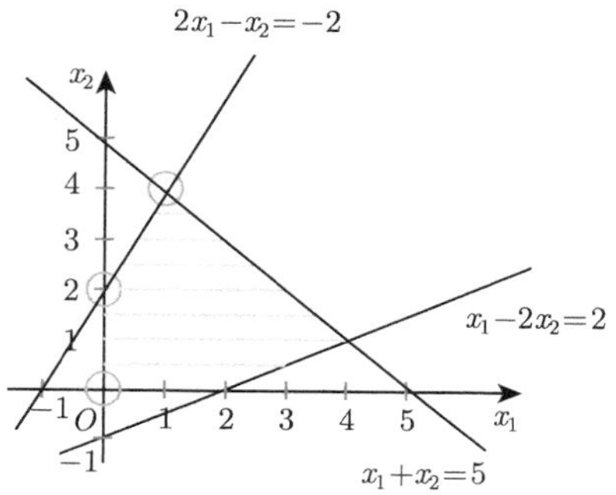


图 3.5.1

在第 3 张单纯形表上验证单纯形表的代数表达式.

$$\boldsymbol{B}=\begin{bmatrix} \boldsymbol{A}_2 & \boldsymbol{A}_4 & \boldsymbol{A}_1 \end{bmatrix}=\begin{bmatrix} -1 & 0 & 2 \\ -2 & 1 & 1 \\ 1 & 0 & 1 \end{bmatrix}, \quad \boldsymbol{B}^{-1}=\begin{bmatrix} -\frac{1}{3} & 0 & \frac{2}{3} \\ -1 & 1 & 1 \\ \frac{1}{3} & 0 & \frac{1}{3} \end{bmatrix}.$$

注意, 在这里, 我们选取的基 $\boldsymbol{B}$ 由 $\boldsymbol{A}$ 的第 2 列、第 4 列和第 1 列构成, 而不是 $\boldsymbol{A}$ 的第 1 列、第 2 列和第 4 列. 这是为了和基变量 $x_2, x_4, x_1$ 的顺序一致, 参见上面的第 3 张单纯形表.

$$\boldsymbol{B}^{-1}\boldsymbol{A}=\begin{bmatrix} -\frac{1}{3} & 0 & \frac{2}{3} \\ -1 & 1 & 1 \\ \frac{1}{3} & 0 & \frac{1}{3} \end{bmatrix}\begin{bmatrix} 2 & -1 & -1 & 0 & 0 \\ 1 & -2 & 0 & 1 & 0 \\ 1 & 1 & 0 & 0 & 1 \end{bmatrix}=\begin{bmatrix} 0 & 1 & \frac{1}{3} & 0 & \frac{2}{3} \\ 0 & 0 & 1 & 1 & 1 \\ 1 & 0 & -\frac{1}{3} & 0 & \frac{1}{3} \end{bmatrix}.$$

$$\boldsymbol{B}^{-1}\boldsymbol{b}=\begin{bmatrix} 4 \\ 9 \\ 1 \end{bmatrix}.$$

bfs $\boldsymbol{x}=\begin{bmatrix} 1 & 4 & 0 & 9 & 0 \end{bmatrix}^{\mathrm{T}}$. ■

下面这个例子说明一定不能从预备单纯形表开始就执行单纯形算法. 一定要

把预备单纯形表变成初始单纯形表, 才能执行单纯形算法.

**例 3.5.2**　用单纯形算法解下列线性规划:

$$\begin{aligned} \min \quad & x_4 + x_5 \\ \text{s.t.} \quad & x_1 - x_2 + 6x_3 + x_4 = 2, \\ & x_1 + x_2 + 2x_3 + x_5 = 1, \\ & x_j \geqslant 0, \quad \forall j. \end{aligned}$$

**解**　预备单纯形表为表 3.5.11.

**表 3.5.11**

| $x_1$ | $x_2$ | $x_3$ | $x_4$ | $x_5$ | |
|---|---|---|---|---|---|
| 0 | 0 | 0 | $-1$ | $-1$ | 0 |
| 1 | $-1$ | 6 | 1 | 0 | 2 |
| 1 | 1 | 2 | 0 | 1 | 1 |

此时可以选择 $x_4$, $x_5$ 构成基 (表 3.5.12).

**表 3.5.12**

| | $x_1$ | $x_2$ | $x_3$ | $x_4$ | $x_5$ | |
|---|---|---|---|---|---|---|
| | 0 | 0 | 0 | $-1$ | $-1$ | 0 |
| $x_4$ | 1 | $-1$ | 6 | 1 | 0 | 2 |
| $x_5$ | 1 | 1 | 2 | 0 | 1 | 1 |

若把这张表格当作初始单纯形表, 由于第 0 行全都小于等于 0, 单纯形算法就结束了, 求到 "最优解" $x_4 = 2, x_5 = 1$, 最优解值为 0. 但显然这个解是不对的, 它的解值为 3, 不为 0.

错误的原因在于还没有用单位阵 (基) 把第 0 行的对应数消成 0. 用行初等变换, 将它们消成 0, 得到初始单纯形表 (表 3.5.13).

**表 3.5.13**

(a)

| | $x_1$ | $x_2$ | $x_3$ | $x_4$ | $x_5$ | |
|---|---|---|---|---|---|---|
| | 2 | 0 | 8 | 0 | 0 | 3 |
| $x_4$ | 1 | $-1$ | $\boxed{6}$ | 1 | 0 | 2 |
| $x_5$ | 1 | 1 | 2 | 0 | 1 | 1 |

(b)

| | $x_1$ | $x_2$ | $x_3$ | $x_4$ | $x_5$ | |
|---|---|---|---|---|---|---|
| | $\frac{2}{3}$ | $\frac{4}{3}$ | 0 | $-\frac{4}{3}$ | 0 | $\frac{1}{3}$ |
| $x_3$ | $\frac{1}{6}$ | $-\frac{1}{6}$ | 1 | $\frac{1}{6}$ | 0 | $\frac{1}{3}$ |
| $x_5$ | $\frac{2}{3}$ | $\boxed{\frac{4}{3}}$ | 0 | $-\frac{1}{3}$ | 1 | $\frac{1}{3}$ |

(c)

| | $x_1$ | $x_2$ | $x_3$ | $x_4$ | $x_5$ | |
|---|---|---|---|---|---|---|
| | 0 | 0 | 0 | $-1$ | $-1$ | 0 |
| $x_3$ | $\frac{1}{4}$ | 0 | 1 | $\frac{1}{8}$ | $\frac{1}{8}$ | $\frac{3}{8}$ |
| $x_2$ | $\frac{1}{2}$ | 1 | 0 | $-\frac{1}{4}$ | $\frac{3}{4}$ | $\frac{1}{4}$ |

求到最优解, $x_2 = \dfrac{1}{4}$, $x_3 = \dfrac{3}{8}$, 最优解值为 0. ∎

**例 3.5.3** 用单纯形算法解下列线性规划:

$$
\begin{aligned}
\min \quad & -x_2 - 2x_3 \\
\text{s.t.} \quad & x_1 - \frac{1}{2}x_4 + \frac{5}{2}x_5 = \frac{13}{2}, \\
& x_2 - \frac{1}{2}x_4 + \frac{3}{2}x_5 = \frac{5}{2}, \\
& x_3 - \frac{1}{2}x_4 + \frac{1}{2}x_5 = \frac{1}{2}, \\
& x_j \geqslant 0, \quad \forall j.
\end{aligned}
$$

**解** 预备单纯形表为表 3.5.14.

表 3.5.14

| $x_1$ | $x_2$ | $x_3$ | $x_4$ | $x_5$ | |
|---|---|---|---|---|---|
| 0 | 1 | 2 | 0 | 0 | 0 |
| 1 | 0 | 0 | $-\frac{1}{2}$ | $\frac{5}{2}$ | $\frac{13}{2}$ |
| 0 | 1 | 0 | $-\frac{1}{2}$ | $\frac{3}{2}$ | $\frac{5}{2}$ |
| 0 | 0 | 1 | $-\frac{1}{2}$ | $\frac{1}{2}$ | $\frac{1}{2}$ |

初始单纯形表为表 3.5.15.

表 3.5.15

| | $x_1$ | $x_2$ | $x_3$ | $x_4$ | $x_5$ | |
|---|---|---|---|---|---|---|
| | 0 | 0 | 0 | $\frac{3}{2}$ | $-\frac{5}{2}$ | $-\frac{7}{2}$ |
| $x_1$ | 1 | 0 | 0 | $-\frac{1}{2}$ | $\frac{5}{2}$ | $\frac{13}{2}$ |
| $x_2$ | 0 | 1 | 0 | $-\frac{1}{2}$ | $\frac{3}{2}$ | $\frac{5}{2}$ |
| $x_3$ | 0 | 0 | 1 | $-\frac{1}{2}$ | $\frac{1}{2}$ | $\frac{1}{2}$ |

由于 $\zeta_4 > 0, \bar{\boldsymbol{A}}_4 \leqslant \boldsymbol{0}$ , 因此原线性规划的最优解无界. ∎

## 3.6 使用数学软件解线性规划

现在, 有很多软件能够解线性规划, 包括 Microsoft Excel、MATLAB、LINDO/LINGO、CPLEX、Gurobi 和 COPT 等, 以及各种开源的程序包.

令人惊奇的是, Microsoft Excel (以下简称 Excel) 软件也能够解线性规划. 在 Excel 的默认安装下, 没有安装解线性规划的功能. 要使用 Excel 软件解线性规划, 用户必须在安装选项中专门指明安装“规划求解”加载项. 安装完成后, 在 Excel 的操作面板上就会有一个“规划求解”的按钮. 将线性规划的目标函数系数向量、系数矩阵、右端项向量按照约定的格式填在 Excel 的表格里, 就可以单击规划求解按钮解线性规划了. 具体的方法请参阅相关技术资料.

值得指出的是, COPT 是新近由杉数科技公司开发的求解线性规划 (以及其他类型的数学规划) 的专门的软件, 其求解性能能够和著名的 CPLEX、Gurobi 等商业软件媲美. COPT 正在取得越来越广泛的应用.

### 3.6.1 使用 MATLAB 解线性规划

MATLAB 求解如下形式的线性规划:

$$\begin{aligned}\min\quad & \boldsymbol{c}^{\mathrm{T}}\boldsymbol{x}\\ \text{s.t.}\quad & \boldsymbol{A}_l\boldsymbol{x}\leqslant \boldsymbol{b}_l,\\ & \boldsymbol{A}_{eq}\boldsymbol{x}=\boldsymbol{b}_{eq},\\ & \boldsymbol{x}_m\leqslant \boldsymbol{x}\leqslant \boldsymbol{x}_M.\end{aligned}$$

在这个线性规划中, 有不等式约束和等式约束, 每个变量可指定一个下界和一个上界.

在 MATLAB 中, 可使用 linprog() 函数解这个线性规划, 其调用格式为

```
[x, f_opt, exit_flag, output]
= linprog(c, Al, Bl, Aeq, Beq, xm, xM, x0)
```

输入参数说明:

- 若某个输入矩阵空缺, 应使用空矩阵 [] 代替.

- 若某个输入参数开始及之后的所有参数空缺, 则这些参数可省略不写. 例如, linprog() 函数调用也可以写为 `[x, f_opt] = linprog(c, Al, Bl, Aeq, Beq, xm, xM, x0)`.

输出参数说明:

- x -找到的解;
- f_opt -计算得到的解值;
- exit_flag -返回标志;
- output -计算信息.

**例 3.6.1** 使用 MATLAB 求解如下线性规划.

$$\begin{aligned}\min\quad & x_1+x_2+x_3+x_4+x_5+x_6+x_7\\ \text{s.t.}\quad & x_1+x_2\geqslant 1,\\ & x_1+x_3\geqslant 1,\\ & x_1+x_4\geqslant 1,\\ & x_2+x_5\geqslant 1,\\ & x_3+x_6\geqslant 1,\\ & x_4+x_7\geqslant 1,\end{aligned}$$

$$x_i \geqslant 0, \quad \forall i.$$

**解**　在 MATLAB 中, 依次输入如下命令 (或写成一个程序段):

```
f = [1 1 1 1 1 1 1]'
A = [-1 -1 0 0 0 0 0; -1 0 -1 0 0 0 0; -1 0 0 -1 0 0 0;
    0 -1 0 0 -1 0 0; 0 0 -1 0 0 -1 0; 0 0 0 -1 0 0 -1]
B = [-1; -1; -1; -1; -1; -1]
xm = [0 0 0 0 0 0 0]
[x, f_opt, exit_flag, output] = linprog(f, A, B, [], [], xm)
```

则运行结果为图 3.6.1.

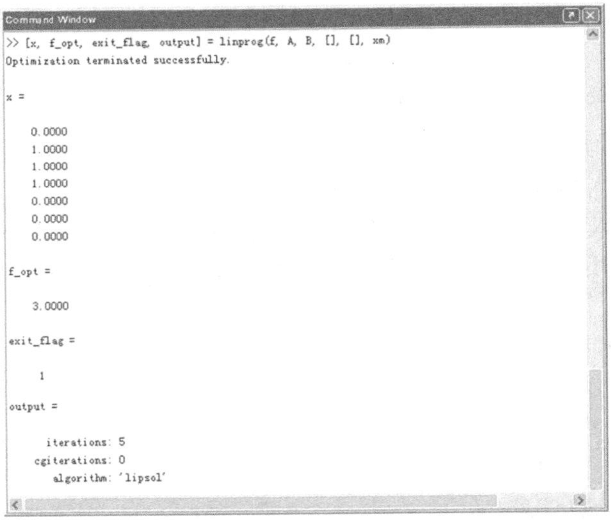


图 3.6.1

■

### 3.6.2　使用 CPLEX 解线性规划

CPLEX 是工业级的解线性规划和数学规划的软件. CPLEX 提供了开发模式和命令行模式两种工作模式. 在开发模式下, 可以用 C++、Java、Python 等主流语言通过调用 CPLEX 程序包的方式解线性规划. 在命令行模式下, 可通过输入命令的方法解线性规划. 由于是输入命令, 这种方法一般只适用于解简单的教科书式的线性规划. 具有成千上万变量的线性规划, 则用程序解是合适的. 但命令行的方法简单直观, 在此我们展示一下 CPLEX 的命令行工作方法. 当然, 这只是 CPLEX 强大的功能中很小的一个方面.

**例 3.6.2** 使用 CPLEX 解例 3.6.1 中的线性规划.

**解** 在 Windows 命令行输入 cplex, 出现 CPLEX 提示符 “CPLEX>”, 进入 CPLEX 状态 (图 3.6.2).

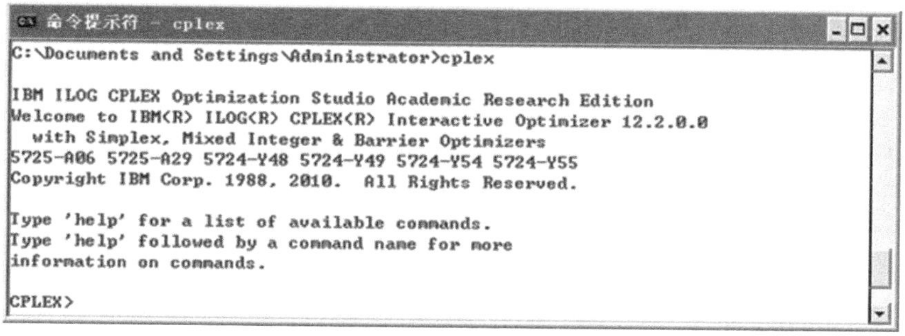


图 3.6.2

输入 enter 命令, 输入要优化的问题实例 (图 3.6.3).

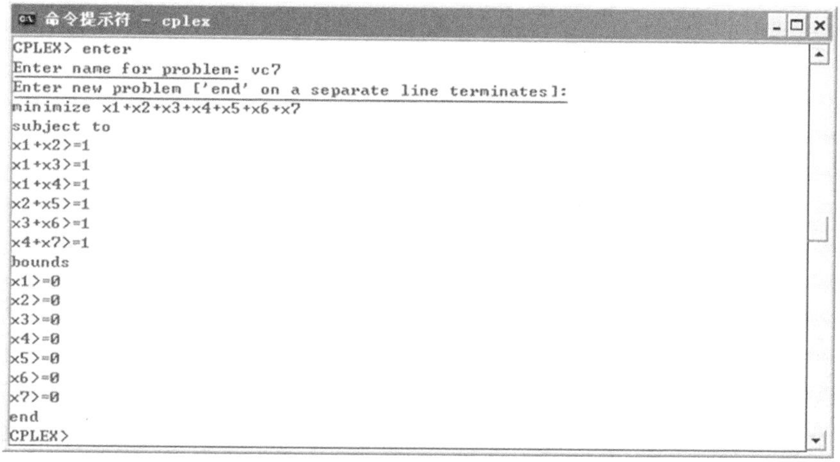


图 3.6.3

输入 optimize 命令, 开始求解问题 (图 3.6.4).

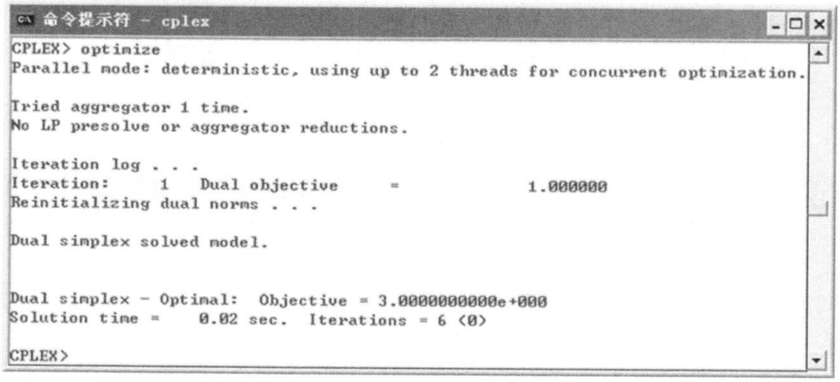


图 3.6.4

输入 display 命令, 显示求到的解 (图 3.6.5).

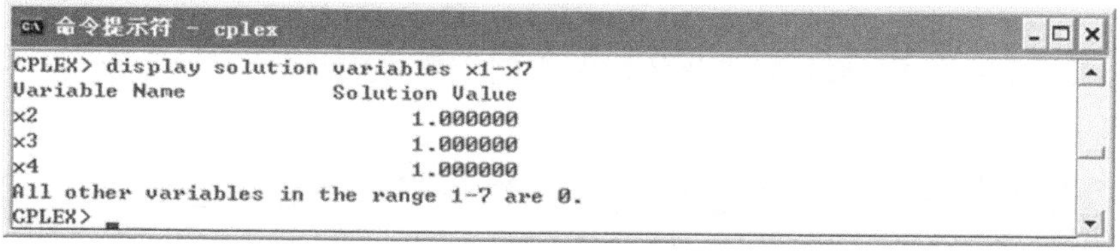


图 3.6.5

∎

## 3.7　单纯形算法的分析

**定理 3.7.1** (最优性准则)　如果检验数向量 $\boldsymbol{\zeta} \leqslant \mathbf{0}$, 则当前基本可行解 $\bar{\boldsymbol{x}}$ 就是原问题的最优解.

**证明**　令 $\boldsymbol{B}$ 为 $\bar{\boldsymbol{x}}$ 的基, 由线性规划 (3.4.1), $\bar{\boldsymbol{x}}$ 的目标函数值为 $\boldsymbol{c}_B^{\mathrm{T}}\boldsymbol{B}^{-1}\boldsymbol{b}$.

而任给一个可行解 $\boldsymbol{x}$, 其目标函数值为 $z = \boldsymbol{c}_B^{\mathrm{T}}\boldsymbol{B}^{-1}\boldsymbol{b} - \boldsymbol{\zeta}^{\mathrm{T}}\boldsymbol{x}$. 由于 $\boldsymbol{\zeta} \leqslant \mathbf{0}$, $\boldsymbol{x} \geqslant \mathbf{0}$, 显然有 $z \geqslant \boldsymbol{c}_B^{\mathrm{T}}\boldsymbol{B}^{-1}\boldsymbol{b}$.

因此, $\bar{\boldsymbol{x}}$ 为原问题的最优解. ∎

**定理 3.7.2**　如果检验数向量 $\boldsymbol{\zeta}$ 的第 $k$ 个分量 $\zeta_k > 0$, 而和 $\zeta_k$ 对应的列向量 $\bar{\boldsymbol{A}}_k \leqslant \mathbf{0}$, 则原问题无界.

**证明**　不失一般性, 假设基 $\boldsymbol{B}$ 由 $\boldsymbol{A}$ 的前 $m$ 列组成. 由于 $\boldsymbol{\zeta}_B = \mathbf{0}$, 故 $\zeta_k$ 落在 $\boldsymbol{\zeta}$ 的第 $m+1$ 维到第 $n$ 维之间, 即 $m+1 \leqslant k \leqslant n$.

构造一个解 $\boldsymbol{x}' = \bar{\boldsymbol{x}} + \theta \begin{bmatrix} -\bar{\boldsymbol{A}}_k \\ \boldsymbol{0} \end{bmatrix} + \theta \boldsymbol{e}_k$, 其中 $\theta > 0$ 是一个参数, $\boldsymbol{e}_k$ 是第 $k$ 个分量为 1, 其余分量都为 0 的 $n$ 维向量.

由于 $\bar{\boldsymbol{x}} \geqslant \boldsymbol{0}$, $\theta > 0$, $\bar{\boldsymbol{A}}_k \leqslant \boldsymbol{0}$, 可知 $\boldsymbol{x}' \geqslant \boldsymbol{0}$. 并且

$$\begin{aligned} \boldsymbol{A}\boldsymbol{x}' &= \boldsymbol{A}\bar{\boldsymbol{x}} + \theta \begin{bmatrix} \boldsymbol{B} & \boldsymbol{N} \end{bmatrix} \begin{bmatrix} -\boldsymbol{B}^{-1}\boldsymbol{A}_k \\ \boldsymbol{0} \end{bmatrix} + \theta \boldsymbol{A}\boldsymbol{e}_k \\ &= \boldsymbol{b} - \theta \boldsymbol{A}_k + \theta \boldsymbol{A}_k = \boldsymbol{b}. \end{aligned}$$

因此, $\boldsymbol{x}'$ 是一个可行解.

下面来计算 $\boldsymbol{x}'$ 的解值.

$$\begin{aligned} \boldsymbol{c}^{\mathrm{T}}\boldsymbol{x}' &= \boldsymbol{c}^{\mathrm{T}}\bar{\boldsymbol{x}} + \theta \begin{bmatrix} \boldsymbol{c}_B^{\mathrm{T}} & \boldsymbol{c}_N^{\mathrm{T}} \end{bmatrix} \begin{bmatrix} -\boldsymbol{B}^{-1}\boldsymbol{A}_k \\ \boldsymbol{0} \end{bmatrix} + \theta \boldsymbol{c}^{\mathrm{T}}\boldsymbol{e}_k \\ &= \boldsymbol{c}^{\mathrm{T}}\bar{\boldsymbol{x}} + \theta(-\boldsymbol{c}_B^{\mathrm{T}}\boldsymbol{B}^{-1}\boldsymbol{A}_k + c_k) \\ &= \boldsymbol{c}^{\mathrm{T}}\bar{\boldsymbol{x}} - \theta \zeta_k, \end{aligned}$$

其中最后一步等号是因为 $\boldsymbol{\zeta}^{\mathrm{T}} = \boldsymbol{c}_B^{\mathrm{T}}\boldsymbol{B}^{-1}\boldsymbol{A} - \boldsymbol{c}^{\mathrm{T}}$.

由于 $\zeta_k > 0$, 当 $\theta \to \infty$ 时, $\boldsymbol{c}^{\mathrm{T}}\boldsymbol{x}' \to -\infty$. ∎

对于例 3.5.3 的单纯形表, 有 $k = 4$. 此时 $x_4$, $x_5$ 为非基变量, $x_1$, $x_2$, $x_3$ 为基变量. 以及

$$z = -\frac{7}{2} - \frac{3}{2}x_4 + \frac{5}{2}x_5.$$

显然, 可以通过增加 $x_4$ 的值减小目标函数值 $z$. 那么, $x_4$ 的值可以增加多少呢? 由

$$\begin{aligned} x_1 &= \frac{13}{2} + \frac{1}{2}x_4, \\ x_2 &= \frac{5}{2} + \frac{1}{2}x_4, \\ x_3 &= \frac{1}{2} + \frac{1}{2}x_4 \end{aligned}$$

可知, $x_4$ 的值可以无限增加. 因此此线性规划的最优解无界.

在定理 3.7.2 的证明中, 只是把上述观察形式化了. 对于此例, 构造的解为

$$\boldsymbol{x}'=\begin{bmatrix}13/2\\5/2\\1/2\\0\\0\end{bmatrix}+\theta\begin{bmatrix}1/2\\1/2\\1/2\\0\\0\end{bmatrix}+\theta\begin{bmatrix}0\\0\\0\\1\\0\end{bmatrix}.$$

可以看出, $\theta$ 的值就是赋给变量 $x_4$ 的值 ($\theta$ 是参数, 可调). 目标函数值

$$\boldsymbol{c}^{\mathrm{T}}\boldsymbol{x}'=\begin{bmatrix}0 & -1 & -2 & 0 & 0\end{bmatrix}\begin{bmatrix}\dfrac{13}{2}+\dfrac{1}{2}\theta\\\dfrac{5}{2}+\dfrac{1}{2}\theta\\\dfrac{1}{2}+\dfrac{1}{2}\theta\\\theta\\0\end{bmatrix}$$

$$=-\frac{5}{2}-\frac{1}{2}\theta-1-\theta=-\frac{7}{2}-\frac{3}{2}\theta,$$

和例 3.5.3 中 $z$ 的形式一致 ($x_5=0$). 显然, 可以通过增加 $\theta$ 的值 ($x_4$) 无限减小目标函数值.

**定理 3.7.3** 对于非退化的基本可行解 $\bar{\boldsymbol{x}}$, 若检验数向量 $\boldsymbol{\zeta}$ 的第 $k$ 个分量 $\zeta_k>0$, 而向量 $\bar{\boldsymbol{A}}_k$ 至少有一个正分量, 则可以找到一个新的基本可行解 $\hat{\boldsymbol{x}}$ 使得 $\boldsymbol{c}^{\mathrm{T}}\hat{\boldsymbol{x}}<\boldsymbol{c}^{\mathrm{T}}\bar{\boldsymbol{x}}$.

**证明** 只需要将 $\hat{\boldsymbol{x}}$ 找出来. 不失一般性, 假设基 $\boldsymbol{B}$ 由 $\boldsymbol{A}$ 的前 $m$ 列组成. 由于 $\boldsymbol{\zeta}_B=\boldsymbol{0}$, 故 $m+1\leqslant k\leqslant n$.

令

$$\hat{\boldsymbol{x}}=\bar{\boldsymbol{x}}+\theta\begin{bmatrix}-\bar{\boldsymbol{A}}_k\\\boldsymbol{0}\end{bmatrix}+\theta\boldsymbol{e}_k,$$

其中 $\theta>0$ 是一个参数, $\boldsymbol{e}_k$ 是第 $k$ 个分量为 1, 其余分量都为 0 的 $n$ 维向量. $\theta$ 的取值为

$$\theta=\min\left\{\frac{\bar{b}_i}{\bar{a}_{ik}}\middle|\bar{a}_{ik}\geqslant 0, i=1,2,\cdots,m\right\}.$$

由 $\bar{\boldsymbol{x}} = \begin{bmatrix} \bar{\boldsymbol{b}} \\ \boldsymbol{0} \end{bmatrix}$ 是非退化的, 可知 $\bar{\boldsymbol{b}} > \boldsymbol{0}$. 由于 $\bar{\boldsymbol{A}}_k$ 至少有一个正分量, 因此 $\theta > 0$. 假设 $\dfrac{\bar{b}_r}{\bar{a}_{rk}}$ 取得最小值, 即 $\theta = \dfrac{\bar{b}_r}{\bar{a}_{rk}}$.

下面我们验证如上定义的 $\hat{\boldsymbol{x}}$ 是一个可行解. 首先,

$$\begin{aligned}\boldsymbol{A}\boldsymbol{x}' &= \boldsymbol{A}\bar{\boldsymbol{x}} + \theta \begin{bmatrix} \boldsymbol{B} & \boldsymbol{N} \end{bmatrix} \begin{bmatrix} -\boldsymbol{B}^{-1}\boldsymbol{A}_k \\ \boldsymbol{0} \end{bmatrix} + \theta \boldsymbol{A}\boldsymbol{e}_k \\ &= \boldsymbol{b} - \theta \boldsymbol{A}_k + \theta \boldsymbol{A}_k = \boldsymbol{b}.\end{aligned}$$

然后再看 $\hat{\boldsymbol{x}}$ 的各个分量. 由定义,

$$\hat{\boldsymbol{x}} = \begin{bmatrix} \bar{\boldsymbol{b}} \\ \boldsymbol{0} \end{bmatrix} + \theta \begin{bmatrix} -\bar{\boldsymbol{A}}_k \\ \boldsymbol{0} \end{bmatrix} + \theta \boldsymbol{e}_k = \begin{bmatrix} \bar{\boldsymbol{b}} - \theta \bar{\boldsymbol{A}}_k \\ \boldsymbol{0} \end{bmatrix} + \theta \boldsymbol{e}_k.$$

同时注意到 $\bar{\boldsymbol{b}} > \boldsymbol{0}$. 下面分情况讨论.

(i) $\forall 1 \leqslant i \leqslant m$, $\hat{x}_i = \bar{b}_i - \theta \bar{a}_{ik}$. 若 $\bar{a}_{ik} \leqslant 0$, 则 $\hat{x}_i > 0$.

(ii) $\forall 1 \leqslant i \leqslant m$, 若 $\bar{a}_{ik} > 0$, 则

$$\hat{x}_i = \bar{b}_i - \frac{\bar{b}_r}{\bar{a}_{rk}} \bar{a}_{ik} \geqslant \bar{b}_i - \frac{\bar{b}_i}{\bar{a}_{ik}} \bar{a}_{ik} = 0.$$

并且

$$\hat{x}_r = \bar{b}_r - \frac{\bar{b}_r}{\bar{a}_{rk}} \bar{a}_{rk} = 0.$$

(iii) $\forall m + 1 \leqslant i \leqslant n$, $i \neq k$, $\hat{x}_i = 0$.

(iv) $\hat{x}_k = \theta > 0$.

由以上 (i)、(ii)、(iii)、(iv) 四种情形, 可知 $\hat{\boldsymbol{x}} \geqslant \boldsymbol{0}$, 因此, $\hat{\boldsymbol{x}}$ 是一个可行解.

下面来证 $\hat{\boldsymbol{x}}$ 是基本可行解. 由定理 2.4.6, 只需要证 $\hat{\boldsymbol{x}}$ 的正分量所对应的 $\boldsymbol{A}$ 中的列线性无关.

由上述分析, $\hat{\boldsymbol{x}}$ 的正分量只可能出现在 $\hat{x}_1, \cdots, \hat{x}_{r-1}$, $\hat{x}_k$, $\hat{x}_{r+1}, \cdots, \hat{x}_m$ 中. 因此, 若能证明列向量 $\boldsymbol{A}_1, \cdots, \boldsymbol{A}_{r-1}$, $\boldsymbol{A}_k$, $\boldsymbol{A}_{r+1}, \cdots, \boldsymbol{A}_m$ 线性无关, 则 $\hat{\boldsymbol{x}}$ 为 bfs.

反证. 假设它们线性相关. 由于 $\boldsymbol{A}_1, \boldsymbol{A}_2, \cdots, \boldsymbol{A}_m$ 本来是线性无关的 (它们是 $\bar{\boldsymbol{x}}$ 的基), 这表明 $\boldsymbol{A}_k$ 可由 $\boldsymbol{A}_1, \cdots, \boldsymbol{A}_{r-1}$, $\boldsymbol{A}_{r+1}, \cdots, \boldsymbol{A}_m$ 线性表出. 于是, 存在 $m - 1$ 个数 $\{y_i\}$, 使得

$$\boldsymbol{A}_k = \sum_{1 \leqslant i \leqslant m, i \neq r} y_i \boldsymbol{A}_i. \tag{3.7.1}$$

又由 $\bar{\boldsymbol{A}}_k = \boldsymbol{B}^{-1}\boldsymbol{A}_k$, 可知

$$\boldsymbol{A}_k = \boldsymbol{B}\bar{\boldsymbol{A}}_k = \begin{bmatrix} \boldsymbol{A}_1 & \cdots & \boldsymbol{A}_m \end{bmatrix} \begin{bmatrix} \bar{a}_{1k} \\ \vdots \\ \bar{a}_{mk} \end{bmatrix} = \sum_{i=1}^{m} \bar{a}_{ik}\boldsymbol{A}_i. \tag{3.7.2}$$

上述 (3.7.2) 式减 (3.7.1) 式, 得到

$$\bar{a}_{rk}\boldsymbol{A}_r + \sum_{1\leqslant i\leqslant m, i\neq r} (\bar{a}_{ik} - y_i)\boldsymbol{A}_i = \boldsymbol{0}.$$

由于 $\bar{a}_{rk} \neq 0$, 因此 $\boldsymbol{A}_1, \cdots, \boldsymbol{A}_m$ 线性相关, 与它们是 $\bar{\boldsymbol{x}}$ 的基矛盾.

下面来计算 $\boldsymbol{x}'$ 的解值 (与定理 3.7.2 此部分之证明相同).

$$\begin{aligned} \boldsymbol{c}^{\mathrm{T}}\hat{\boldsymbol{x}} &= \boldsymbol{c}^{\mathrm{T}}\bar{\boldsymbol{x}} + \theta \begin{bmatrix} \boldsymbol{c}_B^{\mathrm{T}} & \boldsymbol{c}_N^{\mathrm{T}} \end{bmatrix} \begin{bmatrix} -\boldsymbol{B}^{-1}\boldsymbol{A}_k \\ \boldsymbol{0} \end{bmatrix} + \theta \boldsymbol{c}^{\mathrm{T}}\boldsymbol{e}_k \\ &= \boldsymbol{c}^{\mathrm{T}}\bar{\boldsymbol{x}} + \theta(-\boldsymbol{c}_B^{\mathrm{T}}\boldsymbol{B}^{-1}\boldsymbol{A}_k + c_k) \\ &= \boldsymbol{c}^{\mathrm{T}}\bar{\boldsymbol{x}} - \theta\zeta_k, \end{aligned}$$

其中最后一步等号是因为 $\boldsymbol{\zeta}^{\mathrm{T}} = \boldsymbol{c}_B^{\mathrm{T}}\boldsymbol{B}^{-1}\boldsymbol{A} - \boldsymbol{c}^{\mathrm{T}}$.

由于 $\theta > 0$, $\zeta_k > 0$, 目标函数值 $\boldsymbol{c}^{\mathrm{T}}\hat{\boldsymbol{x}} < \boldsymbol{c}^{\mathrm{T}}\bar{\boldsymbol{x}}$. ∎

在定理 3.7.3 关于 $\hat{\boldsymbol{x}} \geqslant \boldsymbol{0}$ 的证明中, $\hat{x}_r = 0$, 表明 $x_r$ 成为出基变量. 对应地, $\hat{x}_k = \dfrac{\bar{b}_r}{\bar{a}_{rk}} > 0$, 表明 $x_k$ 是进基变量. 这实际上可以从单纯形表的旋转操作上更形象地看出来 (表 3.7.1 和表 3.7.2).

**表 3.7.1**

| | $x_1$ | $\cdots$ | $x_r$ | $\cdots$ | $x_m$ | $x_{m+1}$ | $\cdots$ | $x_k$ | $\cdots$ | $x_n$ | $\boldsymbol{c}_B^{\mathrm{T}}\bar{\boldsymbol{b}}$ |
|---|---|---|---|---|---|---|---|---|---|---|---|
| | $\zeta_1$ | $\cdots$ | $0$ | $\cdots$ | $\zeta_m$ | $\zeta_{m+1}$ | $\cdots$ | $\zeta_k$ | $\cdots$ | $\zeta_n$ | |
| $\bar{x}_1$ | $\cdots$ | $\cdots$ | $0$ | $\cdots$ | $\cdots$ | $\cdots$ | $\cdots$ | $\bar{a}_{1k}$ | $\cdots$ | $\cdots$ | $\bar{b}_1$ |
| $\vdots$ | $\vdots$ | $\vdots$ | $\vdots$ | $\vdots$ | $\vdots$ | $\vdots$ | $\vdots$ | $\vdots$ | $\vdots$ | $\vdots$ | $\vdots$ |
| $\bar{x}_r$ | $\cdots$ | $\cdots$ | $1$ | $\cdots$ | $\cdots$ | $\cdots$ | $\cdots$ | $\boxed{\bar{a}_{rk}}$ | $\cdots$ | $\cdots$ | $\bar{b}_r$ |
| $\vdots$ | $\vdots$ | $\vdots$ | $\vdots$ | $\vdots$ | $\vdots$ | $\vdots$ | $\vdots$ | $\vdots$ | $\vdots$ | $\vdots$ | $\vdots$ |
| $\bar{x}_m$ | $\cdots$ | $\cdots$ | $0$ | $\cdots$ | $\cdots$ | $\cdots$ | $\cdots$ | $\bar{a}_{mk}$ | $\cdots$ | $\cdots$ | $\bar{b}_m$ |

表 3.7.2

| | $x_1$ | $\cdots$ | $x_r$ | $\cdots$ | $x_m$ | $x_{m+1}$ | $\cdots$ | $x_k$ | $\cdots$ | $x_n$ | |
|---|---|---|---|---|---|---|---|---|---|---|---|
| | $\zeta_1$ | $\cdots$ | $\zeta_r$ | $\cdots$ | $\zeta_m$ | $\zeta_{m+1}$ | $\cdots$ | $0$ | $\cdots$ | $\zeta_n$ | $\boldsymbol{c}_B^{\mathrm{T}}\bar{\boldsymbol{b}}-\dfrac{\bar{b}_r}{\bar{a}_{rk}}\zeta_k$ |
| $\hat{x}_1$ | $\cdots$ | $\cdots$ | $\cdots$ | $\cdots$ | $\cdots$ | $\cdots$ | $\cdots$ | $0$ | $\cdots$ | $\bar{a}_{1n}$ | $\bar{b}_1-\dfrac{\bar{b}_r}{\bar{a}_{rk}}\bar{a}_{1k}$ |
| $\vdots$ | $\vdots$ | $\vdots$ | $\vdots$ | $\vdots$ | $\vdots$ | $\vdots$ | $\vdots$ | $\vdots$ | $\vdots$ | $\vdots$ | $\vdots$ |
| $\hat{x}_{B(r)}$ | $\cdots$ | $\cdots$ | $\dfrac{1}{\bar{a}_{rk}}$ | $\cdots$ | $\cdots$ | $\cdots$ | $\cdots$ | $1$ | $\cdots$ | $\bar{a}_{rn}$ | $\dfrac{\bar{b}_r}{\bar{a}_{rk}}$ |
| $\vdots$ | $\vdots$ | $\vdots$ | $\vdots$ | $\vdots$ | $\vdots$ | $\vdots$ | $\vdots$ | $\vdots$ | $\vdots$ | $\vdots$ | $\vdots$ |
| $\hat{x}_m$ | $\cdots$ | $\cdots$ | $\cdots$ | $\cdots$ | $\cdots$ | $\cdots$ | $\cdots$ | $0$ | $\cdots$ | $\bar{a}_{mn}$ | $\bar{b}_m-\dfrac{\bar{b}_r}{\bar{a}_{rk}}\bar{a}_{mk}$ |

对于例 3.5.1 的第 1 张单纯形表, $\bar{\boldsymbol{x}}=\begin{bmatrix}0 & 0 & 2 & 2 & 5\end{bmatrix}^{\mathrm{T}}$, $k=2$, $\theta=2$. 回忆代数化的单纯形算法演算示例, $\bar{a}_{12}\theta=\theta(\bar{a}_{12}=1)$ 就是 $x_2$ 增加到的值. $x_2$ 增加到 2, $x_3$ 就变为 0 了. 即

$$
\begin{aligned}
\hat{\boldsymbol{x}}&=\bar{\boldsymbol{x}}+2\begin{bmatrix}\boldsymbol{0}\\-\bar{\boldsymbol{A}}_2\end{bmatrix}+2\boldsymbol{e}_2\\
&=\begin{bmatrix}0\\0\\2\\2\\5\end{bmatrix}+2\begin{bmatrix}0\\0\\-1\\2\\-1\end{bmatrix}+2\begin{bmatrix}0\\1\\0\\0\\0\end{bmatrix}=\begin{bmatrix}0\\2\\0\\6\\3\end{bmatrix}.
\end{aligned}
$$

## 3.8 退化问题的处理

一个基本可行解, 若存在基变量为 0, 则称该基本可行解为**退化**的. 一个线性规划, 若存在退化的基本可行解, 则称该线性规划为**退化**的.

对于退化的线性规划, 在应用单纯形算法时, 有可能会出现出基变量的值为 0 的情形 (即 $\bar{b}_{B(r)}=0$), 从而进行旋转变换时不能使当前解值减小. 若连续出现不能使当前解值减小的迭代, 则就有可能退回到原来出现过的基, 从而出现称为 "循环" 的情况. 文献 [55] 的例 2.7 给出了这样一个例子, 读者可参考.

有多种避免循环的方法. 其中, Bland 反循环法则 ([55] 定理 2.9) 是一种简单易行的方法. Bland 反循环法则叙述如下:

(1) **选择编号最小的列进基**. 选择进基变量 $x_k$ 时, 选择所有 $\zeta_j > 0$ 中下标最小的那一个, 即

$$k = \min\{j \mid \zeta_j > 0\}.$$

(2) **选择编号小的列出基**. 选择出基变量 $x_{B(r)}$ 时, 若有多个 $\dfrac{\bar{b}_j}{\bar{a}_{jk}}$ 同时达到最小, 则选择下标 $B(j)$ 最小的那一个, 即

$$B(r) = \min\left\{B(j)\middle|j = \arg\min\left\{\frac{\bar{b}_i}{\bar{a}_{ik}}\middle|\bar{a}_{ik} > 0\right\}\right\}.$$

关于 Bland 反循环法则为什么能够避免单纯形算法陷入循环, 读者可参考文献 [55] 定理 2.9 的证明.

## 3.9 两阶段法

对于基本的单纯形算法 (算法 3.4.1), 现在还有待解决的问题是如何选择初始可行基. 这是通过两阶段法实现的.

### 3.9.1 两阶段法的基本思想

两阶段法解决如何找到单纯形算法的第一个基本可行解的问题. 该方法的第一个阶段找一个初始的基本可行解, 第二阶段运行基本的单纯形算法求线性规划的最优解, 故称为 "两阶段法". 令人惊奇的是, 两阶段法的第一阶段仍然是运行一个基本的单纯形算法. 问题的关键在于, 两阶段法的第一阶段求解的是一个由待求解的线性规划构造出来的辅助线性规划, 而该辅助线性规划的形式保证了它的一个基本可行解是显而易见的. 因此, 就不存在第一阶段的初始基本可行解如何寻找的问题, 避免了循环论证.

回忆线性规划的标准型为

$$\begin{aligned} \min \quad & \boldsymbol{c}^{\mathrm{T}}\boldsymbol{x} \\ \text{s.t.} \quad & \boldsymbol{A}\boldsymbol{x} = \boldsymbol{b}, \\ & \boldsymbol{x} \geqslant \boldsymbol{0}. \end{aligned}$$

在此, 不失一般性, 我们假定 $\boldsymbol{b} \geqslant \boldsymbol{0}$.

根据此标准型, 构造一个辅助线性规划:

$$\min \quad \boldsymbol{1}^{\mathrm{T}}\boldsymbol{x}^a$$

$$\text{s.t.} \quad \boldsymbol{A}\boldsymbol{x} + \boldsymbol{x}^a = \boldsymbol{b},$$
$$\boldsymbol{x}, \boldsymbol{x}^a \geqslant \boldsymbol{0}.$$

在辅助线性规划中, $\boldsymbol{x}^a$ 中的各个分量是新添加的变量, 称为**人工变量**. 目标函数中的 $\boldsymbol{1}$ 是各个分量都为 1 的向量. 因此, 辅助线性规划的目标函数就是把各个人工变量加起来.

**引理 3.9.1** 如果原线性规划有可行解, 则辅助线性规划的最优值为 0, 反之亦然.

**证明** ($\Rightarrow$) 设 $\boldsymbol{x}$ 为原线性规划的一个可行解, 在辅助线性规划中令 $\boldsymbol{x}^a = \boldsymbol{0}$, 则得到了辅助问题的一个可行解, 此可行解的解值为 0. 由于辅助线性规划的任何一个可行解的解值均大于等于 0, 可知辅助线性规划的最优值为 0.

($\Leftarrow$) 设 $\begin{bmatrix} \boldsymbol{x} & \boldsymbol{x}^a \end{bmatrix}$ 为辅助线性规划的一个最优解, 其解值为 0. 则由辅助线性规划目标函数的构造, 可知 $\boldsymbol{x}^a = \boldsymbol{0}$. 因此, 由辅助线性规划的约束, 可得到 $\boldsymbol{A}\boldsymbol{x} = \boldsymbol{b}$. 即, $\boldsymbol{x}$ 是原线性规划的可行解. ∎

由于 $\boldsymbol{b} \geqslant \boldsymbol{0}$, 所以以 $\boldsymbol{x}^a$ 为基变量, 就可以得到辅助线性规划的初始基本可行解 $\boldsymbol{x} = \boldsymbol{0}, \boldsymbol{x}^a = \boldsymbol{b}$. 即, 辅助问题有一个显而易见的基本可行解.

由于辅助线性规划有可行解, 且目标函数有下界, 所以辅助线性规划一定有最优解. 因此, 对于辅助问题, 可以使用基本的单纯形算法求到其一个最优解. 这是第一个阶段.

从这个最优解 (同时也是辅助问题的 bfs) 出发, 想办法得到原问题的一个 bfs, 然后再使用基本的单纯形算法求解原问题. 这是第二个阶段.

### 3.9.2 解辅助线性规划

使用单纯形法, 解辅助线性规划, 得其最优基本可行解 $\begin{bmatrix} \boldsymbol{x} \\ \boldsymbol{x}^a \end{bmatrix}$, 解值为 $g^*$.

(1) 若 $g^* > 0$, 则原线性规划没有可行解, 结束.

(2) 若 $g^* = 0$, 则又分为两种情况.

(2.1) $g^* = 0$, 且所有人工变量均为非基变量.

(2.2) $g^* = 0$, 但某些人工变量为基变量.

下面分别进行处理.

*情形* (2.1): $g^* = 0$, 且所有人工变量均为非基变量.

由于人工变量均为非基变量, 且最优值为 0, 可知 $\boldsymbol{x}^a = \boldsymbol{0}$, 所以 $\boldsymbol{x}$ 是原线性规划的可行解.

由于 $\begin{bmatrix} \boldsymbol{x} \\ \boldsymbol{x}^a \end{bmatrix}$ 是辅助线性规划的基本可行解, 且人工变量均为非基变量, 所以 $\begin{bmatrix} \boldsymbol{x} \\ \boldsymbol{x}^a \end{bmatrix}$ 的基向量均在 $\boldsymbol{A}$ 中 (即, $\boldsymbol{x}$ 的非零分量对应系数矩阵的列向量都在 $\boldsymbol{A}$ 中, 且线性无关), 因此, $\boldsymbol{x}$ 是原线性规划的一个基本解. 设 $\boldsymbol{x}$ 的基为 $\boldsymbol{B}$.

于是, $\boldsymbol{x}$ 是原线性规划的一个基本可行解.

此时, 在辅助问题的单纯形表格上, 将人工变量的各列去掉, 就得到原问题的基为 $\boldsymbol{B}$ 的典则方程组. 再装配上原问题的目标函数行 (第 0 行), 通过行初等变换将第 0 行的非基变量对应的各列元素消为 0, 就得到原问题的初始单纯形表.

*情形* (2.2): $g^*=0$, 但存在人工变量为基变量.

设第一阶段的最优单纯形表如表 3.9.1.

**表 3.9.1**

| | $x_1$ | $\cdots$ | $x_s$ | $\cdots$ | $x_n$ | $x_{n+1}$ | $\cdots$ | $x_{B(r)}$ | $\cdots$ | $x_{n+m}$ | 0 |
|---|---|---|---|---|---|---|---|---|---|---|---|
| | $\zeta_1$ | $\cdots$ | $\zeta_s$ | $\cdots$ | $\zeta_n$ | $\zeta_{n+1}$ | $\cdots$ | $\zeta_{B(r)}$ | $\cdots$ | $\zeta_{n+m}$ | |
| $x_{B(1)}$ | $\cdots$ | $\cdots$ | $\cdots$ | $\cdots$ | $\cdots$ | $\cdots$ | $\cdots$ | 0 | $\cdots$ | $\cdots$ | $\bar{b}_1$ |
| $\vdots$ | $\vdots$ | $\vdots$ | $\vdots$ | $\vdots$ | $\vdots$ | $\vdots$ | $\vdots$ | $\vdots$ | $\vdots$ | $\vdots$ | $\vdots$ |
| $x_{B(r)}$ | $\cdots$ | $\cdots$ | $\boxed{\bar{a}_{rs}}$ | $\cdots$ | $\cdots$ | $\cdots$ | $\cdots$ | 1 | $\cdots$ | $\cdots$ | $\bar{b}_r$ |
| $\vdots$ | $\vdots$ | $\vdots$ | $\vdots$ | $\vdots$ | $\vdots$ | $\vdots$ | $\vdots$ | $\vdots$ | $\vdots$ | $\vdots$ | $\vdots$ |
| $x_{B(m)}$ | $\cdots$ | $\cdots$ | $\cdots$ | $\cdots$ | $\cdots$ | $\cdots$ | $\cdots$ | 0 | $\cdots$ | $\cdots$ | $\bar{b}_m$ |

设人工变量 $x_{B(r)}$ 是一个基变量 $(n+1 \leqslant B(r) \leqslant n+m)$. 考察第 $r$ 行原变量所对应的前 $n$ 个元素, 即 $\bar{a}_{r1},\cdots,\bar{a}_{rn}$. 有两种情况: (a) 它们全为 0. (b) 它们不全为 0.

*情形* (2.2) *之* (a): $\bar{a}_{r1},\cdots,\bar{a}_{rn}$ 全为 0.

这表明 $\bar{\boldsymbol{A}}$ 中第 $r$ 行为全 0, 约束矩阵 $\boldsymbol{A}$ 的第 $r$ 行可以写为其他行的线性组合. 因此约束矩阵 $\boldsymbol{A}$ 不是行满秩的. (若 $\boldsymbol{A}$ 为行满秩的, 则不会出现此种情形.) 也就是说, 第 $r$ 个约束方程是多余的, 将其删去即可. 人工变量 $x_{B(r)}$ 自然出基, 当前的基余下的列构成新的基.

*情形* (2.2) *之* (b): $\bar{a}_{r1},\cdots,\bar{a}_{rn}$ 不全为 0.

不妨设 $\bar{a}_{rs}\neq 0$. 以 $\bar{a}_{rs}\neq 0$ 为转轴元进行一次旋转变换 (不要求 $\bar{a}_{rs}>0$), 使人工变量 $x_{B(r)}$ 出基, 原线性规划的变量 $x_s$ 进基, 则在基变量中减少了一个人工变量.

旋转变换前, 变量 $x_s$ 自然为非基变量. 若 $x_s$ 为基变量, 由于 $x_s$ 和 $x_{B(r)}$ 都为基变量, $\bar{\boldsymbol{A}}_s$ 和 $\bar{\boldsymbol{A}}_{B(r)}$ 都在单位矩阵中, 因此 $\bar{\boldsymbol{A}}_s$ 不能与 $\bar{\boldsymbol{A}}_{B(r)}$ 相同. 于是, $\bar{\boldsymbol{A}}_s$ 列

包含的 1 不能在第 $r$ 行, 因此有 $\bar{a}_{rs}=0$, 矛盾.

在旋转变换之前人工变量 $x_{B(r)}$ 为基变量, 由于 $g^*=0$, 因此 $x_{B(r)}=\bar{b}_r=0$. (这表明辅助线性规划为退化的线性规划.) 旋转变换时, 将第 $r$ 行各元素同除以 $\bar{a}_{rs}$, 然后再将这一行乘以 $-\zeta_s$ 加到第 0 行, 以便将第 0 行的 $\zeta_s$ 消为 0. 由于 $\bar{b}_r=0$, 因此以上行变换加到单纯形表右上角 (目标函数值) 处的值为 0, 即, 该旋转变换不会改变当前的解值.

类似地, 由于 $\bar{b}_r=0$, 该旋转变换不要求 $\bar{a}_{rs}>0$. 当 $\bar{a}_{rs}<0$ 时, 将第 $r$ 行各元素同除以 $\bar{a}_{rs}$, 得到的新的 $\bar{b}_r$ 仍然为 0, 即, 不会使进基变量的值为负值 (从而不可行).

旋转变换后的解满足各行约束, 显然是可行解. 由于解值为 0, 当前解仍然是最优解.

这里有一个很微妙的细节. 当 $\bar{a}_{rs}>0$ 时, 旋转变换将第 $r$ 行除以了 $\bar{a}_{rs}$, 然后再乘以 $-\zeta_s$ 加到第 0 行上. 注意到第一阶段已经结束, $x_s$ 为非基变量, 因此 $\zeta_s\leqslant 0$. 这导致 $\zeta_{B(r)}$ 的值由旋转之前的 0 改为 $\dfrac{-\zeta_s}{\bar{a}_{rs}}\geqslant 0$. 即, 旋转变换之后有可能出现非基变量对应的检验数 $\zeta_{B(r)}>0$ 的情况, 而当前 bfs 仍为最优解. (注意, 这与定理 3.7.1 并不矛盾. 定理 3.7.1 讲的是 $\boldsymbol{\zeta}\leqslant\mathbf{0}$ 是当前 bfs 为最优解的充分条件.)

重复以上过程 (a) 和 (b), 直到基变量中没有人工变量, 就获得了原线性规划的一个基本可行解.

### 3.9.3 两阶段单纯形算法

**算法 3.9.1** 两阶段单纯形算法.

(1) 原问题化为标准型. 做行变换, 使 $\boldsymbol{b}\geqslant\mathbf{0}$.

/* 第一阶段 */

(2) 添加人工变量, 得到辅助问题.

(3) 使用人工变量作为初始的基, 构造辅助问题的初始单纯形表.

(4) 使用单纯形算法求解辅助问题.

(5) 若求得辅助问题最优解值 $g^*>0$, 则原问题无可行解, 结束.

/* 第二阶段 */

(6) (否则 $g^*=0$.) 若某些人工变量为基变量, 则调整, 直到没有人工变量为基变量.

(7) 去掉当前单纯形表上人工变量对应的列, 此时已有一个原线性规划的初始的基本可行解. 装配上原问题的第 0 行, 做行变换, 得到初始的单纯形表.

(8) 运行单纯形算法, 解原问题. 最后或判断得原问题最优解无界, 或求到最优解.

**例 3.9.2**　解如下线性规划.

$$
\begin{aligned}
\min\quad & 5x_1+21x_3\\
\text{s.t.}\quad & x_1-x_2+6x_3-x_4=2,\\
& x_1+x_2+2x_3-x_5=1,\\
& x_j\geqslant 0,\quad \forall j.
\end{aligned}
$$

**解**　原线性规划中没有显而易见的可行基. 引入人工变量, 构造辅助线性规划.

$$
\begin{aligned}
\min\quad & x_6+x_7\\
\text{s.t.}\quad & x_1-x_2+6x_3-x_4+x_6=2,\\
& x_1+x_2+2x_3-x_5+x_7=1,\\
& x_j\geqslant 0,\quad \forall j.
\end{aligned}
$$

第一阶段.

预备单纯形表为表 3.9.2.

**表 3.9.2**

| $x_1$ | $x_2$ | $x_3$ | $x_4$ | $x_5$ | $x_6$ | $x_7$ | |
|---|---|---|---|---|---|---|---|
| 0 | 0 | 0 | 0 | 0 | −1 | −1 | 0 |
| 1 | −1 | 6 | −1 | 0 | 1 | 0 | 2 |
| 1 | 1 | 2 | 0 | −1 | 0 | 1 | 1 |

以人工变量 $x_6$, $x_7$ 为基变量, 通过行变换将 $x_6$, $x_7$ 对应的检验数消为 0, 得到初始单纯形表 (表 3.9.3).

**表 3.9.3**

| | $x_1$ | $x_2$ | $x_3$ | $x_4$ | $x_5$ | $x_6$ | $x_7$ | |
|---|---|---|---|---|---|---|---|---|
| | 2 | 0 | 8 | −1 | −1 | 0 | 0 | 3 |
| $x_6$ | 1 | −1 | 6 | −1 | 0 | 1 | 0 | 2 |
| $x_7$ | [1] | 1 | 2 | 0 | −1 | 0 | 1 | 1 |

当检验数不都是 $\leqslant 0$ 时, 单纯形算法实际上只要选择一个正的检验数对应的变量进基即可, 不需要一定选择最大的检验数对应的变量进基. 在本例中, 我们选择变量 $x_1$ 进基 (对应检验数 2)(表 3.9.4 和表 3.9.5).

表 3.9.4

| | $x_1$ | $x_2$ | $x_3$ | $x_4$ | $x_5$ | $x_6$ | $x_7$ | |
|---|---|---|---|---|---|---|---|---|
| | 0 | $-2$ | 4 | $-1$ | 1 | 0 | $-2$ | 1 |
| $x_6$ | 0 | $-2$ | 4 | $-1$ | $\boxed{1}$ | 1 | $-1$ | 1 |
| $x_1$ | 1 | 1 | 2 | 0 | $-1$ | 0 | 1 | 1 |

表 3.9.5

| | $x_1$ | $x_2$ | $x_3$ | $x_4$ | $x_5$ | $x_6$ | $x_7$ | |
|---|---|---|---|---|---|---|---|---|
| | 0 | 0 | 0 | 0 | 0 | $-1$ | $-1$ | 0 |
| $x_5$ | 0 | $-2$ | 4 | $-1$ | 1 | 1 | $-1$ | 1 |
| $x_1$ | 1 | $-1$ | 6 | $-1$ | 0 | 1 | 0 | 2 |

第一阶段结束, 得到辅助问题的最优解值为 0, 且人工变量 $x_6$, $x_7$ 都不是基变量.

在辅助问题的单纯形表中去掉检验数行和人工变量对应的列, 开始第二阶段原问题的单纯形算法.

装配上原问题的 $-\boldsymbol{c}^{\mathrm{T}}$, 得到预备单纯形表 (表 3.9.6).

表 3.9.6

| $x_1$ | $x_2$ | $x_3$ | $x_4$ | $x_5$ | |
|---|---|---|---|---|---|
| $-5$ | 0 | $-21$ | 0 | 0 | 0 |
| 0 | $-2$ | 4 | $-1$ | 1 | 1 |
| 1 | $-1$ | 6 | $-1$ | 0 | 2 |

初始单纯形表为表 3.9.7 和表 3.9.8.

表 3.9.7

| | $x_1$ | $x_2$ | $x_3$ | $x_4$ | $x_5$ | |
|---|---|---|---|---|---|---|
| | 0 | $-5$ | 9 | $-5$ | 0 | 10 |
| $x_5$ | 0 | $-2$ | $\boxed{4}$ | $-1$ | 1 | 1 |
| $x_1$ | 1 | $-1$ | 6 | $-1$ | 0 | 2 |

表 3.9.8

| | $x_1$ | $x_2$ | $x_3$ | $x_4$ | $x_5$ | |
|---|---|---|---|---|---|---|
| | 0 | $-\frac{1}{2}$ | 0 | $-\frac{11}{4}$ | $-\frac{9}{4}$ | $\frac{31}{4}$ |
| $x_3$ | 0 | $-\frac{1}{2}$ | 1 | $-\frac{1}{4}$ | $\frac{1}{4}$ | $\frac{1}{4}$ |
| $x_1$ | 1 | 2 | 0 | $\frac{1}{2}$ | $-\frac{3}{2}$ | $\frac{1}{2}$ |

求到最优解 $\boldsymbol{x}^* = \begin{bmatrix} \frac{1}{2} & 0 & \frac{1}{4} & 0 & 0 \end{bmatrix}^{\mathrm{T}}$, 最优解值为 $\frac{31}{4}$. ∎

**例 3.9.3**　用单纯形法求解下面的实例上最短路问题的线性规划松弛 (图 3.9.1).

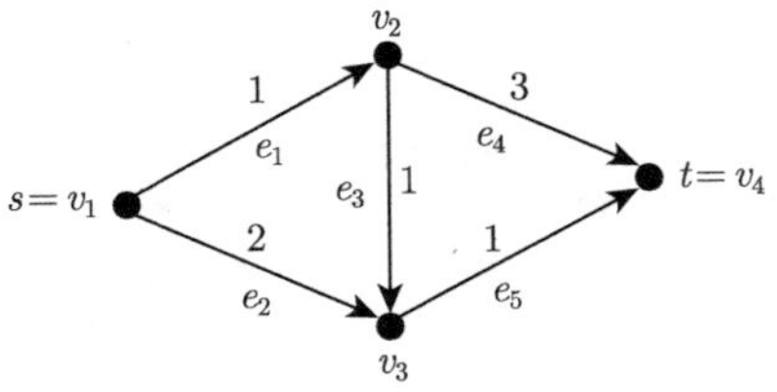


图 3.9.1

**解**　(例 3.9.3 的解 (1))　回忆在例 2.1.2 中, 我们已经得到图中最短路问题的线性规划松弛:

$$
\begin{aligned}
\min \quad & x_1 + 2x_2 + x_3 + 3x_4 + x_5 \\
\text{s.t.} \quad & x_1 + x_2 = 1, \\
& -x_1 + x_3 + x_4 = 0, \\
& -x_2 - x_3 + x_5 = 0, \\
& -x_4 - x_5 = -1, \\
& x_j \geqslant 0, \quad \forall j.
\end{aligned}
\tag{3.9.1}
$$

将顶点 $t$ 的行乘以 $-1$, 使其右端项变为 1. 增加 4 个人工变量. 得辅助问题的线性规划 (标准型) 的预备单纯形表如表 3.9.9.

**表 3.9.9**

| $x_1$ | $x_2$ | $x_3$ | $x_4$ | $x_5$ | $x_6$ | $x_7$ | $x_8$ | $x_9$ | 0 |
|---|---|---|---|---|---|---|---|---|---|
| 0 | 0 | 0 | 0 | 0 | −1 | −1 | −1 | −1 | |
| 1 | 1 | 0 | 0 | 0 | 1 | 0 | 0 | 0 | 1 |
| −1 | 0 | 1 | 1 | 0 | 0 | 1 | 0 | 0 | 0 |
| 0 | −1 | −1 | 0 | 1 | 0 | 0 | 1 | 0 | 0 |
| 0 | 0 | 0 | 1 | 1 | 0 | 0 | 0 | 1 | 1 |

第一阶段的初始单纯形表为表 3.9.10 ~ 表 3.9.13.

**表 3.9.10**

| | $x_1$ | $x_2$ | $x_3$ | $x_4$ | $x_5$ | $x_6$ | $x_7$ | $x_8$ | $x_9$ | |
|---|---|---|---|---|---|---|---|---|---|---|
| | 0 | 0 | 0 | 2 | 2 | 0 | 0 | 0 | 0 | 2 |
| $x_6$ | 1 | 1 | 0 | 0 | 0 | 1 | 0 | 0 | 0 | 1 |
| $x_7$ | −1 | 0 | 1 | $\boxed{1}$ | 0 | 0 | 1 | 0 | 0 | 0 |
| $x_8$ | 0 | −1 | −1 | 0 | 1 | 0 | 0 | 1 | 0 | 0 |
| $x_9$ | 0 | 0 | 0 | 1 | 1 | 0 | 0 | 0 | 1 | 1 |

**表 3.9.11**

| | $x_1$ | $x_2$ | $x_3$ | $x_4$ | $x_5$ | $x_6$ | $x_7$ | $x_8$ | $x_9$ | |
|---|---|---|---|---|---|---|---|---|---|---|
| | 2 | 0 | −2 | 0 | 2 | 0 | −2 | 0 | 0 | 2 |
| $x_6$ | $\boxed{1}$ | 1 | 0 | 0 | 0 | 1 | 0 | 0 | 0 | 1 |
| $x_4$ | −1 | 0 | 1 | 1 | 0 | 0 | 1 | 0 | 0 | 0 |
| $x_8$ | 0 | −1 | −1 | 0 | 1 | 0 | 0 | 1 | 0 | 0 |
| $x_9$ | 1 | 0 | −1 | 0 | 1 | 0 | −1 | 0 | 1 | 1 |

**表 3.9.12**

| | $x_1$ | $x_2$ | $x_3$ | $x_4$ | $x_5$ | $x_6$ | $x_7$ | $x_8$ | $x_9$ | |
|---|---|---|---|---|---|---|---|---|---|---|
| | 0 | −2 | −2 | 0 | 2 | −2 | −2 | 0 | 0 | 0 |
| $x_1$ | 1 | 1 | 0 | 0 | 0 | 1 | 0 | 0 | 0 | 1 |
| $x_4$ | 0 | 1 | 1 | 1 | 0 | 1 | 1 | 0 | 0 | 1 |
| $x_8$ | 0 | −1 | −1 | 0 | $\boxed{1}$ | 0 | 0 | 1 | 0 | 0 |
| $x_9$ | 0 | −1 | −1 | 0 | 1 | −1 | −1 | 0 | 1 | 0 |

(选择出基变量和进基变量时应用了 Bland 反循环法则.)

**表 3.9.13**

| | $x_1$ | $x_2$ | $x_3$ | $x_4$ | $x_5$ | $x_6$ | $x_7$ | $x_8$ | $x_9$ | |
|---|---|---|---|---|---|---|---|---|---|---|
| | 0 | 0 | 0 | 0 | 0 | −2 | −2 | −2 | 0 | 0 |
| $x_1$ | 1 | 1 | 0 | 0 | 0 | 1 | 0 | 0 | 0 | 1 |
| $x_4$ | 0 | 1 | 1 | 1 | 0 | 1 | 1 | 0 | 0 | 1 |
| $x_5$ | 0 | −1 | −1 | 0 | 1 | 0 | 0 | 1 | 0 | 0 |
| $x_9$ | 0 | 0 | 0 | 0 | 0 | −1 | −1 | −1 | 1 | 0 |

求到辅助问题的最优解, $g^* = 0$. 人工变量 $x_9$ 是基变量, 但其所对应的行的前 $n$ 列为全 0, 因此将 $x_9$ 的行和列去掉. 剩下的表格中没有人工变量是基变量, 因此将辅助线性规划的检验数行和人工变量列全都删除, 开始第二阶段.

预备单纯形表为表 3.9.14.

**表 3.9.14**

| $x_1$ | $x_2$ | $x_3$ | $x_4$ | $x_5$ | |
|---|---|---|---|---|---|
| −1 | −2 | −1 | −3 | −1 | 0 |
| 1 | 1 | 0 | 0 | 0 | 1 |
| 0 | 1 | 1 | 1 | 0 | 1 |
| 0 | −1 | −1 | 0 | 1 | 0 |

选择 $x_1$, $x_4$, $x_5$ 为基变量, 得到初始单纯形表表 3.9.15 ∼ 表 3.9.17.

**表 3.9.15**

| | $x_1$ | $x_2$ | $x_3$ | $x_4$ | $x_5$ | |
|---|---|---|---|---|---|---|
| | 0 | 1 | 1 | 0 | 0 | 4 |
| $x_1$ | 1 | [1] | 0 | 0 | 0 | 1 |
| $x_4$ | 0 | 1 | 1 | 1 | 0 | 1 |
| $x_5$ | 0 | −1 | −1 | 0 | 1 | 0 |

**表 3.9.16**

| | $x_1$ | $x_2$ | $x_3$ | $x_4$ | $x_5$ | |
|---|---|---|---|---|---|---|
| | −1 | 0 | 1 | 0 | 0 | 3 |
| $x_2$ | 1 | 1 | 0 | 0 | 0 | 1 |
| $x_4$ | −1 | 0 | [1] | 1 | 0 | 0 |
| $x_5$ | 1 | 0 | −1 | 0 | 1 | 1 |

**表 3.9.17**

| | $x_1$ | $x_2$ | $x_3$ | $x_4$ | $x_5$ | |
|---|---|---|---|---|---|---|
| | 0 | 0 | 0 | −1 | 0 | 3 |
| $x_2$ | 1 | 1 | 0 | 0 | 0 | 1 |
| $x_3$ | −1 | 0 | 1 | 1 | 0 | 0 |
| $x_5$ | 0 | 0 | 0 | 1 | 1 | 1 |

求到原问题的最优解, 最短 $s$-$t$ 路为 $(e_2, e_5)$, 长度为 3. ∎

观察例 3.9.3 的解 (1), 在其第一阶段的单纯形表中出现了第 4 行前 5 列全为 0 的情况. 这实际上不是偶然的. 因为最短路的线性规划是按照最小费用流 (流值为 1) 来写的, 图上的每个点都满足流守恒约束 (点 $s$ 流守恒约束为 “发出去的流值为 1”, 点 $t$ 的流守恒约束为 “收进来的流值为 1”). 当 $n$ 个点的图上,

有 $n-1$ 个点都满足流守恒约束时, 剩下的一个点必然也满足流守恒约束. 因此, 最短路线性规划的约束, 实际上有一个是多余的. 去掉一个可由其他约束线性组合得到的约束, 用剩下的约束解线性规划即可.

**解** (例 3.9.3 的解 (2)) 将顶点 $t$ 的行去掉, 再构造辅助线性规划. 由于约束矩阵第 4 列、第 5 列已经是单位矩阵的列, 因此只增加一个人工变量. 得到辅助问题线性规划的预备单纯形表如表 3.9.18 所示.

**表 3.9.18**

| $x_1$ | $x_2$ | $x_3$ | $x_4$ | $x_5$ | $x_6$ | |
|---|---|---|---|---|---|---|
| 0 | 0 | 0 | 0 | 0 | $-1$ | 0 |
| 1 | 1 | 0 | 0 | 0 | 1 | 1 |
| $-1$ | 0 | 1 | 1 | 0 | 0 | 0 |
| 0 | $-1$ | $-1$ | 0 | 1 | 0 | 0 |

选择 $x_4$, $x_5$, $x_6$ 为基变量, 将基变量的列的检验数消为 0, 得到初始单纯形表 (表 3.9.19 和表 3.9.20).

**表 3.9.19**

| | $x_1$ | $x_2$ | $x_3$ | $x_4$ | $x_5$ | $x_6$ | |
|---|---|---|---|---|---|---|---|
| | 1 | 1 | 0 | 0 | 0 | 0 | 1 |
| $x_6$ | [1] | 1 | 0 | 0 | 0 | 1 | 1 |
| $x_4$ | $-1$ | 0 | 1 | 1 | 0 | 0 | 0 |
| $x_5$ | 0 | $-1$ | $-1$ | 0 | 1 | 0 | 0 |

**表 3.9.20**

| | $x_1$ | $x_2$ | $x_3$ | $x_4$ | $x_5$ | $x_6$ | |
|---|---|---|---|---|---|---|---|
| | 0 | 0 | 0 | 0 | 0 | $-1$ | 0 |
| $x_1$ | 1 | 1 | 0 | 0 | 0 | 1 | 1 |
| $x_4$ | 0 | 1 | 1 | 1 | 0 | 1 | 1 |
| $x_5$ | 0 | $-1$ | $-1$ | 0 | 1 | 0 | 0 |

第一阶段求到辅助线性规划的最优解, 解值为 0, 且没有人工变量是基变量. 删除辅助问题的检验数行和人工变量列, 开始第二阶段.

预备单纯形表为表 3.9.21.

表 3.9.21

| $x_1$ | $x_2$ | $x_3$ | $x_4$ | $x_5$ | |
|---|---|---|---|---|---|
| $-1$ | $-2$ | $-1$ | $-3$ | $-1$ | 0 |
| 1 | 1 | 0 | 0 | 0 | 1 |
| 0 | 1 | 1 | 1 | 0 | 1 |
| 0 | $-1$ | $-1$ | 0 | 1 | 0 |

选择 $x_1$, $x_4$, $x_5$ 为基变量, 得到初始单纯形表 (表 3.9.22 ~ 表 3.9.24).

表 3.9.22

| | $x_1$ | $x_2$ | $x_3$ | $x_4$ | $x_5$ | |
|---|---|---|---|---|---|---|
| | 0 | 1 | 1 | 0 | 0 | 4 |
| $x_1$ | 1 | $\boxed{1}$ | 0 | 0 | 0 | 1 |
| $x_4$ | 0 | 1 | 1 | 1 | 0 | 1 |
| $x_5$ | 0 | $-1$ | $-1$ | 0 | 1 | 0 |

表 3.9.23

| | $x_1$ | $x_2$ | $x_3$ | $x_4$ | $x_5$ | |
|---|---|---|---|---|---|---|
| | $-1$ | 0 | 1 | 0 | 0 | 3 |
| $x_2$ | 1 | 1 | 0 | 0 | 0 | 1 |
| $x_4$ | $-1$ | 0 | $\boxed{1}$ | 1 | 0 | 0 |
| $x_5$ | 1 | 0 | $-1$ | 0 | 1 | 1 |

表 3.9.24

| | $x_1$ | $x_2$ | $x_3$ | $x_4$ | $x_5$ | |
|---|---|---|---|---|---|---|
| | 0 | 0 | 0 | $-1$ | 0 | 3 |
| $x_2$ | 1 | 1 | 0 | 0 | 0 | 1 |
| $x_3$ | $-1$ | 0 | 1 | 1 | 0 | 0 |
| $x_5$ | 0 | 0 | 0 | 1 | 1 | 1 |

求到原问题的最优解, 最短 $s$-$t$ 路为 $(e_2, e_5)$, 长度为 3. ■

**解**　(例 3.9.3 的解 (3))　不去掉 $t$ 所在的行, 而是去掉 $a$ 所在的行.

第一阶段: 由于约束矩阵第 1 列、第 4 列已经是单位矩阵的列, 因此只增加一个人工变量. 得到辅助问题线性规划的预备单纯形表如表 3.9.25.

**表 3.9.25**

| $x_1$ | $x_2$ | $x_3$ | $x_4$ | $x_5$ | $x_6$ | |
|---|---|---|---|---|---|---|
| 0 | 0 | 0 | 0 | −1 | 0 | 0 |
| 1 | 1 | 0 | 0 | 0 | 0 | 1 |
| 0 | −1 | −1 | 0 | 1 | 1 | 0 |
| 0 | 0 | 0 | 1 | 1 | 0 | 1 |

将基变量的列的检验数消为 0, 得到单纯形表 (表 3.9.26 和表 3.9.27).

**表 3.9.26**

| | $x_1$ | $x_2$ | $x_3$ | $x_4$ | $x_5$ | $x_6$ | |
|---|---|---|---|---|---|---|---|
| | 0 | −1 | −1 | 0 | 1 | 0 | 0 |
| $x_1$ | 1 | 1 | 0 | 0 | 0 | 0 | 1 |
| $x_6$ | 0 | −1 | −1 | 0 | $\boxed{1}$ | 1 | 0 |
| $x_4$ | 0 | 0 | 0 | 1 | 1 | 0 | 1 |

**表 3.9.27**

| | $x_1$ | $x_2$ | $x_3$ | $x_4$ | $x_5$ | $x_6$ | |
|---|---|---|---|---|---|---|---|
| | 0 | 0 | 0 | 0 | 0 | −1 | 0 |
| $x_1$ | 1 | 1 | 0 | 0 | 0 | 0 | 1 |
| $x_5$ | 0 | −1 | −1 | 0 | 1 | 1 | 0 |
| $x_4$ | 0 | 1 | 1 | 1 | 0 | −1 | 1 |

第一阶段求到辅助 LP 的最优解, 解值为 0, 且没有人工变量是基变量. 删除辅助问题的检验数行和人工变量列, 开始第二阶段.

第二阶段: 装配上原问题线性规划的检验数行, 得到预备单纯形表 (表 3.9.28).

**表 3.9.28**

| $x_1$ | $x_2$ | $x_3$ | $x_4$ | $x_5$ | |
|---|---|---|---|---|---|
| −1 | −2 | −1 | −3 | −1 | 0 |
| 1 | 1 | 0 | 0 | 0 | 1 |
| 0 | −1 | −1 | 0 | 1 | 0 |
| 0 | 1 | 1 | 1 | 0 | 1 |

选择 $x_1$, $x_5$, $x_4$ 为基变量, 将基变量所在列的检验数消成 0, 得到初始单纯形表 (表 3.9.29 ~ 表 3.9.31).

表 3.9.29

| | $x_1$ | $x_2$ | $x_3$ | $x_4$ | $x_5$ | |
|---|---|---|---|---|---|---|
| | 0 | 1 | 1 | 0 | 0 | 4 |
| $x_1$ | 1 | [1] | 0 | 0 | 0 | 1 |
| $x_5$ | 0 | −1 | −1 | 0 | 1 | 0 |
| $x_4$ | 0 | 1 | 1 | 1 | 0 | 1 |

表 3.9.30

| | $x_1$ | $x_2$ | $x_3$ | $x_4$ | $x_5$ | |
|---|---|---|---|---|---|---|
| | −1 | 0 | 1 | 0 | 0 | 3 |
| $x_2$ | 1 | 1 | 0 | 0 | 0 | 1 |
| $x_5$ | 1 | 0 | −1 | 0 | 1 | 1 |
| $x_4$ | −1 | 0 | [1] | 1 | 0 | 0 |

表 3.9.31

| | $x_1$ | $x_2$ | $x_3$ | $x_4$ | $x_5$ | |
|---|---|---|---|---|---|---|
| | −1 | 0 | 0 | 0 | 0 | 3 |
| $x_2$ | 1 | 1 | 0 | 0 | 0 | 1 |
| $x_5$ | 0 | 0 | 0 | 1 | 1 | 1 |
| $x_3$ | −1 | 0 | 1 | 1 | 0 | 0 |

求到原问题的最优解, 最短 $s$-$t$ 路为 $(e_2, e_5)$, 长度为 3. ■

需要注意的是, 线性规划 (3.9.1) 中的变量 $x_j$ 表示边 $e_j$ 上的流量, 它可以取任意的非负实数值. 一般地, 线性规划 (3.9.1) 可存在变量取值不是整数的最优解. 例如, $\boldsymbol{x} = \begin{bmatrix} \frac{1}{2} & \frac{1}{2} & \frac{1}{2} & 0 & 1 \end{bmatrix}^{\mathrm{T}}$ 也是线性规划 (3.9.1) 的一个最优解. 但是, 这样的解对于最短路问题而言, 是没有意义的. 最短路问题要求找到一条最短路, 按照最小费用流的观点来看, 这条路就是一条从 $s$ 出发、流值为 1、到达 $t$ 的最小费用的不可分流. 由于是不可分流, 因此图上每条边的流量, 或者为 0 (表示这条边不在最短路上), 或者为 1 (表示这条边在最短路上), 而不能取除此之外的其他非负实数值. 即, 我们需要一个变量只能取整数值的线性规划 (称为整数线性规划) 来刻画最短路问题, 显然线性规划 (3.9.1) 不是这样的规划. 从这个意义上, 线性规划 (3.9.1) 描述了比最短路问题更广泛的一个问题, 因此, 它被称为最短路问题的线性规划松弛 (LP Relaxation) .

然而, 问题的惊异之处在于, 例 3.9.3 三种解法求到的最优解恰好都是整数解. 这仅仅是一种巧合吗? 还是背后隐藏着更深刻的规律? 实际上, 这个现象和线性规划 (3.9.1) 的约束矩阵、右端项向量有关. 当一个线性规划其约束矩阵满足一种称为“全单位模”的性质 (见 3.10 节), 并且右端项均为整数时, 该线性规划的所有顶点解都是整数解. 由于单纯形法解线性规划必在顶点上求得问题的最优解, 因此例 3.9.3 三种解法求到的最优解恰好都是整数解.

这就给了我们一种可能的想象: 给一个组合优化问题, 写出其线性规划松弛, 然后用单纯形算法求解, 不就得到问题的 (整数) 最优解了吗? 既然单纯形算法是解线性规划的一般算法, 那么是不是就不需要为每个组合优化问题开发专门的算法 (比如最短路问题的迪杰斯特拉算法) 了呢? 然而, 这种想象还是简单了. 问题在于, 并不是所有的组合优化问题其约束矩阵都具有全单位模性质. 就目前人们所知, 最短路问题、最大流问题、最小割问题等问题的线性规划松弛其约束矩阵具有全单位模性质. 然而, 全单位模性质实际上是一种很强的要求, 它并不广泛存在于组合优化问题的线性规划松弛中.

## 3.10 矩阵的全单位模性质

在例 3.9.3 中, 我们使用三种解法求解最短路问题的线性规划松弛 (3.9.1), 都得到了整数最优解. 这和线性规划 (3.9.1) 的约束矩阵所满足的一种称为“全单位模”的性质有关. 本节我们讨论矩阵的全单位模性质及其对线性规划基本可行解的影响.

**定义 3.10.1** 设 $\boldsymbol{A}$ 是一个整数方阵. 若 $\boldsymbol{A}$ 的行列式 $\det \boldsymbol{A}$ 等于 $-1$ 或 $1$, 则称矩阵 $\boldsymbol{A}$ 是**单位模** (Unimodular) 的.

**定义 3.10.2** 设 $\boldsymbol{A}$ 是一个整数矩阵. 若 $\boldsymbol{A}$ 的每个子方阵的行列式都等于 $-1$, $0$ 或者 $1$, 则称矩阵 $\boldsymbol{A}$ 是**全单位模** (Totally Unimodular) 的.

在定义 3.10.2 中, $\boldsymbol{A}$ 的每个子方阵的行列式都等于 $-1$, $0$ 或者 $1$, 实际上是说 $\boldsymbol{A}$ 的每个子方阵或者是奇异的 (行列式为 0), 或者是单位模的. 注意矩阵 $\boldsymbol{A}$ 的子矩阵是指 $\boldsymbol{A}$ 的某些行和某些列的位置上的元素所构成的矩阵, 并且这些行标和列标要对应相等. 因此, 子矩阵一定是方的.

考虑标准型的线性规划

$$\begin{aligned} \min \quad & \boldsymbol{c}^{\mathrm{T}}\boldsymbol{x} \\ \text{s.t.} \quad & \boldsymbol{A}\boldsymbol{x} = \boldsymbol{b}, \\ & \boldsymbol{x} \geqslant \boldsymbol{0}. \end{aligned}$$

其可行域记为 $D$. 则有定理 3.10.3 成立.

**定理 3.10.3** 对于标准型的线性规划, 若其约束矩阵 $\boldsymbol{A}$ 是全单位模的, 且右端项 $\boldsymbol{b}$ 是整数的, 则其可行域的所有顶点 (即, 基本可行解) 都是整数的.

**证明**　任取一个基本可行解 $\boldsymbol{x} = \begin{bmatrix} \boldsymbol{x}_B \\ \boldsymbol{x}_N \end{bmatrix}$, 令 $\boldsymbol{B}$ 是 $\boldsymbol{x}$ 所对应的基. 由基本可行解的定义, 可知

$$\boldsymbol{x}_B = \boldsymbol{B}^{-1}\boldsymbol{b} = \frac{1}{\det \boldsymbol{B}}\boldsymbol{B}^*\boldsymbol{b},$$

其中

$$\boldsymbol{B}^* = \begin{bmatrix} \boldsymbol{C}_{11} & \boldsymbol{C}_{21} & \cdots & \boldsymbol{C}_{m1} \\ \boldsymbol{C}_{12} & \boldsymbol{C}_{22} & \cdots & \boldsymbol{C}_{m2} \\ \vdots & \vdots & & \vdots \\ \boldsymbol{C}_{1m} & \boldsymbol{C}_{2m} & \cdots & \boldsymbol{C}_{mm} \end{bmatrix}$$

为 $\boldsymbol{B}$ 的伴随矩阵,

$$\boldsymbol{C}_{ij} = (-1)^{i+j} \det \boldsymbol{B}_{ij}$$

为 $\boldsymbol{B}$ 的代数余子式, 而 $\boldsymbol{B}_{ij}$ 则是在 $\boldsymbol{B}$ 中去掉第 $i$ 行、第 $j$ 列后得到的子方阵. 由于 $\boldsymbol{B}$ 又是 $\boldsymbol{A}$ 的子方阵, 而 $\boldsymbol{A}$ 是全单位模的, 因此可知 $\boldsymbol{B}^*$ 的每一项均为 $-1$, 0 或 1. 由于 $\boldsymbol{B}$ 是可逆的, 则 $\det \boldsymbol{B}$ 的值为 $-1$ 或 1. 最后, 由于 $\boldsymbol{b}$ 是整数向量, 可知 $\boldsymbol{x}_B$ 的每一项均为整数. 由于非基变量 $\boldsymbol{x}_N = \boldsymbol{0}$, 因此基本可行解 $\boldsymbol{x}$ 是整数向量. ■

由于线性规划的最优解 (若有) 一定可以在顶点上取得, 定理 3.10.3 就表达了线性规划的一个很好的性质: 若线性规划满足定理 3.10.3 中的条件, 则该线性规划具有是顶点的整数最优解. 由于单纯形算法最后一定是在顶点上找到最优解, 因此对于这样的线性规划, 单纯形算法将找到它的整数最优解. 这就是在例 3.9.3 最短路问题背后所蕴含的道理.

那么接下来的问题便是, 如何判断一个线性规划标准型, 它的约束矩阵是否满足全单位模性质呢? 下面的定理给出了一种方法.

**定理 3.10.4**　设 $\boldsymbol{A}$ 是一个矩阵, 满足如下条件:

(1) $\boldsymbol{A}$ 的每个元都是 $-1$, 0 或者 1.

(2) 每一列最多只有两个非零元.

(3) $\boldsymbol{A}$ 的行可以划分成两个集合 $I_1$ 和 $I_2$, 且满足

(a) 如果某列有两个同符号的非零元 (即, $-1$ 或 1), 则这两个同符号非零元的行划分到了不同的集合中;

(b) 如果某列有两个不同符号的非零元 (即, $-1$ 和 1), 则这两个异号非零元的行划分到了相同的集合中,

则矩阵 $\boldsymbol{A}$ 是全单位模的.

**证明** 我们归纳证明 $\boldsymbol{A}$ 的每个子方阵都是全单位模的, 从而 $\boldsymbol{A}$(不必是方阵) 也是全单位模的. 由于 $\boldsymbol{A}$ 符合条件 (1), $\boldsymbol{A}$ 的每个 $1\times 1$ 的子方阵都是全单位模的.

假设 $\boldsymbol{A}$ 的大小不超过 $(k-1)\times(k-1)$ 的子方阵都是全单位模的. 下面考虑大小为 $k\times k$ 的子方阵. 任取这样的一个子方阵 $\boldsymbol{C}$. 若 $\boldsymbol{C}$ 中有全零的列, 则 $\det\boldsymbol{C}=0$, 再由归纳假设, 可知 $\boldsymbol{C}$ 是全单位模的.

若 $\boldsymbol{C}$ 中有一列仅含一个非零元, 则计算 $\boldsymbol{C}$ 的行列式时在这个非零元处将行列式展开, 可知 $\det\boldsymbol{C}$ 的值为 $-1$, 0 或者 1. 再由归纳假设, 可知 $\boldsymbol{C}$ 是全单位模的.

最后考虑 $\boldsymbol{C}$ 中的每一列都含有两个非零元的情形. 由于 $\boldsymbol{A}$ 满足条件 (3), 将 $\boldsymbol{C}$ 中且在 $I_1$ 中的行加起来, 所得到的行向量, 等于将 $\boldsymbol{C}$ 中且在 $I_2$ 中的行加起来所得到的行向量. 这表明 $\boldsymbol{C}$ 中的行线性相关. 于是 $\det\boldsymbol{C}=0$. 再由归纳假设, 可知 $\boldsymbol{C}$ 是全单位模的. ∎

对于例 3.9.3 中最短路问题的线性规划松弛 (3.9.1), 其约束矩阵显然满足定理 3.10.4 中的条件, 因此是全单位模的. 并且, 线性规划松弛 (3.9.1) 的右端项为整数向量. 因此, 使用单纯形算法, 就求到了该线性规划的整数最优解, 从而也是原最短路问题的最优解.

## 3.11 再议解线性规划

要讨论在计算机上求解线性规划 (以及其他数学规划) 的算法的复杂性, 一个不可避免的问题是实数在计算机内的表示. 虽然有很多可供讨论的解决方案, 但原则上, 实数不能像整数那样在计算机内精确地表达. 因此, 当讨论线性规划的计算机算法时, 人们都是假定线性规划中出现的系数都是有理数 (整数或分数), 相应的线性规划也称为分数线性规划 (Fractional Linear Program), 最优解值也称为分数最优解值.

### 3.11.1 单纯形算法的复杂性

单纯形算法作为一个算法, 它的时间复杂度是多少呢? 这是人们普遍关心的一个问题. 人们当然希望能够快速地求解线性规划. 然而, 按照最坏情形分析, 单纯形算法不是多项式时间的[45]. [45] 证明了, 对每一个 $d>1$, 存在一个含有 $2d$ 个方程、$3d$ 个变量的线性规划, 其系数都是小于等于 4 的整数, 单纯形算法在求解该规划的最优值时, 可以使用 $2^d-1$ 次迭代.

我们以 $d=3$ 为例说明 [45] 的证明思想. [45] 构造了一个线性规划, 它的可行域是标准的单位正方体的一种 “扭曲”, 如图 3.11.1 所示. 该线性规划的目标函

数是 $\max x_3$. 现在开始执行单纯形算法, 假设一开始我们位于顶点 $(\epsilon,\epsilon^2,\epsilon^3)$. 单纯形算法一种可能的换基轨迹是依次经过顶点 $(1,\epsilon,\epsilon^2)$, $(1,1-\epsilon,\epsilon-\epsilon^2)$, $(\epsilon,1-\epsilon^2,\epsilon-\epsilon^3)$, $(\epsilon,1-\epsilon^2,1-\epsilon+\epsilon^3)$, $(1,1-\epsilon,1-\epsilon+\epsilon^2)$, $(1,\epsilon,1-\epsilon^2)$, $(\epsilon,\epsilon^2,1-\epsilon^3)$. 读者可验证, 这些顶点的 $x_3$ 值一个比一个大. 然而, 这样的执行过程经过了 7 次迭代.

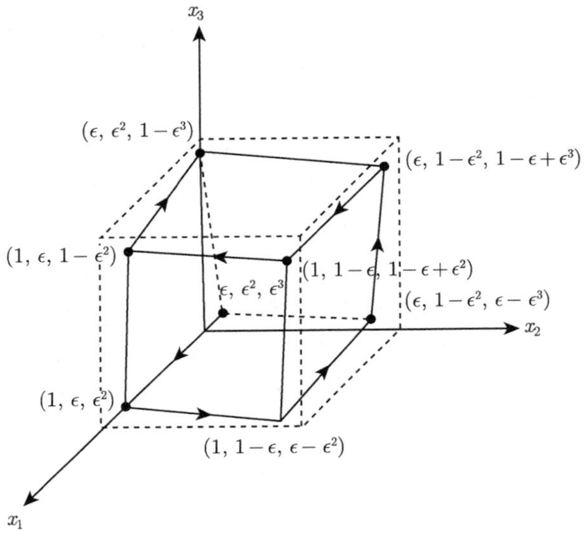


图 3.11.1

### 3.11.2　解线性规划的多项式时间算法

虽然单纯形算法不是多项式时间的, 但线性规划是多项式时间可解的. 哈奇扬 (Leonid G. Khachiyan, 苏联, 1952—2005) 发明的椭球法[44] 和卡马卡 (Narendra K. Karmarkar, 印度) 发明的内点法[42] 是求解线性规划的两个著名的多项式时间算法. 关于这两个算法的详细介绍读者可参考相关的著作, 如 [55](8.7 节) 对椭球法的介绍, 以及 [36](7.4 节) 对内点法的介绍.

### 3.11.3　单纯形算法的平滑分析

3.11.1 节指出了单纯形算法的 (最坏情形) 时间复杂度是指数时间的. 然而, 在实际应用中, 单纯形算法表现通常是非常好的, 能够很有效地求解线性规划, 是实际应用很广泛的一种线性规划求解方法. 这似乎与单纯形算法时间复杂度的分析有些矛盾. 这是为什么呢?

对算法时间复杂度的分析, 最常见的是最坏情形分析 (Worst-Case Analysis), 这种分析要求找出算法在最坏情形下的时间复杂度. 最坏情形通常是一类结构特征明显的实例. 最坏情形分析的缺点是, 最坏情形是所有实例中耗费时间最长的一类实例, 不能代表实例的“整体”情形. 当最坏情形实例在实际中非常少或基本不可能出现时, 这种分析结果对算法实际上有些“冤枉”.

于是, 人们又使用平均情形分析 (Average-Case Analysis) 来分析算法的时间复杂度. 这种分析假定算法的输入实例满足一定概率分布, 分析在此种假定下算法的期望运行时间. 其缺点是, 很难确定算法的实际输入满足什么样的概率分布.

2004 年, Spielman 和滕尚华[59] 提出了平滑分析 (Smoothed Analysis) 的概念. 在平滑分析中, 对算法的最坏情形输入施加一个随机的扰动, 分析算法在此种情形下的期望运行时间. 平滑分析有效地避免了最坏情形分析和平均情形分析的缺点, 更能够从整体上反映算法的运行时间.

Spielman 和滕尚华[59] 对单纯形算法进行了平滑分析, 他们证明了单纯形算法的平滑时间复杂度是多项式的, 从而在理论上有力地回答了为什么单纯形算法的最坏时间复杂度是指数的但该算法在实际中却表现非常好这样一个问题. 因为以上工作, Spielman 和滕尚华获得了 2008 年的 Gödel 奖和 2009 年的 Fulkerson 奖. Spielman 因为平滑分析的工作获得了 2010 年的 Nevanlinna 奖.

## 3.12 习　题

1. 用单纯形算法解线性规划时, 如何判断已经找到了最优解? 如何判断问题最优解无界? 在两阶段法中, 如何判断问题无解?

2. 在单纯形算法的某次迭代中, 当做最小比值测试选择离基变量时, 若有多个变量可选作离基变量, 则在换基之后的基本可行解中, 至少有一个基变量的值为 0 吗?

3. 用单纯形法解线性规划.

(a)
$$\begin{aligned}\max\quad & x_1 - 2x_2 + x_3 \\ \text{s.t.}\quad & x_1 + x_2 + x_3 \leqslant 12, \\ & 2x_1 + x_2 - x_3 \leqslant 6, \\ & -x_1 + 3x_2 \leqslant 9, \\ & x_1, x_2, x_3 \geqslant 0.\end{aligned}$$

(b)
$$\begin{aligned}\min\quad & 2x_1 + x_2 + 5x_3 \\ \text{s.t.}\quad & 2x_1 + 2x_2 + x_3 = 1, \\ & 5x_1 + x_2 + x_3 \leqslant 3, \\ & 2x_1 + 5x_2 + x_3 \leqslant 4, \\ & x_1, x_2, x_3 \geqslant 0.\end{aligned}$$

(c)

$$\begin{aligned} \max\quad & 2x_1 + 3x_2 \\ \text{s.t.}\quad & 2x_1 + 2x_2 \leqslant 8, \\ & x_1 \leqslant 4, \\ & x_2 \leqslant 3, \\ & x_1, x_2 \geqslant 0. \end{aligned}$$

(d)

$$\begin{aligned} \max\quad & x_1 + 2x_2 \\ \text{s.t.}\quad & 2x_1 + x_2 \leqslant 8, \\ & -x_1 + x_2 \leqslant 4, \\ & x_1 \leqslant 3, \\ & x_1, x_2 \geqslant 0. \end{aligned}$$

(e)

$$\begin{aligned} \min\quad & 2x_1 - 3x_2 + 4x_3 \\ \text{s.t.}\quad & x_1 + x_2 + x_3 \leqslant 8, \\ & -x_1 + 2x_2 - x_3 \geqslant 4, \\ & 2x_1 - x_2 \leqslant 6, \\ & x_i \geqslant 0, \quad \forall i. \end{aligned}$$

4. 用两阶段单纯形法解线性规划.

(a)

$$\begin{aligned} \max\quad & 2x_1 + 3x_2 \\ \text{s.t.}\quad & x_1 + 2x_2 \geqslant 8, \\ & x_1 \leqslant 4, \\ & x_2 \leqslant 3, \\ & x_1, x_2 \geqslant 0. \end{aligned}$$

(b)

$$\begin{aligned} \min\quad & 2x_1 + 3x_2 \\ \text{s.t.}\quad & x_1 + 2x_2 \geqslant 8, \\ & x_1 \leqslant 4, \\ & x_2 \leqslant 3, \\ & x_1, x_2 \geqslant 0. \end{aligned}$$

(c)

$$\max\quad x_1 + x_2$$

$$\text{s.t.} \quad 2x_1 + x_2 \geqslant 2,$$
$$x_1 + 2x_2 \geqslant 2,$$
$$x_1, x_2 \geqslant 0.$$

(d)
$$\begin{aligned} \max \quad & 3x_1 + 2x_2 + 4x_3 \\ \text{s.t.} \quad & 2x_1 + x_2 + 3x_3 = 60, \\ & 3x_1 + 3x_2 + 5x_3 \geqslant 120, \\ & x_1, x_2, x_3 \geqslant 0. \end{aligned}$$

(e)
$$\begin{aligned} \min \quad & 4x_1 + 2x_2 \\ \text{s.t.} \quad & 2x_1 - 3x_2 \geqslant 2, \\ & -x_1 + x_2 \geqslant 3, \\ & x_i \geqslant 0, \quad \forall i. \end{aligned}$$

(f)
$$\begin{aligned} \min \quad & 2x_1 - 3x_2 + 4x_3 \\ \text{s.t.} \quad & x_1 + x_2 + x_3 \leqslant 8, \\ & -x_1 + 2x_2 - x_3 \geqslant 4, \\ & 2x_1 - x_2 \leqslant 6, \\ & x_i \geqslant 0, \quad \forall i. \end{aligned}$$

# 第 4 章　线性规划对偶理论

每一个线性规划都有一个它的对偶规划. 这是人们通过大量的实验和观察发现的一个美妙的规律. 对线性规划及其对偶的认识, 丰富了线性规划的理论, 使人们对线性规划有了更深入的理解和把握.

## 4.1　线性规划的对偶

设 $\boldsymbol{x}^*$ 是单纯形算法在线性规划标准型 (LPS) 上求到的最优 bfs, $\boldsymbol{B}$ 是 $\boldsymbol{x}^*$ 的基矩阵.

$$\begin{aligned} \min \quad & \boldsymbol{c}^{\mathrm{T}}\boldsymbol{x} \\ \text{s.t.} \quad & \boldsymbol{A}\boldsymbol{x}=\boldsymbol{b}, \\ & \boldsymbol{x}\geqslant \mathbf{0}. \end{aligned} \tag{LPS}$$

设 $\boldsymbol{\zeta}$ 是 $\boldsymbol{x}^*$ 的检验数向量. 由单纯形算法, 必有 $\boldsymbol{\zeta}^{\mathrm{T}}=\boldsymbol{c}_B^{\mathrm{T}}\boldsymbol{B}^{-1}\boldsymbol{A}-\boldsymbol{c}^{\mathrm{T}}\leqslant \mathbf{0}$. 即 $\boldsymbol{A}^{\mathrm{T}}\left(\boldsymbol{c}_B^{\mathrm{T}}\boldsymbol{B}^{-1}\right)^{\mathrm{T}}\leqslant \boldsymbol{c}$. 因此 $\bar{\boldsymbol{y}}=\left(\boldsymbol{c}_B^{\mathrm{T}}\boldsymbol{B}^{-1}\right)^{\mathrm{T}}$ 是如下线性规划的一个可行解:

$$\begin{aligned} \max \quad & \boldsymbol{b}^{\mathrm{T}}\boldsymbol{y} \\ \text{s.t.} \quad & \boldsymbol{A}^{\mathrm{T}}\boldsymbol{y}\leqslant \boldsymbol{c}, \\ & \boldsymbol{y}\gtrless \mathbf{0}. \end{aligned} \tag{LPS-D}$$

且可知 $\bar{\boldsymbol{y}}$ 的目标函数值就是 $\boldsymbol{b}^{\mathrm{T}}(\boldsymbol{c}_B^{\mathrm{T}}\boldsymbol{B}^{-1})^{\mathrm{T}}=\boldsymbol{c}_B^{\mathrm{T}}\boldsymbol{B}^{-1}\boldsymbol{b}$, 这也是 $\boldsymbol{x}^*$ 的目标函数值.

线性规划 (LPS-D) 称为线性规划 (LPS) 的**对偶线性规划**. 有时候, 人们简称线性规划 (LPS) 为*原始规划*, 其中的变量称为原始变量. 对应地, 对偶线性规划 (LPS-D) 简称为*对偶规划*, 其中的变量称为对偶变量.

为了对线性规划和它的对偶规划有一个直观的认识, 我们先来看一个例子.

**例 4.1.1**　最短路问题 (如图 4.1.1) 的线性规划松弛和它的对偶规划.

最短路问题有多种线性规划松弛. 按照最小费用流问题写出的线性规划松弛如下所示 (参见例 3.9.3).

$$
\begin{aligned}
\min\quad & x_1+2x_2+x_3+3x_4+x_5\\
\text{s.t.}\quad & x_1+x_2=1,\\
& -x_1+x_3+x_4=0,\\
& -x_2-x_3+x_5=0,\\
& -x_4-x_5=-1,\\
& x_j\geqslant 0,\quad \forall j.
\end{aligned}
$$

写出该线性规划的对偶规划.

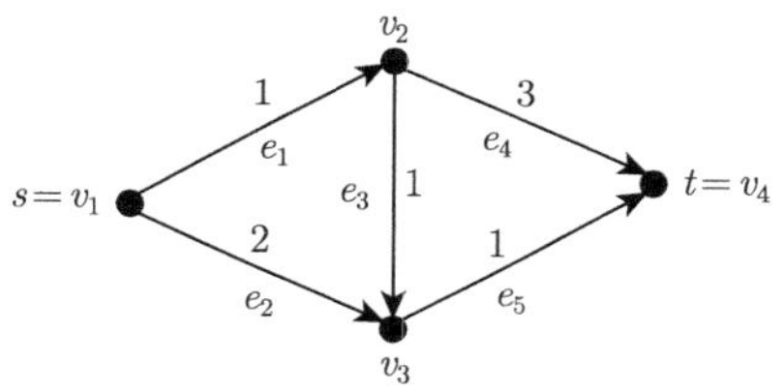


图 4.1.1

**解** 本例中的线性规划为标准型, 其对偶规划的系数矩阵是该线性规划系数矩阵的转置. 为了看清楚原始变量和对偶变量之间的对应关系, 我们将原线性规划的系数矩阵组织在表格中 (表 4.1.1).

**表 4.1.1**

| $x_1$ | $x_2$ | $x_3$ | $x_4$ | $x_5$ | | |
|---|---|---|---|---|---|---|
| 1 | 2 | 1 | 3 | 1 | | |
| 1 | 1 | 0 | 0 | 0 | 1 | $y_1$ |
| $-1$ | 0 | 1 | 1 | 0 | 0 | $y_2$ |
| 0 | $-1$ | $-1$ | 0 | 1 | 0 | $y_3$ |
| 0 | 0 | 0 | $-1$ | $-1$ | $-1$ | $y_4$ |

这个表格的主体部分的每一行代表原始规划的一个约束. 其每一列则代表对偶规划的一个约束. 于是, 按照对偶规划 (LPS-D) 的形式, 可以写出最短路问题线性规划松弛的对偶规划为

$$
\begin{aligned}
\max\quad & y_1-y_4 \qquad (4.1.1)\\
\text{s.t.}\quad & y_1-y_2\leqslant 1,\\
& y_1-y_3\leqslant 2,
\end{aligned}
$$

$$
\begin{aligned}
& y_2 - y_3 \leqslant 1, \\
& y_2 - y_4 \leqslant 3, \\
& y_3 - y_4 \leqslant 1, \\
& y_i \gtrless 0, \quad \forall i.
\end{aligned}
$$
■

前面我们给出了标准型的线性规划和它的对偶. 那么, 一般型的线性规划的对偶规划是什么呢? 规范型的呢? 实际上, 这个问题我们现在就能回答: 给一个一般型的线性规划, 先把它变换为等价的标准型的线性规划, 然后再写出这个标准型线性规划的对偶即可. 规范型的处理方式一样.

然而, 这个做法毕竟是一个间接的做法. 给一个一般型的线性规划, 能不能直接写出其对偶规划呢? 这实际上是可以的. 我们只需要观察上述间接做法的规律即可.

回忆一般型的线性规划为

$$
\begin{aligned}
\min \quad & c_1x_1 + c_2x_2 + \cdots + c_nx_n & & \text{(LPG)} \\
\text{s.t.} \quad & a_{i1}x_1 + a_{i2}x_2 + \cdots + a_{in}x_n = b_i, & & i \in [1, p], \\
& a_{i1}x_1 + a_{i2}x_2 + \cdots + a_{in}x_n \geqslant b_i, & & i \in [p+1, m], \\
& x_j \geqslant 0, & & j \in [1, q], \\
& x_j \gtrless 0, & & j \in [q+1, n],
\end{aligned}
$$

将其转为标准型:

$$
\begin{aligned}
\min \quad & \sum_{j=1}^{q} c_j x_j + \sum_{j=q+1}^{n} (c_j x_j^+ - c_j x_j^-) \\
\text{s.t.} \quad & \sum_{j=1}^{q} a_{ij} x_j + \sum_{j=q+1}^{n} (a_{ij} x_j^+ - a_{ij} x_j^-) = b_i, \quad i \in [1, p], \\
& \sum_{j=1}^{q} a_{ij} x_j + \sum_{j=q+1}^{n} (a_{ij} x_j^+ - a_{ij} x_j^-) \\
& \qquad\qquad - x_{n+(i-p)} = b_i, \quad i \in [p+1, m], \\
& x_j \geqslant 0, \quad j \in [1, q], \\
& x_j^+, x_j^- \geqslant 0, \quad j \in [q+1, n],
\end{aligned}
$$

$$x_j \geqslant 0, \qquad j \in [n+1, n+(m-p)].$$

组织在表格中, 即为表 4.1.2 所示.

**表 4.1.2 转换成的线性规划标准型**

| $x_1$ | $\cdots$ | $x_q$ | $x_{q+1}^+$ | $x_{q+1}^-$ | $\cdots$ | $x_n^+$ | $x_n^-$ | $x_{n+1}$ | $\cdots$ | $x_{n+m-p}$ | | |
|---|---|---|---|---|---|---|---|---|---|---|---|---|
| $c_1$ | $\cdots$ | $c_q$ | $c_{q+1}$ | $-c_{q+1}$ | $\cdots$ | $c_n$ | $-c_n$ | 0 | $\cdots$ | 0 | | |
| $a_{11}$ | $\cdots$ | $a_{1q}$ | $a_{1,q+1}$ | $-a_{1,q+1}$ | $\cdots$ | $a_{1n}$ | $-a_{1n}$ | 0 | $\cdots$ | 0 | $b_1$ | $y_1$ |
| $\vdots$ | $\vdots$ | $\vdots$ | $\vdots$ | $\vdots$ | $\vdots$ | $\vdots$ | $\vdots$ | $\vdots$ | 0 | $\vdots$ | $\vdots$ | $\vdots$ |
| $a_{p1}$ | $\cdots$ | $a_{pq}$ | $a_{p,q+1}$ | $-a_{p,q+1}$ | $\cdots$ | $a_{pn}$ | $-a_{pn}$ | 0 | $\cdots$ | 0 | $b_p$ | $y_p$ |
| $a_{p+1,1}$ | $\cdots$ | $a_{p+1,q}$ | $a_{p+1,q+1}$ | $-a_{p+1,q+1}$ | $\cdots$ | $a_{p+1,n}$ | $-a_{p+1,n}$ | $-1$ | $\cdots$ | 0 | $b_{p+1}$ | $y_{p+1}$ |
| $\vdots$ | $\vdots$ | $\vdots$ | $\vdots$ | $\vdots$ | $\vdots$ | $\vdots$ | $\vdots$ | $\vdots$ | $-1$ | $\vdots$ | $\vdots$ | $\vdots$ |
| $a_{m1}$ | $\cdots$ | $a_{mq}$ | $a_{m,q+1}$ | $-a_{m,q+1}$ | $\cdots$ | $a_{mn}$ | $-a_{mn}$ | 0 | $\cdots$ | $-1$ | $b_m$ | $y_m$ |

根据标准型对偶规划的写法, 由表格的 $x_1$ 列到 $x_q$ 列, 我们得到

$$\begin{aligned} \boldsymbol{A}_1^{\mathrm{T}}\boldsymbol{y} &\leqslant c_1, \\ &\cdots, \\ \boldsymbol{A}_q^{\mathrm{T}}\boldsymbol{y} &\leqslant c_q. \end{aligned}$$

由表格的 $x_{q+1}^+, x_{q+1}^-$ 列到 $x_n^+, x_n^-$ 列, 我们得到

$$\begin{aligned} \boldsymbol{A}_{q+1}^{\mathrm{T}}\boldsymbol{y} &\leqslant c_{q+1}, \\ -\boldsymbol{A}_{q+1}^{\mathrm{T}}\boldsymbol{y} &\leqslant -c_{q+1}, \\ &\cdots, \\ \boldsymbol{A}_n^{\mathrm{T}}\boldsymbol{y} &\leqslant c_n, \\ -\boldsymbol{A}_n^{\mathrm{T}}\boldsymbol{y} &\leqslant -c_n. \end{aligned}$$

而这等价于

$$\begin{aligned} \boldsymbol{A}_{q+1}^{\mathrm{T}}\boldsymbol{y} &= c_{q+1}, \\ &\cdots, \\ \boldsymbol{A}_n^{\mathrm{T}}\boldsymbol{y} &= c_n. \end{aligned}$$

由表格的 $x_{n+1}$ 列到 $x_{n+m-p}$ 列, 我们得到

$$\begin{aligned} -y_{p+1} &\leqslant 0, \\ &\cdots, \end{aligned}$$

$$-y_m \leqslant 0.$$

而这等价于

$$\begin{aligned} y_{p+1} &\geqslant 0, \\ &\cdots, \\ y_m &\geqslant 0. \end{aligned}$$

因此, 我们有

$$\begin{array}{llll|lll} \min & \boldsymbol{c}^{\mathrm{T}}\boldsymbol{x} & \text{(LPG)} & & \max & \boldsymbol{b}^{\mathrm{T}}\boldsymbol{y} & \text{(LPG-D)} \\ \text{s.t.} & \boldsymbol{a}_i^{\mathrm{T}}\boldsymbol{x} = b_i, & & i=1,2,\cdots,p, & \text{s.t.} & y_i \gtrless 0, & \\ & \boldsymbol{a}_i^{\mathrm{T}}\boldsymbol{x} \geqslant b_i, & & i=p+1,\cdots,m, & & y_i \geqslant 0, & \\ & x_j \geqslant 0, & & j=1,2,\cdots,q, & & \boldsymbol{A}_j^{\mathrm{T}}\boldsymbol{y} \leqslant c_j, & \\ & x_j \gtrless 0, & & j=q+1,\cdots,n, & & \boldsymbol{A}_j^{\mathrm{T}}\boldsymbol{y} = c_j. & \end{array}$$

这就是一般型的线性规划和它的对偶规划的写法.

线性规划一般型 (LPG) 和它的对偶 (LPG-D) 之间的对应关系看起来杂乱无章, 不好记忆, 实际上只要观察到如下一条规律, 就可以将它们的对应关系记清楚:

等式约束对应无限制变量, 不等式约束对应限制变量.

具体来讲, (LPG) 中的等式约束 $\boldsymbol{a}_i^{\mathrm{T}}\boldsymbol{x} = b_i$ 对应于 (LPG-D) 中的无限制变量 $y_i \gtrless 0$, (LPG-D) 中的等式约束 $\boldsymbol{A}_j^{\mathrm{T}}\boldsymbol{y} = c_j$ 对应于 (LPG) 中的无限制变量 $x_j \gtrless 0$. (LPG) 中的不等式约束 $\boldsymbol{a}_i^{\mathrm{T}}\boldsymbol{x} \geqslant b_i$ 对应于 (LPG-D) 中的限制变量 $y_i \geqslant 0$, (LPG-D) 中的不等式约束 $\boldsymbol{A}_j^{\mathrm{T}}\boldsymbol{y} \leqslant c_j$ 对应于 (LPG) 中的限制变量 $x_j \geqslant 0$. 所谓限制变量, 都是指非负变量. 现在, 就只剩下 (LPG) 中的不等式约束、(LPG-D) 中的不等式约束的不等号的方向的问题了. 而这个也好记忆: 目标函数是 min 的, 不等号方向为 $\geqslant$, 目标函数是 max 的, 不等号方向为 $\leqslant$. 从帮助记忆的角度来看, 可以联想为不等号的方向和优化的方向是反着的、相互制衡的 (当然, 这只是为了方便帮助记忆, 不满足正确性的分析).

从一般型和它的对偶中, 很容易抽取出规范型和它的对偶:

$$\begin{array}{lll|lll} \min & \boldsymbol{c}^{\mathrm{T}}\boldsymbol{x} & \text{(LPC)} & \max & \boldsymbol{b}^{\mathrm{T}}\boldsymbol{y} & \text{(LPC-D)} \\ \text{s.t.} & \boldsymbol{A}\boldsymbol{x} \geqslant \boldsymbol{b}, & & \text{s.t.} & \boldsymbol{A}^{\mathrm{T}}\boldsymbol{y} \leqslant \boldsymbol{c}, & \\ & \boldsymbol{x} \geqslant \boldsymbol{0}. & & & \boldsymbol{y} \geqslant \boldsymbol{0}. & \end{array}$$

**例 4.1.2**　写出顶点覆盖问题的线性规划松弛的对偶规划.

**解** 回忆在例 2.1.4 中, 已知顶点覆盖问题的线性规划松弛为

$$\begin{aligned}
\min \quad & \sum_{v\in V} x_v \\
\text{s.t.} \quad & x_u + x_v \geqslant 1, \quad \forall (u,v)\in E, \\
& x_v \geqslant 0, \qquad\quad \forall v \in V.
\end{aligned}$$

于是, 其对偶规划为

$$\begin{aligned}
\max \quad & \sum_{e\in E} y_e \\
\text{s.t.} \quad & \sum_{e\in\delta(v)} y_e \leqslant 1, \quad \forall v\in V, \\
& y_e \geqslant 0, \qquad\quad \forall e \in E.
\end{aligned}$$

■

比如, 在下面这个例子 (如图 4.1.2) 上,

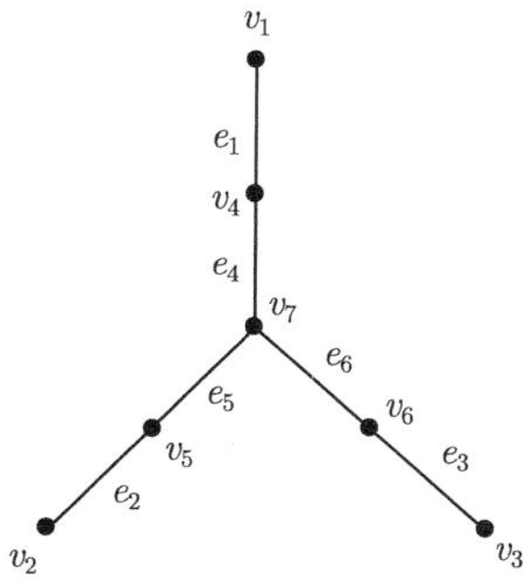


图 4.1.2

顶点覆盖问题的线性规划松弛为

$$\begin{aligned}
\min \quad & \sum_{j} x_j \\
\text{s.t.} \quad & x_1 + x_4 \geqslant 1, \\
& x_2 + x_5 \geqslant 1, \\
& x_3 + x_6 \geqslant 1, \\
& x_4 + x_7 \geqslant 1,
\end{aligned}$$

$$x_5 + x_7 \geqslant 1,$$
$$x_6 + x_7 \geqslant 1,$$
$$x_j \geqslant 0, \quad \forall j.$$

构造表格 (表 4.1.3).

**表 4.1.3**

| | $x_1$ | $x_2$ | $x_3$ | $x_4$ | $x_5$ | $x_6$ | $x_7$ | | |
|---|---|---|---|---|---|---|---|---|---|
| | 1 | 1 | 1 | 1 | 1 | 1 | 1 | | |
| $e_1$ | 1 | 0 | 0 | 1 | 0 | 0 | 0 | 1 | $y_1$ |
| $e_2$ | 0 | 1 | 0 | 0 | 1 | 0 | 0 | 1 | $y_2$ |
| $e_3$ | 0 | 0 | 1 | 0 | 0 | 1 | 0 | 1 | $y_3$ |
| $e_4$ | 0 | 0 | 0 | 1 | 0 | 0 | 1 | 1 | $y_4$ |
| $e_5$ | 0 | 0 | 0 | 0 | 1 | 0 | 1 | 1 | $y_5$ |
| $e_6$ | 0 | 0 | 0 | 0 | 0 | 1 | 1 | 1 | $y_6$ |
| | $v_1$ | $v_2$ | $v_3$ | $v_4$ | $v_5$ | $v_6$ | $v_7$ | | |

根据表格, 可知对于图 4.1.2 中的例子, 顶点覆盖问题的线性规划松弛的对偶规划为

$$\begin{aligned}
\max \quad & \sum_i y_i \\
\text{s.t.} \quad & y_1 \leqslant 1, \\
& y_2 \leqslant 1, \\
& y_3 \leqslant 1, \\
& y_1 + y_4 \leqslant 1, \\
& y_2 + y_5 \leqslant 1, \\
& y_3 + y_6 \leqslant 1, \\
& y_4 + y_5 + y_6 \leqslant 1, \\
& y_i \geqslant 0, \quad \forall i.
\end{aligned}$$

## 4.2 对偶定理

**定理 4.2.1** (弱对偶定理) 设 $\boldsymbol{x}$ 和 $\boldsymbol{y}$ 分别为原始线性规划和对偶线性规划的可行解, 则 $\boldsymbol{c}^{\mathrm{T}}\boldsymbol{x} \geqslant \boldsymbol{b}^{\mathrm{T}}\boldsymbol{y}$.

**证明** 不失一般性, 设原始线性规划为标准型. 由于 $\boldsymbol{x}$ 为原始线性规划的可行解, 因此 $\boldsymbol{A}\boldsymbol{x} = \boldsymbol{b}$. 即, $\boldsymbol{x}^{\mathrm{T}}\boldsymbol{A}^{\mathrm{T}} = \boldsymbol{b}^{\mathrm{T}}$. 两边右乘 $\boldsymbol{y}$, 得到

$$\boldsymbol{x}^{\mathrm{T}}\boldsymbol{A}^{\mathrm{T}}\boldsymbol{y} = \boldsymbol{b}^{\mathrm{T}}\boldsymbol{y}.$$

由于 $\boldsymbol{y}$ 为对偶线性规划的可行解, 因此 $\boldsymbol{A}^{\mathrm{T}}\boldsymbol{y} \leqslant \boldsymbol{c}$. 再由 $\boldsymbol{x} \geqslant \boldsymbol{0}$, 可得

$$\boldsymbol{x}^{\mathrm{T}}\boldsymbol{A}^{\mathrm{T}}\boldsymbol{y} \leqslant \boldsymbol{x}^{\mathrm{T}}\boldsymbol{c}.$$

于是可知 $\boldsymbol{b}^{\mathrm{T}}\boldsymbol{y} \leqslant \boldsymbol{x}^{\mathrm{T}}\boldsymbol{c}$. ∎

**定理 4.2.2** (强对偶定理) 设 $\boldsymbol{x}^*$ 和 $\boldsymbol{y}^*$ 分别为原始线性规划 (LPS) 和对偶线性规划 (LPS-D) 的最优解, 则 $\boldsymbol{c}^{\mathrm{T}}\boldsymbol{x}^* = \boldsymbol{b}^{\mathrm{T}}\boldsymbol{y}^*$.

**证明** 不妨设 $\boldsymbol{x}^*$ 为单纯形算法求到 (LPS) 的一个最优 bfs, $\boldsymbol{B}$ 为 $\boldsymbol{x}^*$ 的基矩阵. 令 $\tilde{\boldsymbol{y}} = (\boldsymbol{B}^{-1})^{\mathrm{T}}\boldsymbol{c}_B$. 由于 $\boldsymbol{x}^*$ 对应的检验数向量 $\boldsymbol{\zeta}^{\mathrm{T}} = \boldsymbol{c}_B^{\mathrm{T}}\boldsymbol{B}^{-1}\boldsymbol{A} - \boldsymbol{c}^{\mathrm{T}} \leqslant \boldsymbol{0}$, 即 $\boldsymbol{A}^{\mathrm{T}}(\boldsymbol{c}_B^{\mathrm{T}}\boldsymbol{B}^{-1})^{\mathrm{T}} \leqslant \boldsymbol{c}$, 因此 $\tilde{\boldsymbol{y}}$ 是对偶线性规划的一个可行解.

计算 $\tilde{\boldsymbol{y}}$ 的目标函数值可知 $\boldsymbol{b}^{\mathrm{T}}\tilde{\boldsymbol{y}} = \boldsymbol{b}^{\mathrm{T}}(\boldsymbol{B}^{-1})^{\mathrm{T}}\boldsymbol{c}_B = (\boldsymbol{B}^{-1}\boldsymbol{b})^{\mathrm{T}}\boldsymbol{c}_B = (\boldsymbol{x}_B^*)^{\mathrm{T}}\boldsymbol{c}_B = \boldsymbol{c}^{\mathrm{T}}\boldsymbol{x}^*$, 这表明 $\boldsymbol{x}^*$ 和 $\boldsymbol{y}$ 目标函数值相等, 即

$$\boldsymbol{c}^{\mathrm{T}}\boldsymbol{x}^* = \boldsymbol{b}^{\mathrm{T}}\tilde{\boldsymbol{y}}.$$

由弱对偶定理, 对偶线性规划的任意可行解 $\boldsymbol{y}$ 都有 $\boldsymbol{b}^{\mathrm{T}}\boldsymbol{y} \leqslant \boldsymbol{c}^{\mathrm{T}}\boldsymbol{x}^*$. 现在, $\tilde{\boldsymbol{y}}$ 是所有可行解中目标函数值最大的一个解, 因此, $\tilde{\boldsymbol{y}}$ 实际上是对偶线性规划的一个最优解, 定理得证. ∎

**例 4.2.3** 最短路问题线性规划松弛的对偶规划的解释. 考察最短路问题线性规划松弛的对偶规划 (4.1.1). 这里的变量 $y_i$, 可解释为在一个一维的坐标系中, 离开坐标原点的距离. 为表述简单, 可考虑顶点 $v_4$ 为原点, 变量 $y_4$ 的值即为 0. 于是, 对偶规划 (4.1.1) 是最大化 $y_1$ 的值, 同时满足边上的所有约束. 把每条边 $e_j$ 考虑为长度为 $c_j$ 的绳子. 对偶规划 (4.1.1) 是说, 将顶点 $v_1$ 尽量向左拉 (最大化 $y_1$ 的值), 在不把绳子拉断的条件下, 求顶点 $v_1$ 离开坐标原点的最大距离.

对偶定理表明, 这个最大距离等于最短路的长度. 这里的道理是明显的: 从 $s$ 到 $t$ 有很多由绳子构成的路径. 当固定住 $t$, 把 $s$ 尽量向左拉时, $s$ 离开 $t$ 的最大距离就是 $s$ 和 $t$ 之间绷得最紧的那条路 (最短路) 的长度——那些不是最短的路都松松垮垮地连在 $s$ 和 $t$ 之间.

例 4.2.3 对对偶规划 (4.1.1) 的解释是多么漂亮、触动人的心弦！这个例子生动地说明了 “最长的” 是 “最短的” 这样一个看似荒谬实则深刻的结论 (对偶定理), 使我们强烈感受到理论之美.

原始线性规划是根据自然出现的问题写出来的, 因而有一个自然的解释. 任何的原始规划都有一个对偶规划, 然而, 并不是每一个对偶规划都有一个有意义的自然的解释. 实际上, 大部分的对偶规划都缺乏一个自然且完整的解释, 为解释对偶规划人们往往牵强附会, 加上很多含义. 有自然的物理意义的对偶规划是很少见的, 最短路问题线性规划松弛的对偶规划是这样一个很少见的特例.

**例 4.2.4**　对于例 4.1.1 中的最短路问题的实例, 其线性规划的约束矩阵不是行满秩的. 我们去掉顶点 $t$ 上的约束, 这样就得到了一个行满秩的约束矩阵, 于是可以找出新的线性规划的基本可行解.

$$\begin{aligned}
\min\quad & x_1+2x_2+2x_3+3x_4+x_5 \\
\text{s.t.}\quad & x_1+x_2=1, \\
& -x_1+x_3+x_4=0, \\
& -x_2-x_3+x_5=0, \\
& x_j \geqslant 0, \quad \forall j.
\end{aligned} \tag{4.2.1}$$

线性规划 (4.2.1) 的一个最优解为

$$\boldsymbol{x}^{*\mathrm{T}}=\begin{bmatrix} 0 & 1 & 0 & 0 & 1 \end{bmatrix},$$

其基矩阵为

$$\boldsymbol{B}=\begin{bmatrix} \boldsymbol{A}_2 & \boldsymbol{A}_4 & \boldsymbol{A}_5 \end{bmatrix}=\begin{bmatrix} 1 & 0 & 0 \\ 0 & 1 & 0 \\ -1 & 0 & 1 \end{bmatrix}.$$

线性规划 (4.2.1) 的对偶规划为

$$\begin{aligned}
\max\quad & y_1 \\
\text{s.t.}\quad & y_1-y_2 \leqslant 1, \\
& y_1-y_3 \leqslant 2, \\
& y_2-y_3 \leqslant 2, \\
& y_2 \leqslant 3, \\
& y_3 \leqslant 1, \\
& y_i \gtreqless 0, \quad \forall i.
\end{aligned} \tag{4.2.2}$$

由 $\boldsymbol{x}^*$ 的基矩阵 $\boldsymbol{B}$, 可以直接计算出对偶规划 (4.2.2) 的一个最优解为

$$\boldsymbol{y}^{\mathrm{T}}=\boldsymbol{c}_B^{\mathrm{T}}\boldsymbol{B}^{-1}=\begin{bmatrix}2 & 3 & 1\end{bmatrix}\begin{bmatrix}1 & 0 & 0\\0 & 1 & 0\\1 & 0 & 1\end{bmatrix}=\begin{bmatrix}3 & 3 & 1\end{bmatrix}.$$ ■

使用 Farkas 引理证明线性规划强对偶定理.

**定理 4.2.5** ([57]) $\boldsymbol{A}$ 为矩阵, $\boldsymbol{b}$, $\boldsymbol{c}$ 为向量. 则

$$\min\{\boldsymbol{c}^{\mathrm{T}}\boldsymbol{x}\mid \boldsymbol{A}\boldsymbol{x}=\boldsymbol{b},\boldsymbol{x}\geqslant \boldsymbol{0}\}=\max\{\boldsymbol{b}^{\mathrm{T}}\boldsymbol{y}\mid \boldsymbol{A}^{\mathrm{T}}\boldsymbol{y}\leqslant \boldsymbol{c}\},\tag{4.2.3}$$

只要 (4.2.3) 中等号两端的集合均为非空.

**证明** 首先证 $\min\geqslant\max$. 若 $\boldsymbol{A}^{\mathrm{T}}\boldsymbol{y}\leqslant\boldsymbol{c}$ 以及 $\boldsymbol{A}\boldsymbol{x}=\boldsymbol{b},\boldsymbol{x}\geqslant\boldsymbol{0}$, 则 $\boldsymbol{c}^{\mathrm{T}}\boldsymbol{x}\geqslant\boldsymbol{y}^{\mathrm{T}}\boldsymbol{A}\boldsymbol{x}=\boldsymbol{y}^{\mathrm{T}}\boldsymbol{b}$.

下面证明 $\min\leqslant\max$, 即, 要证明存在 $\boldsymbol{x}$, $\boldsymbol{y}$ 使得 $\boldsymbol{A}\boldsymbol{x}=\boldsymbol{b}$, $\boldsymbol{x}\geqslant\boldsymbol{0}$, $\boldsymbol{A}^{\mathrm{T}}\boldsymbol{y}\leqslant\boldsymbol{c}$, $\boldsymbol{c}^{\mathrm{T}}\boldsymbol{x}\leqslant\boldsymbol{b}^{\mathrm{T}}\boldsymbol{y}$. 这相当于说

$$\text{存在 }\boldsymbol{x},\boldsymbol{y},\text{使得}\begin{bmatrix}\boldsymbol{0} & \boldsymbol{A}^{\mathrm{T}}\\ \boldsymbol{c}^{\mathrm{T}} & -\boldsymbol{b}^{\mathrm{T}}\\ \boldsymbol{A} & \boldsymbol{0}\\ -\boldsymbol{A} & \boldsymbol{0}\\ -\boldsymbol{I} & \boldsymbol{0}\end{bmatrix}\begin{bmatrix}\boldsymbol{x}\\ \boldsymbol{y}\end{bmatrix}\leqslant\begin{bmatrix}\boldsymbol{c}\\ 0\\ \boldsymbol{b}\\ -\boldsymbol{b}\\ \boldsymbol{0}\end{bmatrix}.\tag{4.2.4}$$

由推论 1.3.6 (Farkas 引理的变形), (4.2.4) 等价于若 $\begin{bmatrix}\boldsymbol{u}\\ \lambda\\ \boldsymbol{v}\\ \boldsymbol{w}\\ \boldsymbol{z}\end{bmatrix}\geqslant\boldsymbol{0}$,

$$\begin{bmatrix}\boldsymbol{0} & \boldsymbol{c} & \boldsymbol{A}^{\mathrm{T}} & -\boldsymbol{A}^{\mathrm{T}} & -\boldsymbol{I}\\ \boldsymbol{A} & -\boldsymbol{b} & \boldsymbol{0} & \boldsymbol{0} & \boldsymbol{0}\end{bmatrix}\begin{bmatrix}\boldsymbol{u}\\ \lambda\\ \boldsymbol{v}\\ \boldsymbol{w}\\ \boldsymbol{z}\end{bmatrix}=\boldsymbol{0},$$

则

$$\begin{bmatrix} \boldsymbol{c}^{\mathrm{T}} & 0 & \boldsymbol{b}^{\mathrm{T}} & -\boldsymbol{b}^{\mathrm{T}} & \boldsymbol{0}^{\mathrm{T}} \end{bmatrix} \begin{bmatrix} \boldsymbol{u} \\ \lambda \\ \boldsymbol{v} \\ \boldsymbol{w} \\ \boldsymbol{z} \end{bmatrix} \geqslant 0.$$

即, 若 $\boldsymbol{u},\boldsymbol{v},\boldsymbol{w},\boldsymbol{z} \geqslant \boldsymbol{0}, \lambda > 0, \lambda\boldsymbol{c} + \boldsymbol{A}^{\mathrm{T}}\boldsymbol{v} - \boldsymbol{A}^{\mathrm{T}}\boldsymbol{w} - \boldsymbol{z} = \boldsymbol{0}$, 以及 $\boldsymbol{A}\boldsymbol{u} - \lambda\boldsymbol{b} = \boldsymbol{0}$, 则

$$\boldsymbol{c}^{\mathrm{T}}\boldsymbol{u} + \boldsymbol{b}^{\mathrm{T}}\boldsymbol{v} - \boldsymbol{b}^{\mathrm{T}}\boldsymbol{w} \geqslant 0. \tag{4.2.5}$$

下面证明 (4.2.5). 假设 $\boldsymbol{u},\lambda,\boldsymbol{v},\boldsymbol{w},\boldsymbol{z}$ 满足 (4.2.5) 的前提条件. 若 $\lambda > 0$, 则有

$$\begin{aligned} \boldsymbol{c}^{\mathrm{T}}\boldsymbol{u} &= \lambda^{-1}\lambda\boldsymbol{c}^{\mathrm{T}}\boldsymbol{u} = \lambda^{-1}(\boldsymbol{z} + \boldsymbol{A}^{\mathrm{T}}(\boldsymbol{w} - \boldsymbol{v}))^{\mathrm{T}}\boldsymbol{u} \\ &= \lambda^{-1}\boldsymbol{z}^{\mathrm{T}}\boldsymbol{u} + \lambda^{-1}(\boldsymbol{w} - \boldsymbol{v})^{\mathrm{T}}\boldsymbol{A}\boldsymbol{u} \\ &\geqslant \lambda^{-1}(\boldsymbol{w} - \boldsymbol{v})^{\mathrm{T}}\boldsymbol{A}\boldsymbol{u} = \lambda^{-1}(\boldsymbol{w} - \boldsymbol{v})^{\mathrm{T}}(\lambda\boldsymbol{b}) = (\boldsymbol{w} - \boldsymbol{v})^{\mathrm{T}}\boldsymbol{b}. \end{aligned}$$

若 $\lambda = 0$, 令 $\boldsymbol{A}\boldsymbol{x}_0 = \boldsymbol{b}$, $\boldsymbol{x}_0 \geqslant \boldsymbol{0}$, $\boldsymbol{A}^{\mathrm{T}}\boldsymbol{y}_0 \leqslant \boldsymbol{c}$ (这样的 $\boldsymbol{x}_0$, $\boldsymbol{y}_0$ 是存在的, 因为我们假设 (4.2.3) 中的两个集合均非空), 则有

$$\begin{aligned} \boldsymbol{c}^{\mathrm{T}}\boldsymbol{u} &\geqslant \boldsymbol{y}_0^{\mathrm{T}}\boldsymbol{A}\boldsymbol{u} = \boldsymbol{y}_0^{\mathrm{T}}\boldsymbol{0} = \boldsymbol{0}^{\mathrm{T}}\boldsymbol{x}_0 = (\boldsymbol{z} + \boldsymbol{A}^{\mathrm{T}}(\boldsymbol{w} - \boldsymbol{v}))^{\mathrm{T}}\boldsymbol{x}_0 \\ &= \boldsymbol{z}^{\mathrm{T}}\boldsymbol{x}_0 + (\boldsymbol{A}^{\mathrm{T}}(\boldsymbol{w} - \boldsymbol{v}))^{\mathrm{T}}\boldsymbol{x}_0 \\ &\geqslant (\boldsymbol{w} - \boldsymbol{v})^{\mathrm{T}}\boldsymbol{A}\boldsymbol{x}_0 = (\boldsymbol{w} - \boldsymbol{v})^{\mathrm{T}}\boldsymbol{b}. \end{aligned}$$

∎

强对偶定理的逆定理也成立.

**定理 4.2.6**　设 $\boldsymbol{x}$ 和 $\boldsymbol{y}$ 分别为原始线性规划和对偶线性规划的可行解. 若 $\boldsymbol{c}^{\mathrm{T}}\boldsymbol{x} = \boldsymbol{b}^{\mathrm{T}}\boldsymbol{y}$, 则 $\boldsymbol{x}$ 和 $\boldsymbol{y}$ 分别为原始线性规划和对偶线性规划的最优解.

**证明**　对原始线性规划的任意可行解 $\bar{\boldsymbol{x}}$ 和对偶线性规划可行解 $\boldsymbol{y}$, 由弱对偶定理, 都有 $\boldsymbol{c}^{\mathrm{T}} \geqslant \boldsymbol{b}^{\mathrm{T}}\boldsymbol{y}$. 现有原始线性规划的可行解 $\boldsymbol{x}$ 满足 $\boldsymbol{c}^{\mathrm{T}}\boldsymbol{x} = \boldsymbol{b}^{\mathrm{T}}\boldsymbol{y}$, 因此 $\boldsymbol{x}$ 为原始线性规划的最优解.

对对偶线性规划的任意可行解 $\bar{\boldsymbol{y}}$ 和原始线性规划可行解 $\boldsymbol{x}$, 由弱对偶定理, 都有 $\boldsymbol{b}^{\mathrm{T}}\bar{\boldsymbol{y}} \leqslant \boldsymbol{c}^{\mathrm{T}}\boldsymbol{x}$. 现有对偶线性规划的可行解 $\boldsymbol{y}$ 满足 $\boldsymbol{b}^{\mathrm{T}}\boldsymbol{y} = \boldsymbol{c}^{\mathrm{T}}\boldsymbol{x}$, 因此 $\boldsymbol{y}$ 为对偶线性规划的最优解. ∎

**定理 4.2.7**　原始线性规划的对偶的对偶, 还是原始线性规划.

**证明**　假设原始线性规划为标准型:

$$\min \quad \boldsymbol{c}^{\mathrm{T}}\boldsymbol{x}$$

$$\begin{aligned}\text{s.t.}\quad & \boldsymbol{Ax}=\boldsymbol{b},\\ & \boldsymbol{x}\geqslant \boldsymbol{0}.\end{aligned}$$

它的对偶规划是

$$\begin{aligned}\max\quad & \boldsymbol{b}^{\mathrm{T}}\boldsymbol{y}\\ \text{s.t.}\quad & \boldsymbol{A}^{\mathrm{T}}\boldsymbol{y}\leqslant \boldsymbol{c},\\ & \boldsymbol{y}\gtreqless \boldsymbol{0}.\end{aligned}$$

该对偶规划等价于

$$\begin{aligned}\min\quad & -\boldsymbol{b}^{\mathrm{T}}\boldsymbol{y}^{+}+\boldsymbol{b}^{\mathrm{T}}\boldsymbol{y}^{-}\\ \text{s.t.}\quad & \boldsymbol{A}^{\mathrm{T}}\boldsymbol{y}^{+}-\boldsymbol{A}^{\mathrm{T}}\boldsymbol{y}^{-}+\boldsymbol{y}^{s}=\boldsymbol{c},\\ & \boldsymbol{y}^{+},\boldsymbol{y}^{-},\boldsymbol{y}^{s}\geqslant \boldsymbol{0}.\end{aligned}$$

这个对偶规划的对偶规划是

$$\begin{aligned}\max\quad & \boldsymbol{c}^{\mathrm{T}}\boldsymbol{x}\\ \text{s.t.}\quad & \begin{bmatrix}\boldsymbol{A}\\ -\boldsymbol{A}\\ \boldsymbol{I}\end{bmatrix}\boldsymbol{x}\leqslant \begin{bmatrix}-\boldsymbol{b}\\ \boldsymbol{b}\\ \boldsymbol{0}\end{bmatrix},\\ & \boldsymbol{x}\gtreqless \boldsymbol{0}.\end{aligned}$$

该规划等价于

$$\begin{aligned}\max\quad & \boldsymbol{c}^{\mathrm{T}}\boldsymbol{x}\\ \text{s.t.}\quad & \boldsymbol{Ax}\leqslant -\boldsymbol{b},\\ & -\boldsymbol{Ax}\leqslant \boldsymbol{b},\\ & \boldsymbol{x}\leqslant \boldsymbol{0}.\end{aligned}$$

作变量代换, 有

$$\begin{aligned}\max\quad & -\boldsymbol{c}^{\mathrm{T}}\boldsymbol{x}\\ \text{s.t.}\quad & -\boldsymbol{Ax}\leqslant -\boldsymbol{b},\end{aligned}$$

$$\boldsymbol{Ax} \leqslant \boldsymbol{b},$$

$$\boldsymbol{x} \geqslant \boldsymbol{0}.$$

即

$$\begin{aligned} \min \quad & \boldsymbol{c}^{\mathrm{T}}\boldsymbol{x} \\ \text{s.t.} \quad & \boldsymbol{Ax} = \boldsymbol{b}, \\ & \boldsymbol{x} \geqslant \boldsymbol{0}. \end{aligned}$$

■

**定理 4.2.8**　给一个线性规划和其对偶规划, 它们的可解性组合必是下面三种情形之一:

(1) 都有最优解;

(2) 都不可行;

(3) 一个规划最优解无界, 另一个规划不可行.

定理 4.2.8 的叙述可用表格表达如下 (表 4.2.1).

**表 4.2.1**

| 原始 | 对偶 | | |
|---|---|---|---|
| | 有最优解 | 最优解无界 | 无可行解 |
| 有最优解 | (1) | × | × |
| 最优解无界 | × | × | (3) |
| 无可行解 | × | (3) | (2) |

该表格展示了 9 种组合方式, 其中有 4 种是可能的, 分为 3 个类型; 另外 5 种是不可能的. 为简便, 我们称原始规划的第 $i$ 种可解性与对偶规划的第 $j$ 种可解性的组合为 $(i, j)$.

**定理 4.2.8 的证明**　任取一个原始线性规划, 记为 (LP). 不失一般性, 假设原始线性规划 (LP) 为标准型. 当 (LP) 有最优解时, 设单纯形算法求到的最优 bfs 为 $\boldsymbol{x}^*$, 基为 $\boldsymbol{B}$. 由定理 4.2.2 的证明, $\boldsymbol{y}^{\mathrm{T}} = \boldsymbol{cB}^{\mathrm{T}}\boldsymbol{B}^{-1}$ 是 (LP) 的对偶线性规划 (记为 (DP)) 的一个最优解. 因此, 对于 (LP) 和 (DP) 而言, (1, 1) 成立, (1, 2) 不能成立, (1, 3) 不能成立. 由于 (LP) 是任取的, 对于所有的线性规划而言, 亦有 (1, 1) 成立, (1, 2) 不能成立, (1, 3) 不能成立.

由对称性可知, (2, 1) 和 (3, 1) 也不能成立.

下面来看 (2, 2). 当原始线性规划无界时, 对偶线性规划不可能也是无界. 反证. 任取一个原始线性规划 (LP), 假设 (LP) 无界, 对偶线性规划 (DP) 也无界, 从而它们都存在可行解. 故可假设 $\boldsymbol{x}$, $\boldsymbol{y}$ 分别是 (LP) 和 (DP) 的可行解. 由弱对偶定理可知, $\boldsymbol{c}^{\mathrm{T}}\boldsymbol{x} \geqslant \boldsymbol{b}^{\mathrm{T}}\boldsymbol{y}$. 这立即表明原始线性规划 (LP) 和对偶线性规划 (DP) 都是有界的, 矛盾. 因此 (2, 2) 不能成立.

已经证明, 当原始线性规划 (LP) 无界时, 对偶线性规划 (DP) 不能有最优解, 也不能无界. 即, (DP) 不能有可行解. 因此, (DP) 必无可行解, 即, (2, 3) 能够成立.

由对称性可知, (3, 2) 也能够成立.

可举例说明, 存在原始线性规划及其对偶, 使得 (3, 3) 能够成立.

$$
\begin{aligned}
\min \quad & x_1 \\
\text{s.t.} \quad & x_1 + x_2 \geqslant 1, \\
& x_1 + x_2 \leqslant -1, \\
& x_1, x_2 \gtreqless 0.
\end{aligned}
$$

$$
\begin{aligned}
\max \quad & y_1 + y_2 \\
\text{s.t.} \quad & y_1 - y_2 = 1, \\
& y_1 - y_2 = 0, \\
& y_1, y_2 \geqslant 0.
\end{aligned}
$$

■

下面的定理 4.2.9 是讲原始规划最优解和对偶规划最优解的变量和它所对应的约束所满足的关系的.

**定理 4.2.9** 假设原始规划和它的对偶规划为

$$
\begin{aligned}
\min \quad & \boldsymbol{c}^{\mathrm{T}}\boldsymbol{x} & \qquad \max \quad & \boldsymbol{b}^{\mathrm{T}}\boldsymbol{y} \\
\text{s.t.} \quad & \boldsymbol{a}_i^{\mathrm{T}}\boldsymbol{x} \geqslant b_i, & \text{s.t.} \quad & y_i \geqslant 0, \\
& \boldsymbol{a}_i^{\mathrm{T}}\boldsymbol{x} = b_i, & & y_i \gtreqless 0, \\
& \boldsymbol{a}_i^{\mathrm{T}}\boldsymbol{x} \leqslant b_i, & & y_i \leqslant 0, \\
& x_j \geqslant 0, & & \boldsymbol{A}_j^{\mathrm{T}}\boldsymbol{y} \leqslant c_j, \\
& x_j \gtreqless 0, & & \boldsymbol{A}_j^{\mathrm{T}}\boldsymbol{y} = c_j, \\
& x_j \leqslant 0. & & \boldsymbol{A}_j^{\mathrm{T}}\boldsymbol{y} \geqslant c_j.
\end{aligned}
$$

若 $\boldsymbol{x}$ 和 $\boldsymbol{y}$ 分别是原始规划和对偶规划的可行解, 则 $\boldsymbol{x}$ 和 $\boldsymbol{y}$ 分别是原始规划和对偶规划的最优解的充要条件是

$$\forall 1 \leqslant i \leqslant m, \quad y_i(\boldsymbol{a}_i^{\mathrm{T}}\boldsymbol{x} - b_i) = 0, \tag{4.2.6}$$

$$\forall 1 \leqslant j \leqslant n, \quad (c_j - \boldsymbol{A}_j^{\mathrm{T}}\boldsymbol{y})x_j = 0. \tag{4.2.7}$$

**证明** 定义

$$u = \sum_{i=1}^{m} y_i(\boldsymbol{a}_i^{\mathrm{T}}\boldsymbol{x} - b_i),$$

$$v = \sum_{j=1}^{n} (c_j - \boldsymbol{A}_j^{\mathrm{T}}\boldsymbol{y})x_j.$$

由对偶变量和原始线性规划约束之间的对应关系, 可知 $\forall i, y_i(\boldsymbol{a}_i^{\mathrm{T}}\boldsymbol{x} - b_i) \geqslant 0$, 因此 $u \geqslant 0$. 同理 (由原始变量和对偶线性规划约束之间的对应关系) 可知 $v \geqslant 0$.

由 $u$ 和 $v$ 的定义, 我们有

$$\begin{aligned} u + v &= \sum_{i=1}^{m} y_i(\boldsymbol{a}_i^{\mathrm{T}}\boldsymbol{x} - b_i) + \sum_{j=1}^{n}(c_j - \boldsymbol{A}_j^{\mathrm{T}}\boldsymbol{y})x_j \\ &= \sum_{i=1}^{m} y_i \sum_{j=1}^{n} a_{ij}x_j - \boldsymbol{b}^{\mathrm{T}}\boldsymbol{y} + \boldsymbol{c}^{\mathrm{T}}\boldsymbol{x} - \sum_{j=1}^{n} x_j \sum_{i=1}^{m} a_{ij}y_i \\ &= \boldsymbol{c}^{\mathrm{T}}\boldsymbol{x} - \boldsymbol{b}^{\mathrm{T}}\boldsymbol{y}. \end{aligned}$$

因此, 若条件 (4.2.6) 和 (4.2.7) 成立, 则可知 $u = 0, v = 0$, 于是 $u + v = 0$, 因此 $\boldsymbol{c}^{\mathrm{T}}\boldsymbol{x} = \boldsymbol{b}^{\mathrm{T}}\boldsymbol{y}$, 因此 $\boldsymbol{x}$ 和 $\boldsymbol{y}$ 分别是原始线性规划和对偶线性规划的最优解.

这个推理反过来也成立: 若 $\boldsymbol{x}$ 和 $\boldsymbol{y}$ 分别是原始线性规划和对偶线性规划的最优解, 则可知 $\boldsymbol{c}^{\mathrm{T}}\boldsymbol{x} = \boldsymbol{b}^{\mathrm{T}}\boldsymbol{y}$, 于是 $u + v = 0$, 因此 $u = 0, v = 0$, 因此条件 (4.2.6) 和 (4.2.7) 成立. ■

由定理 4.2.9 可证明著名的互补松紧性 (Complementary Slackness) 定理.

**定理 4.2.10** (互补松紧性) 设 $\boldsymbol{x}$ 和 $\boldsymbol{y}$ 分别为原始线性规划和对偶线性规划的最优解. 则: 若一个变量 ($x_j$ 或 $y_i$) 大于 0, 则其对应的约束取等式. 换言之, 若一个约束以严格不等式成立, 则其对应的变量就等于 0.

**证明** 由于 $\boldsymbol{x}$ 和 $\boldsymbol{y}$ 分别为原始线性规划和对偶线性规划的最优解, 由定理 4.2.9, 可知条件 (4.2.6) 和 (4.2.7) 成立.

这立即表明:

$$\forall i, \quad y_i > 0 \Rightarrow \boldsymbol{a}_i^{\mathrm{T}}\boldsymbol{x} = b_i,$$

$$\forall j, \quad x_j > 0 \Rightarrow \boldsymbol{A}_j^{\mathrm{T}}\boldsymbol{y} = c_j.$$

这又等价于

$$\forall i, \quad \boldsymbol{a}_i^{\mathrm{T}}\boldsymbol{x} > b_i \Rightarrow y_i = 0,$$

$$\forall j, \quad \boldsymbol{A}_j^{\mathrm{T}}\boldsymbol{y} < c_j \Rightarrow x_j = 0. \qquad \blacksquare$$

一个不等式形式的功能约束, 若以严格不等式成立, 就称为“松”的; 若以等式成立, 就称为“紧”的. 变量约束亦如此: 若变量约束以严格不等式成立, 就称为“松”的; 若以等式成立, 就称为“紧”的. 定理 4.2.10 表明, 一个规划中的对象 (变量约束或功能约束) 松, 对偶规划中对应的对象 (功能约束或变量约束) 就紧, 因此称为“互补松紧”.

## 4.3 对偶单纯形算法

回忆单纯形算法. 从一个 bfs 出发, 不断变换基矩阵, 直到当前 bfs $\boldsymbol{x}$ 的检验数向量 $\boldsymbol{\zeta}^{\mathrm{T}} = \boldsymbol{c}_B^{\mathrm{T}}\boldsymbol{B}^{-1}\boldsymbol{A} - \boldsymbol{c}^{\mathrm{T}} \leqslant \boldsymbol{0}$ 时, 则求到了原始线性规划的最优解. 这个过程对应于图 4.3.1 的左上角部分.

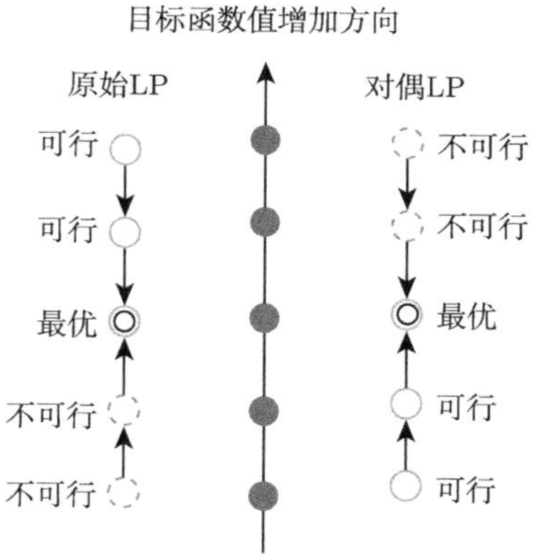


图 4.3.1

实际上, 对于原始规划的每一个基 $\boldsymbol{B}$, 都有一个对偶规划的解 $\boldsymbol{y} = (\boldsymbol{c}_B^{\mathrm{T}}\boldsymbol{B}^{-1})^{\mathrm{T}}$, 称为对偶规划的*互补基本解* (Complementary Basic Solution, 简称为 cbs. 注意这里互补基本解的含义是对应于原始规划的基 $\boldsymbol{B}$ 的对偶规划的解. ) 单纯形算法一开始时, 通常检验数行不是小于等于 $\boldsymbol{0}$ 的, 这表明当前的 cbs 是对偶规划的不可行解. 当单纯形算法求到了原始规划的最优解时, 检验数行小于等于 $\boldsymbol{0}$, 此时的 cbs 是对偶线性规划的一个可行解. 因此, 基本的单纯形算法可解释为, 从原始线性规划的可行解 (对偶规划对应的 cbs 不可行) 出发, 保持原始线性规划的可行性, 向着对偶线性规划可行解的方向迭代. 这个过程对应于下图的上半部分.

同样的想法, 可从原始规划的不可行解 (对偶规划对应的 cbs 可行) 出发, 保持对偶线性规划的可行性, 向着原始线性规划可行解的方向迭代. 这个过程对应于图 4.3.1 的下半部分. 这样的单纯形算法称为对偶单纯形算法, 如算法 4.3.1 所示. 注意, 对偶单纯形算法仍然是面向原始线性规划来求解的.

**算法 4.3.1**　对偶单纯形算法.

(1) 找原始规划的一个基 $\boldsymbol{B} = \begin{bmatrix} \boldsymbol{A}_{B(1)} & \boldsymbol{A}_{B(2)} & \cdots & \boldsymbol{A}_{B(m)} \end{bmatrix}$, 满足原始规划的基本解不可行, 对偶规划的对应的解可行.

(2) 计算检验数向量 $\boldsymbol{\zeta}$, $\bar{\boldsymbol{A}} = \boldsymbol{B}^{-1}\boldsymbol{A}$, $\bar{\boldsymbol{b}} = \boldsymbol{B}^{-1}\boldsymbol{b}$.

(3) $r \leftarrow \arg\min\{\bar{b}_i \mid i = 1, 2, \cdots, m\}$.

(4) 如果 $\bar{b}_r \geqslant 0$, 则当前 bfs 就是原始规划的最优解, 停止.

(5) 如果 $\bar{\boldsymbol{a}}_r \geqslant \boldsymbol{0}$, 则原始规划无可行解, 停止.

(6) $k \leftarrow \arg\min\left\{\dfrac{\zeta_j}{\bar{a}_{rj}} \middle| \bar{a}_{rj} < 0, j = 1, 2, \cdots, n\right\}$.

(7) 以 $\boldsymbol{A}_k$ 替代当前基 $\boldsymbol{B}$ 中的列 $\boldsymbol{A}_{B(r)}$, 得到一个新的基 $\boldsymbol{B}$, 转第 (2) 步.

**进基变量 $x_k$ 的选取**　因为 $\zeta_k \leqslant 0$, $\bar{b}_r < 0$, 要增加 $z$ 的值, 则要求转轴元 $\bar{a}_{rk} < 0$. 同时, 要保持对偶解的可行性, 则要求 $\forall j$, $\zeta_j - \dfrac{\zeta_k}{\bar{a}_{rk}}\bar{a}_{rj} \leqslant 0$.

若 $\bar{a}_{rj} \geqslant 0$, 因为 $\zeta_k \leqslant 0$, $\bar{a}_{rk} < 0$, 则已经有 $\zeta_j - \dfrac{\zeta_k}{\bar{a}_{rk}}\bar{a}_{rj} \leqslant 0$. 现在假设 $\bar{a}_{rj} < 0$. 要保证 $\zeta_j - \dfrac{\zeta_k}{\bar{a}_{rk}}\bar{a}_{rj} \leqslant 0$, 即要保证 $\zeta_j \leqslant \dfrac{\zeta_k}{\bar{a}_{rk}}\bar{a}_{rj}$, 即要保证 $\dfrac{\zeta_j}{\bar{a}_{rj}} \geqslant \dfrac{\zeta_k}{\bar{a}_{rk}}$. 因此, 就需要 $k \leftarrow \arg\min\left\{\dfrac{\zeta_j}{\bar{a}_{rj}} \middle| \bar{a}_{rj} < 0, j = 1, 2, \cdots, n\right\}$. 见表 4.3.1.

**表 4.3.1**

| | $x_1$ | $\cdots$ | $x_{B(r)}$ | $\cdots$ | $x_m$ | $x_{m+1}$ | $\cdots$ | $x_k$ | $\cdots$ | $x_n$ | $\boldsymbol{c}_B^{\mathrm{T}}\bar{\boldsymbol{b}}$ |
|---|---|---|---|---|---|---|---|---|---|---|---|
| | $\zeta_1$ | $\cdots$ | 0 | $\cdots$ | $\zeta_m$ | $\zeta_{m+1}$ | $\cdots$ | $\zeta_k$ | $\cdots$ | $\zeta_n$ | |
| $x_{B(1)}$ | $\cdots$ | $\cdots$ | 0 | $\cdots$ | $\cdots$ | $\cdots$ | $\cdots$ | $\cdots$ | $\cdots$ | $\cdots$ | $\bar{b}_1$ |
| $\vdots$ | $\vdots$ | $\vdots$ | $\vdots$ | $\vdots$ | $\vdots$ | $\vdots$ | $\vdots$ | $\vdots$ | $\vdots$ | $\vdots$ | $\vdots$ |
| $x_{B(r)}$ | $\cdots$ | $\cdots$ | 1 | $\cdots$ | $\cdots$ | $\cdots$ | $\cdots$ | $\boxed{\bar{a}_{rk}}$ | $\cdots$ | $\cdots$ | $\bar{b}_r$ |
| $\vdots$ | $\vdots$ | $\vdots$ | $\vdots$ | $\vdots$ | $\vdots$ | $\vdots$ | $\vdots$ | $\vdots$ | $\vdots$ | $\vdots$ | $\vdots$ |
| $x_{B(m)}$ | $\cdots$ | $\cdots$ | 0 | $\cdots$ | $\cdots$ | $\cdots$ | $\cdots$ | $\cdots$ | $\cdots$ | $\cdots$ | $\bar{b}_m$ |

对于对偶单纯形算法, 获得初始单纯形表的方法与基本的单纯形算法原理相同. 只是在基的选择上, 要保证初始单纯形表处于“对偶可行, 原始不可行”的状态.

(1) 将线性规划转为标准型.

(2) 构造预备单纯形表 (表 4.3.2).

**表 4.3.2**

| | |
|---|---|
| $-\boldsymbol{c}^{\mathrm{T}}$ | 0 |
| $\boldsymbol{A}$ | $\boldsymbol{b}$ |

注意, 一般地, 预备单纯形表不是正式的单纯形表, 不能从这张表格开始执行对偶单纯形算法.

(3) 选取 $\boldsymbol{A}$ 中的若干列为基, 用初等行变换将这些列变为单位阵, 检验数行一同参与变换. 得到初始单纯形表 (表 4.3.3).

**表 4.3.3**

| | |
|---|---|
| $\boldsymbol{c}_B^{\mathrm{T}}\boldsymbol{B}^{-1}\boldsymbol{A}-\boldsymbol{c}^{\mathrm{T}}$ | $\boldsymbol{c}_B^{\mathrm{T}}\boldsymbol{B}^{-1}\boldsymbol{b}$ |
| $\boldsymbol{B}^{-1}\boldsymbol{A}$ | $\boldsymbol{B}^{-1}\boldsymbol{b}$ |

在这里, 要保证初始单纯形表的检验数行 $\boldsymbol{\zeta}\leqslant\mathbf{0}$(即, 对偶可行), 右端项 $\bar{\boldsymbol{b}}\ngeqslant\mathbf{0}$ (即, 原始不可行) 的状态. 从这里就可以开始执行对偶单纯形算法了.

**例 4.3.1** 用对偶单纯形法解线性规划.

$$\begin{aligned}\min\quad & x_1+x_2+x_3\\ \text{s.t.}\quad & 3x_1+x_2+x_3\geqslant 1,\\ & -x_1+4x_2+x_3\geqslant 2,\\ & x_1,x_2,x_3\geqslant 0,\end{aligned}$$

**解** 先将线性规划化为标准型.

$$\begin{aligned}\min\quad & x_1+x_2+x_3\\ \text{s.t.}\quad & 3x_1+x_2+x_3-x_4=1,\\ & -x_1+4x_2+x_3-x_5=2,\\ & x_j\geqslant 0,\quad \forall j.\end{aligned}$$

列出预备单纯形表 (表 4.3.4).

表 4.3.4

| $x_1$ | $x_2$ | $x_3$ | $x_4$ | $x_5$ | 0 |
|---|---|---|---|---|---|
| $-1$ | $-1$ | $-1$ | 0 | 0 | |
| 3 | 1 | 1 | $-1$ | 0 | 1 |
| $-1$ | 4 | 1 | 0 | $-1$ | 2 |

做初等行变换, 选择第 4 列和第 5 列为基, 得到初始单纯形表 (表 4.3.5).

表 4.3.5

| | $x_1$ | $x_2$ | $x_3$ | $x_4$ | $x_5$ | 0 |
|---|---|---|---|---|---|---|
| | $-1$ | $-1$ | $-1$ | 0 | 0 | |
| $x_4$ | $-3$ | $-1$ | $-1$ | 1 | 0 | $-1$ |
| $x_5$ | 1 | $-4$ | $-1$ | 0 | 1 | $-2$ |

此时线性规划有一个基本解, 其对偶线性规划有一个可行解 (因为检验数向量 $\boldsymbol{\zeta} \leqslant \mathbf{0}$), 因此用对偶单纯形法求解 (表 4.3.6 ~ 表 4.3.8).

表 4.3.6

| | $x_1$ | $x_2$ | $x_3$ | $x_4$ | $x_5$ | 0 |
|---|---|---|---|---|---|---|
| | $-1$ | $-1$ | $-1$ | 0 | 0 | |
| $x_4$ | $-3$ | $-1$ | $-1$ | 1 | 0 | $-1$ |
| $x_5$ | 1 | $\boxed{-4}$ | $-1$ | 0 | 1 | $-2$ |

表 4.3.7

| | $x_1$ | $x_2$ | $x_3$ | $x_4$ | $x_5$ | 1/2 |
|---|---|---|---|---|---|---|
| | $-5/4$ | 0 | $-3/4$ | 0 | $-1/4$ | |
| $x_4$ | $\boxed{-13/4}$ | 0 | $-3/4$ | 1 | $-1/4$ | $-1/2$ |
| $x_2$ | $-1/4$ | 1 | 1/4 | 0 | $-1/4$ | 1/2 |

表 4.3.8

| | $x_1$ | $x_2$ | $x_3$ | $x_4$ | $x_5$ | 9/13 |
|---|---|---|---|---|---|---|
| | 0 | 0 | $-6/13$ | $-5/13$ | $-2/13$ | |
| $x_1$ | 1 | 0 | 3/13 | $-4/13$ | 1/13 | 2/13 |
| $x_2$ | 0 | 1 | 4/13 | $-1/13$ | $-3/13$ | 7/13 |

此时右端项 $\bar{\boldsymbol{b}} \geqslant \mathbf{0}$, 求到原始线性规划的最优解 $\begin{bmatrix} \dfrac{2}{13} & \dfrac{7}{13} & 0 & 0 & 0 \end{bmatrix}^{\mathrm{T}}$, 最优解值为 9/13. ∎

在实际求解线性规划时，当我们得到初始的单纯形表后，如果发现当前处于“原始可行，对偶不可行”的状态，就用基本的单纯形算法求解；反之，如果当前处于“原始不可行，对偶可行”的状态，就用对偶单纯形算法求解.

**例 4.3.2** 用对偶单纯形法解线性规划.

$$\begin{aligned} \min \quad & 5x_1 + 21x_3 \\ \text{s.t.} \quad & x_1 - x_2 + 6x_3 - x_4 = 2, \\ & x_1 + x_2 + 2x_3 - x_5 = 1, \\ & x_j \geqslant 0, \quad \forall j. \end{aligned}$$

**解** 列出预备单纯形表 (表 4.3.9).

**表 4.3.9**

| $x_1$ | $x_2$ | $x_3$ | $x_4$ | $x_5$ | 0 |
|---|---|---|---|---|---|
| $-5$ | 0 | $-21$ | 0 | 0 | |
| 1 | $-1$ | 6 | $-1$ | 0 | 2 |
| 1 | 1 | 2 | 0 | $-1$ | 1 |

以 $\boldsymbol{A}_4$ 和 $\boldsymbol{A}_5$ 两列为基，得到初始单纯形表 (表 4.3.10).

**表 4.3.10**

| | $x_1$ | $x_2$ | $x_3$ | $x_4$ | $x_5$ | 0 |
|---|---|---|---|---|---|---|
| | $-5$ | 0 | $-21$ | 0 | 0 | |
| $x_4$ | $-1$ | 1 | $-6$ | 1 | 0 | $-2$ |
| $x_5$ | $-1$ | $-1$ | $-2$ | 0 | 1 | $-1$ |

此时 $\boldsymbol{\zeta} \leqslant \mathbf{0}$，对偶线性规划可行；$\bar{\boldsymbol{b}} \ngeqslant \mathbf{0}$，原始线性规划不可行. 使用对偶单纯形算法求解 (表 4.3.11 ~ 表 4.3.13).

**表 4.3.11**

| | $x_1$ | $x_2$ | $x_3$ | $x_4$ | $x_5$ | 0 |
|---|---|---|---|---|---|---|
| | $-5$ | 0 | $-21$ | 0 | 0 | |
| $x_4$ | $-1$ | 1 | $\boxed{-6}$ | 1 | 0 | $-2$ |
| $x_5$ | $-1$ | $-1$ | $-2$ | 0 | 1 | $-1$ |

**表 4.3.12**

| | $x_1$ | $x_2$ | $x_3$ | $x_4$ | $x_5$ | 7 |
|---|---|---|---|---|---|---|
| | $-3/2$ | $-7/2$ | 0 | $-7/2$ | 0 | |
| $x_3$ | $1/6$ | $-1/6$ | 1 | $-1/6$ | 0 | $1/3$ |
| $x_5$ | $\boxed{-2/3}$ | $-4/3$ | 0 | $-1/3$ | 1 | $-1/3$ |

表 4.3.13

| | $x_1$ | $x_2$ | $x_3$ | $x_4$ | $x_5$ | 31/4 |
|---|---|---|---|---|---|---|
| | 0 | $-1/2$ | 0 | $-11/4$ | $-9/4$ | |
| $x_3$ | 0 | $-1/2$ | 1 | $-1/4$ | $1/4$ | $1/4$ |
| $x_1$ | 1 | 2 | 0 | $1/2$ | $-3/2$ | $1/2$ |

此时 $\bar{\boldsymbol{b}} \geqslant \mathbf{0}$, 原始线性规划可行, 得到最优解 $\begin{bmatrix} \frac{1}{2} & 0 & \frac{1}{4} & 0 & 0 \end{bmatrix}^{\mathrm{T}}$, 最优解值为 31/4. ∎

## 4.4　关于单纯形表检验数行和右端项的讨论

基本的单纯形算法要求初始单纯形表的右端项 $\bar{\boldsymbol{b}} \geqslant \mathbf{0}$, 但对检验数行 $\boldsymbol{\zeta}$ 是否 $\leqslant \mathbf{0}$ 没有要求. 对偶单纯形算法要求初始单纯形表的检验数行 $\boldsymbol{\zeta} \leqslant \mathbf{0}$, 但对右端项 $\bar{\boldsymbol{b}}$ 是否 $\geqslant \mathbf{0}$ 没有要求. 这不禁引发了我们对于检验数行和右端项分别和 $\mathbf{0}$ 比较几种组合的思考.

(1) $\boldsymbol{\zeta} \leqslant \mathbf{0}, \bar{\boldsymbol{b}} \geqslant \mathbf{0}$.

$\boldsymbol{\zeta} \leqslant \mathbf{0}$ 表明对偶规划的当前解 (这个解是 $\boldsymbol{c}_B^{\mathrm{T}}\boldsymbol{B}^{-1}$) 是可行的 (简称为对偶可行), $\bar{\boldsymbol{b}} \geqslant \mathbf{0}$ 表明原始规划的当前解是可行的 (简称为原始可行). 当原始规划的基本解和它所对应的对偶解 $\boldsymbol{c}_B^{\mathrm{T}}\boldsymbol{B}^{-1}$ 都是可行的时候, 当前的原始解和对偶解就分别是各自规划的最优解. 因此, "$\boldsymbol{\zeta} \leqslant \mathbf{0}, \bar{\boldsymbol{b}} \geqslant \mathbf{0}$" 是单纯形算法和对偶单纯形算法求到最优解时单纯形表的情形.

(2) $\boldsymbol{\zeta} \leqslant \mathbf{0}, \bar{\boldsymbol{b}} \ngeqslant \mathbf{0}$.

这表明单纯形表的当前状态是对偶可行, 原始不可行. 对偶单纯形算法在运算过程中, 求到最优解之前, 单纯形表处于这种状态.

(3) $\boldsymbol{\zeta} \nleqslant \mathbf{0}, \bar{\boldsymbol{b}} \geqslant \mathbf{0}$.

这表明单纯形表的当前状态是对偶不可行, 原始可行. 单纯形算法在运算过程中, 求到最优解之前, 单纯形表处于这种状态.

(4) $\boldsymbol{\zeta} \nleqslant \mathbf{0}, \bar{\boldsymbol{b}} \ngeqslant \mathbf{0}$.

这表明单纯形表的当前状态是对偶不可行, 原始也不可行. 这是一个看起来奇怪的状态: 单纯形算法、对偶单纯形算法、两阶段算法的初始单纯形表、中间的单纯形表以及最后的单纯形表都不可能出现这种状态. 但是, *这确实是单纯形表的一种可能的状态*.

这个状态在原始规划无解、对偶规划也无解时可以组合出来. 例如下面的两个规划 (在定理 4.2.8 的证明中出现过).

$$\min \quad x_1$$

$$\begin{aligned} \text{s.t.} \quad & x_1 + x_2 \geqslant 1, \\ & x_1 + x_2 \leqslant -1, \\ & x_1, x_2 \geqslant 0, \end{aligned}$$

$$\begin{aligned} \max \quad & y_1 + y_2 \\ \text{s.t.} \quad & y_1 - y_2 = 1, \\ & y_1 - y_2 = 0, \\ & y_1, y_2 \geqslant 0. \end{aligned}$$

将线性规划变为标准型.

$$\begin{aligned} \min \quad & x_1 - x_2 \\ \text{s.t.} \quad & -x_1 + x_2 - x_3 + x_4 + x_5 = -1, \\ & x_1 - x_2 + x_3 - x_4 + x_6 = -1, \\ & x_j \geqslant 0, \quad \forall j. \end{aligned}$$

将这个规划组织在单纯形表中 (表 4.4.1).

**表 4.4.1**

| | $x_1$ | $x_2$ | $x_3$ | $x_4$ | $x_5$ | $x_6$ | |
|---|---|---|---|---|---|---|---|
| | $-1$ | 1 | 0 | 0 | 0 | 0 | 0 |
| $x_5$ | $-1$ | 1 | $-1$ | 1 | 1 | 0 | $-1$ |
| $x_6$ | 1 | $-1$ | 1 | $-1$ | 0 | 1 | $-1$ |

这张单纯形表, 基变量是 $x_5$ 和 $x_6$, 检验数行对应的这两个位置是 0, 因此是一张合法的单纯形表. 但是, 其检验数行不小于等于 $\mathbf{0}$, 其右端项也不大于等于 $\mathbf{0}$. 因此, 从这张单纯形表上无法执行三个单纯形算法中的任何一个. 那我们不禁又要问, 上述线性规划怎么解呢? 答案很简单: 添加人工变量得到辅助问题, 使用两阶段法求解. (自然会求到 "无解".)

## 4.5 原始对偶算法

我们再回到最短路问题. 本节介绍最短路问题的精彩的原始对偶算法.

### 4.5.1 最短路问题的整数规划

定义指示变量 $x_e$ 为是否使用了边 $e$. 则最短路问题的整数线性规划可写为

$$\min \quad \sum_{e\in E} c_e x_e \tag{4.5.1}$$

$$\text{s.t.} \quad \sum_{e\in\delta(S)} x_e \geqslant 1, \quad \forall S\in\mathcal{S}, \tag{4.5.2}$$

$$x_e \in \{0,1\}, \qquad \forall e\in E.$$

其中 $\mathcal{S}=\{S\subset V \mid s\in S, t\notin S\}$, $\delta(S)$ 是所有一端在 $S$ 中、另一端在 $S$ 外的边的集合, 即割 $(S,\overline{S})$ 中的所有边.

约束 (4.5.2) 用于将 $s$ 和 $t$ 连通. 假设 $\boldsymbol{x}$ 是整数线性规划 (4.5.1) 的一个可行解, 但 $\boldsymbol{x}$ 没有连通 $s$ 和 $t$. 记 $S$ 为在 $\boldsymbol{x}$ 下与 $s$ 连通的顶点的集合, 则有 $s\in S$ 但 $t\notin S$. 在这个 $S$ 上显然约束 (4.5.2) 是不满足的.

连通 $s$ 和 $t$ 的边的集合不一定恰好就是一条路. 但在最小化费用的目标函数作用下, 整数线性规划 (4.5.1) 的最优解一定构成一条最短 $s$-$t$ 路.

最短路问题的线性规划松弛为

$$\begin{aligned} \min \quad & \sum_{e\in E} c_e x_e \\ \text{s.t.} \quad & \sum_{e\in\delta(S)} x_e \geqslant 1, \quad \forall S\in\mathcal{S}, \\ & x_e \geqslant 0, \qquad\quad \forall e\in E. \end{aligned}$$

其对偶规划为

$$\begin{aligned} \max \quad & \sum_{S\in\mathcal{S}} y_S \\ \text{s.t.} \quad & \sum_{S\in\mathcal{S}:\ e\in\delta(S)} y_S \leqslant c_e, \quad \forall e\in E, \\ & y_S \geqslant 0, \qquad\qquad \forall S\in\mathcal{S}. \end{aligned}$$

对于 $\mathcal{S}$ 中的每一个 $S$(可称为“城池”), 都有一个“护城河” (Moat) 环绕着 $S$. 对偶变量 $y_S$ 即是这个护城河的宽度 (如图 4.5.1).

DP 的目标函数是挖环绕着每一个 $S$ 的护城河, 使得它们的总宽度最大, 以保护每一个 $S$. 当然, 护城河不能无限地宽. 图中的边解释为跨过护城河的“桥”.

每条边 $e$ 之下都有若干条护城河, 它们是关于城池 $S\in\mathcal{S}:e\in\delta(S)$ 的. 对任一条边 $e$, 其跨过的护城河的总宽度不能超过 $e$ 的长度 $c_e$(参见对偶规划中的约束).

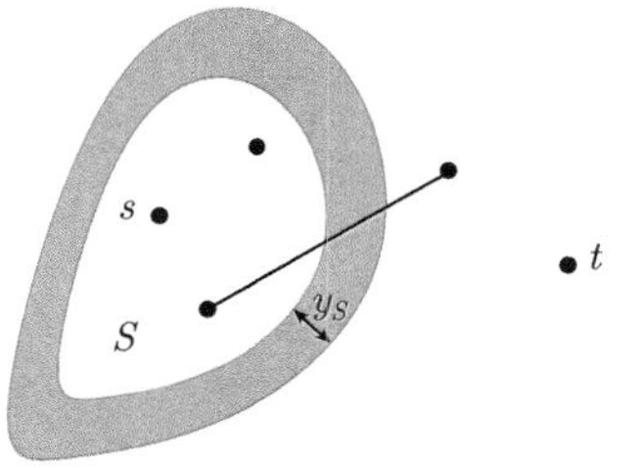


图 4.5.1

多个连续的桥构成一条路. 因此, $s$, $t$ 之间护城河的最大宽度就等于它们之间的最短路的长度.

### 4.5.2 原始对偶算法

**算法 4.5.1** 最短路问题的原始对偶算法.

(1) $\forall S\in\mathcal{S}$, $y_S\leftarrow 0$; $F\leftarrow\varnothing$.

(2) **while** $s$ 和 $t$ 在 $(V,F)$ 中没有连通时 **do**

(3) 　记 $C$ 为 $(V,F)$ 中包含 $s$ 的连通分支.

(4) 　当 $\delta(C)$ 中没有边是紧的时, 增加 $y_C$.

(5) 　令 $e\in\delta(C)$ 为一条紧的边; $F\leftarrow F\cup\{e\}$.

(6) **endwhile**

(7) 记 $P$ 为 $(V,F)$ 中唯一的 $s$-$t$ 路.

(8) **return** $P$.

算法 4.5.1 的第 (1) 步对 $y_S$ 的赋值, 并不需要真的实现, 只需要"记住"一开始所有的 $y_S$ 都等于 0 就可以了. 在算法执行过程中, 如果对哪一个 $y_S$ 进行了增加, 那个 $y_S$ 就从 0 开始增加; 没有增加过的 $y_S$ 不用去理会它. 如果在第 (1) 步真要对每个 $y_S$ 赋值为 0, 则因为有指数个 $y_S$, 算法的时间复杂度就不是多项式时间的了.

"紧的" 边的含义是边 $e$ 对应的约束 $\sum_{S\in\mathcal{S}:\ e\in\delta(S)}y_S\leqslant c_e$ 以等式成立.

先来看一个例子, 理解算法的执行过程.

**例 4.5.1** 在图 4.5.2 所示的例子上展示算法 4.5.1 的执行过程.

**解** 一开始, $F$ 中没有任何边, $(V,F)$ 中包含 $s$ 的连通分支 $C=\{s\}$. 此时开始增加 $y_C$. 当 $y_C=5$ 时, $\delta(C)$ 中的边 $(s,y)$ 变成紧的. 将 $(s,y)$ 加入到 $F$ 中, 新的 $F=\{(s,y)\}$. 我们用粗的边表示加入到 $F$ 中的边, 如图 4.5.3 所示. 这是第 1 轮迭代.

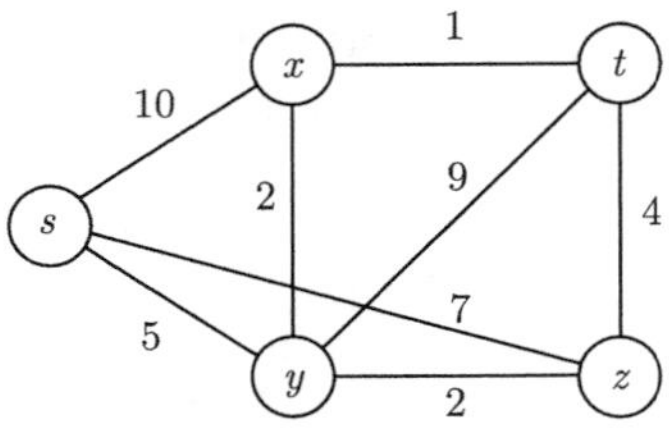


图 4.5.2

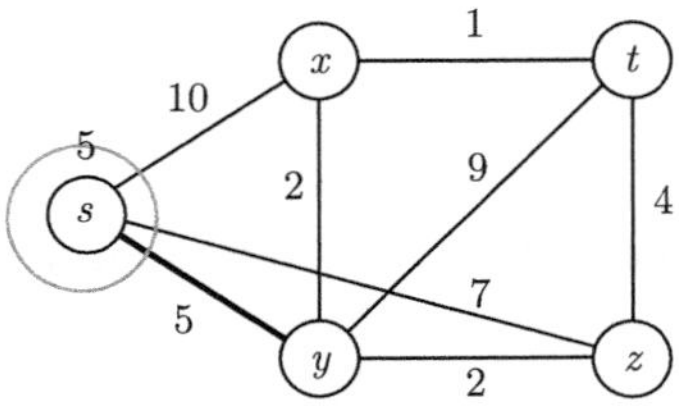


图 4.5.3

第 2 轮迭代, $(V,F)$ 中包含 $s$ 的连通分支 $C=\{s,y\}$. 增加 $y_C$, 当 $y_C=2$ 时, $\delta(C)$ 中的边 $(s,z)$, $(y,z)$, $(x,y)$ 都变成了紧的. 算法任意选择一条紧的边加入到 $F$, 比如选择 $(y,z)$. 新的 $F=\{(s,y),(y,z)\}$. 注意, 此时虽然有 3 条边同时变成了紧的, 但算法只选择一条边加入到 $F$. 我们用虚线的边表示紧的边, 如图 4.5.4 所示.

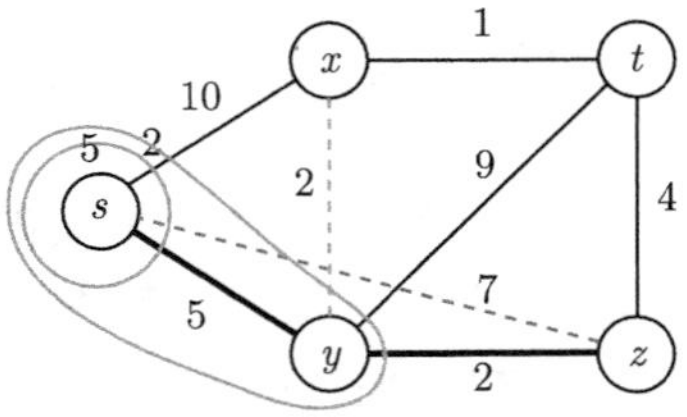


图 4.5.4

第 3 轮迭代, $(V,F)$ 中包含 $s$ 的连通分支 $C=\{s,y,z\}$. $y_C$ 增加到 0, 即, 不必增加 $y_C$, $\delta(C)$ 中的边 $(x,y)$ 已经是紧的. 如图 4.5.5 所示, 算法将 $(x,y)$ 加入到 $F$, 新的 $F=\{(s,y),(y,z),(x,y)\}$.

第 4 轮迭代, $(V,F)$ 中包含 $s$ 的连通分支 $C=\{s,x,y,z\}$. $y_C$ 增加到 1 时, $\delta(C)$ 中的边 $(x,t)$ 成为紧的. 如图 4.5.6 所示, 算法将 $(x,t)$ 加入到 $F$, 新的 $F=\{(s,y),(y,z),(x,y),(x,t)\}$.

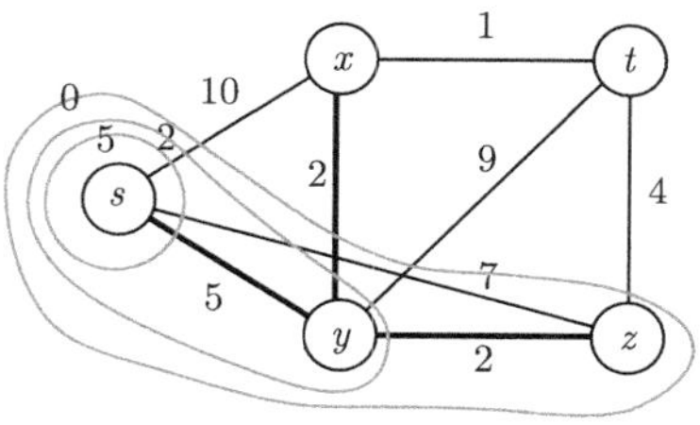


图 4.5.5

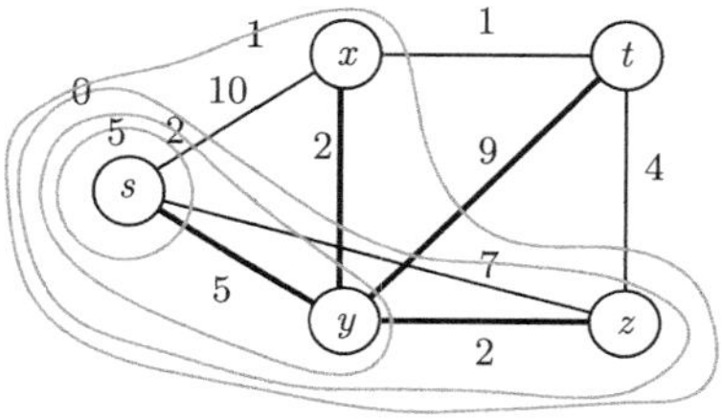


图 4.5.6

第 5 轮迭代, $(V,F)$ 中包含 $s$ 的连通分支 $C=\{s,x,y,z,t\}$. $s$ 和 $t$ 在 $(V,F)$ 中已经连通, 如图 4.5.7 所示, 第 5 轮迭代直接退出.

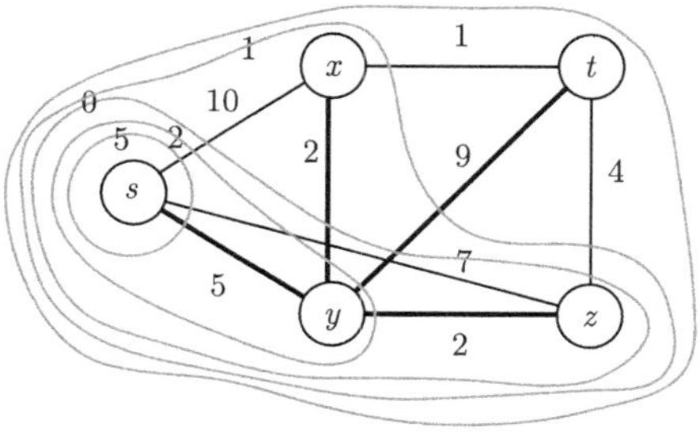


图 4.5.7

算法输出 $(V,F)$ 中的唯一路 $(s,y,x,t)$ 作为找到的解, 该路的长度为 8. ∎

由例 4.5.1 可以看出, 在算法 4.5.1 第 (4) 步增加 $y_C$ 时, 并不需要将 $y_C$ 连续增加 (无级变速式的增加), 实际上 (离散的) 算法也做不到连续增加. 取而代之的是, 算法将 $\delta(C)$ 中每条边 $e$ 对应的约束 $\sum_{S\in\mathcal{S}:\ e\in\delta(S)} y_S \leqslant c_e$ 都计算一个差值 $c_e-\sum_{S\in\mathcal{S}:\ e\in\delta(S)} y_S$, 这些差值中的最小者就是 $y_C$ 应该增加的值, 算法的实现实际上是将 $y_C$ 一步增加到位的.

### 4.5.3 算法分析

如何证明算法 4.5.1 找到的路是一条最短 $s$-$t$ 路呢？

**引理 4.5.2** 在算法的任一时刻, $F$ 都是包含 $s$ 的一棵树.

**证明** 由于加入 $F$ 的每条边都是和 $s$ 连通的, 因此 $F$ 仅包含一个连通分支 (即, $C = V(F)$). 当一条边 $e$ 要加入 $F$ 时, 这条边来自于 $\delta(C)$, $C$ 是当前 $F$ 所包含的连通分支. 由于 $e$ 恰好有一个端点在 $C$ 中, 另一个端点在 $C$ 之外, 将 $e$ 加入 $F$ 不会形成圈. 因此, $F$ 总是一棵树. ∎

**定理 4.5.3** 算法找到了一条最短 $s$-$t$ 路.

**证明** 因为 $P$ 中的每一条边都是紧的, 所以有

$$\sum_{e\in P} c_e = \sum_{e\in P}\sum_{S\in\mathcal{S}:\ e\in\delta(S)} y_S = \sum_{S\in\mathcal{S}} |P\cap\delta(S)|y_S.$$

我们断言: 只要 $y_S > 0$, 就有 $|P\cap\delta(S)| = 1$.

先假设这个断言是成立的, 稍后给出证明. 于是就有

$$\sum_{S\in\mathcal{S}} |P\cap\delta(S)|y_S = \sum_{S\in\mathcal{S}} y_S \leqslant \mathrm{OPT}_f(DP) = \mathrm{OPT}_f(LP) \leqslant \mathrm{OPT}.$$

从而定理成立, 证明就结束了.

下面反证断言. 假设对某个 $S\in\mathcal{S}$, 有 $y_S > 0$ 和 $|P\cap\delta(S)| > 1$. 这表明 $P$ 穿越了 $\delta(S)$ 至少 3 次.

不妨假设在路径 $P$ 上, 从 $s$ 到 $t$ 方向, $u$ 是路径 $P$ 第一次离开 $S$ 时在 $S$ 内部的最后一个顶点, $v$ 是 $P$ 第一次返回 $S$ 时在 $S$ 内部的第一个顶点, 而 $P'$ 是将 $u$ 和 $v$ 连接在一起的 $P$ 的子路径, 如图 4.5.8 所示.

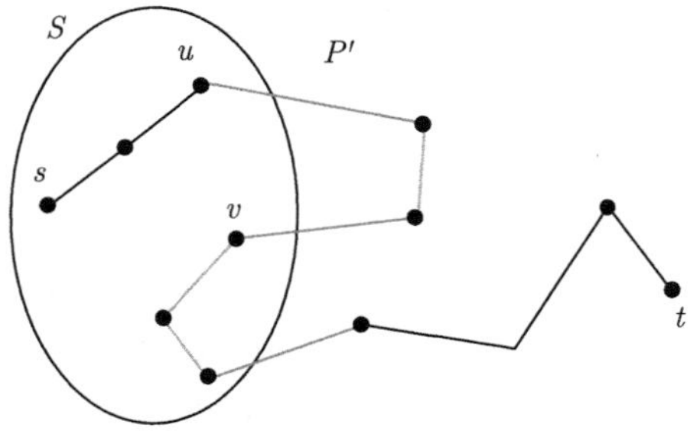


图 4.5.8

由于 $y_S > 0$, 算法必定增加过 $y_S$, 这表明在刚要增加 $y_S$ 的时刻 $S$ 是一个连通分支, 其边集记为 $F'$. 特别地, $u$ 和 $v$ 在 $(S, F')$ 中是连通的.

于是, $(S, F')\cup P'$ 就包含一个圈. 这与引理 4.5.2 矛盾. ∎

**例 4.5.4** 在图 4.5.9 所示的例子上展示迪杰斯特拉最短路算法的执行过程, 并与算法 4.5.1 相比较.

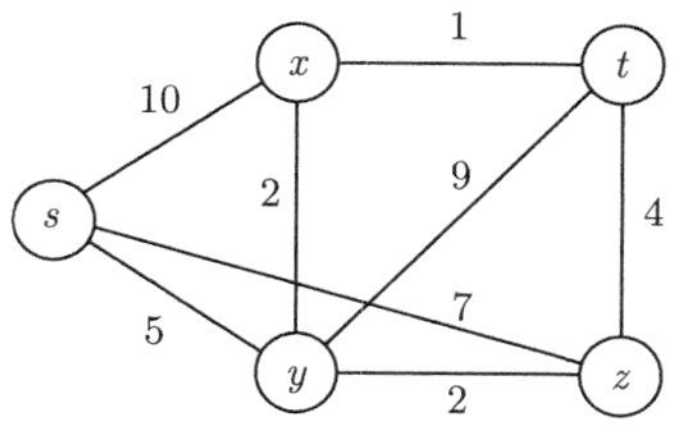


图 4.5.9

**解** 迪杰斯特拉算法对每个顶点维护一个该顶点到 $s$ 的"距离"(当前已知的最短路径的长度). 初始时, $S=\varnothing$, $s$ 点到其本身的距离为 0, 其他顶点到 $s$ 的距离为 $\infty$. 然后算法逐步向 $S$ 中加入当前 $V\setminus S$ 中到 $s$ 距离最小的顶点, 并在每步向 $S$ 加入点后更新 $V\setminus S$ 中每个顶点到 $s$ 的距离. 当算法要把 $t$ 加入到 $S$ 中时, 就求出了 $s$ 到 $t$ 的最短路长度 (图 4.5.10).

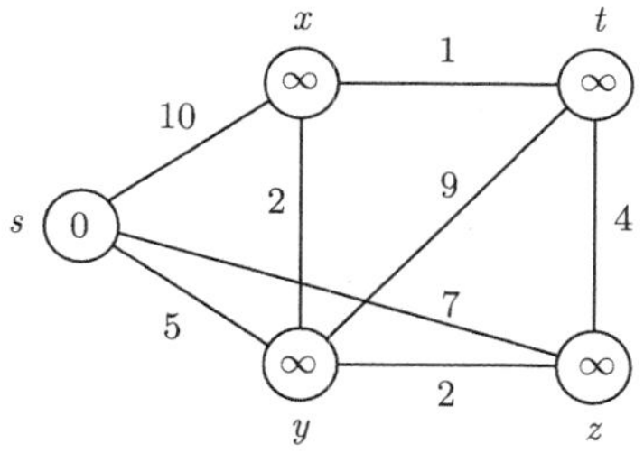


图 4.5.10

第 1 轮迭代, $s$(到 $s$) 的距离为 0, 是 $V\setminus S$ 中最小的. 算法将 $s$ 加入到 $S$, 并更新从 $s$ 出发经过一条边可达的 $V\setminus S$ 中的顶点的距离: 将 $x$, $y$, $z$ 的距离分别改为 10, 5, 7. 在迪杰斯特拉算法的执行过程中, 当更新一个顶点的距离时, 记录下来是从哪个顶点更新这个顶点的, 如图 4.5.11 中粗的边所示.

第 2 轮迭代, $y$ (到 $s$) 的距离为 5, 是 $V\setminus S$ 中最小的. 算法将 $y$ 加入到 $S$, 并更新从 $y$ 出发经过一条边可达的 $V\setminus S$ 中的顶点的距离: 将 $x$ 的距离由 10 改为 7, 将 $t$ 的距离由 $\infty$ 改为 14 (图 4.5.12).

第 3 轮迭代, $x$, $z$ 的距离都是 7, 是 $V\setminus S$ 中最小的. 算法在 $x$ 和 $z$ 中任选一个即可, 在此假设算法选择了 $z$. 算法将 $z$ 加入到 $S$, 并更新从 $z$ 出发经过一条边可达的 $V\setminus S$ 中的顶点的距离: 将 $t$ 的距离由 14 改为 11 (图 4.5.13).

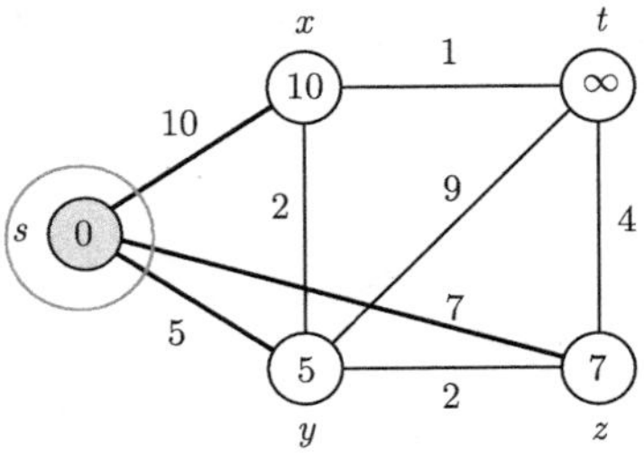


图 4.5.11

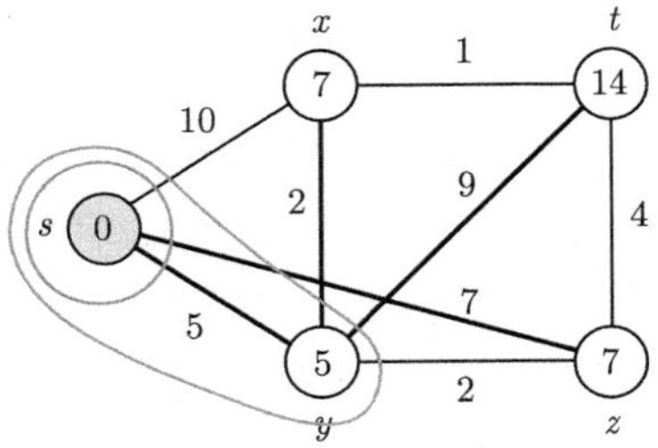


图 4.5.12

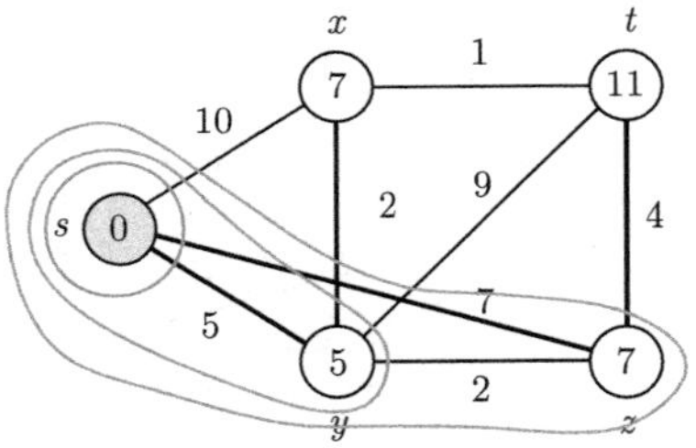


图 4.5.13

第 4 轮迭代, $x$ 的距离是 7, 是 $V \setminus S$ 中最小的. 算法将 $x$ 加入到 $S$, 并更新从 $x$ 出发经过一条边可达的 $V \setminus S$ 中的顶点的距离: 将 $t$ 的距离由 11 改为 8 (图 4.5.14).

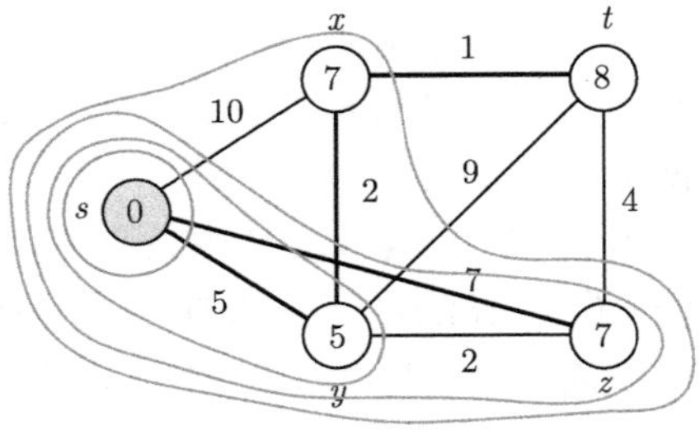


图 4.5.14

第 5 轮迭代, $t$ 的距离是 8, 是 $V \setminus S$ 中最小的. 算法将 $t$ 加入到 $S$, 求到了 $s$-$t$ 最短路的长度 8 (图 4.5.15).

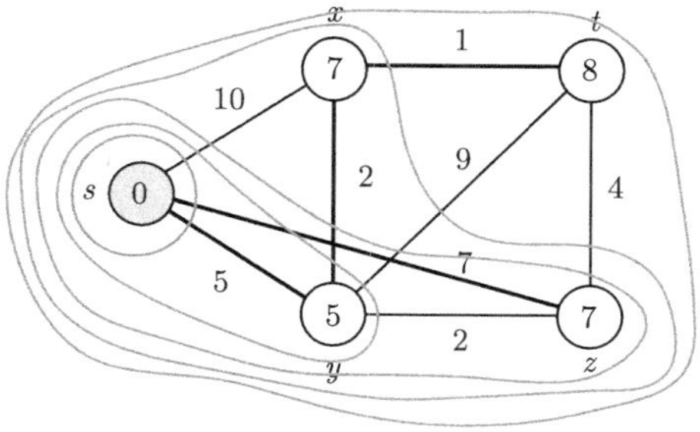


图 4.5.15

算法求到 $t$ 的距离后, 从 $t$ 开始反向追踪到 $s$ 可找到从 $s$ 到 $t$ 的最短路. 通过对比, 可以发现迪杰斯特拉算法的执行过程与例 4.5.1 中最短路的原始对偶算法的执行过程是相同的. ∎

例 4.5.1 和例 4.5.4 表明, 最短路的原始对偶算法与迪杰斯特拉算法的执行过程是相同的, 最短路的原始对偶算法实际上可看作为从线性规划的对偶原理角度对迪杰斯特拉算法的一种新的解释. 这两个例子告诉我们, ① 迪杰斯特拉算法背后隐藏着原始对偶算法的思想, 迪杰斯特拉算法在一定意义上 (以及其他的著名算法, 例如二分图上最大匹配问题的匈牙利算法) 为原始对偶算法的发明带来某种启示. ② 原始对偶算法同贪心算法、动态规划、局部搜索等算法设计方法一样, 是一种通用的算法设计方法. 有许多组合优化问题, 可通过原始对偶方法设计出漂亮的算法, 如斯坦纳森林问题的原始对偶算法[31]、设施选址问题的原始对偶算法[39] 等.

## 4.6 习 题

1. 若原始规划有无穷多最优解, 则其对偶规划也一定有无穷多最优解吗? 为什么?

2. 若原始线性规划可行, 而对偶规划不可行, 则原始规划最优解无界吗?

3. 若原始线性规划可行, 对偶规划也可行, 则原始规划一定有最优解吗?

4. 写出原始和对偶线性规划的互补松紧条件. 互补松紧条件说明了什么? (即, "互补松紧" 的含义是什么? )

5. 写出如下线性规划的对偶规划.

(a)
$$\min \quad x_1 + 2x_2 + 3x_3 + 4x_4$$
$$\text{s.t.} \quad -x_1 + x_2 - x_3 - 3x_4 = 5,$$

$$
\begin{aligned}
& -6x_1 - 7x_2 + 3x_3 + 5x_4 \leqslant -8, \\
& 12x_1 - 9x_2 + 9x_3 + 9x_4 \leqslant 20, \\
& x_1, x_2, x_3 \geqslant 0, \\
& x_4 \gtrless 0.
\end{aligned}
$$

(b)

$$
\begin{aligned}
\min \quad & x_1 + 2x_2 + 3x_3 + 4x_4 \\
\text{s.t.} \quad & -x_1 + x_2 - x_3 - 3x_4 = 5, \\
& 6x_1 + 7x_2 + 3x_3 - 5x_4 \geqslant 8, \\
& 12x_1 - 9x_2 - 9x_3 + 9x_4 \leqslant 20, \\
& x_1, x_2 \geqslant 0, \\
& x_3 \leqslant 0, \\
& x_4 \gtrless 0.
\end{aligned}
$$

(c)

$$
\begin{aligned}
\max \quad & -x_1 + x_2 \\
\text{s.t.} \quad & 2x_1 - x_2 \geqslant -2, \\
& x_1 - 2x_2 \leqslant 2, \\
& x_1 + x_2 \leqslant 5, \\
& x_1, x_2 \geqslant 0.
\end{aligned}
$$

(d)

$$
\begin{aligned}
\min \quad & -x_1 + x_2 \\
\text{s.t.} \quad & 2x_1 - x_2 \geqslant -2, \\
& x_1 - 2x_2 \leqslant 2, \\
& x_1 + x_2 \leqslant 5, \\
& x_1 \geqslant 0, \\
& x_2 \gtrless 0.
\end{aligned}
$$

(e)

$$
\begin{aligned}
\max \quad & 2x_1 + x_2 + 2x_3 + 4x_4 + 2x_5 \\
\text{s.t.} \quad & -x_1 - x_2 = -3, \\
& x_1 - x_3 - x_4 = 0,
\end{aligned}
$$

$$x_2+x_3-x_5=0,$$

$$x_4+x_5=3,$$

$$x_1\leqslant 1,$$

$$x_2\leqslant 3,$$

$$x_3\leqslant 1,$$

$$x_4\leqslant 3,$$

$$x_5\leqslant 1,$$

$$x_1,x_2,x_3,x_4,x_5\geqslant 0.$$

6. 用对偶单纯形法解如下线性规划.

(a)

$$\begin{aligned}\min\quad & x_1+x_2\\ \text{s.t.}\quad & 2x_1+x_2-x_3=3,\\ & x_1+2x_2-x_4=4,\\ & x_1+2x_2-x_5=3,\\ & x_j\geqslant 0,\quad \forall j.\end{aligned}$$

(b)

$$\begin{aligned}\min\quad & 3x_1+2x_2+4x_3\\ \text{s.t.}\quad & 2x_1-x_2\geqslant 5,\\ & 2x_2-x_3\geqslant 10,\\ & x_j\geqslant 0,\quad \forall j.\end{aligned}$$

(c)

$$\begin{aligned}\min\quad & 4x_1+2x_2\\ \text{s.t.}\quad & 2x_1-3x_2\geqslant 2,\\ & -x_1+x_2\geqslant 3,\\ & x_i\geqslant 0,\quad \forall i.\end{aligned}$$

# 第 5 章 整数规划

一个线性规划, 若其变量只能取整数值, 则该线性规划称为整数线性规划 (Integer Linear Program, ILP). 整数线性规划是一类整数规划, 在上下文明确时也被简称为整数规划 (Integer Program, IP). 0-1 整数线性规划指变量只能取值为 0 或 1 的线性规划, 是整数线性规划的一类典型代表. 本章首先简单介绍几个著名的整数规划问题, 然后讨论整数线性规划的性质和求解方法.

## 5.1 整数规划问题

### 5.1.1 背包问题

**定义 5.1.1 背包问题** (The Knapsack Problem)

实例: 一个背包, 容量为 $W \geqslant 0$. $n$ 件物品, 物品 $i$ 的重量为 $w_i \geqslant 0$, 价值为 $v_i \geqslant 0$.

目标: 选择一些物品装入背包, 使其总重量 $\leqslant W$, 总价值最大.

定义变量 $x_i$, 表示是否选择物品 $i$, $x_i$ 的取值为 0 或者 1. $x_i = 0$ 表示不选择第 $i$ 件物品, $x_i = 1$ 表示选择第 $i$ 件物品. 则容易写出背包问题的数学规划模型如下:

$$
\begin{aligned}
\max \quad & \sum_i v_i x_i \\
\text{s.t.} \quad & \sum_i w_i x_i \leqslant W, \\
& x_i \in \{0, 1\}, \quad \forall i.
\end{aligned}
$$

这是一个 0-1 整数规划.

**例 5.1.2** 考虑如下背包问题的实例 (表 5.1.1).

**表 5.1.1**

| $i$ | 1 | 2 | 3 | 4 |
|---|---|---|---|---|
| 价值 $v_i$ | 6 | 10 | 12 | 13 |
| 重量 $w_i$ | 1 | 2 | 3 | 4 |

背包容量 $W = 5$. 试用几种贪心策略求解该实例.

**解** 容易想到的一个简单的贪心策略是每次挑选价值最大的物品装入背包. 在该实例上, 这个贪心策略得到的解为物品 4 和物品 1, 解值为 $13+6=19$.

还有一个贪心策略是每次挑选最轻的物品装入背包, 以便留出尽可能多的空间给将来的物品使用. 这个策略类似于计算机操作系统中进程调度的 "短作业优先" 策略. 在这个贪心策略下, 会装入物品 1 和物品 2, 背包的剩余空间为 2, 不能再装入新的物品了. 得到解值为 $6+10=16$.

更 "高明" 的贪心策略比如每次挑选 "性价比" 最高的物品装入背包. 我们会发现实例中物品的性价比恰好是从高到低排列的. 在这个贪心策略下, 仍是装入物品 1 和物品 2, 得到解值为 $6+10=16$.

因为该实例规模非常小, 枚举可知最优解为装入物品 2 和 3, 最优解值为 $10+12=22$. ∎

实际上, 已知背包问题是一个 NP 困难问题. 这意味着在 P $\neq$ NP 的假设之下, 背包问题没有多项式时间算法.

### 5.1.2 最小生成树问题

如同最短路问题一样, 最小生成树问题也是计算机科学中广泛研究的一个著名的基本问题.

**定义 5.1.3** **最小生成树问题** (The Minimum Spanning Tree Problem)

实例: 图 $G=(V,E)$, 边上定义有非负费用 $\{c_e\}$.

目标: 找一棵连通图上所有顶点的总费用最小的树.

树是连通 $n$ 个顶点的边数最少的图. 最小生成树问题关注的是图的连通性, 问题要以最小的代价连通图上所有的顶点. 最小生成树问题也可以用整数线性规划刻画. 这从一个方面说明了 (整数) 线性规划强大的描述能力.

$$\min \quad \sum_e c_e x_e \tag{5.1.1}$$

$$\text{s.t.} \quad \sum_{e\in\delta(S)} x_e \geqslant 1, \quad \forall S\subset V, S\neq\varnothing, \tag{5.1.2}$$

$$x_e \in \{0,1\}, \qquad \forall e.$$

整数规划 (5.1.1) 出奇地简单. 在每一条边 $e$ 上定义一个 0-1 变量 $x_e$. $x_e$ 若取 1, 表示边 $e$ 被选在解中, 否则表示不选这条边. 最小生成树的定义中有两个核心要素: 连通所有的顶点和费用最小. 整数规划 (5.1.1) 的约束表达了要连通所有的顶点, 目标函数表达了费用最小. 约束 (5.1.2) 中的符号 $\delta(S)$ 表示顶点集 $S$ 边界上的所有边的集合, 即一个端点属于 $S$、一个端点不属于 $S$ 的所有边的集合, 亦即割 $(S,\overline{S})$ 中的所有边.

如同最短路问题一样, 最小生成树问题也是多项式时间可解的. 求最小生成树的著名的算法包括普里姆算法、克鲁斯卡尔算法等.

### 5.1.3　旅行售货商问题

**定义 5.1.4　旅行售货商问题** (Traveling Salesman Problem, TSP)

实例: 给定 $n$ 个城市, 任两个城市 $i$ 和 $j$ 之间有一个距离 $c_{ij}$.

目标: 一个旅行售货员, 要走遍所有的城市, 再回到出发点. 售货员应该怎样走, 才能使走过的总距离最短?

TSP 问题的解是一个圈, 也称为 TSP 旅游 (Tour). 例如, 图 5.1.1 展示了经过 49 个城市的一个 TSP 旅游.

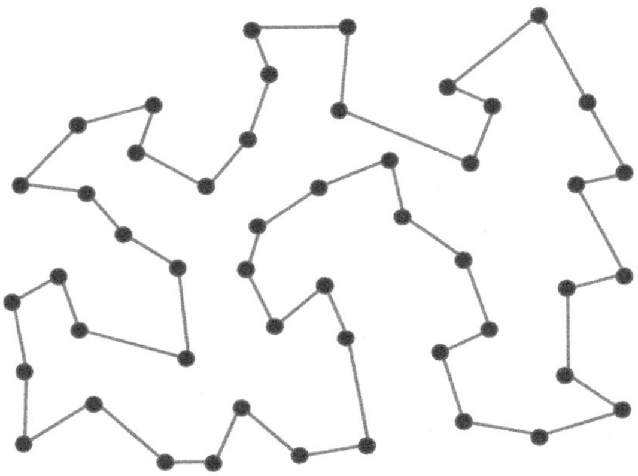

图 5.1.1

人们在考虑 TSP 问题时, 对城市间的距离通常做如下限制:

(1) $\forall i, \forall j, c_{ij} \geqslant 0.\ \forall i, c_{ii} = 0.$

(2) $\forall i, \forall j, c_{ij} = c_{ji}.$

(3) $\forall i, \forall j, \forall k, c_{ij} \leqslant c_{ik} + c_{kj}.$

距离满足上述三条性质的顶点的集合称为度量空间 (Metric Space). 这三条性质中, 最重要的一条是第 (3) 条, 通常称为"三角不等式"性质. 最常见的 TSP 问题就是度量空间中的 TSP 问题 (Metric TSP). 如果顶点之间的距离没有限制, 这样的 TSP 问题称为一般的 TSP 问题.

同背包问题一样, 度量空间中的 TSP 问题也是 NP 难的. 因此, 在人们普遍相信的 P $\neq$ NP 的假设之下, TSP 问题没有多项式时间算法.

为了刻画 TSP 问题, 我们定义 0-1 变量 $x_{ij}$: 表示在解中是否从城市 $i$ 走到城市 $j$. 问题的约束包括每个城市只能离开一次 (约束 (5.1.4))、到达一次 (约束 (5.1.5)), 以及所走过的路径构成一个圈 (且不能多于一个圈) (约束 (5.1.6)).

$$
\begin{aligned}
\min \quad & \sum_{i,j} c_{ij} x_{ij} && (5.1.3)\\
\text{s.t.} \quad & \sum_{j} x_{ij} = 1, \qquad \forall i, && (5.1.4)\\
& \sum_{j} x_{ji} = 1, \qquad \forall i, && (5.1.5)\\
& \sum_{i\in S}\sum_{j\in \overline{S}} x_{ij} \geqslant 1, \quad \forall S \subset V, S \neq \varnothing, && (5.1.6)\\
& x_{ij} \in \{0,1\}, \qquad \forall i, \forall j.
\end{aligned}
$$

约束 (5.1.6) 保证所走过的路径构成一个圈, 不能多于一个圈. 如果不使用约束 (5.1.6), 则下面的解也是合法 (可行) 的 (每个顶点进出各一次).

加上约束 (5.1.6), 则多个圈不是合法的解, 仅一个圈的解才是合法的解. 例如, 在图 5.1.2 中, 取 $S=\{0,1,2,3\}$, 则图中所示的解不满足约束条件 (5.1.6).

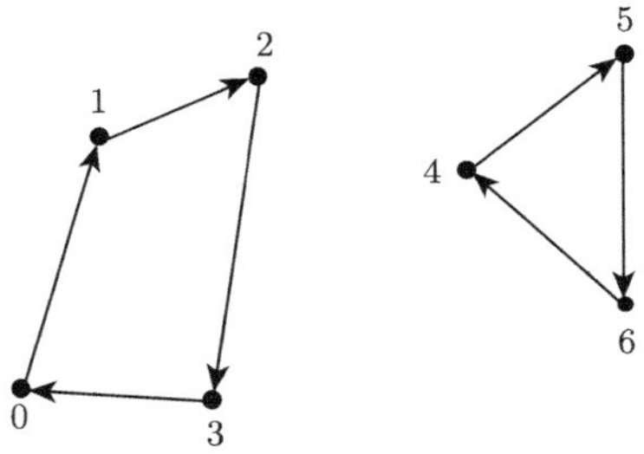


图 5.1.2

整数规划 (5.1.3) 虽然形式上简单, 但它有一个严重的缺点: 它的规模不是多项式的, 这是因为约束 (5.1.6) 实际上是一个由指数条约束构成的约束集. TSP 问题有多项式规模的整数线性规划刻画方法, 感兴趣的读者可参考 [55].

### 5.1.4 整数线性规划

通过对背包问题、最小生成树问题和旅行售货商问题等的介绍, 我们知道有大量的组合优化问题可以用整数线性规划来刻画. 这类规划的特征是目标函数和约束条件都是变量的线性函数, 但变量只能取整数值. 在上下文含义明确的情况下, 整数线性规划也经常被简称为整数规划. 进一步地, 若变量只能取 0-1 值, 则这种整数线性规划也被称为 0-1 整数线性规划, 常被简称为 0-1 整数规划. 另外也有允许一部分变量取值为整数, 另一部分变量取值为实数的线性规划, 称为混合整数线性规划.

整数线性规划的模型通常写为

$$\begin{aligned} \min \quad & \boldsymbol{c}^{\mathrm{T}}\boldsymbol{x} \\ \text{s.t.} \quad & \boldsymbol{A}\boldsymbol{x} = \boldsymbol{b}, \\ & \boldsymbol{x} \geqslant \boldsymbol{0}, \quad \boldsymbol{x} \in \mathbb{Z}^n \end{aligned} \tag{ILP}$$

整数线性规划 (ILP) 的松弛为如下线性规划:

$$\begin{aligned} \min \quad & \boldsymbol{c}^{\mathrm{T}}\boldsymbol{x} \\ \text{s.t.} \quad & \boldsymbol{A}\boldsymbol{x} = \boldsymbol{b}, \\ & \boldsymbol{x} \geqslant \boldsymbol{0}. \end{aligned}$$

容易看出, 整数规划的可行域是离散点的集合. 整数规划的可行解也是对应的线性规划松弛问题的可行解. 并且, 由于对应的线性规划松弛的约束比整数规划的松, 线性规划松弛问题的最优值一定小于等于整数规划的最优值.

下面我们来看如何求解整数规划的问题. 线性规划的可行域中可以有无穷多的不可数的解, 整数规划的可行域中的解是可数的. 看上去, 整数规划的可行解比对应的线性规划的可行解 "稀疏" 得多, 因此整数规划应该更容易解. 然而, 事实并非如此. 解整数规划比解线性规划更难, 人们已经证明了整数规划问题 (即, 求整数规划的最优解) 实际上是一个 NP 困难问题. 线性规划是多项式时间可解的.

对比线性规划, 整数规划之所以求解更困难, 是因为整数规划没有像线性规划那样的是凸集的可行域. 整数规划的可行域是离散的点的集合, 不是凸集. 凸集有很好的性质, 线性规划的最优解 (若有) 可以在可行域的顶点取得. 整数规划的可行域不是凸集, 人们对解整数规划还没有找到像解线性规划那样有效的方法.

整数规划的可行解虽然是可数的, 但其数目仍可呈指数增长, 因此简单的枚举法不可取, 耗费的时间太长.

解整数规划的另一个简单的想法是, 解对应的线性规划松弛问题, 然后通过舍入 (如, 四舍五入) 将求得的线性规划最优解转换成整数规划的解. 然而, 这样做不能保证得到的整数解是最优的, 甚至都不能保证得到的整数解是可行的. 参见下面的例子[55], 如图 5.1.3.

在这个例子中, 带阴影的楔形区域是线性规划松弛的可行域, 楔形区域中仅有的两个点是整数线性规划的可行解. 图中的箭头表示目标函数值下降的方向. 易知, 对于这个整数线性规划, 图中的 $\boldsymbol{x}^0$ 是其最优解. 然而, 解线性规划松弛, 会求到 $\boldsymbol{x}^*$ 是线性规划松弛的最优解. 如果对 $\boldsymbol{x}^*$ 进行四舍五入, 则得到 $\bar{\boldsymbol{x}}$, 然而, $\bar{\boldsymbol{x}}$ 根本就不是整数线性规划的可行解, 更不用说最优解了.

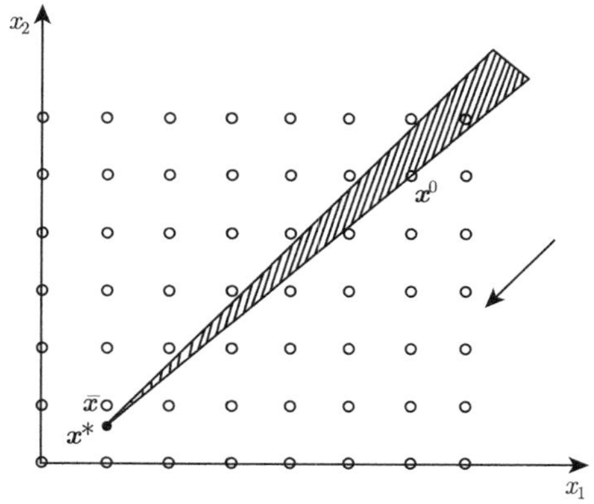


图 5.1.3

由于解整数规划是 NP 困难的, 这意味着在 P $\neq$ NP 的假设之下, 整数规划没有多项式时间解法. 现有的解整数规划的方法, 本质上仍是枚举的方法, 只不过在枚举的过程中, "智能地" 去掉了大量不需要枚举的情况. 解整数规划, 最基本的方法有割平面法和分枝定界法等.

## 5.2 割平面法

### 5.2.1 割平面法的基本思想

假设待求解的整数线性规划问题为 (IP0), 其形式如整数线性规划 (ILP) 所示. 整数规划 (IP0) 的线性规划松弛记为 (LP0). 用单纯形法解松弛问题 (LP0), 求到最优解 $\boldsymbol{x}^{(0)}$. 若 $\boldsymbol{x}^{(0)}$ 是整数向量, 则 $\boldsymbol{x}^{(0)}$ 就是整数规划问题 (IP0) 的最优解, 计算结束. 否则, 根据 $\boldsymbol{x}^{(0)}$ 设法对 (LP0) 增加一个约束条件, 这个约束条件将 (LP0) 的可行域割掉一块 ($\boldsymbol{x}^{(0)}$ 在被割掉的区域中), 但要保证原 (IP0) 的任何一个整数可行解都没有被割掉. 这个增加的约束条件称为割平面条件. 记增加了约束条件的线性规划问题为 (LP1). 对 (LP1) 继续上述过程, 这样所得到的线性规划的可行域将不断缩小, 直到在可行域的顶点上求到一个整数最优解为止.

为了符号上的简便, 在本节中, 将待求解的整数线性规划问题称为 (IP0), 对应的线性规划松弛为 (LP0), 不断增加割平面条件后, 所得到的线性规划依次记为 (LP1)、(LP2) 等. 这些符号只在本节中有效.

### 5.2.2 割平面的生成方法

给定整数规划问题 (IP0), $\boldsymbol{A}$, $\boldsymbol{b}$, $\boldsymbol{c}$ 中的元素均为整数. 设它的松弛问题为 (LP0). 用单纯形算法解 (LP0), 设求得的最优 bfs 为 $\boldsymbol{x}^{(0)}$, 它的基为 $\boldsymbol{B}=$

$\begin{bmatrix} \boldsymbol{A}_{B(1)} & \boldsymbol{A}_{B(2)} & \cdots & \boldsymbol{A}_{B(m)} \end{bmatrix}$. 在这里, 我们用 $B(1), B(2), \cdots, B(m)$ 来表示 $\boldsymbol{B}$ 的各个列分别是 $\boldsymbol{A}$ 中的哪些列. 记非基变量下标的集合为 $N$.

用单纯形算法解 (LP0), 得到最优解, 最后一张单纯形表所表示的 (LP0) 的典式为

$$z + \sum_{j \in N} \zeta_j x_j = z_0,$$

$$x_{B(i)} + \sum_{j \in N} \bar{a}_{ij} x_j = \bar{b}_i, \quad i = 1, \cdots, m.$$

为简便, 令 $x_{B(0)} = z$, $\bar{a}_{0j} = \zeta_j$, $\bar{b}_0 = z_0$, 则上式可统一写为

$$x_{B(i)} + \sum_{j \in N} \bar{a}_{ij} x_j = \bar{b}_i, \quad i = 0, \cdots, m.$$

若 $\bar{b}_i (0 \leqslant i \leqslant m)$ 全为整数, 则 $\boldsymbol{x}^{(0)}$ 为原问题 (IP0) 的最优解.

否则, 假设 $\bar{b}_\ell$ 不是整数 (对某个 $0 \leqslant \ell \leqslant m$). $\bar{b}_\ell$ 所对应的约束为

$$x_{B(\ell)} + \sum_{j \in N} \bar{a}_{\ell j} x_j = \bar{b}_\ell. \tag{5.2.1}$$

因为 $\forall j \in N$, $x_j \geqslant 0$, 可知 $\sum_{j \in N} \lfloor \bar{a}_{\ell j} \rfloor x_j \leqslant \sum_{j \in N} \bar{a}_{\ell j} x_j$. 因此有 $x_{B(\ell)} + \sum_{j \in N} \lfloor \bar{a}_{\ell j} \rfloor x_j \leqslant \bar{b}_\ell$. 由于所要求的 $\boldsymbol{x}$ 为整数向量, 该不等式可加强到

$$x_{B(\ell)} + \sum_{j \in N} \lfloor \bar{a}_{\ell j} \rfloor x_j \leqslant \lfloor \bar{b}_\ell \rfloor. \tag{5.2.2}$$

(5.2.1) 式减去 (5.2.2), 得到

$$\sum_{j \in N} \left( \bar{a}_{\ell j} - \lfloor \bar{a}_{\ell j} \rfloor \right) x_j \geqslant \bar{b}_\ell - \lfloor \bar{b}_\ell \rfloor, \tag{5.2.3}$$

称为割平面条件.

割平面条件 (5.2.3) 是一个新的约束. 将它加到 (LP0) 中, 得到更紧的一个松弛问题, 记为 (LP1). 再去解 (LP1), 重复刚才的过程, 直到找到原整数规划问题 (IP0) 的最优解.

**说明** 如果在增加约束的过程中, 得到的线性规划没有可行解, 则原整数规划问题 (IP0) 没有可行解. 如果得到的线性规划问题无界, 则原整数规划问题或者无界, 或者没有可行解.

注意到 (LP1) 是在 (LP0) 的基础上增加一个约束而来的, 并不是全新的线性规划. 因此, 从计算的角度来看, 可考虑是否可以在 (LP0) 的求解基础上继续来求解 (LP1), 这是一个不错的主意. 实际上, 可以通过对 (LP0) 的典式进行扩充, 便得到 (LP1) 的典式, 从而使得对 (LP1) 乃至后面出现的新的更加紧的线性规划的求解流程化.

将 (5.2.3) 两端乘以 $-1$, 再引入松弛变量 $s$, 得到

$$-\sum_{j\in N}\left(\bar{a}_{\ell j}-\lfloor\bar{a}_{\ell j}\rfloor\right)x_j+s=-\left(\bar{b}_\ell-\lfloor\bar{b}_\ell\rfloor\right), \tag{5.2.4}$$

称为割平面方程.

将割平面方程 (5.2.4) 加入到 (LP0) 的典式, 就得到了 (LP1) 的典式, 在这个典式上, (LP1) 有一个不可行的基本解, 其对偶规划有一个可行解, 从而可使用对偶单纯形法继续求解 (LP1).

**注意** 在割平面条件 (5.2.3) 中, 当 $\bar{a}_{\ell j}>0$ 时, $\bar{a}_{\ell j}-\lfloor\bar{a}_{\ell j}\rfloor$ 是 $\bar{a}_{\ell j}$ 的小数部分. $\bar{b}_\ell$ 与此相同. 例如, 若 $\bar{a}_{\ell j}=1.25$, 则 $\bar{a}_{\ell j}-\lfloor\bar{a}_{\ell j}\rfloor=1.25-\lfloor 1.25\rfloor=1.25-1=0.25$. 当 $\bar{a}_{\ell j}<0$ 时, $\bar{a}_{\ell j}-\lfloor\bar{a}_{\ell j}\rfloor$ 等于 "1 减去 $\bar{a}_{\ell j}$ 的小数部分" ($\bar{b}_\ell$ 总是 $\geqslant 0$ 的). 例如, 若 $\bar{a}_{\ell j}=-1.25$, 则 $\bar{a}_{\ell j}-\lfloor\bar{a}_{\ell j}\rfloor=-1.25-\lfloor -1.25\rfloor=-1.25+2=0.75$.

**例 5.2.1** 用割平面法解整数规划.

$$\begin{aligned}
\max\quad & x_2\\
\text{s.t.}\quad & 3x_1+2x_2\leqslant 6,\\
& -3x_1+2x_2\leqslant 0,\\
& x_1,x_2\geqslant 0,\quad x_1,x_2\in\mathbb{Z}.
\end{aligned}$$

**解** 该整数规划 (记为 (IP0)) 的松弛问题 (LP0) 的标准型为

$$\begin{aligned}
\min\quad & -x_2\\
\text{s.t.}\quad & 3x_1+2x_2+x_3=6,\\
& -3x_1+2x_2+x_4=0,\\
& x_j\geqslant 0,\quad \forall j.
\end{aligned}$$

使用基本的单纯形法求解. 初始单纯形表 (表 5.2.1 ~ 表 5.2.3).

表 5.2.1

| | $x_1$ | $x_2$ | $x_3$ | $x_4$ | 0 |
|---|---|---|---|---|---|
| | 0 | 1 | 0 | 0 | |
| $x_3$ | 3 | 2 | 1 | 0 | 6 |
| $x_4$ | −3 | [2] | 0 | 1 | 0 |

表 5.2.2

| | $x_1$ | $x_2$ | $x_3$ | $x_4$ | 0 |
|---|---|---|---|---|---|
| | 3/2 | 0 | 0 | −1/2 | |
| $x_3$ | [6] | 0 | 1 | −1 | 6 |
| $x_2$ | −3/2 | 1 | 0 | 1/2 | 0 |

表 5.2.3

| | $x_1$ | $x_2$ | $x_3$ | $x_4$ | −3/2 |
|---|---|---|---|---|---|
| | 0 | 0 | −1/4 | −1/4 | |
| $x_1$ | 1 | 0 | 1/6 | −1/6 | 1 |
| $x_2$ | 0 | 1 | 1/4 | 1/4 | 3/2 |

求到 (LP0) 的最优 bfs, 不是整数解.

选择上面最后一张单纯形表的第 2 行, 生成割平面条件:

$$\frac{1}{4}x_3 + \frac{1}{4}x_4 \geqslant \frac{1}{2}. \tag{5.2.5}$$

割平面方程为

$$-\frac{1}{4}x_3 - \frac{1}{4}x_4 + x_5 = -\frac{1}{2}. \tag{5.2.6}$$

将该方程加入到解 (LP0) 的最后一张单纯形表, 得到松弛问题 (LP1) 的单纯形表 (对应典式) (表 5.2.4).

表 5.2.4

| | $x_1$ | $x_2$ | $x_3$ | $x_4$ | $x_5$ | −3/2 |
|---|---|---|---|---|---|---|
| | 0 | 0 | −1/4 | −1/4 | 0 | |
| $x_1$ | 1 | 0 | 1/6 | −1/6 | 0 | 1 |
| $x_2$ | 0 | 1 | 1/4 | 1/4 | 0 | 3/2 |
| $x_5$ | 0 | 0 | −1/4 | −1/4 | 1 | −1/2 |

使用对偶单纯形法继续求解 (LP1), 见表 5.2.5.

**表 5.2.5**

| | $x_1$ | $x_2$ | $x_3$ | $x_4$ | $x_5$ | |
|---|---|---|---|---|---|---|
| | 0 | 0 | $-1/4$ | $-1/4$ | 0 | $-3/2$ |
| $x_1$ | 1 | 0 | $1/6$ | $-1/6$ | 0 | 1 |
| $x_2$ | 0 | 1 | $1/4$ | $1/4$ | 0 | $3/2$ |
| $x_5$ | 0 | 0 | $\boxed{-1/4}$ | $-1/4$ | 1 | $-1/2$ |

旋转 (表 5.2.6).

**表 5.2.6**

| | $x_1$ | $x_2$ | $x_3$ | $x_4$ | $x_5$ | |
|---|---|---|---|---|---|---|
| | 0 | 0 | 0 | 0 | $-1$ | $-1$ |
| $x_1$ | 1 | 0 | 0 | $-1/3$ | $2/3$ | $2/3$ |
| $x_2$ | 0 | 1 | 0 | 0 | 1 | 1 |
| $x_3$ | 0 | 0 | 1 | 1 | $-4$ | 2 |

得到 (LP1) 的最优解, 仍然不是整数解.

选择 (LP1) 的最后一张单纯形表的第 1 行, 生成割平面条件:

$$\frac{2}{3}x_4 + \frac{2}{3}x_5 \geqslant \frac{2}{3}, \tag{5.2.7}$$

即

$$x_4 + x_5 \geqslant 1.$$

对应的割平面方程为

$$-x_4 - x_5 + x_6 = -1.$$

将该割平面方程加入到 (LP1) 的最后一张单纯形表, 得到松弛问题 (LP2) 的单纯形表 (表 5.2.7).

**表 5.2.7**

| | $x_1$ | $x_2$ | $x_3$ | $x_4$ | $x_5$ | $x_6$ | |
|---|---|---|---|---|---|---|---|
| | 0 | 0 | 0 | 0 | $-1$ | 0 | $-1$ |
| $x_1$ | 1 | 0 | 0 | $-1/3$ | $2/3$ | 0 | $2/3$ |
| $x_2$ | 0 | 1 | 0 | 0 | 1 | 0 | 1 |
| $x_3$ | 0 | 0 | 1 | 1 | $-4$ | 0 | 2 |
| $x_6$ | 0 | 0 | 0 | $-1$ | $-1$ | 1 | $-1$ |

继续用对偶单纯形法求解 (表 5.2.8).

**表 5.2.8**

| | $x_1$ | $x_2$ | $x_3$ | $x_4$ | $x_5$ | $x_6$ | $-1$ |
|---|---|---|---|---|---|---|---|
| | 0 | 0 | 0 | 0 | $-1$ | 0 | |
| $x_1$ | 1 | 0 | 0 | $-1/3$ | $2/3$ | 0 | $2/3$ |
| $x_2$ | 0 | 1 | 0 | 0 | 1 | 0 | 1 |
| $x_3$ | 0 | 0 | 1 | 1 | $-4$ | 0 | 2 |
| $x_6$ | 0 | 0 | 0 | $\boxed{-1}$ | $-1$ | 1 | $-1$ |

旋转 (表 5.2.9).

**表 5.2.9**

| | $x_1$ | $x_2$ | $x_3$ | $x_4$ | $x_5$ | $x_6$ | $-1$ |
|---|---|---|---|---|---|---|---|
| | 0 | 0 | 0 | 0 | $-1$ | 0 | |
| $x_1$ | 1 | 0 | 0 | 0 | 1 | $-1/3$ | 1 |
| $x_2$ | 0 | 1 | 0 | 0 | 1 | 0 | 1 |
| $x_3$ | 0 | 0 | 1 | 0 | $-5$ | 1 | 1 |
| $x_4$ | 0 | 0 | 0 | 1 | 1 | $-1$ | 1 |

得到 (LP2) 的最优解 $\boldsymbol{x} = \begin{bmatrix} 1 & 1 & 1 & 1 & 0 & 0 \end{bmatrix}^{\mathrm{T}}$, 是整数解. 因此, 原问题 (IP0) 的最优解为 $\boldsymbol{x}^* = \begin{bmatrix} 1 & 1 \end{bmatrix}^{\mathrm{T}}$. ■

对例 5.2.1 的解释如图 5.2.1.

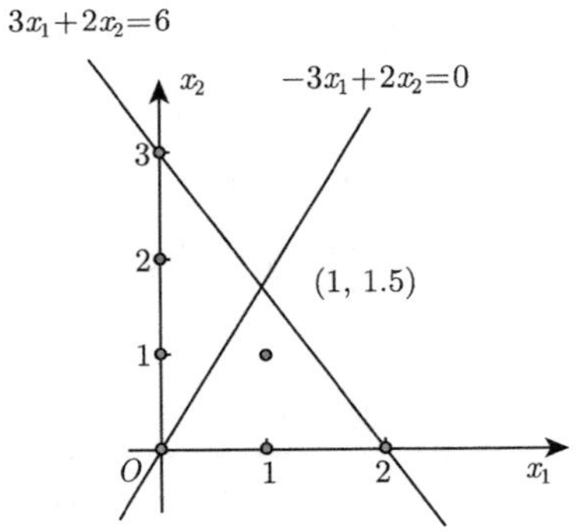


图 5.2.1

将第 1 次切割的割平面条件 (5.2.5) 写成 $x_1$, $x_2$ 的表达式.

由问题 (LP0), 可知

$$x_3 = 6 - 3x_1 - 2x_2, \tag{5.2.8}$$

$$x_4 = 3x_1 - 2x_2. \tag{5.2.9}$$

将 (5.2.8)、(5.2.9) 代入 (5.2.5), 得到与 (5.2.5) 等价的约束:

$$x_2 \leqslant 1. \tag{5.2.10}$$

下面将第 2 次切割的割平面条件 (5.2.7) 写成 $x_1$, $x_2$ 的表达式.
将 (5.2.8)、(5.2.9) 代入 (5.2.6), 得到

$$x_5 = -x_2 + 1. \tag{5.2.11}$$

将 (5.2.9)、(5.2.11) 代入 (5.2.7), 得到与 (5.2.7) 等价的约束:

$$x_1 - x_2 \geqslant 0.$$

从图 5.2.2 中可以形象地看出, 经过对 (LP0) 的可行域两次切割之后, (IP0) 最优解落在了切割之后的可行域的顶点上.

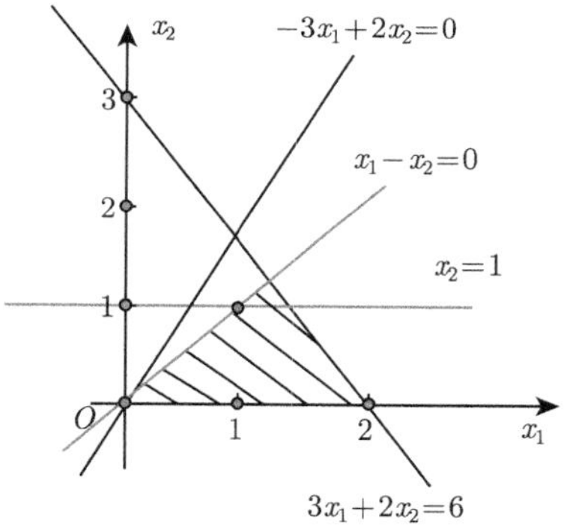

图 5.2.2

# 5.3 分枝定界法

## 5.3.1 分枝定界法的基本思想

分枝定界法的策略是穷举问题的整个解空间. 但这个方法不是简单的逐个枚举, 而是在搜索的过程中, 跳过那些不需要枚举的情形. 因此, 分枝定界法是一种带有一定 “智能” 的枚举算法, 这个智能主要体现在它的剪枝规则上. 分枝定界法整个的搜索过程可表达为一棵搜索树.

在搜索的过程中, 维持一个 “当前已知的最好的解”. 当完成对问题的整个解空间的搜索后, 当前已知的最好的解就是问题的最优解.

分枝定界法将问题的解空间 $U$(对应搜索树的根节点) 按照某种规则分成多个子空间 (这称为 “分枝”). 最常见的做法是 “一分为二”. 然后递归地考察每一个子空间. 这些子空间对应搜索树的内部节点或叶节点.

假设当前要考察的子空间为 $U'$. 若判定在 $U'$ 内不可能找到比当前已知最好解更好的解, 则放弃对该子空间的搜索, 而是考察下一个子空间. 这称为 “剪枝”. 这里的判定方法即是 “剪枝规则”. 被剪枝的子空间 $U'$ 成为搜索树上的一个叶节点.

否则, 按照既定的分枝规则对子空间 $U'$ 继续分枝. 此过程一直进行下去, 直到按照规则不需要对当前子空间 $U'$ 再分, 此时到达搜索树的叶节点. 这通常分为两种情况. 一种情况是找到了当前子空间里问题最好的解, 不需要对 $U'$ 的继续搜索. 另一种情况是判定子空间 $U'$ 不含有问题的任何可行解, 因此不需要对 $U'$ 继续再分.

求到当前子空间 $U'$ 里问题最好的解, 又可分为两种情况: 一种是 $U'$ 中仅含一个可行解, 此可行解就是当前子空间 $U'$ 里问题最好的解. 另一种情况是 $U'$ 中含有多个可行解, 在这多个可行解中找到了最好的解. 上述分析表明, 搜索树的叶节点不一定恰好对应问题的一个解.

在上述搜索过程中, 若找到的可行解比当前的已知解更好, 则用新的解代替当前解. 这称为 “定界”. 显然, 当前解的解值为问题 (假设为最小优化问题) 最优解值的上界. 更新了当前解, 即是对问题的最优解值找到了一个更紧的上界. 这是这一替换操作被称为定界的原因.

值得指出的是, 分枝定界法是一种基本的算法设计方法, 而不是仅仅用来求解整数线性规划的. 除了整数规划问题, 还有许多的问题可以用分枝定界法来求解. 在这里, 我们以解整数线性规划为例来介绍分枝定界法.

### 5.3.2 分枝定界法解整数规划

对于整数规划而言, 解空间自然为其可行域, 也可以比可行域更大.

考虑整数规划问题 (IP0), 其松弛记为 (LP0). 为简便, 本节的整数规划和对应的线性规划松弛仍用 “IP$k$” 和 “LP$k$” 的记法来记, 不再引入新的符号. 这些符号仅在本节有效.

$$\begin{aligned} \min \quad & \boldsymbol{c}^{\mathrm{T}}\boldsymbol{x} \\ \text{s.t.} \quad & \boldsymbol{A}\boldsymbol{x} = \boldsymbol{b}, \\ & \boldsymbol{x} \geqslant \boldsymbol{0}, \quad \boldsymbol{x} \in \mathbb{Z}^n. \end{aligned} \tag{IP0}$$

$$\min \quad \boldsymbol{c}^{\mathrm{T}}\boldsymbol{x} \tag{LP0}$$

$$\text{s.t.} \quad \boldsymbol{A}\boldsymbol{x} = \boldsymbol{b},$$
$$\boldsymbol{x} \geqslant \boldsymbol{0}.$$

求 (LP0) 的最优解, 记为 $\boldsymbol{x}^{(0)}$. 若 $\boldsymbol{x}^{(0)}$ 为整数解, 则已经求到了 (IP0) 的最优解. 否则设 $x_i^{(0)}$ 不为整数. 向 (IP0) 中分别加入两个约束 $x_i \leqslant \left\lfloor x_i^{(0)} \right\rfloor$ 和 $x_i \geqslant \left\lceil x_i^{(0)} \right\rceil$, 得到两个整数规划问题 (IP1) 和 (IP2):

$$\begin{aligned} \min \quad & \boldsymbol{c}^{\mathrm{T}}\boldsymbol{x} \\ \text{s.t.} \quad & \boldsymbol{A}\boldsymbol{x} = \boldsymbol{b}, \\ & x_i \leqslant \left\lfloor x_i^{(0)} \right\rfloor, \\ & \boldsymbol{x} \geqslant \boldsymbol{0}, \quad \boldsymbol{x} \in \mathbb{Z}^n. \end{aligned} \tag{IP1}$$

$$\begin{aligned} \min \quad & \boldsymbol{c}^{\mathrm{T}}\boldsymbol{x} \\ \text{s.t.} \quad & \boldsymbol{A}\boldsymbol{x} = \boldsymbol{b}, \\ & x_i \geqslant \left\lceil x_i^{(0)} \right\rceil, \\ & \boldsymbol{x} \geqslant \boldsymbol{0}, \quad \boldsymbol{x} \in \mathbb{Z}^n. \end{aligned} \tag{IP2}$$

显然, 若 (IP0) 有最优解, 则其最优解或者在 (IP1) 上取得, 或者在 (IP2) 上取得.

解 (LP1), 若其最优解不是整数解, 则对 (IP1) 继续进行分枝. 完成之后, 解 (LP2), 若其最优解不是整数解, 则对 (IP2) 继续进行分枝.

在这个过程中, 若某个 (LP$k$) 没有可行解, 则放弃对 (LP$k$) 的搜索.

若 (LP$k$) 其最优解 $\boldsymbol{x}^k$ 为整数解, 且解值比当前已知的整数解 $\boldsymbol{x}^*$ 的解值还要好, 则将 $\boldsymbol{x}^{(k)}$ 作为 (IP0) 当前已知的最好解 (定界). 对此 (LP$k$) 不再继续进行分枝.

若 (LP$k$) 的最优解不是整数解, 且其解值 $\boldsymbol{c}^{\mathrm{T}}\boldsymbol{x}^{(k)}$ 不比当前已知的整数解的解值 $\boldsymbol{c}^{\mathrm{T}}\boldsymbol{x}^*$ 好 (即, $\boldsymbol{c}^{\mathrm{T}}\boldsymbol{x}^{(k)} \geqslant \boldsymbol{c}^{\mathrm{T}}\boldsymbol{x}^*$), 则放弃对 (LP$k$) 的搜索 (剪枝).

重复上述过程, 当对每个子空间 (或者由于求到了整数解, 或者判断无可行解, 或者由于剪枝) 都搜索完毕后, 则完成了整个解空间的搜索, 此时当前已知最好的解 $\boldsymbol{x}^*$ 就是 (IP0) 的最优解.

**例 5.3.1** ([55]) 用分枝定界法解整数规划

$$\min \quad -(x_1 + x_2) \tag{IP0}$$

$$
\begin{aligned}
\text{s.t.}\quad & -4x_1+2x_2 \leqslant -1,\\
& 4x_1+2x_2 \leqslant 11,\\
& x_2 \geqslant \frac{1}{2},\\
& x_1,x_2 \geqslant 0, \quad x_1,x_2 \in \mathbb{Z}.
\end{aligned}
$$

**解**　为清楚理解问题, 我们先给出整数规划 (IP0) 的线性规划松弛 (LP0) 的可行域 (如图 5.3.1).

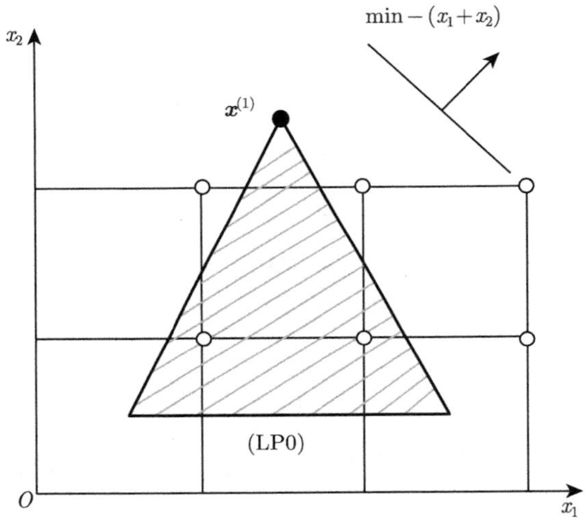


图 5.3.1

解 (LP0), 最优解为 $\boldsymbol{x}^{(0)}=\begin{bmatrix}3/2\\5/2\end{bmatrix}$, 最优解值 $z^{(0)}=-4$. 在 $x_1^{(0)}$ 上进行分枝, 得到两个约束: $x_1\leqslant 1$ 和 $x_1\geqslant 2$, 并生成两个新的问题. 将哪个约束用于哪个新生成的问题, 并没有原则性的规定. 在此我们假设用约束 $x_1\geqslant 2$ 生成问题 (IP1), 用约束 $x_1\leqslant 1$ 生成问题 (IP2).

$$
\begin{aligned}
\min\quad & -(x_1+x_2) \qquad\qquad \text{(IP1)}\\
\text{s.t.}\quad & -4x_1+2x_2 \leqslant -1,\\
& 4x_1+2x_2 \leqslant 11,\\
& x_2 \geqslant \frac{1}{2},
\end{aligned}
$$

$$x_1 \geqslant 2,$$

$$x_1, x_2 \geqslant 0, \quad x_1, x_2 \in \mathbb{Z}.$$

$$\begin{aligned} \min \quad & -(x_1 + x_2) \\ \text{s.t.} \quad & -4x_1 + 2x_2 \leqslant -1, \\ & 4x_1 + 2x_2 \leqslant 11, \\ & x_2 \geqslant \frac{1}{2}, \\ & x_1 \leqslant 1, \\ & x_1, x_2 \geqslant 0, \quad x_1, x_2 \in \mathbb{Z}. \end{aligned} \tag{IP2}$$

解 (LP1), 最优解为 $\boldsymbol{x}^{(1)} = \begin{bmatrix} 2 \\ 3/2 \end{bmatrix}$, 最优解值 $z^{(1)} = -\frac{7}{2}$. 在 $x_2^{(1)}$ 上进行分枝, 得到两个约束: $x_2 \leqslant 1$ 和 $x_2 \geqslant 2$.

$$\begin{aligned} \min \quad & -(x_1 + x_2) \\ \text{s.t.} \quad & -4x_1 + 2x_2 \leqslant -1, \\ & 4x_1 + 2x_2 \leqslant 11, \\ & \frac{1}{2} \leqslant x_2 \leqslant 1, \\ & x_1 \geqslant 2, \\ & x_1, x_2 \geqslant 0, \quad x_1, x_2 \in \mathbb{Z}. \end{aligned} \tag{IP3}$$

$$\begin{aligned} \min \quad & -(x_1 + x_2) \\ \text{s.t.} \quad & -4x_1 + 2x_2 \leqslant -1, \\ & 4x_1 + 2x_2 \leqslant 11, \\ & x_2 \geqslant 2, \\ & x_1 \geqslant 2, \\ & x_1, x_2 \geqslant 0, \quad x_1, x_2 \in \mathbb{Z}. \end{aligned} \tag{IP4}$$

解 (LP3), 最优解为 $\boldsymbol{x}^{(3)} = \begin{bmatrix} 2.25 \\ 1 \end{bmatrix}$, 最优解值 $z^{(3)} = -3.25$. 在 $x_1^{(3)}$ 上进行分枝, 得到两个约束: $x_1 \leqslant 2$ 和 $x_1 \geqslant 3$.

$$\begin{aligned} \min \quad & -(x_1 + x_2) \\ \text{s.t.} \quad & -4x_1 + 2x_2 \leqslant -1, \\ & 4x_1 + 2x_2 \leqslant 11, \\ & \frac{1}{2} \leqslant x_2 \leqslant 1, \\ & x_1 = 2, \\ & x_1, x_2 \geqslant 0, \quad x_1, x_2 \in \mathbb{Z}. \end{aligned} \tag{IP5}$$

$$\begin{aligned} \min \quad & -(x_1 + x_2) \\ \text{s.t.} \quad & -4x_1 + 2x_2 \leqslant -1, \\ & 4x_1 + 2x_2 \leqslant 11, \\ & \frac{1}{2} \leqslant x_2 \leqslant 1, \\ & x_1 \geqslant 3, \\ & x_1, x_2 \geqslant 0, \quad x_1, x_2 \in \mathbb{Z}. \end{aligned} \tag{IP6}$$

解 (LP5), 最优解为 $\boldsymbol{x}^{(5)} = \begin{bmatrix} 2 \\ 1 \end{bmatrix}$, 最优解值 $z^{(5)} = -3$. 将其保存为当前已知最好的解 $\boldsymbol{x}^* = \begin{bmatrix} 2 \\ 1 \end{bmatrix}$, 最优解值 $z^* = -3$. 节点 (IP5) 不再进行分支.

解 (LP6), 无解 (到达叶节点).

解 (LP4), 无解 (到达叶节点).

解 (LP2), 最优解为 $\boldsymbol{x}^{(2)} = \begin{bmatrix} 1 \\ 3/2 \end{bmatrix}$, 最优解值 $z^{(2)} = -2.5 > -3$, 剪枝.

至此, 解空间搜索完毕, 求得最优解 $\boldsymbol{x}^* = \begin{bmatrix} 2 \\ 1 \end{bmatrix}$, 最优解值 $z^* = -3$.

上述求解过程的搜索树如图 5.3.2 所示.

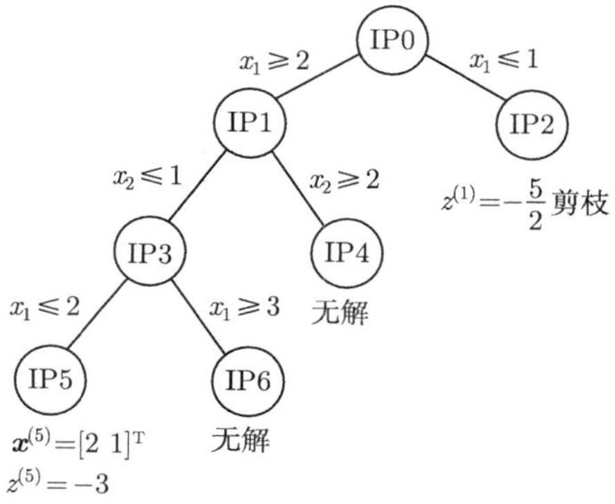


图 5.3.2

线性规划 (LP1)~(LP6) 的可行域如图 5.3.3 ~ 图 5.3.5 所示. 其中, (LP5) 的可行域是图 5.3.5 中梯形的左边的竖直线段, (LP6) 的可行域为空. ∎

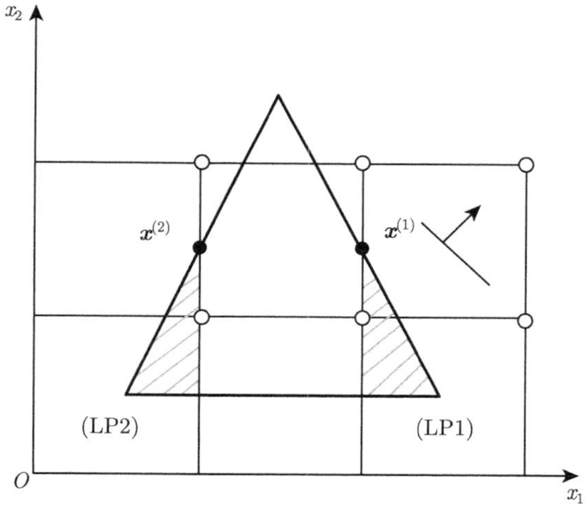


图 5.3.3

由例 5.3.1 可见, 对子问题的求解顺序对剪枝的发生有重要的影响. 然而, 这个求解顺序并没有一般的规则. 因此, 用分枝定界法求解问题, 其求解过程还是具有一定的艺术成分.

最后, 可以总结出分枝定界法解整数规划的流程.

**算法 5.3.1** 分枝定界法解整数规划.

(1) 活点集合 $A \leftarrow \{(\mathrm{IP0})\}$, 上界 $U \leftarrow +\infty$, 当前最好的整数解 $\boldsymbol{x}^* \leftarrow \mathrm{NIL}$.

(2) **while** $A \neq \varnothing$ **do**

(3) 从 $A$ 中取出一个问题 (IP$k$), 并将 (IP$k$) 从 $A$ 中删除.

　　解 (LP$k$).<br>
　　**if** 无解 **then continue**.<br>
　　记最优解为 $\boldsymbol{x}_k^*$, 值为 $z_k^*$.<br>
　　**if** $z_k^* < U$ **then**<br>
　　　**if** $\boldsymbol{x}_k^*$ 是整数解 **then** $\boldsymbol{x}^* \leftarrow \boldsymbol{x}_k^*$, $U \leftarrow z_k^*$<br>
　　　**else**<br>
　　　　选择 $\boldsymbol{x}_k^*$ 的一个非整数分量, 生成 (IP$k$) 的两个后代问题, 加入 $A$.<br>
　　　**endif**<br>
　　**endif**<br>
**endwhile**<br>
**if** $\boldsymbol{x}^* =$ NIL **then return** “无解”.<br>
**return** $\boldsymbol{x}^*$.

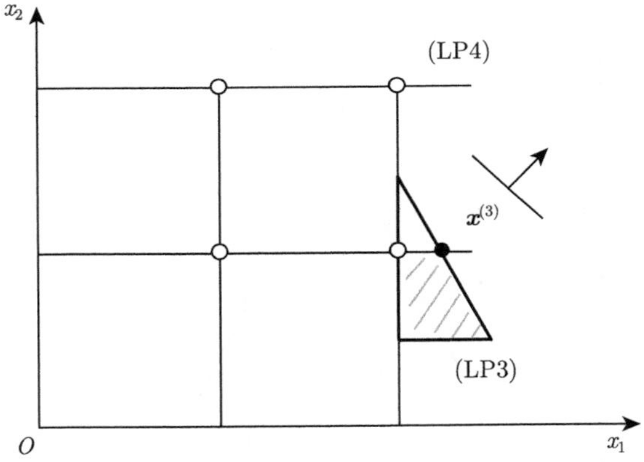


图 5.3.4

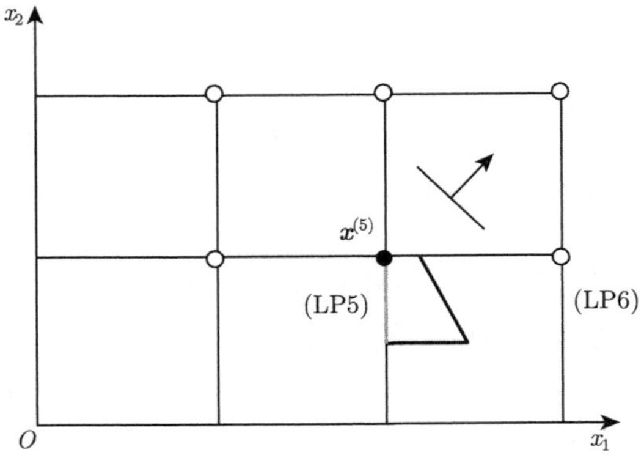


图 5.3.5

# 5.4 习　　题

1. 用割平面法解整数线性规划.

(a)

$$\begin{aligned}\max\quad & x_1 + x_2\\ \text{s.t.}\quad & -x_1 + x_2 \leqslant 1,\\ & 3x_1 + x_2 \leqslant 4,\\ & x_1, x_2 \geqslant 0,\quad x_1, x_2 \in \mathbb{Z}.\end{aligned}$$

(b)

$$\begin{aligned}\max\quad & x_1 + x_2\\ \text{s.t.}\quad & 2x_1 + x_2 \leqslant 6,\\ & 4x_1 + 5x_2 \leqslant 20,\\ & x_1, x_2 \geqslant 0,\quad x_1, x_2 \in \mathbb{Z}.\end{aligned}$$

(c)

$$\begin{aligned}\min\quad & 3x_1 + 2x_2\\ \text{s.t.}\quad & 3x_1 + x_2 \geqslant 6,\\ & x_1 + x_2 \geqslant 3,\\ & x_1, x_2 \geqslant 0,\quad x_1, x_2 \in \mathbb{Z}.\end{aligned}$$

2. 分枝定界法是一种算法设计方法. 请解释用分枝定界法解最小化的整数线性规划时, 分枝的含义是什么？定界的含义是什么？剪枝的含义是什么？

3. 用分枝定界法解整数规划. 写出简明必要的计算过程, 画出分枝定界的搜索树.

$$\begin{aligned}\min\quad & 15x_1 + 10x_2\\ \text{s.t.}\quad & 15x_1 + 5x_2 \geqslant 30,\\ & 10x_1 + 10x_2 \geqslant 3,\\ & x_1, x_2 \geqslant 0,\quad x_1, x_2 \in \mathbb{Z}.\end{aligned}$$

# 第 6 章 动态规划

动态规划起源于 20 世纪 50 年代, 创始人为 Richard Bellman. 动态规划所研究的对象是多阶段决策问题. 这样的问题可以转化为一系列相互联系的单阶段优化问题. 在每个阶段都需要作出决策. 每个阶段的决策确定以后, 就得到一个决策序列. 多阶段决策问题就是求一个决策序列, 完成问题的总体目标, 如最小化费用, 或最大化收益, 或判断解是否存在等.

相对于线性规划一次性地对一个问题求出全局最优解, 多阶段决策问题的这种解决办法 (一个阶段一个阶段地, 而不是一次性地) 称为*动态规划* (Dynamic Programming). 而原来的线性规划方法被称为静态规划. 这是 "动态规划" 名称的来源. 但现在把线性规划称为 "静态规划" 的叫法则很少见了.

## 6.1 动态规划的原理

我们先看动态规划技术求解的几个简单问题, 然后再说明动态规划的原理.

### 6.1.1 多阶段决策问题

本节包含两个多阶段决策问题的例子, 一个是多阶段图上的最短路问题, 一个是资源分配问题.

**例 6.1.1** 图 6.1.1 是一个多阶段图, 每条边 $(u, v)$ 上定义有长度 $c(u, v) \geqslant 0$. 求这个多阶段图上从 $a$ 到 $g$ 的最短路.

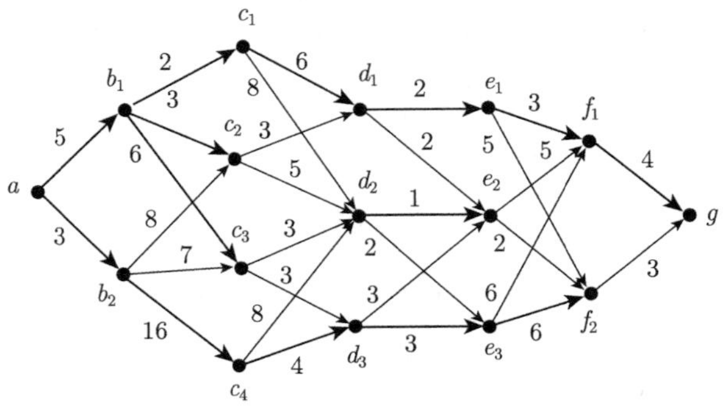


图 6.1.1

**解** 如何求解？由于这是一个多阶段图 (分层图), 从 $a$ 到 $g$ 的任何一条路径都要经过每一个阶段, 因此每一条 $a$-$g$ 路径的边数都是 6. 从 $a$ 到 $g$, 必然要经过 $a$ 的下一个阶段中的顶点 $b_1$ 或 $b_2$. 因此, 从 $a$ 到 $g$ 的最短路就是从 $a$ 到 $b_1$, 然后再从 $b_1$ 走到 $g$, 以及从 $a$ 到 $b_2$, 再从 $b_2$ 走到 $g$, 两种走法中最短的一个. 从 $b_1$ 到 $g$, 以及从 $b_2$ 到 $g$, 显然也要按照最短路走.

于是, 定义 $f_k(u,g)$ 为从当前顶点 $u$ 开始经过 $k$ 条边到达 $g$ 的最短路长度. 则有

$$f_k(u,g)=\begin{cases}\min\limits_{w\in N^+(u)}\{l(u,v)+f_{k-1}(v,g)\}, & k\geqslant 2,\\ c(u,g), & k=1.\end{cases} \tag{6.1.1}$$

公式中 $N^+(u)$ 表示以顶点 $u$ 为弧尾的弧所指向的顶点的集合, 即从 $u$ 出发经过一条弧可到达的邻居的集合.

原问题即是求 $f_n(a,g)(n=6)$.

递推方程的求解是在图上从目标顶点 $g$ 向源顶点 $a$ 逆向进行的. 我们从倒数第 2 层顶点开始. 首先计算 $f_1(f_1,g)$, 直接查询边上的费用, 这个值等于 4. 同理可知 $f_1(f_2,g)=3$.

然后是倒数第 3 层的顶点. 计算 $f_2(e_1,g)$. 由于 $k=2$, 按照递推方程, $f_2(e_1,g)=\min\{c(e_1,f_1)+f_1(f_1,g),c(e_1,f_2)+f_1(f_2,g)\}$. 问题在于我们计算 $f_2(e_1,g)$ 时, $f_1(f_1,g)$ 和 $f_1(f_2,g)$ 已经计算出来了. 通过查询可知, $f_2(e_1,g)=\min\{3+4,5+3\}=7$. 这就是要逆向求解递推方程的原因. 类似地可一直计算到 $f_6(a,g)=18$. 上述过程实际上是动态规划中“后向优化”的方法, 参见 6.1.3 节.

计算过程中已经求出的子问题的解值可以记录在表格里, 以方便查询. 表格中记录的是每个顶点到顶点 $g$ 的最短路的长度. 这个表格通常称为动态规划表 (表 6.1.1 和表 6.1.2).

**表 6.1.1**

| $g$ | $f_1$ | $f_2$ | $e_1$ | $e_2$ | $e_3$ | $d_1$ | $d_2$ | $d_3$ |
|---|---|---|---|---|---|---|---|---|
| 0 | 4 | 3 | 7 | 5 | 9 | 7 | 6 | 8 |

**表 6.1.2**

| $c_1$ | $c_2$ | $c_3$ | $c_4$ | $b_1$ | $b_2$ | $a$ |
|---|---|---|---|---|---|---|
| 13 | 10 | 9 | 12 | 13 | 16 | 18 |

跟踪这个计算过程 (即, 每次是哪个邻居顶点取得了最小值), 可知从 $a$ 到 $g$ 的最短路为 $(a,b_1,c_2,d_1,e_2,f_2,g)$. ∎

动态规划方程 (6.1.1) 是一个递推方程 (也叫做递归方程). 从便于算法实现角度, 我们完全可以写一个递归的算法求解方程 (6.1.1).

**算法 6.1.1**　$f(i,u,g)$.

输入: 起始顶点 $u$, 目标顶点 $g$, 中间经过的边的数目 $i$.

输出: 从 $u$ 开始经过 $i$ 条边到达 $g$ 的最短路长度.

(1) **if** $i=1$ **then return** $c(u,g)$,

(2) **else return** $\min_{v\in N(u)}\{c(u,v)+f(i-1,v,g)\}$.

算法 6.1.1 形式上很简单, 但它的效率比例 6.1.1 中的解法要低得多. 在算法 6.1.1 的执行过程中, 会一遍遍地重复计算某些顶点对之间的最短路长度, 尽管它们已经被计算过了. 例如, 当算法 6.1.1 计算 $f(4,c_1,g)$ 时, 它会计算 $f(3,d_2,g)$. 但当算法再去计算 $f(4,c_2,g)$, $f(4,c_3,g)$, $f(4,c_4,g)$ 时, 它还需要重复计算 $f(3,d_2,g)$, 原来计算的 $f(3,d_2,g)$ 的值并没有被记住. 而例 6.1.1 中的动态规划解法, 记录下了已经计算过的顶点对之间的最短路长度, 再需要这些值时, 只需要查找记录即可, 不需要重复计算. 这是递归解法和动态规划解法的一个重要区别, 也是动态规划解法优势的一个体现. 当然, 动态规划解法为此付出的代价是消耗了一些存储空间. 但这些空间上的消耗, 比起赢得的时间效率上的提升, 是值得的. 况且递归算法在执行过程中也需要在堆栈上消耗不容忽视的空间. 递归算法在堆栈上消耗的空间取决于递归的深度. 在本例中, 取决于多阶段图的阶段数.

求最短路的一个非常简单的解法是暴力搜索的方法, 即枚举出从 $a$ 到 $g$ 的所有路径, 通过比较找出最短者. 从递归算法 6.1.1 的执行过程上来看, 它和枚举所有可能的路的方法是类似的.

资源分配问题也是一个比较容易表明动态规划原理的问题.

**定义 6.1.2　资源分配问题**

实例: 设有数量为 $x$ 的某种资源, 将它投给部门 A 和部门 B.

若投给部门 A 的数量为 $z$, 则可获收益 $g(z)$, 回收 $az$, 其中 $g()$ 是部门 A 的收益函数, $a(0\leqslant a\leqslant 1)$ 为部门 A 的回收率. 类似地, 若投给部门 B 的数量为 $z$, 则可获收益 $h(z)$, 回收 $bz$, 其中 $h()$ 是部门 B 的收益函数, $b(0\leqslant b\leqslant 1)$ 为部门 B 的回收率.

目标: 连续投放 $n$ 个阶段, 问每个阶段如何分配资源才能使总收入最大?

**例 6.1.3**　用动态规划法求解资源分配问题.

**解**　令 $f_k(x)$ 表示当前资源数量为 $x$, 再经过 $k$ 个阶段投放完成系统目标, 所得到的最大总收入. 则有

$$f_k(x)=\begin{cases}\max\limits_{0\leqslant y\leqslant x}\{g(y)+h(x-y)+f_{k-1}(ay+b(x-y))\}, & k\geqslant 2,\\ \max\limits_{0\leqslant y\leqslant x}\{g(y)+h(x-y)\}, & k=1.\end{cases} \tag{6.1.2}$$

在该动态规划方程中, $x$ 表示当前拥有的资源的数量, $y$ 表示投放给部门 A 的资源的数量, $x-y$ 即为投放给部门 B 的资源数量.

资源分配问题即是求 $f_n(x)$. ∎

例 6.1.3 中的解法实际上是动态规划中的"后向优化"方法.

在资源分配问题中, 假设初始资源数量为 $x$, 连续投放 $n$ 个阶段, 每个阶段的投放方式可用图 6.1.2 表示如下.

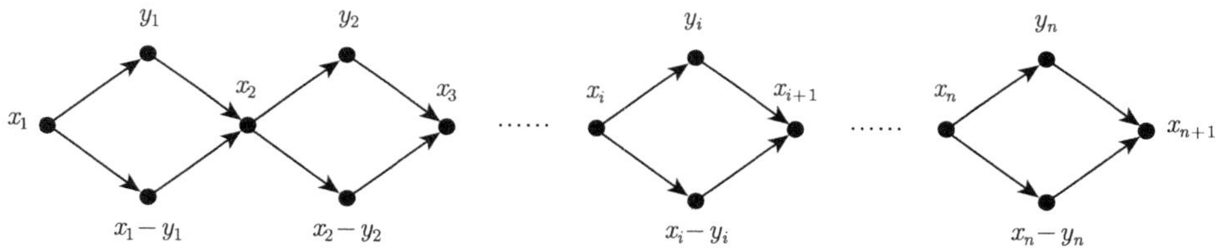


图 6.1.2

在这里, $x_i$ 表示第 $i$ 个阶段开始时的资源数量, $y_i$ 表示投放给部门 A 的资源数量, $x_i-y_i$ 表示投放给部门 B 的资源数量, $x_{i+1}$ 即是第 $i$ 个阶段结束后回收的资源数量, 亦即第 $i+1$ 个阶段开始时拥有的资源数量.

在例 6.1.3 中, 变量 $x$ 可以是取实数值的连续变量, 也可以是取整数值的离散变量. 但是, 连续变量的资源分配问题和离散变量的资源分配问题, 其动态规划方程 (6.1.2) 的解法有很大的不同, 这主要体现在方程 (6.1.2) 中的 max 函数如何处理上. 如果是离散变量的资源分配问题, 最简单地, 可以通过枚举的方法求解 max 函数. 但对于连续变量的资源分配问题, 显然无法通过枚举的方法求解 max 函数, 而此时必须通过分析 max 函数内表达式的性质, 通过求极值的方法找到最大值. 下面我们仅介绍离散变量的资源分配问题的解法.

**例 6.1.4** 离散变量的资源分配问题.

今有 1000 个资源 (比如机床), 投放到 A 和 B 两个部门. 若给部门 A 投放 $z$ 个资源, 则产生效益 $g(z)=z^2$, 回收 $\lfloor 0.8z\rfloor$ 个资源. 若给部门 B 投放 $z$ 个资源, 则产生效益 $h(z)=2z^2$, 回收 $\lfloor 0.4z\rfloor$ 个资源. 问连续投放 5 年, 每年如何投放, 可使 5 年的总收益最大?

**解** 按照动态规划方程 (6.1.2), 组织动态规划表格如表 6.1.3. 行标 $k$ 表示要到达目标, 还需要完成多少个阶段. 列标 $x$ 表示当前可用的资源数.

**表 6.1.3**

| $k$ | $x$ | | | | | |
|---|---|---|---|---|---|---|
| | 0 | 1 | 2 | 3 | $\cdots$ | 1000 |
| 1 | $f_1(0)$ | $f_1(1)$ | $f_1(2)$ | $f_1(3)$ | $\cdots$ | $f_1(1000)$ |
| 2 | $f_2(0)$ | $f_2(1)$ | $f_2(2)$ | $f_2(3)$ | $\cdots$ | $f_2(1000)$ |
| 3 | $f_3(0)$ | $f_3(1)$ | $f_3(2)$ | $f_3(3)$ | $\cdots$ | $f_3(1000)$ |
| 4 | $f_4(0)$ | $f_4(1)$ | $f_4(2)$ | $f_4(3)$ | $\cdots$ | $f_4(1000)$ |
| 5 | $f_5(0)$ | $f_5(1)$ | $f_5(2)$ | $f_5(3)$ | $\cdots$ | $f_5(1000)$ |

从左上到右下, 计算整个表, 可求得问题的解 $f_5(1000)$.

而计算每一个单元格, 都需要解方程 (6.1.2). 只不过使用动态规划的方法, 当需要求解子问题时, 直接查动态规划表就可以了. 下面是计算一个单元格的算法.

**算法 6.1.2**

(1) **if** $k=1$ **then return** $\max_{0\leqslant y\leqslant x}\{g(y)+h(x-y)\}$.

(2) **else return** $\max_{0\leqslant y\leqslant x}\{g(y)+h(x-y)+f_{k-1}(ay+b(x-y))\}$.

每计算一个单元格的 $f_k(x)$, 都需要计算一个 $\max_{0\leqslant y\leqslant x}\{\cdots\}$ 函数. 计算这样的 max 函数, 还需要循环来完成, 在此为简洁起见, 我们省略了计算 max 函数的算法.

计算本例中动态规划表的小技巧: 不用每行都从 0 计算到 1000. 每年无论如何投放, 回收的机床最多是 $\lfloor 0.8x\rfloor$ 台 $(\max\{a,b\}=0.8)$. 例如表格第 1 行表示最后一个阶段, 其前面有 4 个阶段. 因此对于第 1 行, 只需要从 0 计算到 $\lceil 0.8^4\times 1000\rceil=409$.

由以上计算过程可以看出, 尽管使用表格暂存了计算结果, 为计算出最后的 $f_n(x)$ 仍需要大量的计算. 但动态规划法已经比直接用递归的方法解递推方程减少了大量的计算.

本例的计算结果如图 6.1.3 所示.

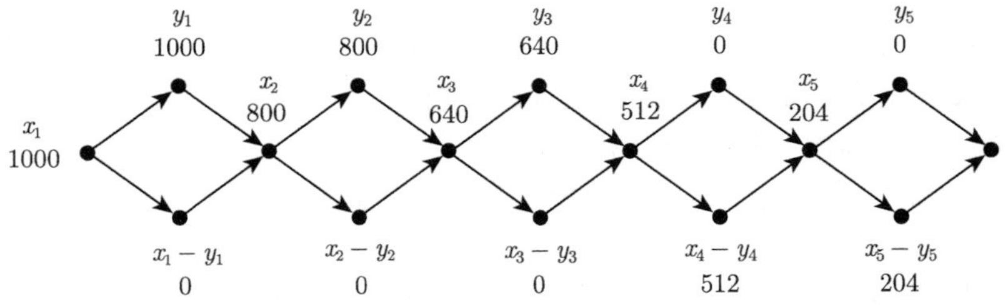


图 6.1.3

每年的投放方法如图所示, 连续投放 5 年的最大收益为 $f_5(1000)=2657120$. 从计算结果来看, 资源的分配非常有规律. 前三个阶段都投给了部门 A, 而最后两个阶段都投给了部门 B.

第 1 阶段投给部门 A1000 个资源, 投给部门 B0 个资源, 回收 800 个资源. 已经使用动态规划的方法计算出 $f_4(800) = 1657120$, 可进一步计算出 $f_5(1000) = 2657120$.

第 2 阶段投给部门 A800 个资源, 投给部门 B0 个资源, 回收 640 个资源. 已经使用动态规划的方法计算出 $f_3(640) = 950272$, 可进一步计算出 $f_4(800) = 1657120$.

第 3 阶段投给部门 A640 个资源, 投给部门 B0 个资源, 回收 512 个资源. 已经使用动态规划的方法计算出 $f_2(512) = 607520$, 可进一步计算出 $f_3(640) = 950272$.

第 4 阶段投给部门 A0 个资源, 投给部门 B 512 个资源, 回收 204 个资源. 已经使用动态规划的方法计算出 $f_1(204) = 83232$, 可进一步计算出 $f_2(512) = 607520$.

第 5 阶段投给部门 A0 个资源, 投给部门 B204 个资源 (此时仍有回收资源). 解动态规划方程 (6.1.2) 的 $k = 1$ 的情形, 可计算出 $f_1(204) = 83232$.

以上叙述清楚地表明在实际中对动态规划表的计算是从小规模的问题开始的.

由多阶段图的最短路问题和资源分配问题的例子可以看出, 动态规划法适用于求解多阶段决策问题或与此类似的问题. 在多阶段决策问题中, 在实现问题目标之前, 需要做很多决策, 而这些决策需要分在若干个阶段内进行. 一般地, 完成一个阶段的决策, 就可以产生当前的收益 (或费用). 问题的目标完成每个阶段的决策, 使所有阶段的总效益达到最大 (或总费用达到最小).

### 6.1.2 最优化原理

问题的最优子结构性质和子问题重叠性质, 是这个问题可用动态规划技术求解的核心要素.

*最优子结构性质*. 问题最优解的最优子结构性质是指问题的最优解中包含着子问题的最优解. 子问题与原问题是同一类问题, 只是问题规模下降了.

当观察到问题解的最优子结构性质时, 就意味着问题可能用动态规划法求解. 用动态规划法求解的问题, 其最优解都具有最优子结构性质. 该性质可帮助我们写出问题求解的递推方程. 因此, 问题最优解具有最优子结构性质, 也称为动态规划的最优化原理.

*子问题重叠性质*. 一个问题使用动态规划法求解的另一个要素是子问题重叠性质: 问题的求解可以划分成若干子问题的求解, 而处理这些子问题的计算是部分重叠的.

动态规划法利用了问题的子问题重叠性质, 对于已经计算过的子问题, 采用存储的方法记住其最优解. 存储各个子问题的最优解的数据结构通常是表格, 称为动态规划表. 当处理规模更大的问题而用到子问题的最优解时, 就不必重新求解, 而是直接查表得到所要的解, 这样就能够节省大量的计算时间.

我们愿意再从程序设计的角度举一个例子来说明子问题重叠性质的利用. 众所周知, 斐波那契 (Fibonacci) 数的定义为 $f_1 = 1$, $f_2 = 1$, 从 $i \geqslant 3$ 开始, $f_i = f_{i-2} + f_{i-1}$. 据此, 可以写出借助于数组计算第 $k$ 个斐波那契数的循环程序:

**算法 6.1.3** 计算第 $k$ 个斐波那契数的循环程序.

(1) $f[1] \leftarrow 1, f[2] \leftarrow 1$.

(2) **for** $i \leftarrow 3$ **to** $k$ **do**

(3) $\quad f[i] \leftarrow f[i-2] + f[i-1]$.

(4) **endfor**

(5) **return** $f[k]$.

斐波那契数的定义是递归的, 也可以自然地按照定义写出计算第 $k$ 个斐波那契数的递归程序:

**算法 6.1.4** 函数 $f(k)$, 计算第 $k$ 个斐波那契数的递归程序.

(1) **if** $k = 1$ 或者 $k = 2$ **then return** 1;

(2) **else return** $f(k-2) + f(k-1)$.

我们可以看出, 循环程序 (算法 6.1.3) 看上去传统、笨拙, 递归程序 (算法 6.1.4) 在写法上简洁、优雅. 殊不知, 正是这个循环程序, 其计算效率比递归程序高得多! 我们仅做一个定性的分析. 比如计算 $f_{10}$, 对于递归程序, 就要计算 $f_9$ 和 $f_8$. 而计算 $f_9$ 就要计算 $f_8$ 和 $f_7$; 计算 $f_8$ 就要计算 $f_7$ 和 $f_6$. 如此下去, $f_8, f_7, f_6, \cdots$ 就被反反复复计算了大小不等的次数. 而循环程序, 对斐波那契数从小到大依次计算而来, 没有一次重复的计算, 只是多使用了一些存储空间而已. 这个例子虽然不是解优化问题, 但它充分说明了子问题重叠性质以及对该性质的合理利用.

由于计算斐波那契数 $f_i$ 只需要记住前两个数即可, 因此从程序设计的角度而言, 算法 6.1.3 使用的存储空间还可以进一步优化为 $O(1)$ 大小. 我们就不再详述这些细节了.

总体来说, 动态规划法是一种美妙的算法设计方法. 一些看起来不太可能快速求解的问题, 使用动态规划法往往能设计出多项式时间算法, 这方面一个著名的例子就是最长公共子序列问题的动态规划解法, 参见 6.2.1 节.

在算法理论中, 多项式时间算法通常被认为是 “有效的算法” (efficient algorithm), 这里的 “有效” 是相对于指数时间而言的. 若算法的运行时间是指数时间, 则认为不是有效的算法.

### 6.1.3 前向优化和后向优化

写动态规划递推方程时, 一般有两种写法: 前向优化和后向优化.

假设问题有 $n$ 个阶段. 定义 $f_k()$ 为前 $k$ 个阶段 (从第 1 阶段到第 $k$ 阶段) 所构成的子问题的最优解值, 然后将 $f_k()$ 的计算递推至 $f_{k-1}()$. 最后写出递推的终止条件 $f_1()$ 的表达式. 原问题就是计算 $f_n()$. 这称为前向优化 (如图 6.1.4).

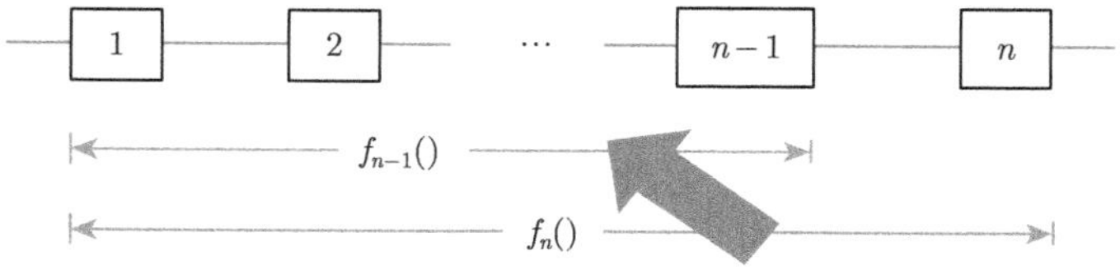


图 6.1.4

在后向优化中, 同样地, 假设问题有 $n$ 个阶段. 定义 $f_k()$ 为后 $k$ 个阶段 (从第 $n-k+1$ 阶段到第 $n$ 阶段) 的最优解值, 然后将 $f_k()$ 递推至 $f_{k-1}()$. 最后写出递推的终止条件 $f_1()$ 的表达式. 原问题就是计算 $f_n()$. 这称为后向优化 (如图 6.1.5).

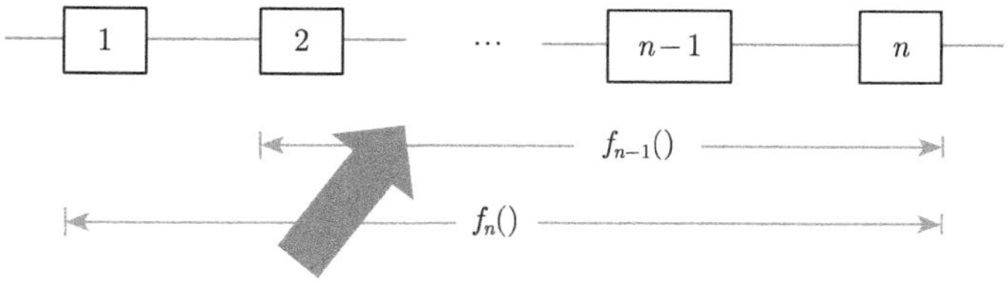


图 6.1.5

前面给出的两个例子, 最短路问题和资源分配问题, 都是采用后向优化技术解决的. 原则上, 一个多阶段决策问题既可以使用前向优化技术解决, 也可以使用后向优化技术解决. 依据问题不同, 前向优化或后向优化可能是“自然”的解法, 也可能二者都是.

例如, 下面我们使用动态规划的前向优化技术来解多阶段图上的最短 $s$-$t$ 路问题.

定义 $f_k(a,u)$ 为从顶点 $a$ 经过 $k$ 条边到达当前顶点 $u$ 的最短路长度. 则有

$$f_k(a,u)=\begin{cases}\min\limits_{w\in N^-(u)}\{f_{k-1}(a,w)+c(w,v)\}, & k\geqslant 2,\\ c(a,u), & k=1.\end{cases}$$

其中, $N^-(u)$ 表示有向图上以顶点 $u$ 为弧头的所有弧的弧尾的集合, 即, 所有"指向" $u$ 的邻居顶点的集合.

原问题即是求 $f_n(a,g)(n=6)$.

可以看出, 最短路问题之所以既可以用后向优化的动态规划技术解决, 也可以用前向优化的动态规划技术解决, 是因为最短路问题的第一个阶段有一个固定的起始顶点, 最后一个阶段有一个固定的终止顶点. 至于从起始顶点开始来写递推方程 (前向优化), 还是从终止顶点开始来写递推方程 (后向优化), 本质上是一样的, 哪种方式自然, 这个要看个人习惯了.

而对于资源分配问题, 由于仅有第一阶段的起始资源数量是已知的, 而最后一个阶段结束时剩余的资源数量未知, 该问题使用例 6.1.3 中的解法 (后向优化) 较为自然. 当然, 离散变量的资源分配问题也可以强制使用前向优化技术求解, 只不过此时需要枚举最后一个阶段结束时剩余的资源数量. 这种解法就不写出了, 读者可留作练习.

从阶段数固定的优化问题中, 如多阶段图的最短路问题和资源分配问题, 可以很容易地提炼出动态规划的思想. 但动态规划实际上也可以用于阶段数不明显的问题的求解. 接下来我们将举若干个用动态规划求解的著名问题的例子.

另外, 对于决策变量是连续变量的问题, 有一些也可以用动态规划的方法求解. 例如在资源分配问题中, 若待分配的资源是水、油这样的资源, 则用连续变量来刻画是自然的. 这时, 递推方程就变成了连续函数, 它的求解要用到连续函数的优化技术. 本书关注离散型决策变量的动态规划问题. 对于连续型决策变量的动态规划问题及其解法, 请读者参考相关书籍 (如 [1]).

## 6.2 问 题 举 例

### 6.2.1 最长公共子序列问题

最长公共子序列问题是一个非常适合于用动态规划求解的问题. 该问题来源于生物信息学中的基因比对等实际问题.

给一个字符序列 $X=x_1x_2\cdots x_m$, 若有 $\ell(1\leqslant\ell\leqslant m)$ 个数 $s_1,s_2,\cdots,s_\ell$, 满足 $1\leqslant s_1<s_2<\cdots<s_\ell\leqslant m$, 则称序列 $x_{s_1}x_{s_2}\cdots x_{s_\ell}$ 为 $X$ 的一个**子序列**. 换言之, 子序列是从原序列中保持前后顺序取出的字符的序列, 子序列中的字符不要求在原序列中连续. 可见, 子序列这一概念是"子串"的推广. 子串可以看作是在原序列中连续的一个子序列.

**定义 6.2.1** **最长公共子序列问题** (The Longest Common Subsequence (LCS) Problem)

实例: 字符序列 $X=x_1x_2\cdots x_m$, $Y=y_1y_2\cdots y_n$.

目标: 找 $X$ 和 $Y$ 的一个最长公共子序列.

从 $X$ 和 $Y$ 的尾部向前, 考虑它们的最长公共子序列. 假设现在扫描的字符是 $x_i$ 和 $y_j$. 若 $x_i = y_j$, 则 $x_1 \cdots x_i$ 与 $y_1 \cdots y_j$ 的最长公共子序列就是 $x_1 \cdots x_{i-1}$ 与 $y_1 \cdots y_{j-1}$ 的最长公共子序列, 再加上字符 $x_i$ 所构成的序列. 否则, $x_1 \cdots x_i$ 与 $y_1 \cdots y_j$ 的最长公共子序列, 就是 $x_1 \cdots x_{i-1}$ 与 $y_1 \cdots y_j$ 的最长公共子序列, 以及 $x_1 \cdots x_i$ 与 $y_1 \cdots y_{j-1}$ 的最长公共子序列中, 较长的那一个. 定义 $v(i,j)$ 为 $x_1 \cdots x_i$ 与 $y_1 \cdots y_j$ 的最长公共子序列的长度. 则有

$$v(i,j) = \begin{cases} v(i-1,j-1)+1, & i>0, j>0, x_i = y_j, \\ \max\{v(i-1,j), v(i,j-1)\}, & i>0, j>0, x_i \neq y_j, \\ 0, & i=0 \text{ 或 } j=0. \end{cases}$$

则原问题就是计算 $v(m,n)$. 据此, 可以很容易地写出求解最长公共子序列问题的算法.

**算法 6.2.1** 计算最长公共子序列的动态规划算法.

(1) $\forall i$, $v(i,0) \leftarrow 0$.<br>
(2) $\forall j$, $v(0,j) \leftarrow 0$.<br>
(3) **for** $i \leftarrow 1$ **to** $m$ **do**<br>
(4)     **for** $j \leftarrow 1$ **to** $n$ **do**<br>
(5)         **if** $x_i = y_j$ **then** $v(i,j) \leftarrow v(i-1,j-1)+1$, $f(i,j) \leftarrow$ “↖”.<br>
(6)         **else**<br>
(7)             **if** $v(i-1,j) \geqslant v(i,j-1)$ **then** $v(i,j) \leftarrow v(i-1,j)$, $f(i,j) \leftarrow$ “↑”.<br>
(8)             **else** $v(i,j) \leftarrow v(i,j-1)$, $f(i,j) \leftarrow$ “←” **endif**<br>
(9)         **endif**<br>
(10)     **endfor**<br>
(11) **endfor**<br>
(12) **return** $v$, $f$.

算法 6.2.1 的时间复杂度为 $O(mn)$. 这是一个多项式的时间复杂度, 表明 LCS 问题是多项式时间可解的.

**例 6.2.2** 用动态规划法求 $X=$ monkey 和 $Y=$ human 的最长公共子序列.

**解** 将序列 $X$ 和 $Y$ 组织在表格中 (表 6.2.1), 表格的第 $i$ 行、第 $j$ 列存储 $v(i,j)$ 的值. 从左上到右下逐个单元格按照递推方程计算, 就可以计算出 $v(6,5)$ 的值为 2.

由递推方程可知, 当 $i \geqslant 1$, $j \geqslant 1$ 时, $v(i,j)$ 的来源为 $v(i-1,j-1)$(当 $v(i,j) = v(i-1,j-1)+1$ 时), $v(i-1,j)$ 和 $v(i,j-1)$ (当 $v(i,j) = \max\{v(i-1,j), v(i,j-1)\}$

时). 因此, 这个动态规划表格的计算过程很规整 (表 6.2.2). 我们可以在计算的过程中用箭头符号指明 $v(i,j)$ 的取值来源.

**表 6.2.1**

| $v$ | 0 | 1h | 2u | 3m | 4a | 5n |
|---|---|---|---|---|---|---|
| 0 | 0 | 0 | 0 | 0 | 0 | 0 |
| 1m | 0 | 0 | 0 | 1 | 1 | 1 |
| 2o | 0 | 0 | 0 | 1 | 1 | 1 |
| 3n | 0 | 0 | 0 | 1 | 1 | 2 |
| 4k | 0 | 0 | 0 | 1 | 1 | 2 |
| 5e | 0 | 0 | 0 | 1 | 1 | 2 |
| 6y | 0 | 0 | 0 | 1 | 1 | 2 |

**表 6.2.2**

| $v$ | 0 | 1h | 2u | 3m | 4a | 5n |
|---|---|---|---|---|---|---|
| 0 | × | × | $\boxed{\times}$ | × | × | × |
| 1m | × | ↑ | ↑ | $\boxed{\nwarrow}$ | $\boxed{\leftarrow}$ | ← |
| 2o | × | ↑ | ↑ | ↑ | $\boxed{\uparrow}$ | ↑ |
| 3n | × | ↑ | ↑ | ↑ | ↑ | $\boxed{\nwarrow}$ |
| 4k | × | ↑ | ↑ | ↑ | ↑ | $\boxed{\uparrow}$ |
| 5e | × | ↑ | ↑ | ↑ | ↑ | $\boxed{\uparrow}$ |
| 6y | × | ↑ | ↑ | ↑ | ↑ | $\boxed{\uparrow}$ |

跟踪这个计算过程表格, 可知 $X$ 和 $Y$ 的最长公共子序列为 mn, 即表格中两个 $\boxed{\nwarrow}$ 所指示的字符. ■

### 6.2.2 背包问题

回忆定义 5.1.1, 在背包问题中, 我们给定一个容量大小为 $W$ 的背包, 以及 $n$ 件物品, 每件物品价值 $v_i \geqslant 0$ 和重量 $w_i \geqslant 0(1 \leqslant i \leqslant n)$, 问装入哪些物品到背包中, 其总重量不超过 $W$, 而总价值最大.

定义 $f(i,j)$ 表示将物品 $1,\cdots,i$ 中的若干装入总容量为 $j$ 的背包, 所获得的最大价值. 则原问题是求 $f(n,W)$.

若 $j < w_i$, 则第 $i$ 个物品必不能装入背包.

若 $j \geqslant w_i$, 则第 $i$ 个物品可以装入背包. 到底是否装入背包, 取决于装入第 $i$ 个物品, 再装入获得价值 $f(i-1,j-w_i)$ 的那些物品, 所获得的总价值, 以及将 $1,\cdots,i-1$ 物品中的若干装入容量为 $j$ 的背包所获得的总价值 $f(i-1,j)$ 哪个更大.

则有

$$f(i,j)=\begin{cases}f(i-1,j), & i\geqslant 1, j\geqslant 1, j<w_i,\\ \max\{f(i-1,j), v_i+f(i-1,j-w_i)\}, & i\geqslant 1, j\geqslant w_i,\\ 0, & i=0 \text{ 或 } j=0.\end{cases}$$

**例 6.2.3** 用动态规划法求解例 5.1.2 中背包问题的实例 (表 6.2.3).

**表 6.2.3**

| $i$ | 1 | 2 | 3 | 4 |
|---|---|---|---|---|
| 价值 $v_i$ | 6 | 10 | 12 | 13 |
| 重量 $w_i$ | 1 | 2 | 3 | 4 |

背包容量 $W=5$.

**解** 动态规划表包括 $f$ 表 (表 6.2.4) 和 $h$ 表 (表 6.2.5). $f$ 表记录函数 $f(i,j)$ 的值. $h$ 表记录对应的 $f(i,j)$ 是如何计算出来的. 即, $f(i,j)=f(i-1,j)$, 还是 $f(i,j)=v_i+f(i-1,j-w_i)$. 后一种情况表明装了物品 $i$.

**表 6.2.4**

| $f$ | 0 | 1 | 2 | 3 | 4 | 5 |
|---|---|---|---|---|---|---|
| 0 | 0 | 0 | 0 | 0 | 0 | 0 |
| 1 | [0] | 6 | 6 | 6 | 6 | 6 |
| 2 | 0 | 6 | [10] | 16 | 16 | 16 |
| 3 | 0 | 6 | 10 | 16 | 18 | [22] |
| 4 | 0 | 6 | 10 | 16 | 18 | [22] |

**表 6.2.5**

| $h$ | 0 | 1 | 2 | 3 | 4 | 5 |
|---|---|---|---|---|---|---|
| 0 | × | × | × | × | × | × |
| 1 | [×] | $(0,0)+6$ | $(0,1)+6$ | $(0,2)+6$ | $(0,3)+6$ | $(0,4)+6$ |
| 2 | × | $(1,1)$ | [$(1,0)+10$] | $(1,1)+10$ | $(1,2)+10$ | $(1,3)+10$ |
| 3 | × | $(2,1)$ | $(2,2)$ | $(2,3)$ | $(2,1)+12$ | [$(2,2)+12$] |
| 4 | × | $(3,1)$ | $(3,2)$ | $(3,3)$ | $(3,4)$ | [$(3,5)$] |

通过查询表格, 可知最优解值为 22, 最优解为装入物品 2 和 3. ■

以上背包问题动态规划法的时间复杂度为 $O(nW)$. 但一定要注意, 这个时间复杂度不是多项式的, 原因在于 $W$ 是问题输入中的一个整数.

背包问题还有一种动态规划解法. 定义 $f(i,j)$ 表示在物品 $1,\cdots,i$ 中选择若干装入背包, 使其总价值恰好为 $j$, 总重量最小, 这样的若干物品的总重量. 若这样的集合不存在, 则 $f(i,j)=\infty$.

则有

$$f(i,j)=\begin{cases}0, & i=0,j=0,\\ \infty, & i=0,j\geqslant 1,\\ 0, & i\geqslant 1,j=0,\\ f(i-1,j), & i\geqslant 1,j\geqslant 1,v_i>j,\\ \min\{f(i-1,j),f(i-1,j-v_i)+w_i\}, & i\geqslant 1,j\geqslant v_i.\end{cases}$$

则原问题是寻找满足 $f(i,j)\leqslant W$ 的最大的 $j$.

**例 6.2.4**　用背包问题的第二个动态规划法求解例 5.1.2 中背包问题的实例.

**解**　在背包问题的实例上求解, 产生的动态规划表如表 6.2.6 所示. 这个表格很长, 我们将其分成三部分给出.

**表 6.2.6**

(a)

| $f$ | 0 | 1 | 2 | 3 | 4 | 5 | 6 | 7 | 8 | 9 | 10 |
|---|---|---|---|---|---|---|---|---|---|---|---|
| 0 | 0 | $\infty$ | $\infty$ | $\infty$ | $\infty$ | $\infty$ | $\infty$ | $\infty$ | $\infty$ | $\infty$ | $\infty$ |
| 1 | 0 | $\infty$ | $\infty$ | $\infty$ | $\infty$ | $\infty$ | 1 | $\infty$ | $\infty$ | $\infty$ | $\infty$ |
| 2 | 0 | $\infty$ | $\infty$ | $\infty$ | $\infty$ | $\infty$ | 1 | $\infty$ | $\infty$ | $\infty$ | 2 |
| 3 | 0 | $\infty$ | $\infty$ | $\infty$ | $\infty$ | $\infty$ | 1 | $\infty$ | $\infty$ | $\infty$ | 2 |
| 4 | 0 | $\infty$ | $\infty$ | $\infty$ | $\infty$ | $\infty$ | 1 | $\infty$ | $\infty$ | $\infty$ | 2 |

(b)

| $f$ | 11 | 12 | 13 | 14 | 15 | 16 | 17 | 18 | 19 | 20 |
|---|---|---|---|---|---|---|---|---|---|---|
| 0 | $\infty$ | $\infty$ | $\infty$ | $\infty$ | $\infty$ | $\infty$ | $\infty$ | $\infty$ | $\infty$ | $\infty$ |
| 1 | $\infty$ | $\infty$ | $\infty$ | $\infty$ | $\infty$ | $\infty$ | $\infty$ | $\infty$ | $\infty$ | $\infty$ |
| 2 | $\infty$ | $\infty$ | $\infty$ | $\infty$ | $\infty$ | 3 | $\infty$ | $\infty$ | $\infty$ | $\infty$ |
| 3 | $\infty$ | $\infty$ | 3 | $\infty$ | $\infty$ | 3 | $\infty$ | 4 | $\infty$ | $\infty$ |
| 4 | $\infty$ | $\infty$ | 3 | 4 | $\infty$ | 3 | $\infty$ | 4 | 4 | $\infty$ |

(c)

| $f$ | 21 | 22 | 23 | 24 | 25 | 26 | 27 | 28 | 29 | 30 |
|---|---|---|---|---|---|---|---|---|---|---|
| 0 | $\infty$ | $\infty$ | $\infty$ | $\infty$ | $\infty$ | $\infty$ | $\infty$ | $\infty$ | $\infty$ | $\infty$ |
| 1 | $\infty$ | $\infty$ | $\infty$ | $\infty$ | $\infty$ | $\infty$ | $\infty$ | $\infty$ | $\infty$ | $\infty$ |
| 2 | $\infty$ | $\infty$ | $\infty$ | $\infty$ | $\infty$ | $\infty$ | $\infty$ | $\infty$ | $\infty$ | $\infty$ |
| 3 | $\infty$ | 5 | $\infty$ | $\infty$ | $\infty$ | $\infty$ | $\infty$ | 6 | $\infty$ | $\infty$ |
| 4 | $\infty$ | $\boxed{5}$ | 6 | $\infty$ | 7 | $\infty$ | $\infty$ | 6 | 7 | $\infty$ |

表格中 $j$ 的上界取 $\min\left\{\max\left\{\dfrac{v_i}{w_i}\right\}\cdot W,\sum_i v_i\right\}=30$.

查询动态规划表格，可知总重量 $\leqslant 5$ 的最大价值为 22，即 $f(4,22)=5$. 因此最优解值为 22. 跟踪这个计算过程可知最优解为装入物品 2 和 3. ∎

### 6.2.3 从背包问题谈时间复杂度

在 6.2.2 节，我们对背包问题给出了一种动态规划解法，其时间复杂度为 $O(nW)$，其中 $n$ 为物品的数量，$W$ 为背包的容量. 6.2.2 节特别提到，这个时间复杂度不是多项式的. 这是为什么呢？

要说清楚这个问题，我们需要回到时间复杂度的定义上来. 在这里我们谈最常见的最坏情形时间复杂度. 算法的时间复杂度，是用来衡量算法执行的步数的. 然而，算法都是“通用”的算法，比如解一元二次方程的算法，一般地会设计为求解 $ax^2+bx+c=0$ 这样的方程，其中 $a$, $b$, $c$ 为输入系数，而不只是去求解某个特殊的方程，比如 $x^2-2x+1=0$. 也就是说，算法的时间复杂度是和算法的输入有关系的. 当算法的输入发生变化时，算法耗费的时间通常也会发生变化.

因此，算法的时间复杂度不是固定的一个常数，而是取决于算法输入的一个函数. 那么，这个表达时间复杂度的函数的自变量是什么呢？这个自变量的选取，首先要具有合理性，能够体现出算法的执行时间随输入变化这样一个事实. 其次，还要具有普遍性，以便于将不同的算法进行分类和比较. 由于算法的输入数据首先要能够存储在计算机中，然后才能被算法加工，因此，人们把算法的时间复杂度表达为算法输入数据宽度的一个函数.

**定义 6.2.5** 算法的最坏情形执行时间是指对任意输入 $I$，算法执行步数的一个上界. 算法的执行时间表达为输入长度的一个函数 $f(|I|)$，其中 $|I|$ 为输入长度，即输入 $I$ 在计算机中存储时所占据的二进制位的数目.

人们在表达算法的执行时间时，通常会忽略掉函数 $f(|I|)$ 的常数因子，而用渐进符号来表达算法的执行时间，称为时间复杂度. 在时间复杂度中使用的渐进符号通常有 $O$ 和 $\Theta$. 若算法的时间复杂度为 $O(g(|I|))$，则表示算法的执行时间 $f(|I|)=O(g(|I|))$，其含义为算法的执行时间 $f(|I|)$ 在渐进意义上 (指当 $|I|$ 大于等于某个常数时) 不超过 $g(|I|)$ 的常数倍. 类似地，若算法的时间复杂度为 $\Theta(g(|I|))$，则表示算法的执行时间 $f(|I|)=\Theta(g(|I|))$，其含义为算法的执行时间 $f(|I|)$ 在渐进意义上介于 $c_1g(|I|)$ 和 $c_2g(|I|)$ 之间 (即 $f(|I|)$ 与 $g(|I|)$ 同阶)，其中 $c_1$ 和 $c_2$ 为两个常数.

例如，若某个算法的最坏执行时间不超过 $100|I|^2$，人们会说这个算法的时间复杂度为 $O(|I|^2)$. 这是因为，100 是一个常数因子，其对算法执行时间 $100|I|^2$ 的影响要比 $|I|$ 小得多 (当 $|I|$ 充分大时). 而计算机的运行速度通常是很快的，常数因子带来的影响通常可忽略. 符号 $|I|$ 很烦琐，人们经常用 $n$ 来指代 $|I|$，时间复杂度 $O(|I|^2)$ 就被表示成 $O(n^2)$ 了. 这就是时间复杂度中常见符号 $n$ 的来源.

以上谈的是时间复杂度的定义. 在实际使用中, 把算法的时间复杂度按照定义表达成输入长度的渐进符号是很烦琐的, 人们更倾向于用问题本身的参数来表达算法的时间复杂度. 例如, 插入排序算法的时间复杂度为 $O(n^2)$, 堆排序算法的时间复杂度为 $O(n\log n)$, 这是人们常见的说法, 这里的 $n$ 表示待排序的数据的个数, 并不是输入长度. 又如, 图的深度优先搜索算法时间复杂度为 $O(m+n)$, 这里 $m$ 指图上的边数, $n$ 指图上的顶点数. 用问题的参数表达算法的时间复杂度更容易、更自然.

在计算机科学中, 人们又根据算法的时间复杂度的大小把算法分成几种类型, 最常见的有多项式时间算法和指数时间算法两种. 但务必注意的是, 这里的多项式时间算法和指数时间算法的分法, 是按照输入长度来衡量算法的时间复杂度而进行分类的. 由于在日常中人们更倾向于用问题的参数来表达算法的时间复杂度, 那么就带来一个问题: 用问题的参数来表达的时间复杂度的分类和用输入长度来表达的时间复杂度的分类是一致的吗?

在大部分情况下, 两者是一致的. 也有一些情况, 两者不一致. 因此, 从根本上说, 两者是不一致的. 例如, 插入排序算法的时间复杂度为 $O(n^2)$. 由于这里的 $n$ 是待排序的数的个数, 因此一定有 $n \leqslant |I|$. 于是, 变换到输入长度表示的时间复杂度, 我们有 $O(n^2)=O(|I|^2)$, 即, 插入排序算法是多项式时间算法.

然而, 有一些情况, 就不是这种简单的"平移"关系. 素数问题的按照定义的判定算法是其中一个典型的代表. 素数问题是一个古老的基本问题, 问一个给定的数 $n$ 是不是素数. 按照定义, 一个整数如果仅能被 1 和它自身整除, 而不能被别的数整除, 那么这个数就是素数. 据此, 我们可以写出判断一个数是否为素数的算法.

**算法 6.2.2** 判断输入整数 $n$ 是否为素数.

(1) **for** $i \leftarrow 2$ **to** $\lfloor\sqrt{n}\rfloor$ **do**

(2)     **if** $i$ 能够整除 $n$ **then return** "否".

(3) **endfor**

(4) **return** "是".

在算法中, 我们可以把试除的范围从 2 到 $n-1$ 精简到 2 到 $\lfloor\sqrt{n}\rfloor$. 那么, 算法 6.2.2 的时间复杂度是多少? 我们可以回答 $O(n^{1/2})$, 没有问题, 这个答案是正确的, 这里 $n$ 是待判定的数. 问题是, 这个时间复杂度是多项式的吗?

正确答案是, 算法 6.2.2 不是一个多项式时间算法, 它是指数时间的算法. 这是因为, 要判定的数 $n$ 在计算机里表达, 只需要 $\lceil\log n\rceil$ 个二进制位, 即, 算法 6.2.2 的输入长度 $|I|=\lceil\log n\rceil$, 因此其时间复杂度为 $O(n^{1/2})=O(2^{|I|/2})$! 这显然是一个指数时间算法. 我们用输入长度来表达算法 6.2.2 的时间复杂度, 就会揭露问题的真相.

有人可能会对时间复杂度 $O(2^{|I|/2})$ 不以为然, 因为毕竟 $O(2^{|I|/2})$ 在量级上还是 $O(n^{1/2})$, 只是换了一种写法而已. 这种想法实际上是没有意识到 $O(n^{1/2})$ 中的 $n$ 可以非常大, 甚至大到可怕的程度. 现在的计算机内存动辄十几、几十 GB, 用 2048 个二进制位 (256 字节) 来表示一个整数对于内存的消耗乃是九牛一毛. 但是, 这样的整数最大可以到 $2^{2048}-1$, 这是一个天文数字. 如果真要输入一个这样的 $n$, 算法 6.2.2 所耗费的时间将会是 $2^{1024}$ 个基本操作, 这已经不切实际地远远超过当今 (2021 年) 最快速度计算机的承受能力. 我们就不再去计算用速度最快的计算机在 2048 个二进制位的 $n$ 上执行算法 6.2.2 需要花费多少年了. 这个答案远超出人们的想象, 已经没有任何实际意义.

下面这个数被称为 RSA-2048 (图 6.2.1), 有 617 个十进制数字, 需要 2048 个二进制位来表达. 现在, 有组织悬赏 20 万美元对 RSA-2048 进行因式分解, 仍然没有答案.

```
RSA-2048 = 2519590847565789349402718324004839857142928212620403202777713783604366202070
           7595556264018525880784406918290641249515082189298559149176184502808489120072
           8449926873928072877767359714183472702618963750149718246911650776133798590957
           0009733045974880842840179742910064245869181719511874612151517265463228221686
           9987549182422433637259085141865462043576798423387184774447920739934236584823
           8242811981638150106748104516603773060562016196762561338441436038339044149526
           3443219011465754445417842402092461651572335077870774981712577246796292638635
           6373289912154831438167899885040445364023527381951378636564391212010397122822
           120720357
```

图 6.2.1

一般地, 若一个算法其时间复杂度的表示中含有要处理的数本身, 这个算法的时间复杂度就很有可能不是多项式时间的 (具体的答案是“是”还是“不是”要看时间复杂度函数的表达式). 这是一个应该知道的基本的常识. 回到 6.2.2 节背包问题的动态规划解法, 其时间复杂度为 $O(nW)$, 其中 $W$ 为背包容量 (算法要处理的数本身), 因此这个时间复杂度是指数的, 不是多项式的. 类似的例子还有最大流问题的基本的增广路算法, 时间复杂度为 $O(mF)$ ([18] 的 26.2 节), 其中 $F$ 为最大流的流值, 这也不是一个多项式时间算法, 而是一个指数时间算法.

而素数问题, 有没有多项式时间算法呢? 答案是有的. 2004 年, Agrawal 等人对判定一个数是否为素数给出了第一个多项式时间算法[10], 从而解决了一个基础的重要问题. 然而, 整数的因式分解问题到现在为止既没有多项式时间算法, 也无法证明它是一个 NP 困难问题. 但是, 1994 年, Shor 对整数因式分解问题给出了第一个多项式时间的量子算法[58]. 这对量子计算机的研究起到了极大的激励作用.

最后, 我们再回到时间复杂度的定义. 我们可以问, 以输入长度为标准衡量算法的时间复杂度总是合理的吗? 有没有其他的衡量办法? 实际上这是一个有意义的问题. 在大多数乃至绝大多数情形下, 用输入长度衡量时间复杂度是合理的, 没有问题的. 当用输入长度来衡量算法的时间复杂度时, 我们有一个基本的假设 (并没有明确说出来), 那就是我们假定算法会把输入读完. 但是, 随着新的问题不断涌现, 人们发现用输入长度衡量算法的时间复杂度也不总是合理的. 以及算法会把输入读完这个假设也不总是对的. 也有一些问题人们用输出长度为标准来衡量问题的算法的时间复杂度, 或者用输入长度和输出长度的结合. 比如, 在搜索引擎上运行的搜索算法, 面对的是存储在数据中心中的海量数据. 人们在搜索信息时, 指望搜索算法把整个数据中心的数据搜索一遍是不现实的. 实际的搜索算法仅搜索一部分 (有代表性的) 数据就给出输出了. 对这样的搜索算法, 如何去评价其时间复杂度, 是一个非常有意义的问题, 有兴趣的读者可进一步参考相关资料, 这里就不再做展开了.

### 6.2.4 旅行售货商问题

回忆在定义 5.1.4 中, 我们给出了 TSP 问题的定义. 给 $n$ 个城市, 任两个城市 $v_i$ 和 $v_j$ 之间有一个非负距离 $c_{ij}$. 该问题要求找一个圈, 走遍所有城市, 使总长度最短.

如何对 TSP 问题按最优化原理进行分解? 由于原问题是找一个圈, 从任何一个点开始走这个圈都是可以的. 因此不妨假设从 $v_1$ 开始. 于是问题就是, 从 $v_1$ 开始, 经过 $V\setminus\{v_1\}$ 中的顶点各一次, 最后回到 $v_1$, 这样的最短路的长度是多少? 用 $f(v_i,U,v_1)$ 表示从顶点 $v_i$ 出发, 经过 $U$ 中的顶点各一次, 最后到达 $v_1$ 的最短路的长度, 其中 $U\subset V$ 是一个顶点子集, 满足 $v_1\notin U$, $v_i\notin U$. 则有

$$f(v_i,U,v_1)=\begin{cases}\min\limits_{v_j\in U}\{c_{ij}+f(v_j,U\setminus\{v_j\},v_1)\}, & U\neq\varnothing,\\ c_{i1}, & U=\varnothing.\end{cases}$$

原问题就是计算 $f(v_1,V\setminus\{v_1\},v_1)$.

可以看出, $f()$ 函数的第三个参数总是 $v_1$, 是不变的, 因此可以省去. 为了可读性, 我们仍然保留了个这个参数.

**例 6.2.6** 使用动态规划法求解如下 TSP 问题的实例 (图 6.2.2).

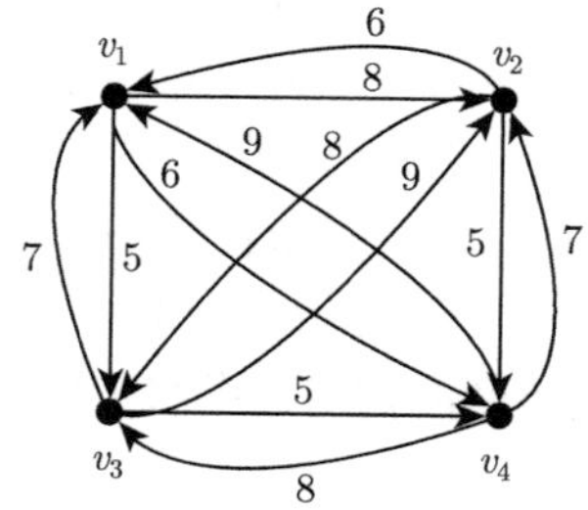


图 6.2.2

**解** 按照公式计算诸 $f(v_i, U, v_1)$: $\forall v_i \neq v_1$; $\forall U \subset V$, 满足 $v_1 \in U$, $v_i \notin U$. 将诸 $f(v_i, U, v_1)$ 的值存储在表格中 (表 6.2.7).

**表 6.2.7**

| | $v_2$ | $v_3$ | $v_4$ |
|---|---|---|---|
| $\varnothing$ | 6 | 7 | 9 |
| $\{v_2\}$ | × | 15 | 13 |
| $\{v_3\}$ | 15 | × | 13 |
| $\{v_4\}$ | 14 | 14 | × |
| $\{v_2, v_3\}$ | × | × | 22 |
| $\{v_2, v_4\}$ | × | 18 | × |
| $\{v_3, v_4\}$ | 20 | × | × |

计算过程如下:

$$f(v_2, \{v_3\}, v_1) = \min\{c_{2,3} + f(v_3, \varnothing, v_1)\} = 8 + 7 = 15,$$

$$f(v_2, \{v_4\}, v_1) = \min\{c_{2,4} + f(v_4, \varnothing, v_1)\} = 5 + 9 = 14,$$

$$f(v_3, \{v_2\}, v_1) = \min\{c_{3,2} + f(v_2, \varnothing, v_1)\} = 9 + 6 = 15,$$

$$f(v_3, \{v_4\}, v_1) = \min\{c_{3,4} + f(v_4, \varnothing, v_1)\} = 5 + 9 = 14,$$

$$f(v_4, \{v_2\}, v_1) = \min\{c_{4,2} + f(v_2, \varnothing, v_1)\} = 7 + 6 = 13,$$

$$f(v_4, \{v_3\}, v_1) = \min\{c_{4,3} + f(v_3, \varnothing, v_1)\} = 8 + 7 = 15,$$

$$\begin{aligned} f(v_2, \{v_3, v_4\}, v_1) &= \min\{c_{2,3} + f(v_3, \{v_4\}, v_1), c_{2,4} + f(v_4, \{v_3\}, v_1)\} \\ &= \min\{8 + 14, 5 + 15\} = 20, \end{aligned}$$

$$\begin{aligned} f(v_3, \{v_2, v_4\}, v_1) &= \min\{c_{3,2} + f(v_2, \{v_4\}, v_1), c_{3,4} + f(v_4, \{v_2\}, v_1)\} \\ &= \min\{9 + 14, 5 + 13\} = 18, \end{aligned}$$

$$\begin{aligned} f(v_4, \{v_2, v_3\}, v_1) &= \min\{c_{4,2} + f(v_2, \{v_3\}, v_1), c_{4,3} + f(v_3, \{v_2\}, v_1)\} \\ &= \min\{7 + 15, 8 + 14\} = 22. \end{aligned}$$

如表 6.2.8 所示.

最后单独计算 $f(v_1, V \setminus \{v_1\}, v_1)$. 因为 $f(v_1, V \setminus \{v_1\}, v_1)$ 的第一个参数为 $v_1$, 故 $f(v_1, V \setminus \{v_1\}, v_1)$ 没有列入动态规划表格中.

$$\begin{aligned} & f(v_1, \{v_2, v_3, v_4\}, v_1) \\ = & \min\{c_{1,2} + f(v_2, \{v_3, v_4\}, v_1), c_{1,3} + f(v_3, \{v_2, v_4\}, v_1), \end{aligned}$$

$$c_{1,4} + f(v_4, \{v_2, v_3\}, v_1)\}$$

$$= \min\{8 + 18, 5 + 18, 6 + 22\} = \min\{26, 23, 28\} = 23.$$

**表 6.2.8**

| | $v_2$ | $v_3$ | $v_4$ |
|---|---|---|---|
| $\varnothing$ | $v_1$ | $v_1$ | $v_1$ |
| $\{v_2\}$ | × | $v_2, \varnothing$ | $v_2, \varnothing$ |
| $\{v_3\}$ | $v_3, \varnothing$ | × | $v_3, \varnothing$ |
| $\{v_4\}$ | $v_4, \varnothing$ | $v_4, \varnothing$ | × |
| $\{v_2, v_3\}$ | × | × | $v_2, \{v_3\}$ |
| $\{v_2, v_4\}$ | × | $v_4, \{v_2\}$ | × |
| $\{v_3, v_4\}$ | $v_4, \{v_3\}$ | × | × |

最优 TSP 旅游为 $(v_1, v_3, v_4, v_2, v_1)$. ∎

下面来分析 TSP 问题动态规划解法的时间复杂度. 为此, 先给出一般情形 TSP 问题的动态规划表格 (表 6.2.9).

**表 6.2.9**

| | $v_2$ | $v_3$ | $v_4$ | $\cdots$ | $\cdots$ | $\cdots$ | $v_n$ |
|---|---|---|---|---|---|---|---|
| $\varnothing$ | $c_{21}$ | $c_{31}$ | $c_{41}$ | $\cdots$ | $\cdots$ | $\cdots$ | $c_{n1}$ |
| $\{v_2\}$ | × | $f$ | $f$ | $f$ | $f$ | $f$ | $f$ |
| $\{v_3\}$ | $f$ | × | $f$ | $f$ | $f$ | $f$ | $f$ |
| $\vdots$ | | | | | | | |
| $\{v_n\}$ | $f$ | $f$ | $f$ | $f$ | $f$ | $f$ | × |
| $\{v_2, v_3\}$ | × | × | $f$ | $f$ | $f$ | $f$ | $f$ |
| $\{v_2, v_4\}$ | × | $f$ | × | $f$ | $f$ | $f$ | $f$ |
| $\vdots$ | | | | | | | |
| $\{v_{n-1}, v_n\}$ | $f$ | $f$ | $f$ | $f$ | $f$ | × | × |
| $\vdots$ | | | | | | | |
| $\{v_2, v_3, \cdots, v_{n-1}\}$ | × | × | × | × | × | × | $f$ |
| $\{v_2, v_3, \cdots, v_{n-2}, v_n\}$ | × | × | × | × | × | $f$ | × |
| $\vdots$ | | | | | | | |
| $\{v_3, \cdots, v_{n-2}, v_n\}$ | $f$ | × | × | × | × | × | × |

计算过程中的基本运算为加法和比较. 考虑加法运算的次数. 首先固定第 $v_i$ 列, 考察该列所需要计算的 $f()$ 函数:

(i) 对所有大小为 1 的 $U$, 由于 $v_1, v_i \notin U$, 共计算了 $\binom{n-2}{1}$ 个 $f(v_i, U, v_1)$.

(ii) 对所有大小为 2 的 $U$, 由于 $v_1, v_i \notin U$, 共计算了 $\binom{n-2}{2}$ 个 $f(v_i, U, v_1)$.

(iii) $\cdots$

(iv) 对所有大小为 $n-2$ 的 $U$, 由于 $v_1, v_i \notin U$, 共计算了 $\binom{n-2}{n-2}$ 个 $f(v_i, U, v_1)$.

因此, 对于一个固定的 $v_i$, 需要计算 $\sum_{k=1}^{n-2}\binom{n-2}{k}$ 个 $f(v_i, U, v_1)$ 函数. 对所有的 $v_2, \cdots, v_n$, 共需要计算 $(n-1)\sum_{k=1}^{n-2}\binom{n-2}{k}$ 个 $f(v_i, U, v_1)$ 函数. 计算每个 $f(v_i, U, v_1)$ 需要计算 $|U|$ 次加法. 因此, 计算表格中所有的 $f(v_i, U, v_1)$, 所需要的加法运算的次数为

$$(n-1)\sum_{k=1}^{n-2}\binom{n-2}{k}k.$$

我们断言,

$$\sum_{k=1}^{n-2}\binom{n-2}{k}k = (n-2)2^{n-3}.$$

这个断言后面再进行证明, 见断言 6.2.7.

计算表示原问题的 $f(v_1, V\setminus\{v_1\}, v1)$, 所需要的加法运算的次数为 $n-1$. 因此, 动态规划解 TSP 问题所需要的总的加法次数为

$$T(n) = (n-1) + (n-1)(n-2)2^{n-3} = O(n^2 2^n).$$

比较运算的次数与加法运算的次数是同量级的. 因此, 上述 TSP 的动态规划算法的时间复杂度为 $O(n^2 2^n)$, 这是目前所知的求解 TSP 问题最快的算法[13, 35]. 这个时间复杂度虽然仍是指数级的, 但已经比枚举法的时间复杂度 $O(n!)$ 好了很多.

**断言 6.2.7** $\sum_{k=1}^{n-2}\binom{n-2}{k}k = (n-2)2^{n-3}$.

**证明** 注意到

$$\sum_{k=1}^{n-2}\binom{n-2}{k}kx^{k-1} = \left(\sum_{k=1}^{n-2}\binom{n-2}{k}x^k\right)' = \left(\sum_{k=0}^{n-2}\binom{n-2}{k}kx^k\right)'$$
$$= \left((1+x)^{n-2}\right)' = (n-2)(1+x)^{n-3}.$$

因此,

$$\sum_{k=1}^{n-2}\binom{n-2}{k}k = \sum_{k=1}^{n-2}\binom{n-2}{k}kx^{k-1}\bigg|_{x=1} = (n-2)2^{n-3}.$$ ∎

### 6.2.5　一般图上的最短 $s$-$t$ 路问题

使用动态规划法解最短 $s$-$t$ 路问题, 关键在于找到能够递归分解的目标函数.

**第一种解法　按最短路上边的数目进行分解.**

因为图上一共有 $n$ 个顶点, 从 $s$ 到 $t$ 的最短路上边的数目最多不超过 $n-1$. 在允许使用的边的数目上递推, 可用动态规划法解最短 $s$-$t$ 路问题. 定义 $f_k(u,t)$ 为从 $u$ 到 $t$ 经过 (允许使用) 不超过 $k$ 条边的最短路长度. 则有

$$f_k(u,t)=\begin{cases}0, & u=t,\\ \min\limits_{v\in N(u)}\{c_{uv}+f_{k-1}(v,t)\}, & u\neq t,k\geqslant 1,\\ \infty, & u\neq t,k=0.\end{cases}$$

原问题即是求 $f_{n-1}(s,t)$.

**例 6.2.8**　用最短路问题的第一种动态规划解法求解下述实例 (图 6.2.3).

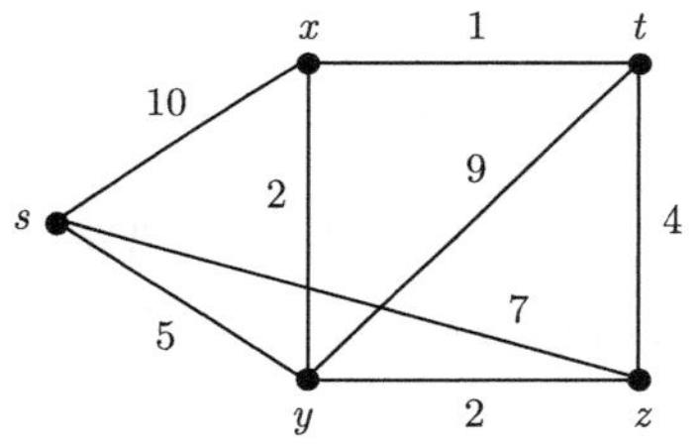


图 6.2.3

**解**　下列动态规划表给出从各个顶点到 $t$ 边数不超过 $k$ 的最短路的长度. 为方便, 将该表称为 $f$ 表 (表 6.2.10).

**表 6.2.10**

| $k$ | $s$ | $x$ | $y$ | $z$ | $t$ |
|---|---|---|---|---|---|
| 0 | $\infty$ | $\infty$ | $\infty$ | $\infty$ | 0 |
| 1 | $\infty$ | 1 | 9 | 4 | 0 |
| 2 | 11 | 1 | 3 | 4 | 0 |
| 3 | 8 | 1 | 3 | 4 | 0 |
| 4 | 8 | 1 | 3 | 4 | 0 |

表格中各个单元格的计算过程如下.

$$f_0(s,t)=\infty.$$

$$f_0(x,t)=\infty.$$

$$f_0(y,t)=\infty.$$

$$f_0(z,t)=\infty.$$

$$f_0(t,t)=0.$$

$$f_1(s,t)=\min\{10+\infty,7+\infty,5+\infty\}=\infty.$$

$$f_1(x,t)=\min\{1+0,2+\infty,10+\infty\}=1.$$

$$f_1(y,t)=\min\{5+\infty,2+\infty,9+0,2+\infty\}=9.$$

$$f_1(z,t)=\min\{2+\infty,7+\infty,4+0\}=4.$$

$$f_1(t,t)=0.$$

$$f_2(s,t)=\min\{10+1,7+4,5+9\}=11.$$

$$f_2(x,t)=\min\{1+0,2+9,10+\infty\}=1.$$

$$f_2(y,t)=\min\{5+\infty,2+1,9+0,2+4\}=3.$$

$$f_2(z,t)=\min\{2+9,7+\infty,4+0\}=4.$$

$$f_2(t,t)=0.$$

$$f_3(s,t)=\min\{10+1,7+4,5+3\}=8.$$

$$f_3(x,t)=\min\{1+0,2+3,10+11\}=1.$$

$$f_3(y,t)=\min\{5+11,2+1,9+0,2+4\}=3.$$

$$f_3(z,t)=\min\{2+3,7+11,4+0\}=4.$$

$$f_3(t,t)=0.$$

$$f_4(s,t)=\min\{10+1,7+4,5+3\}=8.$$

$$f_4(x,t)=\min\{1+0,2+3,10+8\}=1.$$

$$f_4(y,t)=\min\{5+8,2+1,9+0,2+4\}=3.$$

$$f_4(z,t)=\min\{2+3,7+8,4+0\}=4.$$

$$f_4(t,t)=0.$$

表 6.2.11 记录了“求解过程”, 即, 从顶点 $u$ 到 $t$ 边数不超过 $k$ 的最短路上, $u$ 的下一个顶点. 亦即, 在 $f_k(u,t)$ 的计算公式中 (当 $u\neq t$, $k\geqslant 1$ 时), 是 $u$ 的哪一个邻居使得 min 函数取得最小值的.

**表 6.2.11**

| $k$ | $s$ | $x$ | $y$ | $z$ | $t$ |
|---|---|---|---|---|---|
| 0 | × | × | × | × | × |
| 1 | $x$ | $t$ | $t$ | $t$ | × |
| 2 | $x$ | $t$ | $x$ | $t$ | × |
| 3 | $y$ | $t$ | $x$ | $t$ | × |
| 4 | $y$ | $t$ | $x$ | $t$ | × |

从 $s$ 顶点开始, 在上述表格上反向追踪, 即可找出从 $s$ 到 $t$ 的最短路. 为方便, 将上述表格称为 $p$ 表, 每个单元格标记为 $p_k(u,t)$. 反向追踪过程如下: 由于 $p_4(s,t)=y$, 可知在从 $s$ 到 $t$ 的边数不超过 4 的最短路上, $s$ 的下一个顶点是 $y$. 然后, 由于 $p_3(y,t)=x$, 可知在从 $y$ 到 $t$ 的边数不超过 3 的最短路上, $y$ 的下一个顶点是 $x$. 然后, 由于 $p_2(x,t)=t$, 可知在从 $x$ 到 $t$ 的边数不超过 2 的最短路上, $x$ 的下一个顶点是 $t$. 现在, 已经到达目标顶点 $t$, 就不需要再向下追踪了. 最后求到的从 $s$ 到 $t$ 的最短路为 $(s,y,x,t)$, 长度为 8. ■

从例 6.2.8 中 $f$ 表的计算过程可以看出, 计算完 $f_4(s,t)$ 后, 只需要继续计算 $f_4(x,t)$, $\cdots$, $f_4(z,t)$, 就能求到各个顶点到 $t$ 的最短路. 因此, 人们又总结出单汇点最短路问题, 即, 求所有顶点到某一个目标顶点的最短路. 由对称性, 也有单源点最短路问题.

**第二种解法　按最短路上顶点的编号进行分解.**

下面要介绍的最短路动态规划算法由 Floyd[26] 和 Warshall[63] 独自提出, 也称为 Floyd-Warshall 算法. 这是求解最短路问题的一个著名的算法.

将所有顶点从 1 到 $n$ 编号为 $v_1, v_2, \cdots, v_n$. 不失一般性, 假设源顶点 $s=v_1$, 目标顶点 $t=v_n$. 将费用函数 $c$ 的定义域从 $E$ 扩展到 $[n]\times[n]$: 对于 $(i,j)\in[n]\times[n]$, 若 $i=j$, 则定义 $c_{ij}=0$; 否则, 若 $(v_i,v_j)\in E$, 则定义 $c_{ij}=c_{ji}=c(e)$; 否则 ($v_i, v_j$ 之间没有边), 定义 $c_{ij}=c_{ji}=\infty$. 这里的符号 $[n]$ 表示集合 $\{1,\cdots,n\}$.

设 $P$ 为从 $v_i$ 到 $v_j$ 的一条最短路, 其上最大的中间顶点 (不包括 $v_i$ 和 $v_j$) 编号为 $k$. 则 $P$ 也是从 $v_i$ 到 $v_j$ 中间顶点编号不超过 $k$ 的一条最短路. 并且, $P$ 上从 $v_i$ 到 $v_k$ 的路 $P_1$ 是从 $v_i$ 到 $v_k$ 的中间顶点编号不超过 $k-1$ 的一条最短路; 类似地, $P$ 上从 $v_k$ 到 $v_j$ 的路 $P_2$ 是从 $v_k$ 到 $v_j$ 的中间顶点编号不超过 $k-1$ 的一条最短路. 这就找到了最短路问题的目标函数按顶点编号递归分解的一种方式. 定义 $d_{ij}^{(k)}$ 为从 $v_i$ 到 $v_j$ 中间顶点编号不超过 $k$ 的最短路长度. 则有

$$d_{ij}^{(k)}=\begin{cases}c_{ij}, & k=0,\\ \min\{d_{ij}^{(k-1)}, d_{ik}^{(k-1)}+d_{kj}^{(k-1)}\}, & k\geqslant 1.\end{cases}$$

注意到, "中间顶点编号不超过 $k$" 并不意味着必须要在中间顶点中使用 $v_k$, 只是表明允许使用的中间顶点的最大编号为 $k$. 因此, 当 $k \geqslant 1$ 时, 从 $v_i$ 到 $v_j$ 的中间顶点编号不超过 $k$ 的最短路, 可能确实使用了顶点 $v_k$, 也可能没有. 这就是 $d_{ij}^{(k)}$ 在二者 (没有使用 $v_k$ 和使用 $v_k$) 之间取最小值的原因.

由于最大的顶点编号为 $n$, 因此任何一条最短路都是中间顶点编号不超过 $n$ 的一条最短路. 原问题即是求 $d_{1n}^{(n)}$.

在目标函数 $d_{ij}^{(k)}$ 中, $i$, $j$, $k$ 都是可变的参数. 因此, Floyd-Warshall 算法的动态规划表是一个三维结构.

**例 6.2.9**　用 Floyd-Warshall 动态规划算法求解例 6.2.8 中的最短路实例.

**解**　对顶点 $s,x,y,z,t$ 分别编号为 $v_1,v_2,v_3,v_4,v_5$, 则 Floyd-Warshall 算法的动态规划表如下所示. 三维结构不好表示, 我们按照 6 张二维表 ($\boldsymbol{D}^{(0)} \sim \boldsymbol{D}^{(5)}$) 的形式给出.

$$\boldsymbol{D}^{(0)} = \begin{bmatrix} 0 & 10 & 5 & 7 & \infty \\ 10 & 0 & 2 & \infty & 1 \\ 5 & 2 & 0 & 2 & 9 \\ 7 & \infty & 2 & 0 & 4 \\ \infty & 1 & 9 & 4 & 0 \end{bmatrix}, \quad \boldsymbol{D}^{(1)} = \begin{bmatrix} 0 & 10 & 5 & 7 & 11 \\ 10 & 0 & 2 & \infty & 1 \\ 5 & 2 & 0 & 2 & 3 \\ 7 & \infty & 2 & 0 & 4 \\ 11 & 1 & 3 & 4 & 0 \end{bmatrix},$$

$$\boldsymbol{D}^{(2)} = \begin{bmatrix} 0 & 7 & 5 & 7 & 8 \\ 7 & 0 & 2 & 4 & 1 \\ 5 & 2 & 0 & 2 & 3 \\ 7 & 4 & 2 & 0 & 4 \\ 8 & 1 & 3 & 4 & 0 \end{bmatrix}, \quad \boldsymbol{D}^{(5)} = \boldsymbol{D}^{(4)} = \boldsymbol{D}^{(3)} = \boldsymbol{D}^{(2)}.$$

由计算结果可知, $d_{15}^{(5)} = 8$, 表明最短 $s$-$t$ 路的长度为 8. 反向追踪这个计算过程, 可找出从 $s$ 到 $t$ 的最短路. 由于 $\boldsymbol{D}^{(5)} = \boldsymbol{D}^{(4)} = \boldsymbol{D}^{(3)} = \boldsymbol{D}^{(2)}$, 当计算到 $\boldsymbol{D}^{(2)}$ 时, 实际上已经求出了从 $s$ 到 $t$ 的最短路. 但这是仅对这一个实例而言. 对于一般的实例, 上述动态规划算法需要计算到最后一个 $\boldsymbol{D}^{(n)}$. ∎

最短 $s$-$t$ 路问题是最基本的最短路问题. Floyd-Warshall 算法在求出指定两个顶点之间的最短路的同时, 求出了所有顶点对之间的最短路. Floyd-Warshall 算法实际上求解了*所有顶点对最短路问题*, 有力地体现了其强大的功能.

## 6.3 习　题

1. 在解组合优化问题时, 为什么动态规划算法往往比一般的枚举算法和递归算法能够节省大量的计算时间?

2. 有 $n$ 个台阶, 每步可以走一个台阶或两个台阶. 从底端走到顶端, 问一共有多少种走法?

3. 现有 $n$ 个非负实数 $a_1, a_2, \cdots, a_n$, 任何相邻的两个数 $a_i$ 和 $a_{i+1}$ 中最多只能取一个数. 问如何取数, 才能使取出的数之和最大?

4. 现有 $n$ 个非负实数 $a_1, a_2, \cdots, a_n$, 从中取出 $k$ 个数来, 每次只能从数列的左端或右端取. 问如何取数, 才能使取出的数之和最大?

5. 现有 $n$ 个实数 $a_1, a_2, \cdots, a_n$, 从中取出 $k$ 个数来, 每次只能从数列的左端或右端取. 问如何取数, 才能使取出的数之和最大?

6. 用动态规划法解区间调度问题.

**定义 6.3.1　区间调度问题**

实例: 有 $n$ 个工件, 每个工件 $i$ 都有开始加工时间 $s_i$ 和加工结束时间 $f_i$, 以及价值 $v_i \geqslant 0$. 这些工件的加工时间区间可能存在重叠. 现有一台机床, 可以串行加工这些工件, 两个或两个以上的工件不能并行加工.

目标: 问选择哪些工件到机床上加工, 可使得加工工件的总价值最大?

7. 用动态规划法解划分问题.

**定义 6.3.2　划分问题** (The Partition Problem)

实例: $n$ 个非负整数 $a_1, a_2, \cdots, a_n$.

询问: 能不能将 $a_1, a_2, \cdots, a_n$ 分成和相等的两部分?

# 第 7 章　图与网络算法

本章介绍图上的几个重要算法，主要包括流问题和匹配问题的算法. 没有介绍如深度优先搜索、宽度优先搜索、最小生成树等图上的基本算法，我们假设读者已经掌握了这些基本算法. 一方面，本章所介绍的图和网络算法是这些基本算法的延伸. 另一方面，本章所介绍的问题和算法与数学优化理论也有密切的联系.

图和网络并没有本质的不同. 传统上，人们把边上赋权的图称为网络. 但也不尽然，例如在网络科学中，那些表示社交网络、论文引用网络、蛋白质相互作用网络等的大规模的图，也被统称为网络.

## 7.1　最大流问题

**定义 7.1.1　最大流问题**

实例：有向图 $G=(V,E)$，边 $e\in E$ 上定义有容量 $c(e)\geqslant 0$. 有两个特殊的顶点 $s,t\in V$，其中 $s$ 是源顶点，$t$ 是目标顶点.

目标：计算从 $s$ 到 $t$ 的满足容量约束的最大流.

最大流问题的较完整的名称是最大 $s$-$t$ 流问题. 有很多版本的流问题，尤其是，当注意到有一些流问题可以有多个源顶点和多个目标顶点，就可以理解为什么将定义 7.1.1 中的流称为 $s$-$t$ 流了. 但定义 7.1.1 中给出的可以说是最基本的一种流问题，因此在很多场合，人们就简称这个问题为最大流问题了，而在名称中省略了“$s$-$t$”.

令 $f\colon E\to\mathbb{R}^+$ 是一个映射. 若 $\{f(e)\}$ 在所有弧上均满足容量约束 (即，$f(e)\leqslant c(e)$)，在除 $s$ 和 $t$ 之外的所有顶点上都满足流守恒约束 (即，$\sum_{e\in\delta^+(v)}f(e)=\sum_{e\in\delta^-(v)}f(e)$)，则称 $f$ 为一个**流**，$f(e)$ 为流 $f$ 在边 $e$ 上部署的**流量**. 流 $f$ 的**流值** $\mathrm{val}(f)$ 定义为 $s$ 点发出的流量之和与 $s$ 点接收的流量之和的差，即 $s$ 点发出的“净流量”.

### 7.1.1　最大流的增广路算法

解最大流问题最基本的算法莫过于福特 (Lester Ford) 和富尔克森 (Delbert Fulkerson) 提出的增广路算法[28]. 该算法的基本思想是不断地找一条路来增加流，当流值不能再增加时，就得到了最大流. 要找的这一条路称为“增广路”. 找增广路的办法有剩余网络的方法和标号法等. 在本书中, 我们使用剩余网络的方法来找增广路. 为此, 先介绍剩余网络.

给定图 $G$ 中的一条边 $e=(u,v)$, $e$ 的**反向边** $\overleftarrow{e}$ 定义为 $\overleftarrow{e}=(v,u)$. 给定有向图 $G$, 定义 $\overleftrightarrow{G}=(V(G),E(G)\uplus\{\overleftarrow{e}:e\in E(G)\})$. 即, $\overleftrightarrow{G}$ 是将 $G$ 中的所有边反向并叠加到原图上构成的图. 符号 "$\uplus$" 表示 "多重集的并". 例如, 若 $A=\{1,2,3\}$, $B=\{2,3,4\}$, 则 $A\uplus B=\{1,2,2,3,3,4\}$.

若在 $G$ 上 $u,v$ 之间只有一条边 $e=(u,v)$, 则在 $\overleftrightarrow{G}$ 上 $u,v$ 之间有两条边 $e=(u,v)$ 和 $\overleftarrow{e}=(v,u)$. 若在 $G$ 上 $u,v$ 之间有两条边 $e=(u,v)$ 和 $e'=(v,u)$, 则在 $\overleftrightarrow{G}$ 上 $u,v$ 之间有四条边: $e=(u,v)$, $\overleftarrow{e}=(v,u)$, $e'=(v,u)$, 以及 $\overleftarrow{e}'=(u,v)$. 也就是说, $\overleftrightarrow{G}$ 是一个允许有重复边的多重图.

例如, 若图 $G$ 为图 7.1.1(a) 所示, 则图 $\overleftrightarrow{G}$ 为图 7.1.1(b) 所示.

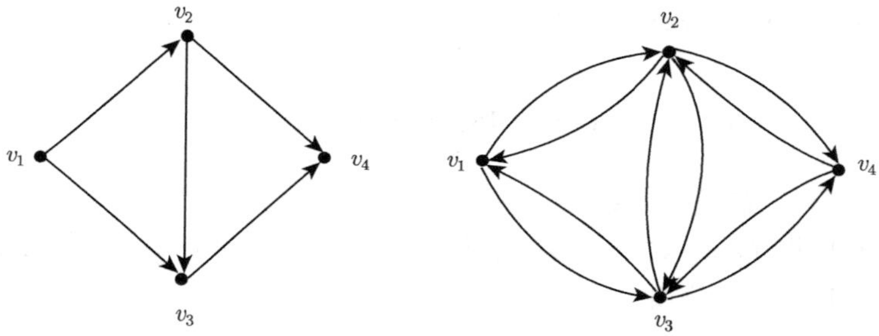


(a) (b)

图 7.1.1

下面介绍两个重要的概念: 剩余网络和增广路.

给定有向图 $G$ 上的一个流 $f$, 对 $G$ 任一条边 $e$, 定义 $e$ 和 $\overleftarrow{e}$ 的**剩余容量** $c_f$ 如下:

$$c_f(e)=c(e)-f(e),$$
$$c_f(\overleftarrow{e})=f(e).$$

**定义 7.1.2** 给定有向图 $G$ 上的一个流 $f$, 剩余网络 $G_f$ 定义为

$$G_f=(V(G),\{e\in E(\overleftrightarrow{G}):c_f(e)>0\}).$$

由定义 7.1.2 可知, 剩余网络是由剩余容量大于 0 的边构成的图.

**定义 7.1.3** 剩余网络 $G_f$ 上的一条 $s$-$t$ 路称为**增广路**.

在剩余网络中若有一条 $s$-$t$ 路, 由定义, 这条路上每条边都有大于 0 的剩余容量. 因此, 直观上, 可以在这条路上部署一个流从而增加原来的流. 边 $e$ 上的剩余

容量是很好理解的，这里不太好理解的是边 $\overleftarrow{e}$ 上的剩余容量的定义. 我们下面将通过例子 (参见例 7.1.5) 来说明，然后再给出相关的理论分析.

有了这些概念，就可以给出最大流问题的著名的增广路算法. 这个算法来源于福特和富尔克森[28]. 算法的形式非常简单，但它使用剩余网络的概念抓住了最大流问题的本质特征.

**算法 7.1.1** 最大流问题的增广路算法.

(1) $\forall e \in E(G)$, $f(e) \leftarrow 0$.

(2) 在 $G_f$ 上找一条增广路 $P$. 若找不到则结束.

(3) $\gamma \leftarrow \min\{c_f(e)\colon e \in P\}$. 沿着 $P$ 将 $f$ 增加 $\gamma$, 转 (2).

**例 7.1.4** 在图 7.1.2 所示的流网络上运行算法 7.1.1, 求从 $s = v_1$ 到 $t = v_6$ 的一个最大流.

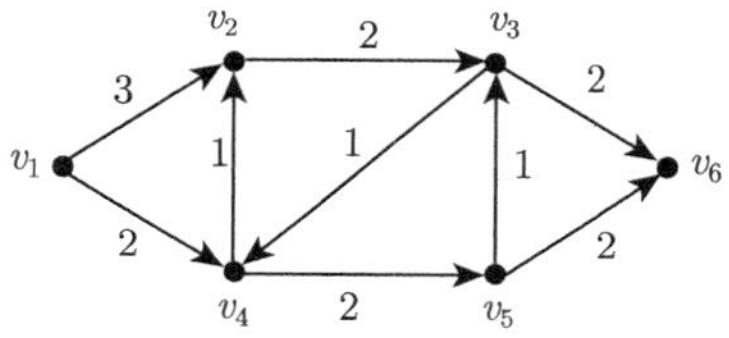


图 7.1.2

**解** 算法的一种可能的执行过程如下 (图 7.1.3 ~ 图 7.1.5).

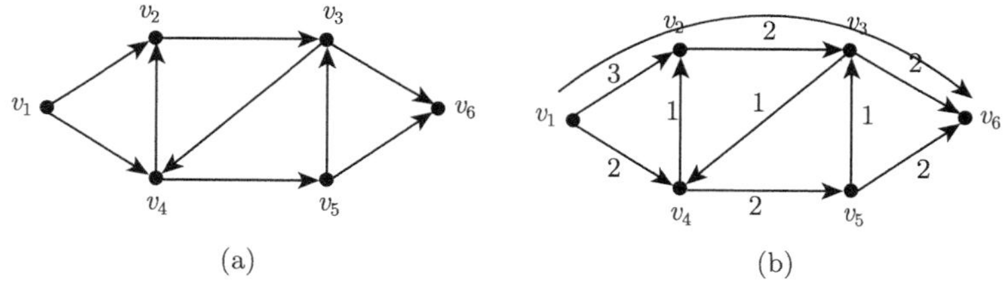


图 7.1.3

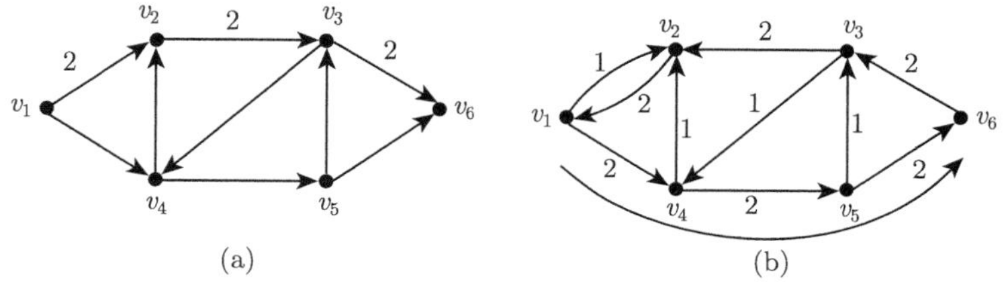


图 7.1.4

图 7.1.3 (a) 表示当前的流网络，图 7.1.3 (b) 表示当前流的剩余网络. 在剩余

网络上, 找到一条 $s$-$t$ 路, 路上的边的最小的剩余容量为 2, 因此按照 $s$-$t$ 路对当前流增加流, 流值增加了 2 (如图 7.1.4(a)).

在当前流的剩余网络上, 找到一条 $s$-$t$ 路 (如图 7.1.4(b)), 沿着路继续对当前流进行增加. 流值又增加了 2 (图 7.1.5(a)).

在当前流的剩余网络上, 已经找不到 $s$-$t$ 路了 (图 7.1.5(b)). 算法结束, 找到图 7.1.5(a) 所示的一个 $s$-$t$ 流, 流值为 4.

当剩余网络上有多条增广路时, 算法 7.1.1 并没有指明找哪一条增广路. 换言之, 对于算法 7.1.1 而言, 找任何一条增广路都是可以的. 因此, 对于同一个流网络, 算法 7.1.1 可能会有不同的执行过程, 如例 7.1.5 所示.

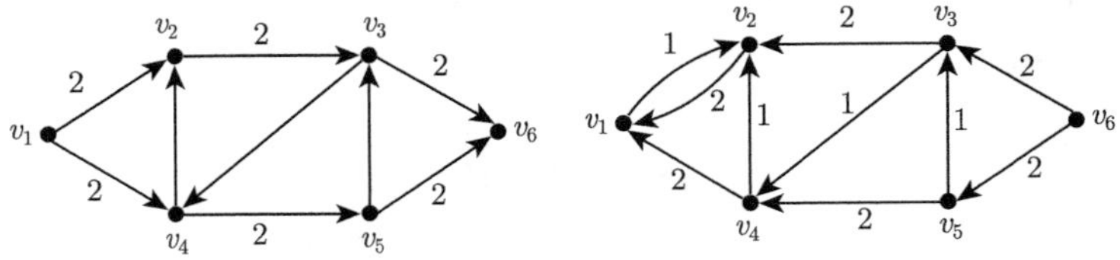


(a)　　　　(b)

图 7.1.5

∎

**例 7.1.5**　在图 7.1.6 所示的流网络上运行算法 7.1.1, 求从 $s = v_1$ 到 $t = v_6$ 的一个最大流.

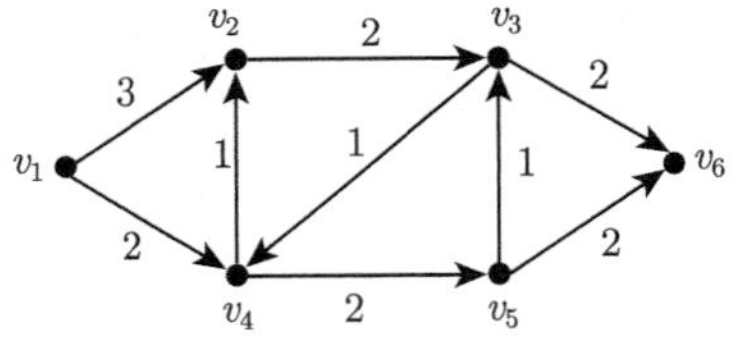


图 7.1.6

**解**　算法的一种可能的执行过程如下 (图 7.1.7 ~ 图 7.1.11).

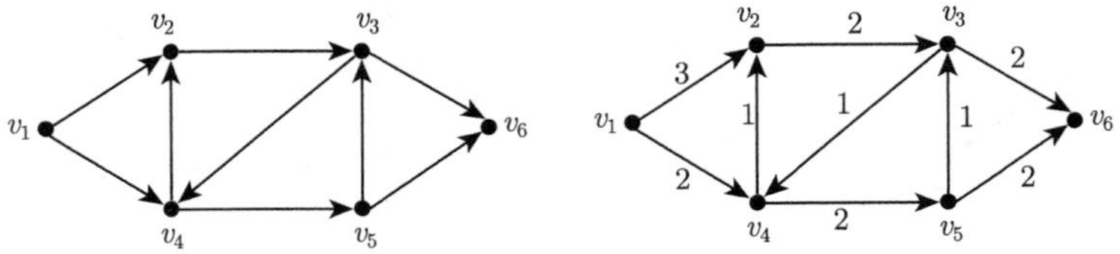


(a)　　　　(b)

图 7.1.7

找到一条能够部署流值 1 的增广路 (图 7.1.7(b)).

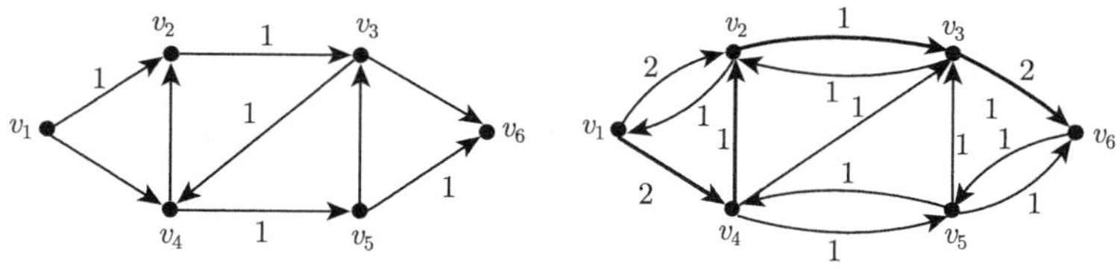


(a) (b)

图 7.1.8

又找到一条能够部署流值 1 的增广路 (图 7.1.8(b)).

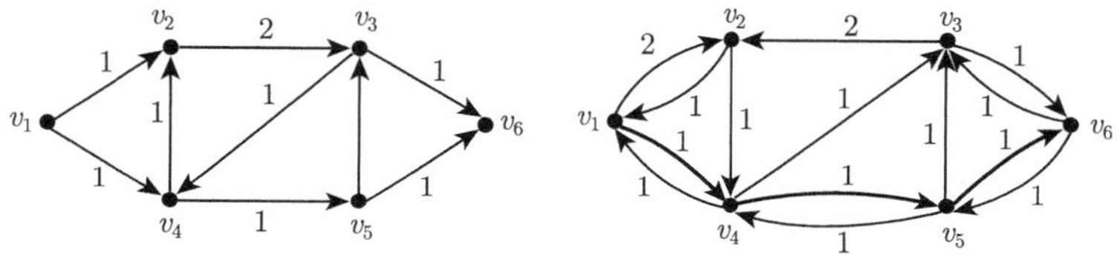


(a) (b)

图 7.1.9

还是找到一条能够部署流值 1 的增广路 (图 7.1.9(b)).

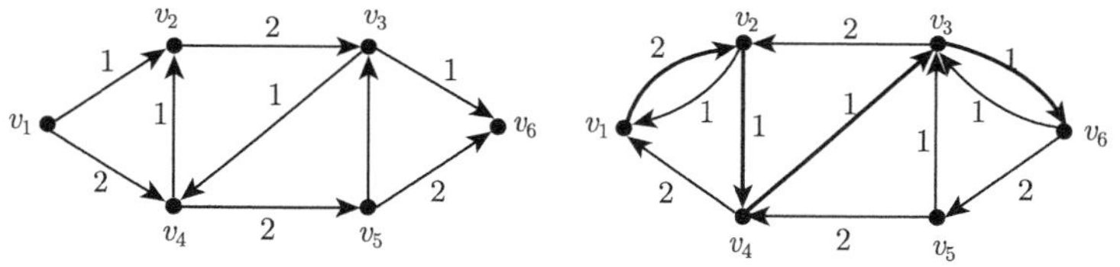


(a) (b)

图 7.1.10

还是找到一条能够部署流值 1 的增广路 (图 7.1.10(b)). 注意这条增广路使用了 $v_4$ 到 $v_3$ 的一条边, 这条边是原流网络上 $v_3$ 到 $v_4$ 的边的反向边. 这条增广路说明了为什么在流网络的一条边 $e$ 上部署了 $f(e)$ 大小的流, 会在剩余网络的边 $\overleftarrow{e}$ 上产生 $f(e)$ 大小的剩余容量. 在 $\overleftarrow{e}$ 上增加流 (因为 $\overleftarrow{e}$ 在增广路上), 实际上是抵消了原流网络的 $e$ 上的相应大小的流.

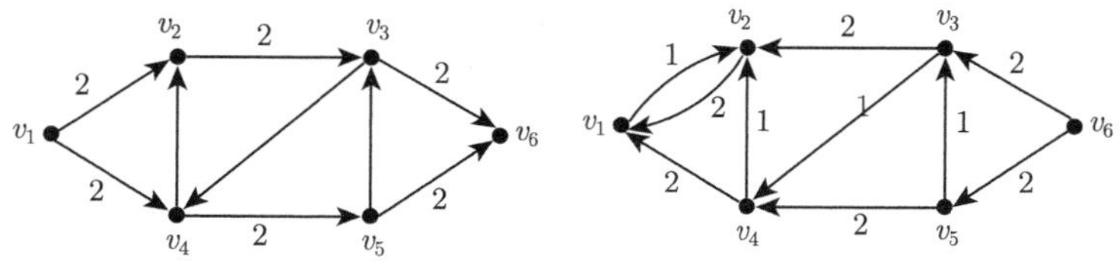


(a) (b)

图 7.1.11

本增广路上还有一条边 $(v_2, v_4)$, 情形与 $(v_4, v_3)$ 类似.

最后的剩余网络上没有了 $s$-$t$ 路, 算法结束, 找到一个大小为 4 的 $s$-$t$ 流. ∎

下面对算法 7.1.1 进行分析, 主要结果是后面的定理 7.1.8: 一个流 $f$ 是最大流当且仅当剩余网络 $G_f$ 上不存在增广路. 由此, 算法 7.1.1 的正确性 (求到了最大流) 是显而易见的. 我们首先介绍一下 "割" 的概念.

给一个图 $G=(V,E)$, 其顶点集 $V$ 的一个 2-划分 $(S,T)$ 称为一个**割**. 设 $s,t$ 为两个顶点. 若又有 $s\in S$, $t\in T$, 则 $(S,T)$ 称为一个 $s$-$t$ **割**. 给一个割 $(S,T)$, $\delta(S,T)=\{e=(u,v)\colon u\in S, v\in T\}$ 表示 $(S,T)$ 所割开的边的集合, 称为**割集**.

若 $G$ 是一个有向图, 则割 $(S,T)$ 也称为**有向割**. 给一个有向割 $(S,T)$, 从 $S$ 指向 $T$ 的弧称为前向弧 (边), 从 $T$ 指向 $S$ 的弧称为后向弧 (边). 注意, 若 $G$ 是一个有向图, 则 $\delta(S,T)$ 仅包含从 $S$ 指向 $T$ 的弧.

**引理 7.1.6** 设 $f$ 是一个 $s$-$t$ 流, $(S,T)$ 是一个 $s$-$t$ 割. 则 $f$ 的流值等于相对于该割的前向弧的流量之和减去后向弧的流量之和.

**证明** 按照流值的定义, 我们有

$$\begin{aligned}\mathrm{val}(f) &= \sum_{e\in\delta^+(s)} f(e) - \sum_{e\in\delta^-(s)} f(e)\\ &= \sum_{u\in S}\left(\sum_{e\in\delta^+(u)} f(e) - \sum_{e\in\delta^-(u)} f(e)\right),\end{aligned}$$

其中最有一个等号成立是因为在顶点集 $S$ 中除 $s$ 之外其他顶点都满足流守恒约束.

现在, 给定顶点 $u$, 我们把 $\delta^+(u)$ 中的边分成在割集 $\delta(S,T)$ 中的和不在割集 $\delta(S,T)$ 中的两部分. 类似地, 把 $\delta^-(u)$ 中的边分成在割集 $\delta(T,S)$ 中的和不在割集 $\delta(T,S)$ 中的两部分. 于是, $\mathrm{val}(f)$ 就等于

$$\begin{aligned}&\sum_{u\in S}\left(\left(\sum_{\substack{e\in\delta^+(u)\\ e\in\delta(S,T)}} f(e) + \sum_{\substack{e\in\delta^+(u)\\ e\notin\delta(S,T)}} f(e)\right) - \left(\sum_{\substack{e\in\delta^-(u)\\ e\in\delta(T,S)}} f(e) + \sum_{\substack{e\in\delta^-(u)\\ e\notin\delta(T,S)}} f(e)\right)\right)\\ =&\sum_{u\in S}\left(\left(\sum_{\substack{e\in\delta^+(u)\\ e\notin\delta(S,T)}} f(e) - \sum_{\substack{e\in\delta^-(u)\\ e\notin\delta(T,S)}} f(e)\right) + \left(\sum_{\substack{e\in\delta^+(u)\\ e\in\delta(S,T)}} f(e) - \sum_{\substack{e\in\delta^-(u)\\ e\in\delta(T,S)}} f(e)\right)\right).\end{aligned}$$

现在看 $\sum_{u\in S}\left(\sum_{\substack{e\in\delta^+(u)\\ e\notin\delta(S,T)}} f(e) - \sum_{\substack{e\in\delta^-(u)\\ e\notin\delta(T,S)}} f(e)\right)$. 一条边 $e\in\delta^+(u)$ 且 $e\notin$

$\delta(S,T)$, 表明 $e$ 的另外一个端点 $v$ 也在 $S$ 中. 因此, 这条边 $e=(u,v)$ 既出现在项 $\sum_{\substack{e\in\delta^+(u)\\ e\notin\delta(S,T)}} f(e)$ 中, 也出现在项 $\sum_{\substack{e\in\delta^-(v)\\ e\notin\delta(T,S)}} f(e)$ 中. 因此,

$$\sum_{u\in S}\left(\sum_{\substack{e\in\delta^+(u)\\ e\notin\delta(S,T)}} f(e)-\sum_{\substack{e\in\delta^-(u)\\ e\notin\delta(T,S)}} f(e)\right)=0.$$

于是,

$$\begin{aligned}\mathrm{val}(f)&=\sum_{u\in S}\left(\sum_{\substack{e\in\delta^+(u)\\ e\in\delta(S,T)}} f(e)-\sum_{\substack{e\in\delta^-(u)\\ e\in\delta(T,S)}} f(e)\right)\\ &=\sum_{u\in S}\sum_{\substack{e\in\delta^+(u)\\ e\in\delta(S,T)}} f(e)-\sum_{u\in S}\sum_{\substack{e\in\delta^-(u)\\ e\in\delta(T,S)}} f(e)\\ &=\sum_{e\in\delta(S,T)} f(e)-\sum_{e\in\delta(T,S)} f(e).\end{aligned}$$ ■

这就证明了引理, 该引理的示意如图 7.1.12 所示.

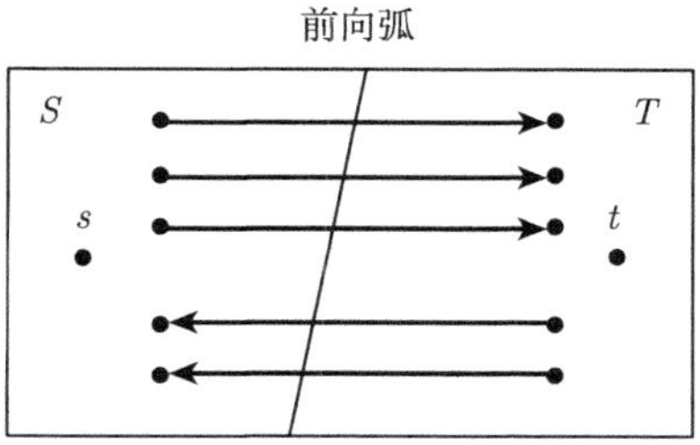


图 7.1.12

给一个割 $(S,T)$, $c(S,T)=\sum_{e\in\delta(S,T)} c(e)$ 表示割集 $\delta(S,T)$ 的容量.

**引理 7.1.7** 设 $f$ 是任意一个 $s$-$t$ 流, $(S,T)$ 是任意一个 $s$-$t$ 割. 则 $\mathrm{val}(f)\leqslant c(S,T)$.

**证明** 由引理 7.1.6,

$$\begin{aligned}\mathrm{val}(f)&=\sum_{e\in\delta(S,T)} f(e)-\sum_{e\in\delta(T,S)} f(e)\\ &\leqslant\sum_{e\in\delta(S,T)} f(e)\leqslant\sum_{e\in\delta(S,T)} c(e)=c(S,T),\end{aligned}$$

其中最后一个不等号是因为流 $f$ 满足容量约束. ■

**定理 7.1.8** (增广路定理)　一个流 $f$ 是最大流当且仅当剩余网络 $G_f$ 上不存在增广路.

**证明**　($\Rightarrow$) 若 $G_f$ 上存在增广路, 则 $f$ 的流值可以严格增加, 流 $f$ 就不是最大的.

($\Leftarrow$) 定义 $S$ 是 $G_f$ 上从 $s$ 出发可达的顶点的集合. 特别地, $s \in S$. 定义 $T = V - S$.

首先, 我们说 $\forall e \in \delta(S,T)$, 有 $f(e) = c(e)$ (即, 前向弧都是饱和弧). 这是因为对于 $e = (u,v) \in \delta(S,T)$, 若 $f(e) < c(e)$, 则在 $G_f$ 上从 $s$ 出发可到达 $u$ 再到 $v$, 与 $v \in T$ 矛盾.

然后, 我们还有 $\forall e \in \delta(T,S)$, 有 $f(e) = 0$ (即, 后向弧都是空弧). 这是因为若对于 $e = (v,u) \in \delta(T,S)$ 有 $f(e) > 0$, 则在 $G_f$ 上从 $s$ 出发可到达 $u$ 再到 $v$, 与 $v \in T$ 矛盾.

因此, 再由引理 7.1.6, 可知 $\mathrm{val}(f) = \sum_{e\in\delta(S,T)} f(e) - \sum_{e\in\delta(T,S)} f(e) = \sum_{e\in\delta(S,T)} c(e)$. 由引理 7.1.7, 任意流的流值都小于等于任意割的容量. 现在 $f$ 的流值等于割 $(S,T)$ 的容量, 因此 $f$ 是最大流. ■

下面我们来分析算法 7.1.1 的时间复杂度. 不失一般性, 假设所有弧容量都是整数. 在最坏情况下, 沿着增广路每次都只增加流值 1. 则算法 7.1.1 最多需要 OPT 次增广, 其中 OPT 是最大流值. 可使用简单的可达性方法在 $O(m)$ 时间内找到任一条增广路, 如深度优先搜索的方法. 所以, 算法 7.1.1 总的时间复杂度量为 $O(m\mathrm{OPT})$. 此处一定要注意, $O(m\mathrm{OPT})$ 不是一个 (输入长度的) 多项式时间复杂度, 这是因为该时间复杂度表达式中有一个 OPT, 而 OPT 不能表达为问题输入长度的多项式.

下面这个例子说明了算法 7.1.1 确实可能会经过 OPT 次增广.

**例 7.1.9**　在图 7.1.13 所示的流网络上运行算法 7.1.1 求最大流, 其中 $v_1$ 是源顶点 $s$, $v_4$ 是目标顶点 $t$.

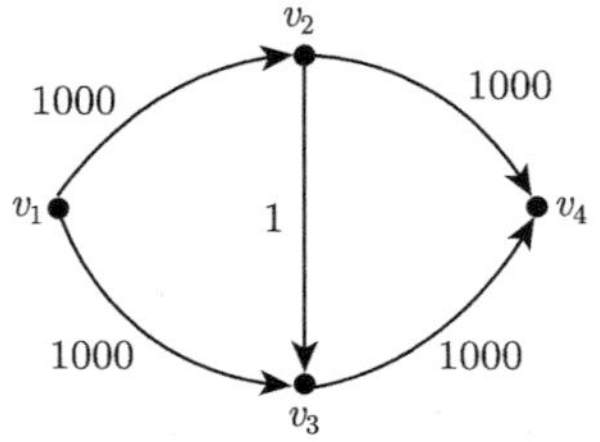


图 7.1.13

**解**　算法 7.1.1 一种可能的执行方式如图 7.1.13 所示.

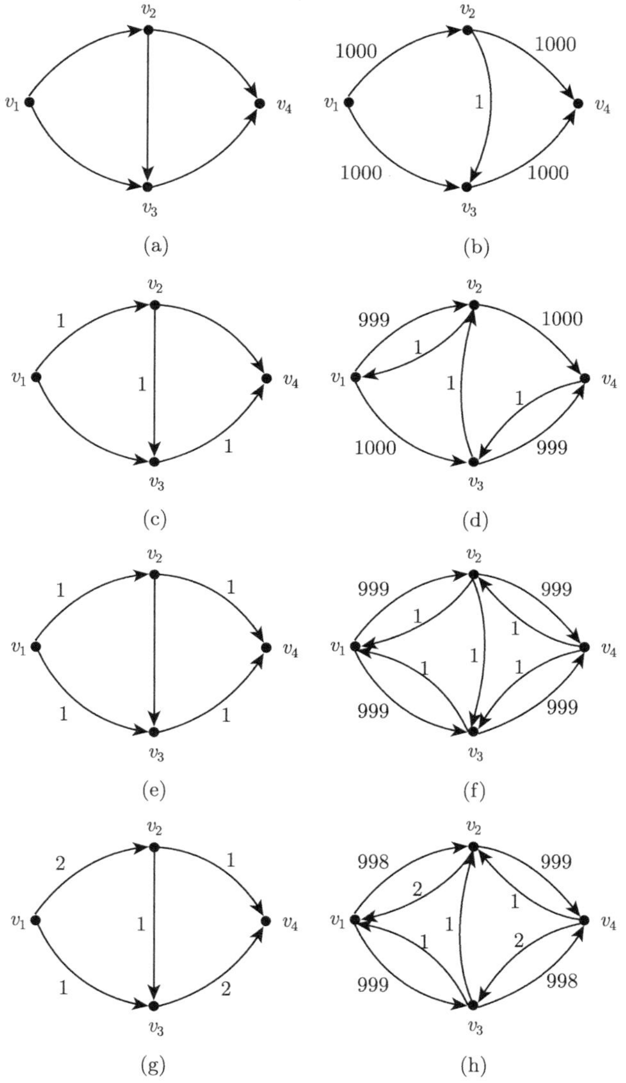


图 7.1.14

在这个过程中, 可以看出, 算法 7.1.1 每次都在剩余网络上选择了流值为 1 的增广路. 而这个例子很简单, 其最大流的流值为 2000. 如此下去, 算法 7.1.1 要经过 2000 次迭代才能结束.

事实上, 如果选择增广路合适, 算法可以在第一个剩余网络上 (图 7.1.14(b)) 选择流值为1000 的增广路, 在接下来的第二个剩余网络上选择流值为 1000 的增广路, 算法迭代两次就结束了. ∎

从例 7.1.9 可以看出, 如果选择增广路不合适, 算法 7.1.1 会经过 OPT 次 (指数次) 增广才能结束. 事实上, 只要将找增广路的方法改成找按边的数目计最短的增广路, 就能够避免指数次增广. 这样的增广路算法[23] 是由埃德蒙兹 (Jack Edmonds) 和卡普 (Richard Karp, 美国) 提出的, 其时间复杂度为 $O(mn^2)$, 是多项式时间算法.

最大流问题是组合优化中的一个非常基本的问题, 关于该问题一直有研究工作涌现出来. 2022 年, 彭泱等[17] 证明了当边上的容量是多项式有界的整数时, 最大流问题可在近乎是线性的 $(m^{1+o(1)})$ 时间内求解. 这是最大流问题的一个突破性的进展.

本节的增广路算法 (算法 7.1.1) 是使用剩余网络描述的. 这实际上非常简洁有力. 算法 7.1.1 还有一种常见的描述方式叫做标号法, 给出了使用标号的办法找一条增广路的过程. 但读者如果陷入到标号的细节, 则不容易抓住增广路算法的实质. 标号法可看作是算法 7.1.1 的一种具体实现, 该方法在本书中就省略了.

### 7.1.2　最大流和最小割

容量最小的 $s$-$t$ 割称为最小 $s$-$t$ 割, 这里 $s$ 表示源顶点, $t$ 表示目标顶点. 在不至于引起混淆的情况下, 最小 $s$-$t$ 割也简称为**最小割**.

给一个流网络, 最大流的流值和最小割的容量之间, 有一个美妙的对偶关系, 如定理 7.1.10 所述.

**定理 7.1.10** (最大流最小割定理)　一个流网络上最大流的流值等于该网络上最小割的容量.

**证明**　设 $f^*$ 是一个最大流, $\mathrm{val}(f^*)$ 是其流值. $(S^*,T^*)$ 是一个最小割, $c(S^*,T^*)$ 是其容量. 由引理 7.1.7,

$$\mathrm{val}(f^*) \leqslant c(S^*,T^*). \tag{7.1.1}$$

由增广路定理 7.1.8 的证明, 存在割 $(S,T)$, 使得 $\mathrm{val}(f^*) = c(S,T)$. 因为 $(S^*,T^*)$ 是最小割, 必有 $c(S,T) \geqslant c(S^*,T^*)$. 因此,

$$\mathrm{val}(f^*) \geqslant c(S^*,T^*). \tag{7.1.2}$$

由 (7.1.1)、(7.1.2), 可知 $\mathrm{val}(f^*) = c(S^*,T^*)$. ∎

假设 $f^*$ 是最大流. 在最大流对应的剩余网络 $G_{f^*}$ 上, 从源顶点 $s$ 出发可达的顶点集 $S$ 构成一个割 $(S,T)$, 其中 $T = V \setminus S$. 由定理 7.1.8 的证明, 读者可分析 $(S,T)$ 就是一个最小割.

**例 7.1.11**　找一个图 7.1.15 所示流网络的最小 $s$-$t$ 割, 其中 $v_1$ 是源顶点 $s$, $v_6$ 是目标顶点 $t$.

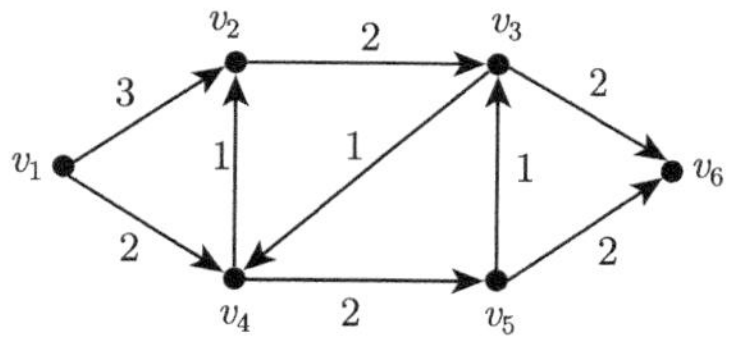


图 7.1.15

**解** 在例 7.1.4 给出的计算最大流的过程中, 在最后的剩余网络上, 从 $v_1$ 出发可达的顶点集为 $\{v_1, v_2\}$. 因此, $(\{v_1, v_2\}, \{v_3, v_4, v_5, v_6\})$ 是图 $G$ 的一个最小割 (如图 7.1.16 所示), 其容量为 4, 和最大流的流值相等.

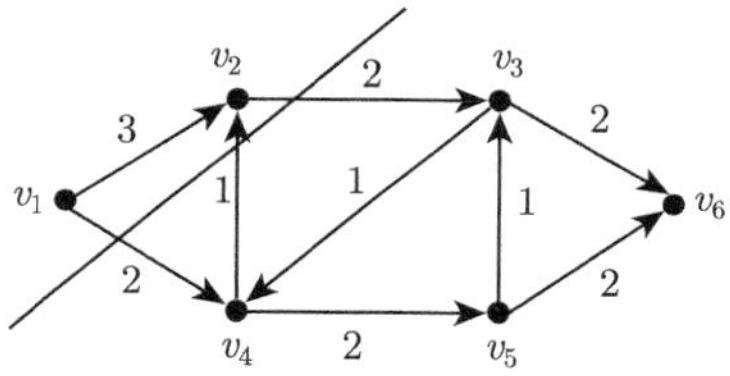


图 7.1.16

■

如同定理 7.1.10 所述, 这种 "最小的" 和 "最大的" 相等的关系, 在优化理论中通常被称为对偶关系. 对偶并不是对称, 也不是互补. 两件事情对偶表明, 这两件事是某一个 (抽象) 对象从不同侧面的表达. 例如在例 7.1.11 中, 数值 4 就是那个抽象的对象的值. 从最小割的角度去看, 会得到 4. 从最大流的角度去看, 也会得到 4. 最大流和最小割是某种更抽象的对象的不同表达.

最大流最小割定理 7.1.10 归功于 [27] 和 [24]. 这个定理所表达的含义实际上是很直观的. 如果我们在绘制流网络 $G$ 时, 把顶点 $s$ 放在最左端, 顶点 $t$ 放在最右端, 容量大的边绘制得粗一点, 容量小的边绘制得细一点, 则整个网络就呈现为粗细不均的 "条状". 从 $s$ 发送到 $t$ 的最大流, 显然取决于这个条状网络最细的地方! 定理 7.1.10 对这个直观给出了形式化的刻画. 定理 7.1.10 是一个著名的定理, 它构成了当代组合优化学科的开端. 这个定理出现之后, 又出现了多个不同版本的 "最大流最小割" 类型的定理, 比如多重割的最大流最小割定理[30], 最稀疏割的最大流最小割定理[50] 等.

### 7.1.3 对偶理论的观点

下面我们用线性规划的对偶理论对最大流最小割定理做进一步的解释. 为此, 首先定义最小 $s$-$t$ 割问题.

**定义 7.1.12** **最小 $s$-$t$ 割问题** (The Min $s$-$t$ Cut Problem)

实例: 图 $G=(V,E)$, 边上定义有非负容量 $\{c(e)\colon e\in E\}$. 源顶点 $s$, 目标顶点 $t$.

目标: 找一个容量最小的 $s$-$t$ 割.

在上下文明确的情况下, 最小 $s$-$t$ 割问题也可简称为最小割问题. 可用线性规划对最小割问题给出一个刻画, 如整数线性规划 7.1.3 所示. 因为定义 7.1.1 中的最大流问题定义在有向图上, 为一致起见, 我们假设最小割问题也是定义在有向图上.

$$
\begin{aligned}
\min\quad & \sum_e c_e\beta_e && (7.1.3)\\
\text{s.t.}\quad & \beta_e \geqslant \alpha_v-\alpha_u, \quad \forall e=(u,v),\\
& \alpha_t-\alpha_s\geqslant 1,\\
& \alpha_v\in\{0,1\}, \qquad \forall v,\\
& \beta_e\in\{0,1\}, \qquad \forall e.
\end{aligned}
$$

在整数规划 7.1.3 中, 每个顶点 $v$ 上有一个 0-1 变量 $\alpha_v$. $\alpha_v=0$ 的所有顶点构成一个集合, 记为 $S$, $\alpha_v=1$ 的所有顶点构成一个集合, 记为 $T$. 这样, $\{\alpha_v\}$ 就自然地定义了一个割 $(S,T)$. 约束 $\alpha_t-\alpha_s\geqslant 1$ 表明 $\alpha_t$ 必取 1, $\alpha_s$ 必取 0. 因此, 割 $(S,T)$ 是一个 $s$-$t$ 割. 每条边 $e$ 上定义有一个 0-1 变量 $\beta_e$. 任取一条弧 $e=(u,v)$, 若 $u\in S$ 以及 $v\in T$, 则 $\alpha_v-\alpha_u=1$, 此时 $\beta_e$ 必取 1. 否则, 由规划的最小目标函数, $\beta_e$ 取 0 即可. 因此, 整数规划 7.1.3 的目标函数是最小化所有前向弧的容量之和, 即有向割 $(S,T)$ 的容量.

最大流问题的线性规划可写为

$$
\begin{aligned}
\max\quad & val && (7.1.4)\\
\text{s.t.}\quad & \sum_{e\in\delta^+(s)} f(e)-\sum_{e\in\delta^-(s)} f(e)=val,\\
& \sum_{e\in\delta^+(t)} f(e)-\sum_{e\in\delta^-(t)} f(e)=-val,\\
& \sum_{e\in\delta^+(v)} f(e)-\sum_{e\in\delta^-(v)} f(e)=0, && \forall v\neq s,t,\\
& f(e)\leqslant c(e), && \forall e,\\
& f(e)\geqslant 0, && \forall e,
\end{aligned}
$$

$$val \geqslant 0.$$

这个线性规划很容易理解. $f(e)$ 表示在边 $e$ 上部署的流量. 规划的前三个约束是顶点上的流守恒约束. 第四个约束是容量约束. $val$ 是一个变量, 表示流值. 规划的目标函数是最大化流值 $val$.

线性规划 (7.1.4) 的对偶规划为

$$\begin{aligned} \min \quad & \sum_e c_e\beta_e & (7.1.5)\\ \text{s.t.} \quad & \beta_e \geqslant \alpha_v - \alpha_u, \quad \forall e=(u,v),\\ & \alpha_t - \alpha_s \geqslant 1,\\ & \alpha_v \gtreqless 0, \qquad\quad \forall v,\\ & \beta_e \geqslant 0, \qquad\quad \forall e. \end{aligned}$$

其中, $\alpha_v$ 是定义在顶点上的对偶变量, $\beta_e$ 是定义在边上的对偶变量.

**引理 7.1.13** 在线性规划 (7.1.5) 的最优解 $(\boldsymbol{\alpha}^*, \boldsymbol{\beta}^*)$ 中, 可假设 $\alpha_s^* = 0$, 以及 $\forall v$, $\alpha_v^* \geqslant 0$.

**证明** 取线性规划 (7.1.5) 的一个最优解 $(\boldsymbol{\alpha}, \boldsymbol{\beta})$, 假设其 $\alpha_s > 0$. 定义一个新的解 $(\boldsymbol{\alpha}', \boldsymbol{\beta})$ 如下: $\forall v \in V$,

$$\alpha_v' = \begin{cases} \alpha_v - \alpha_s, & \alpha_v \geqslant \alpha_s,\\ 0, & \text{否则}. \end{cases}$$

在这个解中, 显然有 $\alpha_s' = 0$.

可验证解 $(\boldsymbol{\alpha}', \boldsymbol{\beta})$ 是一个可行解. 并且, 解 $(\boldsymbol{\alpha}', \boldsymbol{\beta})$ 和 $(\boldsymbol{\alpha}, \boldsymbol{\beta})$ 的解值相同. 因此, $(\boldsymbol{\alpha}', \boldsymbol{\beta})$ 也是一个最优解. ∎

由引理 7.1.13, 线性规划 (7.1.5) 和如下线性规划 (7.1.6) 是等价的 (即, 它们的最优值相等).

$$\begin{aligned} \min \quad & \sum_e c_e\beta_e & (7.1.6)\\ \text{s.t.} \quad & \beta_e \geqslant \alpha_v - \alpha_u, \quad \forall e=(u,v),\\ & \alpha_t - \alpha_s \geqslant 1,\\ & \alpha_v \geqslant 0, \qquad\quad \forall v, \end{aligned}$$

$$\beta_e \geqslant 0, \qquad \forall e.$$

由定理 3.10.4, 线性规划 (7.1.6) 的约束矩阵是全单位模的. 由于右端项也是整数, 因此它的标准型的每个基本可行解都是整数解 (定理 3.10.3). 由于最优解必可在基本可行解上取得, 因此线性规划 (7.1.6) 存在整数最优解.

**引理 7.1.14**　在线性规划 (7.1.6) 的最优解 $(\boldsymbol{\alpha}^*, \boldsymbol{\beta}^*)$ 中, 可假设 $\forall v, \alpha_v^* \leqslant 1$.

**证明**　取线性规划 (7.1.6) 的一个最优解 $(\boldsymbol{\alpha}, \boldsymbol{\beta})$, 定义一个新的解 $(\boldsymbol{\alpha}', \boldsymbol{\beta})$ 如下: $\forall v \in V, \alpha'_v = \min\{\alpha_v, 1\}$. 即, 若 $\alpha_v \leqslant 1$, 则 $\alpha'_v = \alpha_v$; 若 $\alpha_v > 1$, 则 $\alpha'_v = 1$. 在这个解中, 显然总是有 $\alpha'_v \leqslant 1, \forall v$.

考察约束 $\beta_e \geqslant \alpha'_v - \alpha'_u$. 若 $\alpha'_u$ 比 $\alpha_u$ 小, 则意味着 $\alpha_u > 1$ 从而 $\alpha'_u = 1$. 由于总有 $\alpha'_v \leqslant 1$, 约束 $\beta_e \geqslant \alpha'_v - \alpha'_u$ 必满足. 若 $\alpha'_u = \alpha_u$, 则由于 $\alpha'_v$ 不会比 $\alpha_v$ 大, 约束 $\beta_e \geqslant \alpha'_v - \alpha'_u$ 亦满足.

再考察约束 $\alpha'_t - \alpha'_s \geqslant 1$. 由于约束 $\alpha_t - \alpha_s \geqslant 1$ 满足, 可知 $\alpha_t \geqslant 1$, 因此 $\alpha'_t = 1$. 由引理 7.1.13, 可假设已有 $\alpha_s = 0$, 因此 $\alpha'_s = 0$. 于是约束 $\alpha'_t - \alpha'_s \geqslant 1$ 满足.

以上证明了解 $(\boldsymbol{\alpha}', \boldsymbol{\beta})$ 是一个可行解.

并且, 解 $(\boldsymbol{\alpha}', \boldsymbol{\beta})$ 和 $(\boldsymbol{\alpha}, \boldsymbol{\beta})$ 的解值相同. 因此, $(\boldsymbol{\alpha}', \boldsymbol{\beta})$ 也是一个最优解. ■

**引理 7.1.15**　在线性规划 (7.1.6) 的最优解 $(\boldsymbol{\alpha}^*, \boldsymbol{\beta}^*)$ 中, 可假设 $\forall e, \beta_e^* \leqslant 1$.

**证明**　这是因为由引理 7.1.14, 对任意的边 $e = (u, v)$, 显然有 $\alpha_v^* - \alpha_u^* \leqslant 1$. 而 $\beta_e > 1$ 对于目标函数值的最小化显然是没有意义的. ■

由引理 7.1.14 和引理 7.1.15, 线性规划 (7.1.6) 和如下线性规划 (7.1.7) 是等价的 (即, 它们的最优值相等).

$$\begin{aligned}
\min \quad & \sum_e c_e \beta_e \qquad\qquad (7.1.7)\\
\text{s.t.} \quad & \beta_e \geqslant \alpha_v - \alpha_u, \quad \forall e = (u, v),\\
& \alpha_t - \alpha_s \geqslant 1,\\
& 1 \geqslant \alpha_v \geqslant 0, \qquad \forall v,\\
& 1 \geqslant \beta_e \geqslant 0, \qquad \forall e.
\end{aligned}$$

而线性规划 (7.1.7), 正是最小 $s$-$t$ 割问题整数线性规划 (7.1.3) 的松弛.

由线性规划的对偶定理 (定理 4.2.2), 可知最大流问题的线性规划的最优解值 $\mathrm{LP}^*(7.1.4)$ 等于其对偶规划的最优解值 $\mathrm{LP}^*(7.1.5)$. 并且, 由以上分析, 我们知道 $\mathrm{LP}^*(7.1.5) = \mathrm{LP}^*(7.1.6) = \mathrm{LP}^*(7.1.7)$.

由于线性规划 (7.1.7) 是整数线性规划 (7.1.3) 的松弛, 显然有 $\mathrm{LP}^*(7.1.7) \leqslant \mathrm{IP}^*(7.1.3)$. 由于线性规划 (7.1.6) 有整数最优解, 从而线性规划 (7.1.7) 亦有整数最优解, 这实际上表明 $\mathrm{LP}^*(7.1.7) = \mathrm{IP}^*(7.1.3)$.

综上, 我们知道 $\mathrm{LP}^*(7.1.4) = \mathrm{IP}^*(7.1.3)$, 即, 最大流的流值等于最小割的容量. 这样, 我们通过线性规划中的强对偶定理和全单位模性质, 证明了最大流最小割定理.

## 7.2 最小费用流问题

流网络的边上不但可以有容量 $\{c(e)\}$, 也可以有费用 $\{w(e)\}$. 边上的费用 $w(e)$ 也称为长度、权重. 当流网络的边上有费用时, 就可以定义流的费用. 给一个流 $f = \{f(e)\}$, $f$ 的**费用** $\mathrm{cost}(f)$ 定义为

$$\mathrm{cost}(f) = \sum_e w(e)f(e).$$

**定义 7.2.1 最小费用流问题**

实例: 有向图 $G = (V, E)$, 源顶点 $s \in V$ 和目标顶点 $t \in V$, 以及流值 $val$. 边 $e \in E$ 上定义有容量 $c(e) \geqslant 0$ 和费用 $w(e) \geqslant 0$.

目标: 求一个从 $s$ 到 $t$, 其流值为 $val$ 的流, 使流的费用最小.

在最小费用流问题中, 为便于描述, 假设所有的数 (容量、费用、流值) 均为整数. 注意, 该问题可能没有解. 计算最大 $s$-$t$ 流的流值, 再与 $val$ 比较, 若 $val$ 大于最大流值, 则问题无解. 否则问题有解.

下面我们介绍求解最小费用流问题的一个算法, 该算法将求解最小费用流最终归结为计算一系列的最短路. 假设 $f$ 是实例 $\mathcal{I} = (G, c, w, s, t, val)$ 的一个流值为 $val$ 的最小费用流. 则 $f$ 可以拆成若干单条路的流 $f_1, f_2, \cdots$, 每一个 $f_i$ 都有一个流值, 它们的和等于 $val$. 直观上, 每个 $f_i$ 所走的路径应该是在网络上能够由 $\mathrm{val}(f_i)$ 流值的所有路径中最短的. 因此, 一个直观的猜测是, 通过在剩余网络中不断求最短路, 可计算出一个最小费用流. 下面我们给出使用这个思想描述的算法, 首先需要定义一些符号.

**定义 7.2.2** 剩余网络 $G_f$ ($f$ 为当前流) 上的一条边 $e \in E(G_f)$ 的费用 $w_{G_f}(e)$ 定义如下:

$$w_{G_f}(e) = \begin{cases} w(e), & \text{若 } e \text{ 是 } G \text{ 中的边}, \\ -w(\overleftarrow{e}), & \text{若 } e \text{ 是 } G \text{ 中某条边 } \overleftarrow{e} \text{ 的反向边}. \end{cases}$$

换言之, 若 $e$ 是 $G$ 中的一条边, 则 $w_{G_f}(e)=w(e)$, $w_{G_f}(\overleftarrow{e})=-w(e)$.

**算法 7.2.1**　最小费用流问题的连续最短路算法.

(1) $b \leftarrow 0$; $\forall e, f(e) \leftarrow 0$.

(2) **while** $b < val$ **do**

(3) 　**if** 在 $G_f$ 中从 $s$ 到 $t$ 不可达 **then return** "失败".

(4) 　在 $G_f$ 中找一条最短 $s$-$t$ 路 $P$.

(5) 　$\gamma \leftarrow \min\{\min_{e\in P}\{c_f(e)\}, val-b\}$.

(6) 　$b \leftarrow b+\gamma$; 沿 $P$ 将 $f$ 的流值增加 $\gamma$.

(7) **endwhile**

(8) **return** $f$.

算法 7.2.1 的基本思想是, 从 $b=0$ 开始, 求得流值为 $b$ 的最小费用流, 然后在剩余网络上找增广路增加流, 不断迭代. 当 $b$ 增加到 $val$ 时, 算法结束.

在算法 7.2.1 的第 (4) 步计算 $G_f$ 上的最短 $s$-$t$ 路时, 应注意到 $G_f$ 的边的费用会有负数. 使用贝尔曼-福特 (Bellman-Ford) 算法 (参见 [18] 24.1 节), 可求出具有负的费用的图上的最短 $s$-$t$ 路 (图上不能有负费用圈).

由引理 7.2.11, 算法 7.2.1 每次迭代都求到一个流值为 $b$ 的最小费用 $s$-$t$ 流. 由定理 7.2.9, 当 $f$ 是流值为 $b$ 的最小费用流时, 剩余网络 $G_f$ 上没有负费用圈. 这些分析在下文会陆续给出.

**例 7.2.3**　运行算法 7.2.1, 计算如下流网络 $G$ 的最小费用流 (图 7.2.1), 其中源顶点 $s=v_1$, 目标顶点 $t=v_4$, 流值 $val=3$.

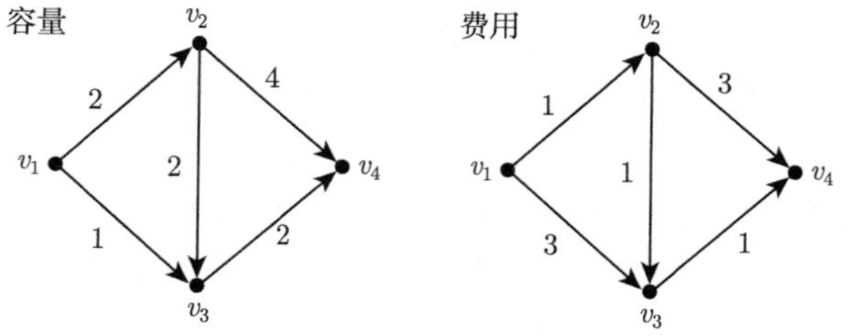


(a)　　(b)

图 7.2.1

**解**　初始化当前流值 $b=0$.

第 1 次迭代. 计算剩余网络 $G_f$, 以及 $G_f$ 上边的容量和费用. 按照剩余网络上边的费用找一条最短的 $s$-$t$ 路 (图 7.2.2).

沿着增广路将流值增加 2, 得到流值为 2 的流 (图 7.2.3).

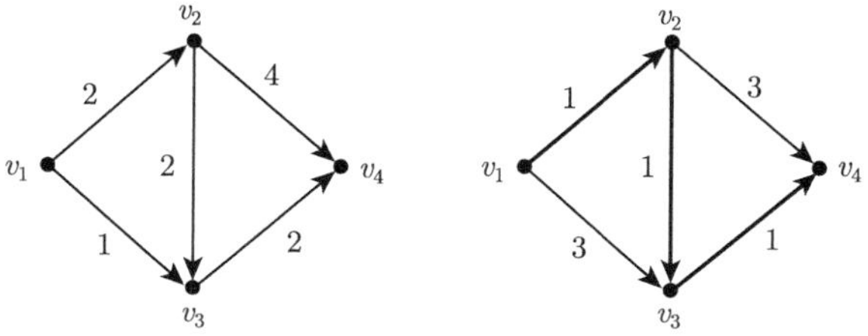


$G_f$, 剩余容量 $G_f$, 费用

(a) (b)

图 7.2.2

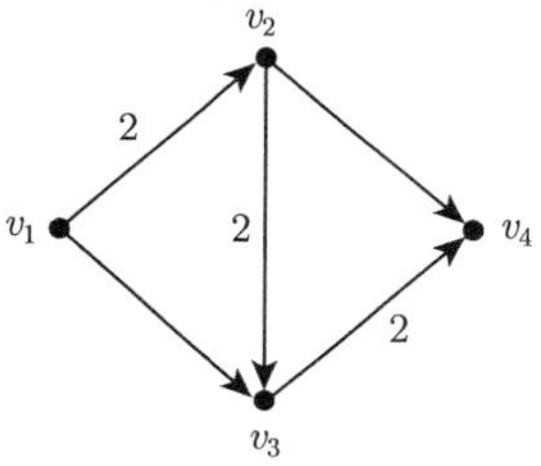


$G$, 流

图 7.2.3

第 2 次迭代. 计算剩余网络 $G_f$, 以及 $G_f$ 上边的容量和费用. 按照剩余网络上边的费用找一条最短的 $s$-$t$ 路 (图 7.2.4).

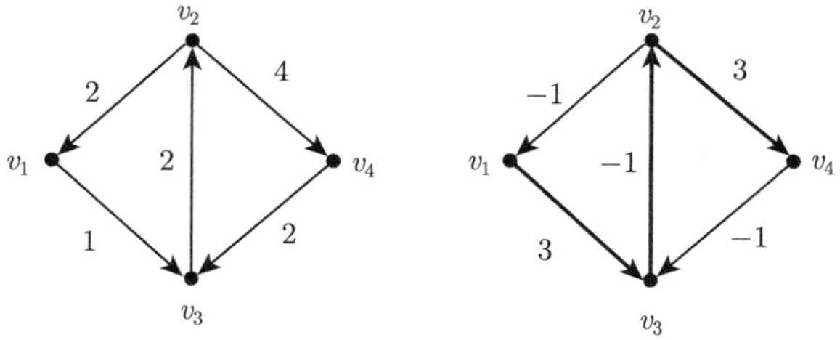


$G_f$, 剩余容量 $G_f$, 费用

(a) (b)

图 7.2.4

沿着增广路将流值增加 1, 得到流值为 3 的流 (图 7.2.5).

当前流值 $b = 3 = val$, 算法结束. 最后找到的流的费用为 $2 \times 1 + 1 \times 3 + 1 \times 1 + 1 \times 3 + 2 \times 1 = 11$.

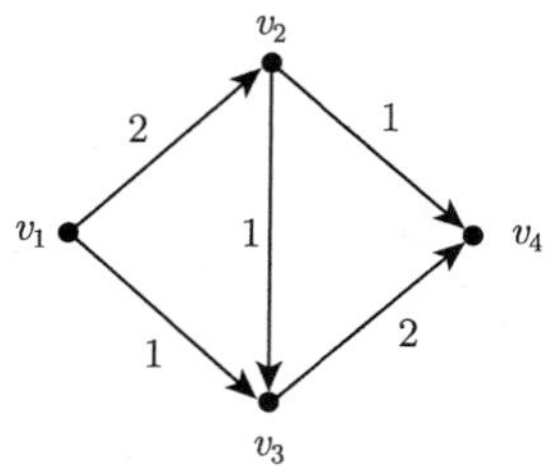


$G$, 流

图 7.2.5

■

下面我们给出算法 7.2.1 的正确性证明. 首先看两个概念.

**定义 7.2.4**　给一个流 $f$, 该流在顶点 $v$ 处的**盈亏** (Balance) 定义为

$$b(v) = \sum_{e\in\delta^+(v)} f(e) - \sum_{e\in\delta^-(v)} f(e). \tag{7.2.1}$$

由定义 7.2.4 可知, $s$-$t$ 流 $f$ 在除 $s, t$ 之外的所有点上盈亏均为 0, 而在 $s$ 处的盈亏等于流值, 在 $t$ 处的盈亏均等于负的流值.

**定义 7.2.5**　若一个流, 其在所有顶点处的盈亏均为 0, 则该流称为**环流**.

说明: 环流中流量大于 0 的边构成的子图并不一定是一个圈.

**引理 7.2.6** ([47])　给定一个有向图 $G$, 边上有容量 $\{c(e) \geqslant 0\}$, 源顶点 $s$ 和目标顶点 $t$. 令 $f$ 和 $f'$ 是 $G$ 上的两个流值为 $b$ 的 $s$-$t$ 流. 定义 $E(\overleftrightarrow{G})$ 上的函数 $g$ 为: $\forall e \in E(G)$,

$$\begin{cases} g(e) = \max\{0, f'(e) - f(e)\}, \\ g(\overleftarrow{e}) = \max\{0, f(e) - f'(e)\}. \end{cases} \tag{7.2.2}$$

则

(1) $g$ 是 $\overleftrightarrow{G}$ 上的一个环流;

(2) $g(e) = 0, \forall e \in E(\overleftrightarrow{G}) \setminus E(G_f)$;

(3) $\operatorname{cost}(g) = \operatorname{cost}(f') - \operatorname{cost}(f)$.

在证明引理 7.2.6 之前, 我们先来看一个环流的例子.

**例 7.2.7**　已知有流网络如图 7.2.6 所示.

在该网络上, 有两个流 $f$ 和 $f'$ (图 7.2.7).

试给出按照公式 (7.2.2) 定义的流 $g$ (图 7.2.8).

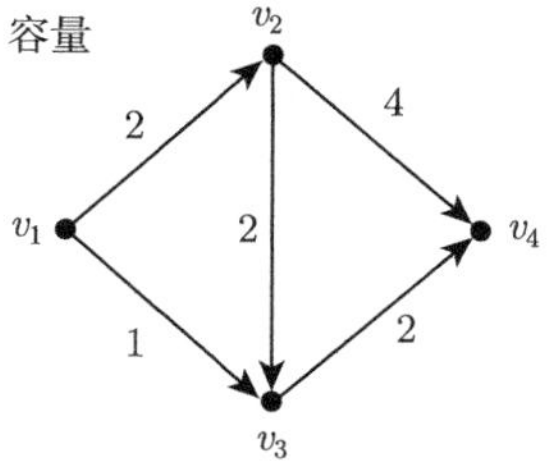


图 7.2.6

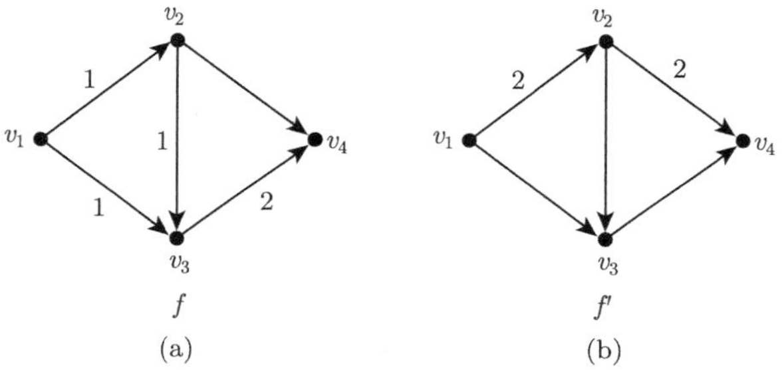


图 7.2.7

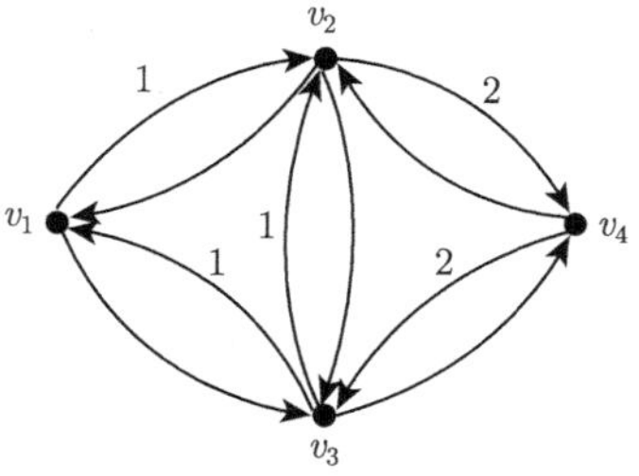


图 7.2.8

**解** 可验证这确实是一个每个点处的盈亏都等于 0 的环流. ∎

**引理 7.2.6 的证明** (1) 任取一个顶点 $v \in V(\overleftrightarrow{G})$. 在图 $G$ 上, 与 $v$ 关联的边可分为进来的边与出去的边两大类. 设 $e_1 \in \delta_G^-(v)$ 是一条进来的边, 则在 $\overleftrightarrow{G}$ 上, 与 $v$ 关联的边为 $e$ 和 $\overleftarrow{e}$, 如图 7.2.9 所示.

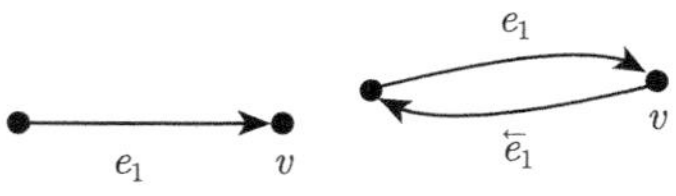


图 7.2.9

在 $\overleftrightarrow{G}$ 上, $e_1$ 对 $v$ 处的盈亏 $b_{\overleftrightarrow{G}}(v)$ 的贡献为 $-\max\{0, f'(e_1) - f(e_1)\}$,

$\overleftarrow{e}_1$ 对 $b_{\overleftrightarrow{G}}(v)$ 的贡献为 $\max\{0, f(e_1) - f'(e_1)\}$.

若 $f(e_1) \geqslant f'(e_1)$, 则 $e_1$ 和 $\overleftarrow{e}_1$ 对 $b_{\overleftrightarrow{G}}(v)$ 的总的贡献为

$$\begin{aligned}
&-\max\{0, f'(e_1) - f(e_1)\} + \max\{0, f(e_1) - f'(e_1)\} \\
=\ & 0 + f(e_1) - f'(e_1) \\
=\ & f(e_1) - f'(e_1).
\end{aligned}$$

若 $f(e_1) < f'(e_1)$, 则 $e_1$ 和 $\overleftarrow{e}_1$ 对 $b_{\overleftrightarrow{G}}(v)$ 的总的贡献为

$$\begin{aligned}
&-\max\{0, f'(e_1) - f(e_1)\} + \max\{0, f(e_1) - f'(e_1)\} \\
=\ & -(f'(e_1) - f(e_1)) + 0 \\
=\ & f(e_1) - f'(e_1).
\end{aligned}$$

现在考虑在图 $G$ 上从 $v$ 出去的边, 比如 $e_2 \in \delta_G^+(v)$. 则在 $\overleftrightarrow{G}$ 上, 与 $v$ 关联的相应的边为 $e_2 \in \delta_{\overleftrightarrow{G}}^+(v)$ 和 $\overleftarrow{e}_2 \in \delta_{\overleftrightarrow{G}}^+(v)$, 如图 7.2.10 所示.

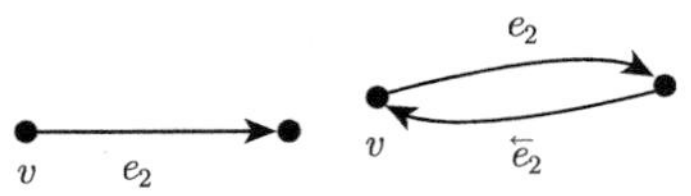


图 7.2.10

在 $\overleftrightarrow{G}$ 上, $e_2$ 对 $v$ 的盈亏 $b_{\overleftrightarrow{G}}(v)$ 的贡献为 $\max\{0, f'(e_2) - f(e_2)\}$, $\overleftarrow{e}_2$ 对 $b_{\overleftrightarrow{G}}(v)$ 的贡献为 $-\max\{0, f(e_2) - f'(e_2)\}$.

若 $f(e_2) \geqslant f'(e_2)$, 则 $e_2$ 和 $\overleftarrow{e}_2$ 对 $b_{\overleftrightarrow{G}}(v)$ 的总的贡献为

$$\begin{aligned}
&\max\{0, f'(e_2) - f(e_2)\} - \max\{0, f(e_2) - f'(e_2)\} \\
=\ & 0 - (f(e_2) - f'(e_2)) \\
=\ & f'(e_2) - f(e_2).
\end{aligned}$$

若 $f(e_2) < f'(e_2)$, 则 $e_2$ 和 $\overleftarrow{e}_2$ 对 $b_{\overleftrightarrow{G}}(v)$ 的总的贡献为

$$\begin{aligned}
&\max\{0, f'(e_2) - f(e_2)\} - \max\{0, f(e_2) - f'(e_2)\} \\
=\ & f'(e_2) - f(e_2) - 0 \\
=\ & f'(e_2) - f(e_2).
\end{aligned}$$

因此, 对于流 $g$, 图 $\overleftrightarrow{G}$ 上顶点 $v$ 的盈亏为

$$
\begin{aligned}
& b_{\overleftrightarrow{G}}(v) \\
&= \sum_{e\in\delta^+_G(v)} (f'(e)-f(e)) - \sum_{e\in\delta^-_G(v)} (f(e)-f'(e)) \qquad (7.2.3)\\
&= \left(\sum_{e\in\delta^+_G(v)} f'(e) - \sum_{e\in\delta^-_G(v)} f'(e)\right) + \left(-\sum_{e\in\delta^+_G(v)} f(e) + \sum_{e\in\delta^-_G(v)} f(e)\right)\\
&= \left(\sum_{e\in\delta^+_G(v)} f'(e) - \sum_{e\in\delta^-_G(v)} f'(e)\right) - \left(\sum_{e\in\delta^+_G(v)} f(e) - \sum_{e\in\delta^-_G(v)} f(e)\right)\\
&= b_{f'}(v) - b_f(v) \qquad (7.2.4)\\
&= 0.
\end{aligned}
$$

在式 (7.2.4) 中, 若 $v$ 不是 $s$ 或 $t$, 则 $b_{f'}(v)=b_f(v)=0$. 若 $v=s$, 则 $b_{f'}(v)=b_f(v)=b$, 若 $v=t$, 则 $b_{f'}(v)=b_f(v)=-b$, 因为 $f$ 和 $f'$ 的流值均为 $b$. 因此, 总有 $b_{f'}(v)-b_f(v)=0$.

以上证明了 $g$ 是 $\overleftrightarrow{G}$ 上的一个环流.

(2) 任取一条边 $e\in E(\overleftrightarrow{G})\setminus E(G_f)$, 考虑两种情形. 若 $e\in E(G)$, 则表明 $f(e)=c(e)$. 见图 7.2.11 所示.

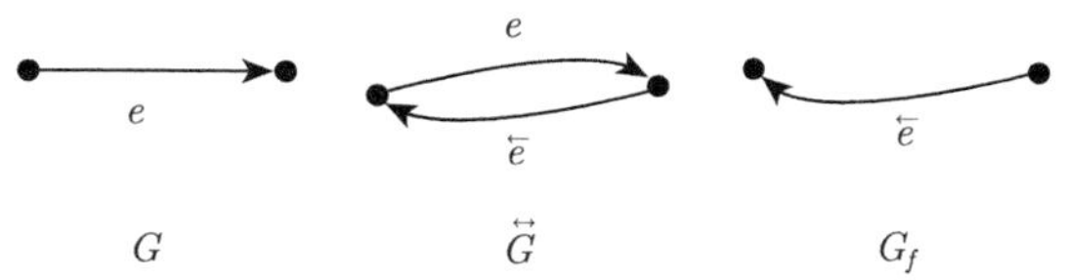


图 7.2.11

因此 $f'(e)\leqslant f(e)$. 由 $g(e)$ 的定义, $g(e)=0$.

若 $e\notin E(G)$, 则表明存在一条边 $e_0\in E(G)$, $e=\overleftarrow{e_0}$, $f(e_0)=0$, 如图 7.2.12 所示.

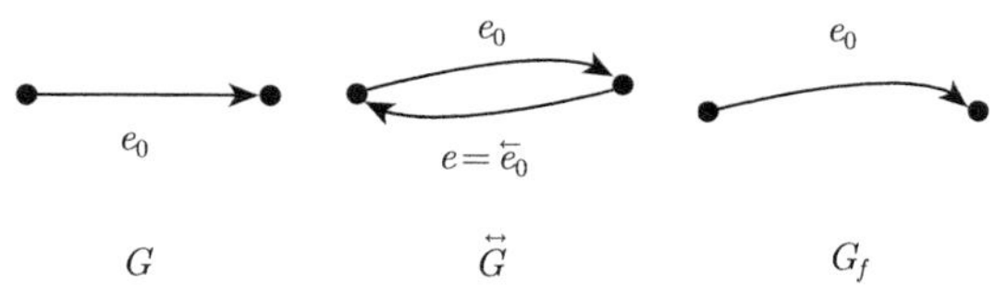


图 7.2.12

由 $g(e)$ 的定义, $g(e)=g(\overleftarrow{e_0})=0$.

(3) 由本引理性质 (2), 可知 $\text{cost}(g)=\sum_{e\in\overleftrightarrow{G}} w(e)g(e)=\sum_{e\in G_f} w(e)g(e)$.

任取 $G$ 中的一条边 $e$, 其在 $G_f$ 中对应的边的情况有两种:

(i) $f(e)=c(e)$, 仅 $\overleftarrow{e}$ 出现在 $G_f$ 中.

(ii) $f(e)<c(e)$, $e$ 和 $\overleftarrow{e}$ 都出现在 $G_f$ 中.

考察完 $G$ 中的所有边, 则取遍了 $G_f$ 中的每条边一次且仅一次. 因此我们按照 $G$ 中的边考察 $G_f$ 中的对应的边对 $\mathrm{cost}(g)$ 的贡献.

情形 (i): $f(e)=c(e)$, 仅 $\overleftarrow{e}$ 出现在 $G_f$ 中. 此种情形下, $e$ 对 $\mathrm{cost}(g)$ 的贡献为

$$\begin{aligned}
w(\overleftarrow{e})g(\overleftarrow{e}) &= -w(e)\max\{0, f(e)-f'(e)\}\\
&= -w(e)(f(e)-f'(e))\\
&= w(e)(f'(e)-f(e)).
\end{aligned}$$

情形 (ii): $f(e)<c(e)$, $e$ 和 $\overleftarrow{e}$ 都出现在 $G_f$ 中. 此时 $e$ 对 $\mathrm{cost}(g)$ 的贡献为

$$\begin{aligned}
&w(e)g(e)+w(\overleftarrow{e})g(\overleftarrow{e})\\
=\;& w(e)\max\{0, f'(e)-f(e)\}+(-w(e))\max\{0, f(e)-f'(e)\}.
\end{aligned}$$

若 $f(e)\geqslant f'(e)$, 则有

$$\begin{aligned}
w(e)g(e)+w(\overleftarrow{e})g(\overleftarrow{e}) &= w(e)\cdot 0+(-w(e))(f(e)-f'(e))\\
&= w(e)(f'(e)-f(e)).
\end{aligned}$$

若 $f(e)<f'(e)$, 则有

$$\begin{aligned}
w(e)g(e)+w(\overleftarrow{e})g(\overleftarrow{e}) &= w(e)(f'(e)-f(e))+(-w(e))\cdot 0\\
&= w(e)(f'(e)-f(e)).
\end{aligned}$$

因此, 在情形 (ii) 下 $e$ 对 $\mathrm{cost}(g)$ 的贡献仍为 $w(e)(f'(e)-f(e))$. 于是,

$$\begin{aligned}
\mathrm{cost}(g) &= \sum_{e\in E(G)} w(e)(f'(e)-f(e))\\
&= \sum_{e\in E(G)} w(e)f'(e)-\sum_{e\in E(G)} w(e)f(e)\\
&= \mathrm{cost}(f')-\mathrm{cost}(f).
\end{aligned}$$ ∎

**引理 7.2.8** ([29]) 有向图 $G$ 上的任意环流可分解为至多 $|E(G)|$ 个单个圈上的环流的叠加.

**证明** 每次按最小流值的边分解可得. ∎

**定理 7.2.9** ([16]) (最小费用流的判定准则) $f$ 是流值为 $b$ 的最小费用 $s$-$t$ 流，当且仅当剩余网络 $G_f$ 上没有负费用圈.

**证明** ($\Rightarrow$) 假设 $G_f$ 上有一个负费用圈 $C$. 则可以沿着 $C$ 增广 $f$, 记在圈 $C$ 上增加的流值为 $\epsilon > 0$. 由于 $C$ 是一个圈, $f$ 增广后得到的流 $f'$ 仍是流值为 $b$ 的 $s$-$t$ 流, 但其费用比 $f$ 减小了, 这表明 $f$ 不是最优的, 矛盾.

($\Leftarrow$) 假设 $f$ 不是流值为 $b$ 的最小费用 $s$-$t$ 流, 而 $f'$ 是. 如同引理 7.2.6 一样, 构造 $\overleftrightarrow{G}$ 上的一个环流 $g$. 则 $g$ 的费用 $\mathrm{cost}(g) < 0$. 由引理 7.2.8, $g$ 可以分解为若干单个圈上的流. 由于 $\forall e \in E(\overleftrightarrow{G}) \setminus E(G_f)$ 都有 $g(e) = 0$ (引理 7.2.6 的性质 (2)), 而每个圈上的流值都 $> 0$, 这些圈都在 $G_f$ 中. 由于 $\mathrm{cost}(g) < 0$, 这些圈中至少有一个圈其长度为负的. 这就证明了定理. ∎

**例 7.2.10** 已知有流网络 $G$, 其中源顶点 $s = v_1$, 目标顶点 $t = v_4$, 如图 7.2.13 所示.

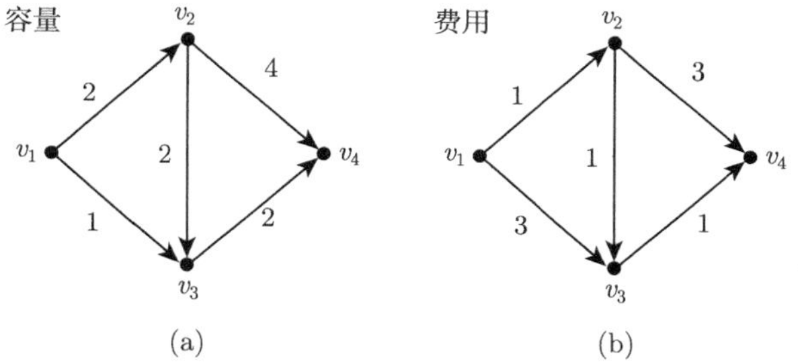


图 7.2.13

现有一个流值为 3 的 $s$-$t$ 流 $f$, 如图 7.2.14 所示.

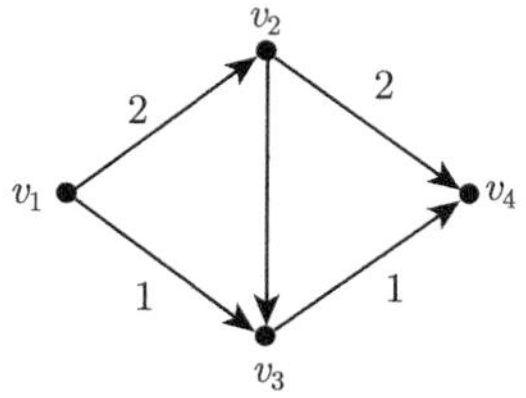


图 7.2.14

请问 $f$ 是最小费用流吗?

**解** 计算出剩余网络 $G_f$, 并按定义 7.2.2 计算出 $G_f$ 上边的费用 (图 7.2.15).

在剩余网络 $G_f$ 上, 有一个负费用圈 $(v_2, v_3, v_4, v_2)$. 因此, 由定理 7.2.9, $f$ 不是实现流值 3 的最小费用 $s$-$t$ 流.

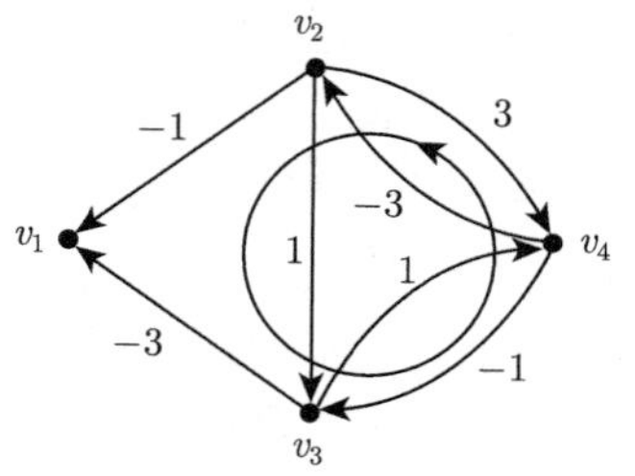


$G_f$ 费用

图 7.2.15

∎

**引理 7.2.11** ([40, 38, 15]) 令 $f$ 是有向图 $G$ 上的一个流值为 $b$ 的最小费用 $s$-$t$ 流, $P$ 是剩余网络 $G_f$ 上的一条最短 $s$-$t$ 路. 沿路径 $P$ 路由一个流值为 $\gamma \leqslant \min\{c_f(e) \mid e \in P\}$ 的流, 将 $f$ 增广为流值为 $b' = b + \gamma$ 的流 $f'$. 则 $f'$ 是一个流值为 $b'$ 的最小费用 $s$-$t$ 流.

**证明** 显然 $f'$ 是的流值为 $b'$.

反证引理, 假设 $f'$ 不是实现流值 $b'$ 的最小费用流. 则由定理 7.2.9, 剩余网络 $G_{f'}$ 上就有一个负费用圈 $C$.

构造图 $H' = (V(G), E(C) \uplus E(P))$, 即, 将圈 $C$ 和路 $P$ 合并在一起, 保留重复的边. 在 $H'$ 上, 若两个顶点之间有互为反向的来回边对, 则将这两条有向边删除. 记得到的图为 $H$. 由于 $C$ 和 $P$ 在 "并" 时保留了重复的边, 因此同时在 $C$ 和 $P$ 中出现的边会在 $H$ 中出现两次.

由于 $P$ 是一条 $s$-$t$ 有向路, $C$ 是一个有向圈, $H'$ 上除 $s$, $t$ 外, 每个顶点的度均为偶数, 且出度和入度相等. 由于 $H$ 是从 $H'$ 上删除了来回边而来, $H$ 上每个顶点也是如此. 因此, $H$ 是由一条 $s$-$t$ 路 (记为 $Q$) 和一些圈 (也可能没有) 构成的.

**断言 7.2.12** $H$ 的任何一个简单子图 (即, 没有重边) 都是 $G_f$ 的子图.

**证明** 假设 $H$ 上有一条边 $e, e \in G_{f'}$, 但 $e \notin G_f$. 由于流 $f'$ 是流 $f$ 在 $P$ 上增广而来, 因此, 在 $P$ 中必定有一条边 $\overleftarrow{e}$ 是 $e$ 的反向边. 而由 $H$ 的构造, $e$ 和 $\overleftarrow{e}$ 都被删除了.

∎

由于 $f$ 是一个最小费用的流值为 $b$ 的流, 由定理 9.2.7, $G_f$ 中没有负费用圈. 虽然 $H$ 中可能会有圈, 但由断言 7.2.12, $H$ 中没有负费用圈.

由于边 $e$ 和它的反向边 $\overleftarrow{e}$ 的费用互为负数 ($w(\overleftarrow{e}) = -w(e)$), 它们的费用之和为 0. 虽然这样的来回边对在 $H$ 中被删除了, 但仍有

$$w(E(H)) = w(C) + w(P) < w(P).$$

由于 $Q$ 是 $H$ 中的唯一的简单 $s$-$t$ 路, 且 $H$ 中没有负费用圈, 因此 $Q$ 也是 $H$ 中的最短 $s$-$t$ 路. 于是有

$$w(Q) \leqslant w(E(H)) < w(P).$$

由断言 7.2.12, 路 $Q$ 也在 $G_f$ 中, 且其长度小于 $P$, 这和 $P$ 是 $G_f$ 中的一条最短 $s$-$t$ 路矛盾. ∎

**定理 7.2.13** 算法 7.2.1 求到了最小费用流.

**证明** 从 $b=0$ 开始, 反复使用引理 7.2.11, 可以归纳证明算法 7.2.1 的正确性.

∎

假设容量 $c$ 和流值 $val$ 均为整数, 则算法 7.2.1 可在 $O(mn+val(m+n\log n))$ 时间内实现[61, 23]. 这个时间复杂度不是多项式时间的 (因含有流值 $val$). 关于最小费用流问题的多项式时间算法, 有 [23] 的容量放缩 (Capacity Scaling) 算法, 以及 [54] 的算法等. 这些算法可在 [11]、[47] 等专著中找到. 2022 年, 彭泱等[17] 证明了, 当边上的容量、费用以及要实现的流值都是多项式有界的整数时, 最小费用流问题可在近乎是线性的 ($m^{1+o(1)}$) 时间内求解.

## 7.3 匹配问题概述

**定义 7.3.1** 给一个图 $G=(V,E)$, 图上的匹配 $M$ 是边集 $E$ 的子集, 满足 $M$ 中任意两条边都不共享顶点.

设 $M$ 是一个匹配. 如果不存在另外一个匹配 $M'$, 使得 $M\subset M'$, 则称 $M$ 是一个**极大匹配**. 如果不存在另外一个匹配 $M'$, 使得 $|M'|>|M|$, 则称 $M$ 是一个**最大匹配** . 如果匹配 $M$ 匹配了 $G$ 上所有的顶点, 则称 $M$ 是一个**完美匹配**.

由上述定义可以看出, 极大匹配是在集合包含关系下极大的, 最大匹配是在数量关系上最大的. 因此, 它们是在用不同的尺度说话, 不可混为一谈.

**定义 7.3.2** 最大匹配问题.

实例: 图 $G=(V,E)$.

目标: 找图 $G$ 上的一个匹配 $M$, 使其所包含的边数最多.

最大匹配问题又有很多版本. 二分图上的最大匹配问题是人们较早研究的最大匹配问题, 而一般图上的最大匹配问题其求解算法则比较复杂. 按照边上是否定义有非负权重, 最大匹配问题又分为*不带权重的最大匹配问题* (也称为单位权重最大匹配问题) 和*带权重的最大匹配问题* 两种版本. 定义 7.3.2 给出的是不带权重的最大匹配问题. 当边上定义有非负权重时, 带权重的最大匹配问题找一个匹配, 使其包含的边的权重之和最大.

匹配问题是一个非常基本的问题, 在实际中有众多的应用. 下面是一个简单的例子.

**例 7.3.3**　有 $n$ 个工人和 $n$ 件任务. 工人 $i$ 完成任务 $j$ 有收益 $w_{ij} \geqslant 0$. 如何在工人和任务之间进行分配, 使得总收益最大? 分配规则为 "每个人只做一件任务, 每个任务也只由一个人完成". 这是完全二分图上带权重的最大匹配问题. 由于是完全二分图, 必定存在着完美匹配. 由于收益都是非负的, 可假定最大匹配是一个完美匹配. 问题的关键在于怎样找到一个权重最大的完美匹配.

## 7.4　二分图上不带权重的最大匹配问题

本节介绍当图 $G$ 是一个二分图时, 最大匹配的构造方法.

### 7.4.1　使用最大流算法求解

二分图上不带权重的最大匹配问题可以归约到最大流问题来解决, 如算法 7.4.1 所示.

**算法 7.4.1**　求二分图上不带权重的最大匹配.

输入: 二分图 $G=(U,V,E)$.

输出: $G$ 上的一个最大匹配.

(1) 增加一个源点 $s$, 从 $s$ 到 $U$ 中每个顶点引一条有向边. 增加一个目标顶点 $t$, 从 $V$ 中每个顶点向 $t$ 引一条有向边. 二分图 $G$ 中原有的边均从 $U$ 指向 $V$, 为简便, 它们的集合仍记为 $E$. 这样就得到一个有向图, 记为 $G'=(V',E')$. $G'$ 中的每条边均为单位容量.

(2) 使用最大流的增广路算法计算 $G'$ 上从 $s$ 到 $t$ 的最大流 $f^*$.

(3) **return** $M \leftarrow \{e \in E \mid f^*(e) > 0\}$.

在算法 7.4.1 的第 (2) 步, 调用最大流的增广路算法来求最大流. 在求最大匹配这个意义上, 可使用任何一种增广路算法来求最大流, 比如算法 7.1.1. 若要进一步考虑算法的执行时间需为多项式时间, 则可使用比如 Edmonds-Karp 算法[23].

**例 7.4.1**　使用算法 7.4.1 求图 7.4.1 的一个最大匹配.

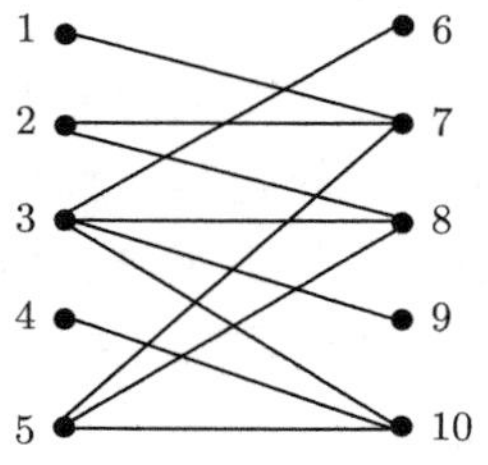


图 7.4.1

**解** 运行算法 7.4.1, 执行过程如下 (图 7.4.2).

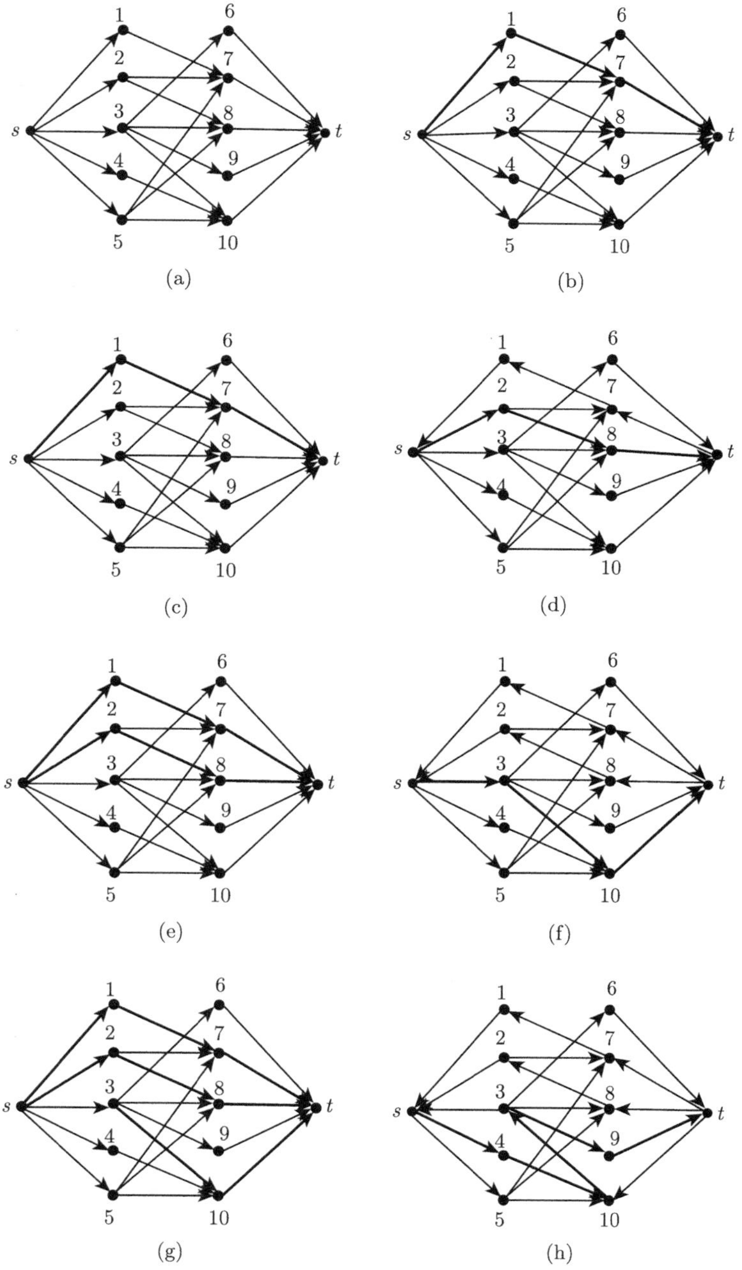

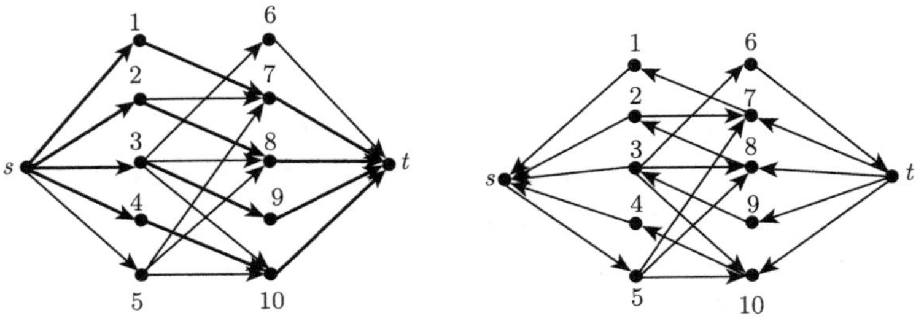


(i)　　(j)

图 7.4.2

左图为构造的流网络, 右图为当前流网络的剩余网络.

算法结束, 找到的匹配为 $\{(1,7),(2,8),(3,9),(4,10)\}$, 大小为 4. ∎

下面证明算法 7.4.1 确实求到了二分图上的最大匹配.

**引理 7.4.2**　$G'$ 上的每条流值大于 0 的边都是饱和边.

**证明**　最大流的增广路算法开始时, $G'$ 上每条边的剩余容量都为 1. 当最大流算法在一条增广路上部署流时, 必将用满增广路上可用的剩余容量. 因此, 最大流算法找到的第一条增广路的流值为 1. 当在 $G'$ 上部署完第一条增广路上的流时, $G'$ 上每条边的剩余容量不是 0 就是 1. 因此, 最大流算法找到的第二条以及后面每条增广路上的流值都为 1. 于是, 当最大流算法结束时, $G'$ 上每条边的流值不是 0 就是 1. 由于每条边的容量都为 1, 这表明流值大于 0 的边都是饱和边. ∎

**引理 7.4.3**　算法 7.4.1 输出的 $M$ 是一个匹配.

**证明**　由流守恒约束, 若 $U$ 中一个顶点 $u$ 进来的流量为 0, 从其出发的流量必然也为 0. 因此, 只需要考虑 $U$ 中进来的流量大于 0 的那些顶点.

由流守恒约束以及引理 7.4.2, $U$ 中每个这样的顶点进来的和出去的流量都为 1. 这表明 $U$ 中的每个顶点最多只与 $M$ 中的一条边相邻. 同理, $V$ 中每个顶点如果有通过的流, 其进来的和出去的流量也都为 1. 于是, $V$ 中的每个顶点也最多只与 $M$ 中的一条边相邻. 因此, $M$ 中的任何两条边均不共享顶点, 即, $M$ 是一个匹配. ∎

设 $f$ 是一个流. 令 $\text{val}(f)$ 表示 $f$ 的流值.

**引理 7.4.4**　$|M| = \text{val}(f^*)$.

**证明**　由引理 7.4.2, $\text{val}(f^*)$ 等于从 $s$ 出发的饱和边的数目. 由于 $U$ 一侧的每个顶点只有一条入边, 从 $s$ 出发的饱和边的数目就等于 $M$ 中边的数目. ∎

**引理 7.4.5**　令 $G$ 上的最大匹配为 $M^*$. 则 $\text{val}(f^*) = |M^*|$.

**证明**　由引理 7.4.4, 显然有 $\text{val}(f^*) = |M| \leqslant |M^*|$. 下面只需证 $\text{val}(f^*) \geqslant |M^*|$. 给定最大匹配 $M^*$, 令 $G'$ 上 $M^*$ 中的边的流值为 1, $s$ 到 $M^*$ 匹配的 $U$ 一

侧点的各条边上流值为 1, $M^*$ 匹配的 $V$ 一侧点到 $t$ 的各条边上流值为 1, 则构造了一个流值为 $|M^*|$ 的流 $f$. 因此, 显然有 $\mathrm{val}(f^*) \geqslant \mathrm{val}(f) = |M^*|$. ∎

**定理 7.4.6** 算法 7.4.1 求到了二分图 $G$ 上的最大匹配.

**证明** 由引理 7.4.3, $M$ 是图 $G$ 的一个匹配. 再由引理 7.4.4 和引理 7.4.5, 可知 $M$ 是一个最大匹配. ∎

### 7.4.2 增广路算法

在算法 7.4.1 中, 调用最大流的增广路算法来求解二分图上的最大匹配问题. 这使我们想到找增广路仍是解决二分图上最大匹配问题的关键. 同时, 最大流的增广路算法适用于一般图, 那么, 在二分图上, 有没有专门的增广路算法来求解最大匹配呢? 本节介绍在二分图上求最大匹配的增广路算法, 这个算法本质上仍然是最大流的增广路算法, 只不过是算法 7.4.1 的第 (2) 步在二分图上的具体实现过程. 最大匹配的增广路算法被多人独立发现, 比如 [33]、[29] 等.

首先介绍两个基本概念. 给一个匹配 $M$, $M$-**交错路**是边在匹配 $M$ 和边集 $E \setminus M$ 中交错出现的路. $M$-**增广路**是起始顶点和终止顶点 (任意给路指定一个方向) 都不在 $V(M)$ 中的 $M$-交错路. 在这里, $V(M)$ 表示匹配 $M$ 所匹配的所有顶点的集合.

在二分图上找最大匹配的增广路算法是一个迭代算法. 从图 $G=(U,V,E)$ 的任意一个匹配 $M$ 开始, 比如 $M$ 为空集. 由 $U$ 的一个未被匹配的顶点出发, 用一个系统的方法搜索一条 $M$-增广路 $P$. 若能够找到这样的 $P$, 则通过交换 $P$ 在 $M$ 和不在 $M$ 中的边, 便得到一个使其大小增加 1 的匹配. 然后从这个新的匹配开始, 继续迭代, 直到找不到 $M$-增广路, 则当前的匹配就是 $G$ 的最大匹配 (证明见定理 7.4.8).

那么, 如何用一个 “系统的方法” 来找一条 $M$-增广路呢? 在此我们介绍标号算法. 为简便, 我们用下标 $i$ 来记顶点 $v_i$.

**算法 7.4.2** 二分图上的最大匹配算法.

输入: 二分图 $G=(U,V,E)$.

输出: $G$ 的一个最大匹配 $M$.

(1) $M \leftarrow \varnothing$.

(2) 对 $U$ 中所有不在 $M$ 中的顶点标号 “$\varnothing$”, 然后将这些顶点都加入 $Q$.
  /* Q 是已标号但未检查的顶点的集合 */

(3) **while** $Q \neq \varnothing$ **do**

(4) 　从 $Q$ 中取出一个顶点 $k$, 然后将 $k$ 从 $Q$ 中删除.

(5) 　**if** $k \in U$ **then** 对每条同 $k$ 关联、且不在 $M$ 中的边 $(k,j)$, 若 $j$ 尚未被标号, 则给点 $j$ 标号为 $k$, 并将 $j$ 加入 $Q$.

(6)　**else** /* $k \in V$ */

(7)　　**if** $k \in V(M)$ **then** /* 此时有 $k \in V$ 且 $k \in V(M)$ */

(8)　　　设 $(i,k)$ 是关联于 $v_i$、属于 $M$ 的边 (此时 $i \in U$). 给点 $i$ 标号为 $k$, 并将 $i$ 加入 $Q$.

(9)　　**else** /* 此时有 $k \in V$ 但 $k \notin V(M)$ */

(10)　　　终止在 $k$ 的一条增广路被找到. 从 $k$ 开始, 反向追踪标号找到这条增广路 $P$, 路的起始顶点有标号 "$\varnothing$".

(11)　　　用增广路 $P$ 更新 $M$.

(12)　　　删除 $G$ 上所有的标号. 重新对 $U$ 中所有不在 $M$ 中的顶点标号 "$\varnothing$", 然后将这些顶点都加入 $Q$.

(13)　　**endif**

(14)　**endif**

(15) **endwhile**

(16) **return** $M$.

算法结束时, $U$ 中没有标号的点的集合和 $V$ 中已标号的点的集合构成图 $G$ 的最小顶点覆盖. 因此, 在二分图上, 最小顶点覆盖和最大匹配是一种对偶关系. 这个证明见定理 7.4.13.

**例 7.4.7**　使用算法 7.4.2 求图 7.4.3 的一个最大匹配.

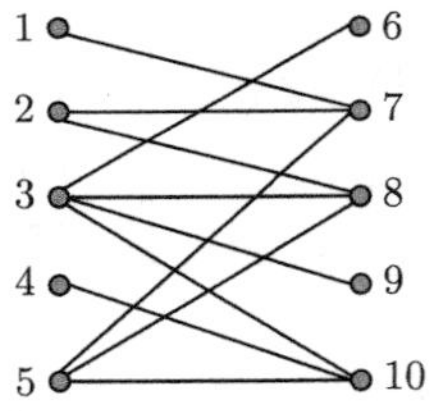


图 7.4.3

**解**　算法开始, 对 $U$ 中所有不在 $M$ 中的顶点标号 "$\varnothing$"(图 7.4.4).

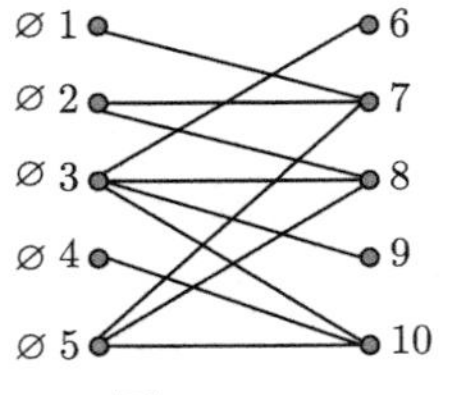


图 7.4.4

标号, 找到一条增广路 $(1,7)$ (图 7.4.5).

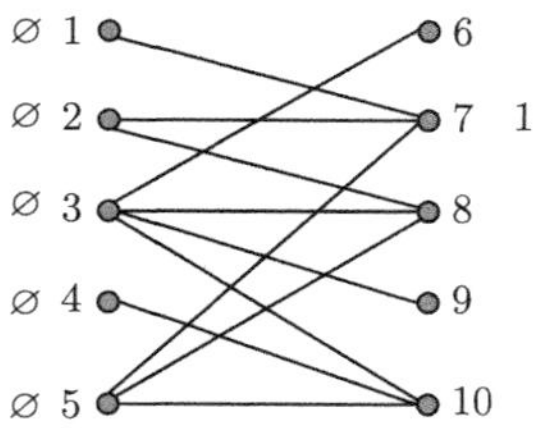


图 7.4.5

更新 $M$, 更新后 $M=\{(1,7)\}$. 重新标号, 找到一条增广路 $(2,8)$ (图 7.4.6).

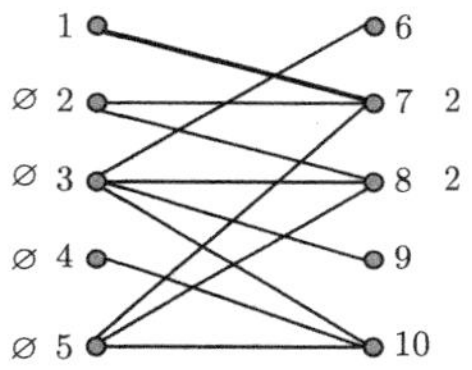


图 7.4.6

更新 $M$, 更新后 $M=\{(1,7),(2,8)\}$. 重新标号, 找到一条增广路 $(3,10)$ (图7.4.7).

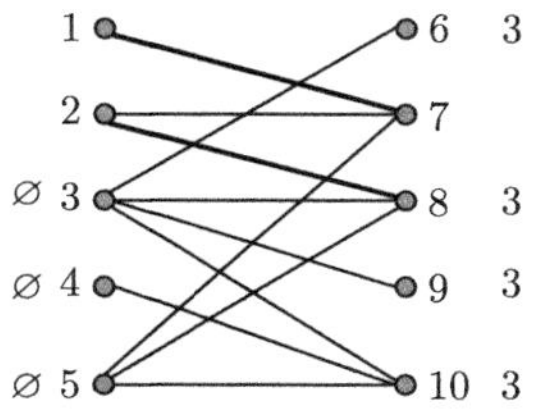


图 7.4.7

更新 $M$, 更新后 $M=\{(1,7),(2,8),(3,10)\}$. 重新标号, 找到一条增广路 $(4,10,3,9)$ (图 7.4.8).

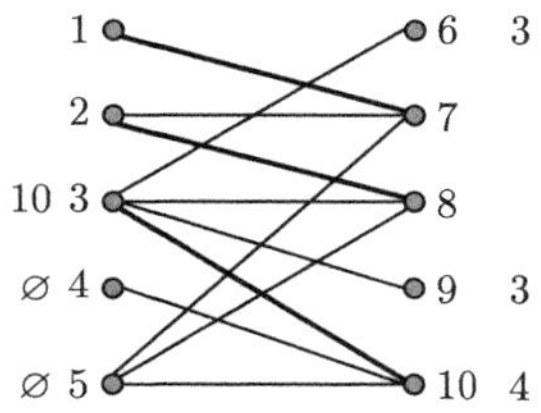


图 7.4.8

更新 $M$, 更新后 $M=\{(1,7),(2,8),(3,9),(4,10)\}$. 重新标号, 不能再找到增广路了 (图 7.4.9).

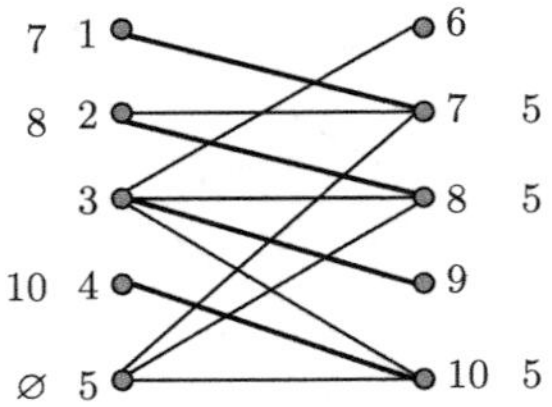


图 7.4.9

此时, $U$ 一侧未标号的顶点集合 $\{3\}$ 和 $V$ 一侧已标号的顶点集合 $\{7, 8, 10\}$ 构成图 $G$ 的一个最小顶点覆盖 (图 7.4.10).

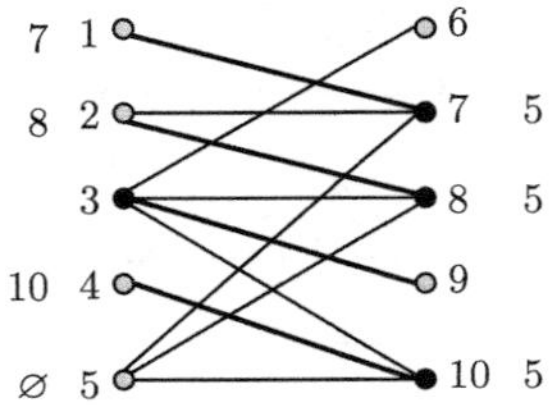


图 7.4.10

■

在计算最大匹配的增广路算法中, 实际上 $Q$ 只需要是一个集合就可以. 因此, 在一个例子上, 对 $Q$ 不同的访问顺序 (即, 不必是 "先进先出"), 就可能找到不同的增广路.

**定理 7.4.8** (Berge 定理[56, 14])　设 $G$ 是一个一般的无向图, $M$ 是 $G$ 的一个匹配. 则, $M$ 是最大匹配当且仅当 $G$ 不包含 $M$-增广路.

**证明**　($\Rightarrow$) $G$ 上若有 $M$-增广路, 则可以使用这条路更新 $M$ 而得到基数更大 (多 1) 的一个匹配, 与 $M$ 是最大匹配矛盾.

($\Leftarrow$) 假设 $M$ 是一个匹配, 图 $G$ 上不含有 $M$-增广路, 而 $M$ 不是最大匹配. 于是, 存在 $G$ 上另外一个匹配 $M'$, 有 $|M'| > |M|$. 令 $H$ 是 $G$ 上 $M'\Delta M$ 的导出子图. 这里, $M'\Delta M$ 表示 $M'$ 和 $M$ 的对称差, 即 $M' \setminus M$ 和 $M \setminus M'$ 的 "并".

由于 $H$ 中的每个顶点最多只能和 $M$ 中的一条边以及 $M'$ 中的一条边关联, 因此 $H$ 中每个顶点的度都不超过 2(都是 1 或者 2). 因此, $H$ 的每个连通分支或者是边在 $M$ 和 $M'$ 中交错出现的路, 或者是边在 $M$ 和 $M'$ 中交错出现的偶圈.

由于在 $G$ 中有 $|M'| > |M|$, 而 $E(H)$ 是 $M'$ 和 $M$ 的对称差 (即, $E(H)$ 是 $M'$ 和 $M$ 去掉了一个相同的部分 $M' \cap M$ 之后的并), $M'$ 在 $H$ 中的边数必然也大于 $M$ 在 $H$ 中的边数.

这表明 $H$ 中至少有一个连通分支是这样的一条路, 它的两端的边都在 $M'$ 中.

由定义, 这条路是一条 $M$-增广路, 与给定条件矛盾. ■

值得注意的是, 定理 7.4.8 在一般图上是成立的, 并不是仅针对二分图.

**定理 7.4.9** 算法 7.4.2 在多项式时间内找到了二分图 $G$ 的一个最大匹配.

**证明** 找一条增广路, 或判断不能找到, 算法最多进行 $O(|U||V|)$ 次检查 (因为最多有这么多条边). 初始匹配最多被增广 $\min\{|U|,|V|\}$ 次. 所以, 总的计算量为 $O(\min\{|U|,|V|\}|U||V|)=O(n^3)$.

算法 7.4.2 结束时 $G$ 上没有 $M$-增广路了. 由定理 7.4.8, 当前的 $M$ 即是图 $G$ 的最大匹配. ■

下面是著名的 Hall 定理, 刻画了二分图上存在匹配一侧所有顶点的匹配的一个充要条件.

**定理 7.4.10** (Hall 定理[34]) 设 $G=(U,V,E)$ 是一个二分图. 则 $G$ 含有匹配 $U$ 中的每个顶点的匹配当且仅当

$$\forall X\subseteq U,\quad |N(X)|\geqslant |X|, \tag{7.4.1}$$

在此, $N(X)$ 表示 $X$ 中所有顶点的邻域 (邻居顶点集合) 的并.

**证明** ($\Rightarrow$) 假设 $G$ 有一个匹配 $M$, 匹配了 $U$ 中所有的顶点. 任取 $U$ 的一个子集 $X$. 则 $X$ 通过 $M$ 匹配到的点的集合 $Y$ 是 $N(X)$ 的一个子集. 因此 $|N(X)|\geqslant |X|$.

($\Leftarrow$) 反证. 假设 $G$ 满足 (7.4.1) 式, 但 $G$ 没有匹配 $U$ 中所有顶点的匹配. 令 $M^*$ 是 $G$ 的一个最大匹配. 则 $M^*$ 没有匹配 $U$ 中所有的顶点. 设 $u$ 是一个未被 $M^*$ 匹配的顶点. 令 $Z$ 为从 $u$ 出发经过 $M^*$-交错路可达的所有顶点的集合, 如图 7.4.11 所示.

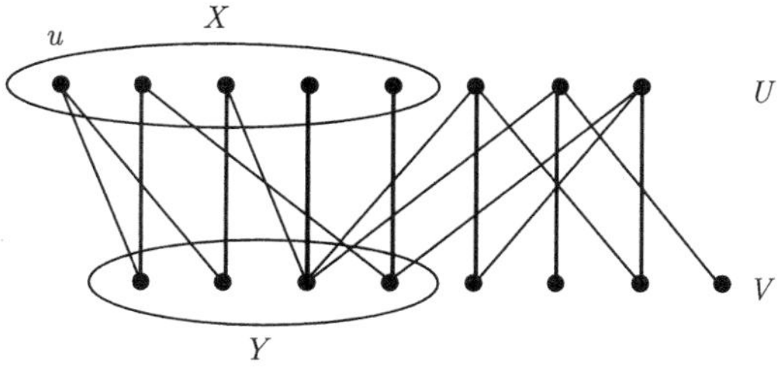


图 7.4.11

**断言 7.4.11** $Z$ 中除 $u$ 外所有的点都被 $M^*$ 匹配.

**证明** $Z\cap U\setminus\{u\}$ 中的点都是经从 $u$ 开始的 $M^*$-交错路可达的. 并且, 这样的 $M^*$ 交错路上从 $u$ 开始的边是一条不在 $M^*$ 中的边. 因此, $Z\cap U\setminus\{u\}$ 中的

点都是在 $M^*$-交错路上经过 $M^*$ 中的一条边到达的. 即, 这些顶点都是被 $M^*$ 匹配的.

现在我们假设 $Z \cap V$ 中有一个点 $v$ 没有被 $M^*$ 匹配. 则从 $u$ 开始经 $M^*$-交错路 (比如 $P$) 可到达 $v$, 但从 $v$ 出发不能再延长 $P$ (这是因为 $v \notin V(M)$). 于是, $P$ 是一条 $M^*$-增广路, 由定理 7.4.8, 这与 $M^*$ 是最大匹配矛盾. ∎

令 $X = Z \cap S, Y = Z \cap T$. 则 $u \in X$. 由断言 7.4.11, $X \backslash u$ 中的点与 $Y$ 中的点在 $M^*$ 下匹配, 因此

$$|Y| = |X| - 1.$$

**断言 7.4.12** $N(X) \subseteq Y$.

若断言成立, 则 $|G(X)| \leqslant |Y| = |X| - 1 < |X|$, 与 (7.4.1) 矛盾, 于是定理证毕.

下面证明断言 7.4.12.

**证明** 任取 $X$ 中一个顶点 $x$, 设 $x$ 的邻居集合 $N(x) = \{y_1, y_2, y_3, \cdots\}$. 由于

(i) $x$ 是从 $u$ 开始通过 $M^*$-交错路 (比如为 $P$) 可达的,

(ii) 路 $P$ 上 $u$ 关联的边不在 $M^*$ 中,

(iii) $x$ 和 $u$ 都在 $X$ 中,

故 $x$ 必关联一条匹配边, 相应的邻居顶点设为 $y_1$; 其余顶点为 $y_2, y_3, \cdots$, 它们是 $x$ 经过非匹配边到达的邻居顶点 (如图 7.4.12).

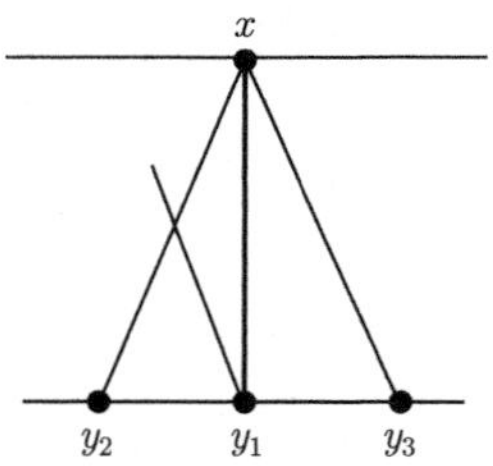


图 7.4.12

显然 $y_1$ 在路 $P$ 上. 因此, 由 $Y$ 的定义, $y_1 \in Y$. 然后看 $y_2$. 如果 $y_2$ 在 $P$ 上, 则已经有 $y_2 \in Y$. 如果 $y_2$ 不在 $P$ 上, 则 $P$ 再接上顶点 $y_2$ 仍是 $M^*$-交错路. 于是, 亦有 $y_2 \in Y$. 同理, $y_3$ 等其他顶点都在 $Y$ 中. ∎

整个定理的证明也就完成了. ∎

**定理 7.4.13** (König 定理[46]) 在二分图上, 最大匹配的边数等于最小顶点覆盖的点数.

**证明** 设 $G = (U, V, E)$ 是一个二分图, $M^*$ 是 $G$ 上的最大匹配. 通过构造一个大小和 $|M^*|$ 相等的最小顶点覆盖来证明定理. 令 $U'$ 表示 $U$ 中 $M^*$ 未匹配

的顶点的集合, $Z$ 表示从 $U'$ 中的顶点出发经过 $M^*$-交错路能够到达的顶点的集合. 令 $X = Z \cap U$, $Y = Z \cap V$, $K = (U \setminus X) \cup Y$, 如图 7.4.13 所示.

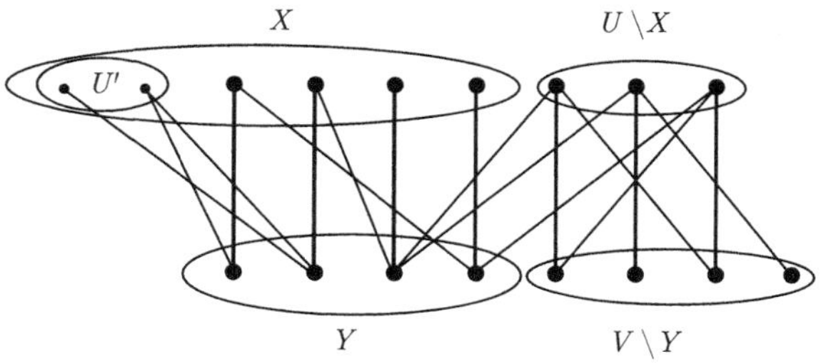


图 7.4.13

由 $Y$ 的定义, 可知 $M^*$ 匹配了 $Y$ 中的所有的顶点. 这是因为若 $Y$ 中有一个顶点未被匹配, 则图上存在一条 $M^*$-增广路, 与 $M^*$ 是最大匹配矛盾. 并且, $X \setminus U'$ 中的所有的顶点都是通过 $M^*$-交错路可到达的, 它们也是通过 $Y$ 中的顶点经过一条匹配的边可到达的. 因此, 有 $|Y| = |X \setminus U'|$.

由于 $U$ 中未被 $M^*$ 匹配的点都在 $U'$ 中, $U \setminus X$ 中的点都是被 $M^*$ 匹配的. 因此

$$|M^*| = |X \setminus U'| + |U \setminus X| = |Y| + |U \setminus X| = |K|.$$

下面证明 $K$ 是一个顶点覆盖. $G$ 上所有可能的边可分成四类:

(1) 从 $X$ 到 $Y$ 的;

(2) 从 $X$ 到 $V \setminus Y$ 的;

(3) 从 $U \setminus X$ 到 $Y$ 的;

(4) 从 $U \setminus X$ 到 $V \setminus Y$ 的.

由于 $K = (S \setminus X) \cup Y$, 显然 (1)、(3)、(4) 类型的边都被 $K$ 覆盖了. 我们声明, $G$ 上不可能有类型为 (2)($X$ 和 $V \setminus Y$ 之间) 的边. 若有这样的边, 比如 $(x, v)$ ($v$ 不在 $Y$ 中), 则 $v$ 是经过从 $U'$ 中的某个顶点出发的 $M^*$-交错路可达的. 于是, 按照 $Y$ 的定义, $v$ 应该在 $Y$ 中, 矛盾. 因此, $G$ 中的每一条边至少有一个端点在 $K$ 中, 即, $K$ 是一个顶点覆盖.

由于 $M^*$ 中的所有边都是不相交的, 任意的顶点覆盖至少要覆盖 $M^*$ 中的所有边. 于是, $K$ 是最小顶点覆盖. ∎

算法 7.4.2 是在二分图上找最大匹配的标号算法. 当算法 7.4.2 找不到增广路时, 当前的匹配是最大匹配. 此时, $U$ 一侧未标号的顶点和 $V$ 一侧已标号的顶点就构成了最小顶点覆盖. 而 $U$ 一侧未标号的顶点, 就是定理 7.4.13 的证明中 $U \setminus X$ 中的顶点, 因为它们是通过交错路不可到达的; $V$ 一侧已标号的点就

是 $Y$ 中的顶点, 因为它们都是通过交错路可到达的. 在定理 7.4.13 的证明中, 就是将 $(U \setminus X) \cup Y$ 定义成了顶点覆盖.

## 7.5　二分图上带权重的最大匹配问题

本节介绍二分图上带权重的最大匹配问题的两种解法. 一种是归约到最小费用流的方法, 另一种是专门的匈牙利算法.

### 7.5.1　归约到最小费用流问题的解法

这需要经过两步变换:

(一) 将二分图上带权重的最大匹配问题归约到完全二分图上的最小权重完美匹配问题.

(二) 将完全二分图上带权重的最小完美匹配问题归约到最小费用流问题.

因此, 最终是变换到了最小费用流问题来解决.

(一) 将二分图上带权重的最大匹配问题归约到完全二分图上的最小权重完美匹配问题.

完全二分图上的最小权重完美匹配问题也称为**指派问题** (The Assignment Problem), 是运筹学发展的早期人们广泛研究的一个问题.

**定义 7.5.1　指派问题**

实例: 完全二分图 $G=(U,V,E)$, $|U|=|V|$. 边 $E$ 上定义有权重 $W_{ij} \geqslant 0$.

询问: 找 $G$ 的一个最小权重完美匹配.

**例 7.5.2**　有 $n$ 台机器和 $n$ 个工件. 机器 $i$ 加工工件 $j$, 需要的费用为 $c_{ij} \geqslant 0$. 如何在机器和工件之间进行分配, 使得加工费用最小, 即是指派问题. 分配规则: 每台机器只加工一个工件, 每个工件只由一台机器加工.

设二分图上带权重的最大匹配问题的实例为 $G=(U,V,E)$, $|U|=m$, $|V|=n$. 不妨假设 $m \leqslant n$. 将二分图上带权重的最大匹配问题归约到完全二分图上的最小权重完美匹配问题的步骤如下:

(1) 对二分图 $G$ 顶点数目少的一侧增加顶点, 使得两侧顶点数目相同.

(2) 添加边将图变成完全二分图 $G'$, 新添加的边上的权重为 0.

(3) 找一个足够大的数 $A$, 将每条边 $e$ 上的权重修改为 $A-w_e$. $A$ 的选择应使修改后的权重为非负的.

则 $G'$ 是归约到的完全二分图上的最小权重完美匹配问题的实例.

**定理 7.5.3**　记 $M^*$ 为实例 $G$ 一个最优解, $\Pi^*$ 为实例 $G'$ 的一个最优解. 则

$$\sum_{e \in M^*} w_G(e) = nA - \sum_{e \in \Pi^*} w_{G'}(e).$$

**证明**　给定 $G$ 最大权重匹配 $M^*$, 通过添加必要的边 (当 $m<n$ 时), 可构造 $G'$ 的一个完美匹配 $\Pi$, 且有

$$\begin{aligned}\sum_{e\in\Pi} w_{G'}(e) &= \sum_{e\in M^*} w_{G'}(e) + \sum_{e\notin M^*} w_{G'}(e)\\ &= \sum_{e\in M^*}(A - w_G(e)) + \sum_{e\notin M^*} A\\ &= nA - \sum_{e\in M^*} w_G(e).\end{aligned}$$

由于 $\Pi^*$ 是最小权重完美匹配, 因此 $\sum_{e\in\Pi^*} w_{G'}(e) \leqslant nA - \sum_{e\in M^*} w_G(e)$, 即, $\sum_{e\in M^*} w_G(e) \leqslant nA - \sum_{e\in\Pi^*} w_{G'}(e)$.

给定 $G'$ 的最小权重完美匹配 $\Pi^*$, 其中同时在 $G$ 中的边构成 $G$ 上的一个匹配 $M$. 且有

$$\begin{aligned}\sum_{e\in\Pi^*} w_{G'}(e) &= \sum_{e\in M} w_{G'}(e) + \sum_{e\notin M^*} w_{G'}(e)\\ &= \sum_{e\in M}(A - w_G(e)) + \sum_{e\notin M} A\\ &= nA - \sum_{e\in M} w_G(e).\end{aligned}$$

因此, $\sum_{e\in M} w_G(e) = nA - \sum_{e\in\Pi^*} w_{G'}(e)$. 由于 $M^*$ 是 $G$ 上的最大权重匹配, 可知 $\sum_{e\in M^*} w_G(e) \geqslant nA - \sum_{e\in\Pi^*} w_{G'}(e)$. ■

定理 7.5.3 表明, 要计算带权重的二分图 $G$ 上的最大匹配, 只需要变换到的带权重完全二分图 $G'$ 上的最小权重完美匹配就可以了.

(二) 将完全二分图上带权重的最小完美匹配问题归约到最小费用流问题.

事实上, 完全二分图上带权重的最小权重完美匹配问题 (即, 指派问题) 可以很容易地归约到最小费用流问题解决. 设 $G=(U,V,E)$ 为指派问题中的二分图, $|U|=|V|=n$.

(1) 增加一个源点 $s$, 以及 $s$ 到 $U$ 中各个顶点之间的边. 增加一个目标顶点 $t$, 以及 $V$ 中各个顶点到 $t$ 之间的边. 图中所有的边都改为有向边, 其方向为从 $s$ 到 $t$ 的方向. 记如此得到的图为 $G'$.

(2) 将 $s$ 到 $U$ 之间的边以及 $V$ 到 $t$ 之间的边的费用设为 0. 将图中所有边的容量均设为 1. 这就得到了最小费用流的实例.

(3) 于是, $G'$ 上任意一个流值为 $n$ 的整数流, 其在 $U\times V$ 中流值大于 0 的边, 构成 $G$ 上一个相同费用的完美匹配, 反之亦然.

上述归约可用图 7.5.1 示意说明.

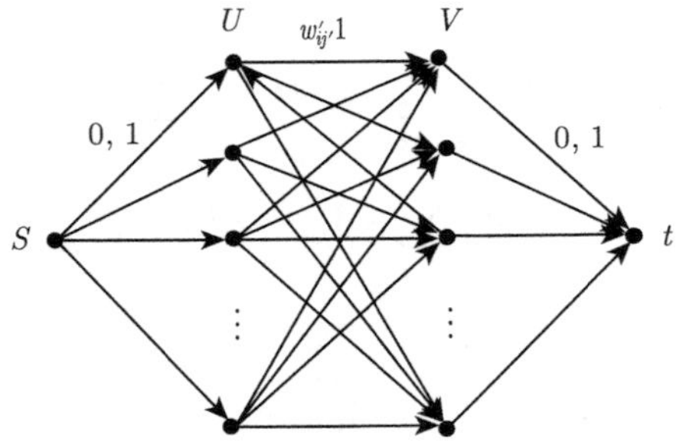


图 7.5.1

### 7.5.2　匈牙利算法

1955 年, 库恩 (H. Kuhn, 1925—2014, 美国)[48] 对指派问题 (完全二分图上的最小权重完美匹配问题) 给出了一个组合算法. 库恩将其称为 “匈牙利算法”, 是因为该算法建立在两位匈牙利数学家 Dénes König 和 Jenö Egerváry 的工作的基础上. 后来, 该算法又被 [52](得到多项式时间算法)、[38]、[22]、[61] 进一步精练和化简, 得到我们今天在教科书上看到的匈牙利算法.

假设 $M$ 是二分图 $G=(U,V,E)$ 的一个匹配. 定义有向图 $D_M$ 如下:

- 对 $M$ 中的每条边 $e$, 令其方向为从 $V$ 指向 $U$, 其长度 $\ell(e)=w(e)$.
- 对 $M$ 之外的每条边 $e$, 令其方向为从 $U$ 指向 $V$, 其长度为 $\ell(e)=-w(e)$.

令 $U_{\bar{M}}\subseteq U$ 和 $V_{\bar{M}}\subseteq V$ 为 $M$ 在 $U$ 和 $V$ 中未匹配的顶点的集合.

**算法 7.5.1**　带权重最大匹配问题的匈牙利算法.

(1) $M\leftarrow\varnothing$. 根据 $M$ 定义有向图 $D_M$.

(2) **while** $D_M$ 中存在从 $U_{\bar{M}}$ 到 $V_{\bar{M}}$ 的路时 **do**

(3) 　找一条最短的 $U_{\bar{M}}$-$V_{\bar{M}}$ 路 $P$.

(4) 　$M\leftarrow M\Delta P$. 更新 $D_M$.

(5) **endwhile**

(6) **while** 循环的每一次迭代找到的 $M$ 都是一个匹配. **while** 循环结束后, 算法返回这多个匹配中权重最大的匹配.

在算法 7.5.1 的第 (3) 步, $U_{\bar{M}}$-$V_{\bar{M}}$ 路 的含义是起始于 $U_{\bar{M}}$ 中的任一个顶点、终止于 $V_{\bar{M}}$ 中的任一个顶点的一条路.

**例 7.5.4**　运行算法 7.5.1, 求如下二分图 (图 7.5.2) 的一个最大匹配.

**解**　在以下算法的执行过程中, 加粗的边表示在匹配中边, 虚线边表示当前最短 $U_{\bar{M}}$-$V_{\bar{M}}$ 路中的边 (图 7.5.3).

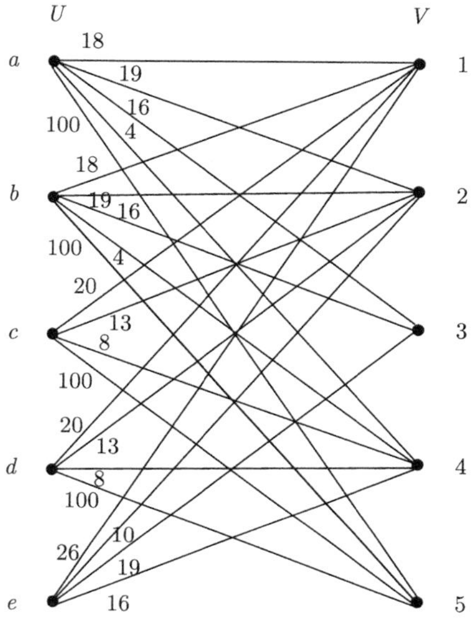


图 7.5.2

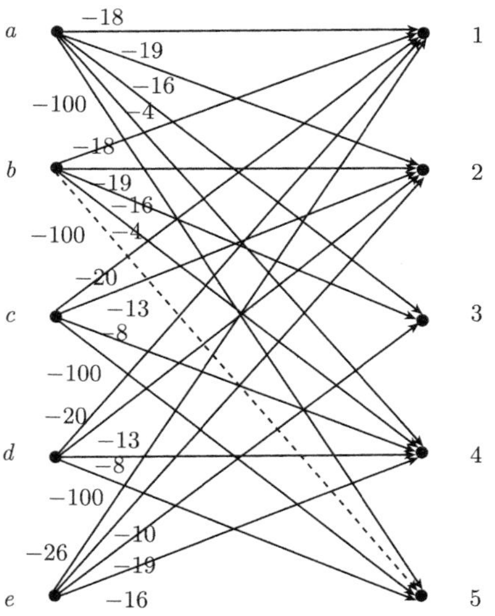


图 7.5.3

当前 $M=\varnothing$, 权重为 0. $U_{\bar{M}}=\{a,b,c,d,e\}$, $V_{\bar{M}}=\{1,2,3,4,5\}$. 找到一条最短 $U_{\bar{M}}$-$V_{\bar{M}}$ 路 $(b,5)$, 长度为 $-100$ (图 7.5.4).

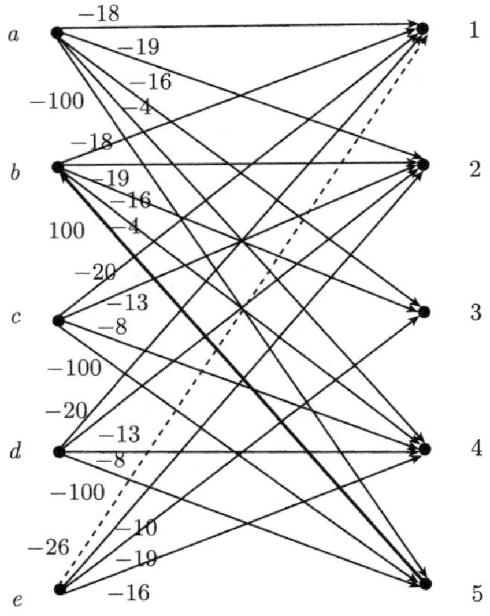


图 7.5.4

当前 $M=\{(b,5)\}$, 权重为 100. $U_{\bar{M}}=\{a,c,d,e\}$, $V_{\bar{M}}=\{1,2,3,4\}$. 找到一条最短 $U_{\bar{M}}$-$V_{\bar{M}}$ 路 $(e,1)$, 长度为 $-26$ (图 7.5.5).

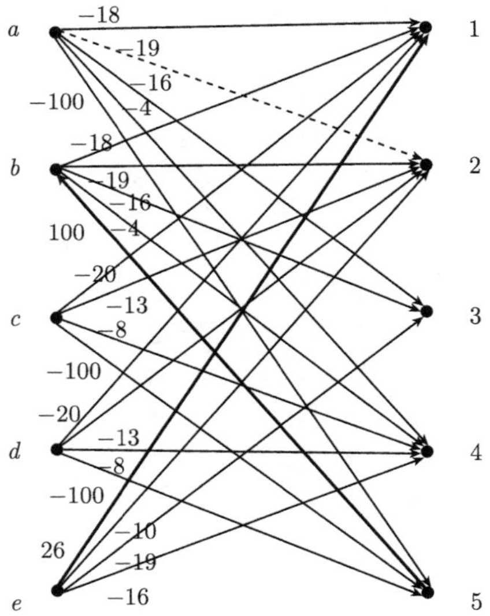


图 7.5.5

当前 $M=\{(b,5),(e,1)\}$, 权重为 126. $U_{\bar{M}}=\{a,c,d\}$, $V_{\bar{M}}=\{2,3,4\}$. 找到一条最短 $U_{\bar{M}}$-$V_{\bar{M}}$ 路 $(a,2)$, 长度为 $-19$ (图 7.5.6).

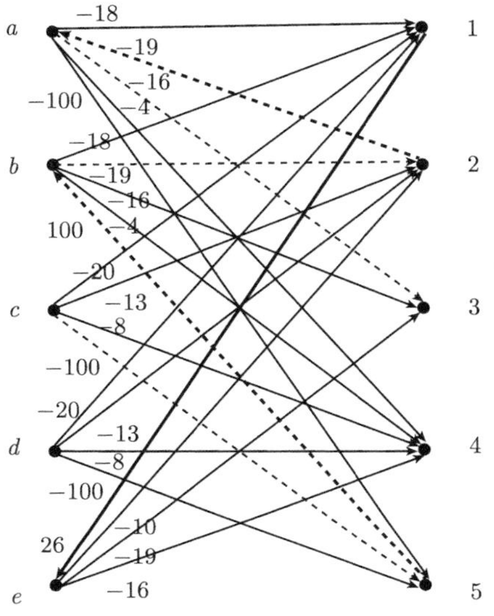


图 7.5.6

当前 $M=\{(a,2),(b,5),(e,1)\}$, 权重为 145. $U_{\bar{M}}=\{c,d\}$, $V_{\bar{M}}=\{3,4\}$. 找到一条最短 $U_{\bar{M}}$-$V_{\bar{M}}$ 路 $(c,5,b,2,a,3)$, 长度为 $-16$ (图 7.5.7).

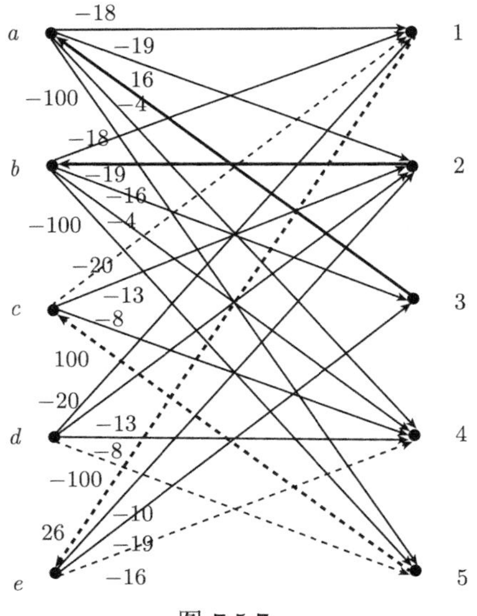


图 7.5.7

当前 $M=\{(a,3),(b,2),(c,5),(e,1)\}$, 权重为 161. $U_{\bar{M}}=\{d\}$, $V_{\bar{M}}=\{4\}$. 找到一条最短 $U_{\bar{M}}$-$V_{\bar{M}}$ 路 $(d,5,c,1,e,4)$, 长度为 $-10$ (图 7.5.8).

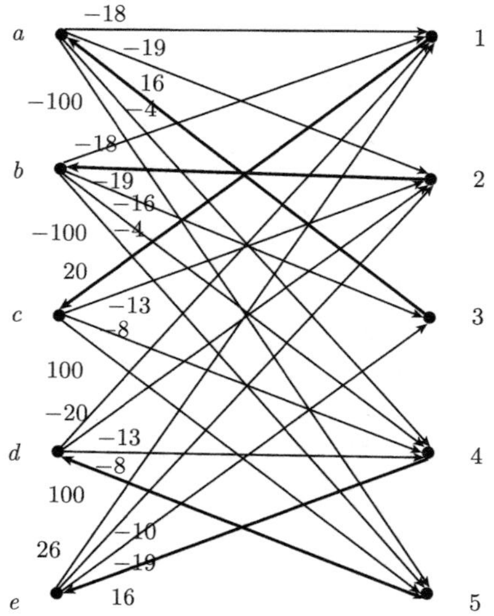


图 7.5.8

当前 $M=\{(a,3),(b,2),(c,1),(d,5),(e,4)\}$, 权重为 171. $U_{\bar{M}}=\varnothing$, $V_{\bar{M}}=\varnothing$. 当前图上没有 $U_{\bar{M}}$-$V_{\bar{M}}$ 路. **while** 循环结束.

以上过程中找到的权重最大的匹配为 $M=\{(a,3),(b,2),(c,1),(d,5),(e,4)\}$, 权重为 171. 这就是原二分图上的最大权重匹配. ∎

**极端**　若一个匹配 $M$ 在所有大小为 $|M|$ 的匹配中是权重最大的, 则称该匹配为**极端**的 (Extreme).

**引理 7.5.5**　匈牙利算法中找到的每一个匹配都是极端的.

**证明**　当 $M=\varnothing$ 时引理显然是对的. 下面假设 $M$ 是极端的, $P$ 是算法在本次迭代中找到的最短路, $M'=M\Delta P$ 是算法找到的下一个匹配.

令 $N$ 为大小为 $|M|+1$ 的任一个极端的匹配. 由于 $|N|>|M|$, $M\cup N$ 中至少有一个极大连通分支 $Q$ 是 $M$-增广路. 由于 $P$ 是最短的 $M$-增广路, 因此 $\ell(Q)\geqslant\ell(P)$.

观察到 $N\Delta Q$ 是一个大小为 $|M|$ 的匹配. 由于 $M$ 是大小为 $|M|$ 的极端匹配, 可知 $w(N\Delta Q)\leqslant w(M)$.

因此, $w(N)=w(N\Delta Q)-\ell(Q)\leqslant w(M)-\ell(P)=w(M')$. ∎

注意到若 $M$ 是极端的, 则 $D_M$ 中就没有负费用圈 (否则, 假设有一个负费用圈 $C$. 则 $M\Delta C$ 是一个大小为 $|M|$ 的匹配, 且其权重比 $M$ 大). 因此, 算法中求最短 $U_{\bar{M}}$-$W_{\bar{M}}$ 就可以用贝尔曼-福特 (Bellman-Ford) 算法 (参见 [18] 的 24.1 节) 完成.

再由引理 7.5.5, 可知定理 7.5.6 成立.

**定理 7.5.6**　匈牙利算法在多项式时间内找到了二分图上带权重最大匹配问题的最优解.

## 7.6 一般图上的最大匹配问题

一般图上的不带权重的最大匹配仍是多项式时间可解的. 埃德蒙兹[21] 首次给出了这样一个多项式时间算法. 1980 年, Micali 和 Vazirani[51] 给出了该问题目前最快的算法, 时间复杂度为 $O(n^{1/2}m)$.

一般图上带权重的最大匹配问题也是多项式时间可解的. 埃德蒙兹[20] 首次给出了这样的算法. 这样的问题直到最近还在不断被研究, 如段然等人的工作[19], 对一般图上带权重的最大匹配问题给出了线性时间的近似方案.

## 7.7 习　　题

1. 求出下述流网络 (图 7.7.1) 的最大 $s$-$t$ 流及最小 $s$-$t$ 割.

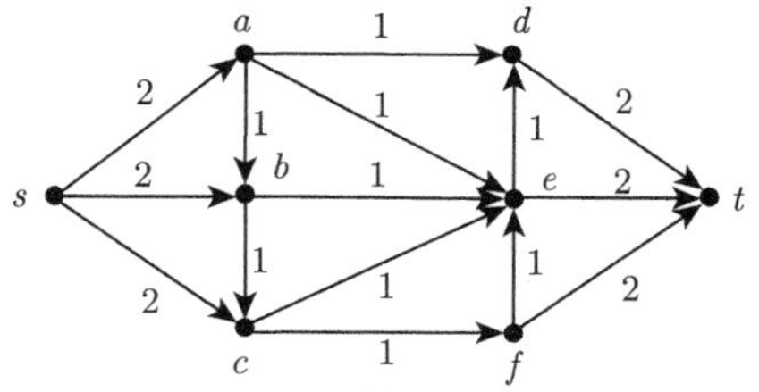


(a)

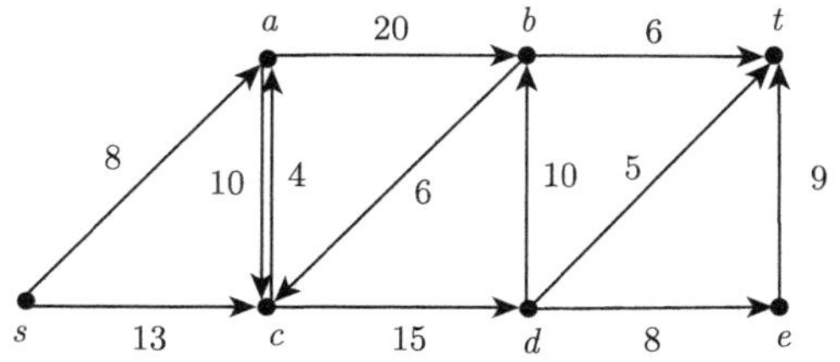


(b)

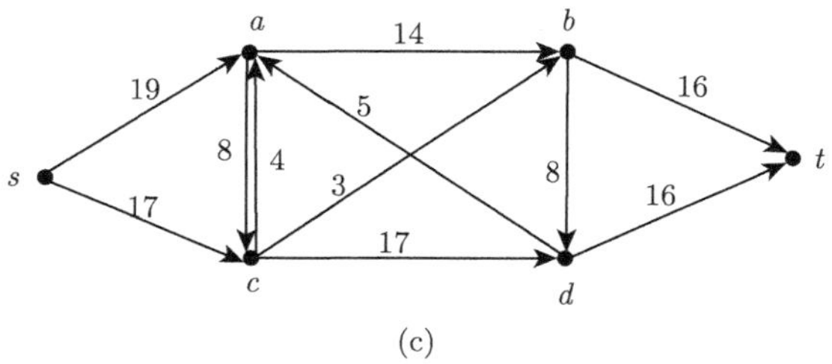


(c)

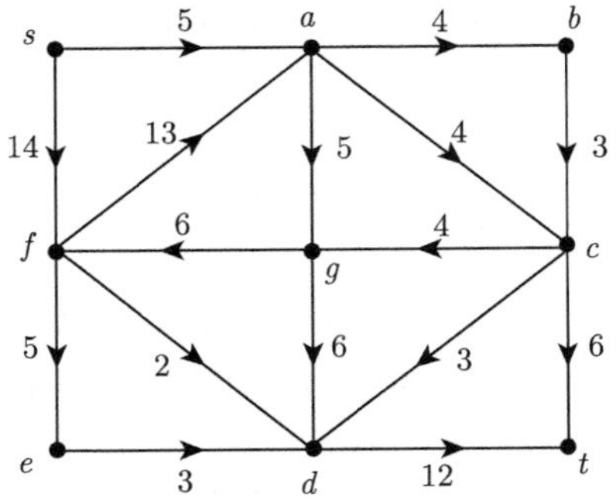


(d)

图 7.7.1

2. 使用二分图最大匹配的增广路标号算法, 找出图 7.7.2 的最大匹配及最小顶点覆盖, 写出必要的计算过程. 要求在算法执行过程中每次待取出一个 “未检查” 的顶点时, 总是从所有未检查的点中取出编号最小的那个顶点.

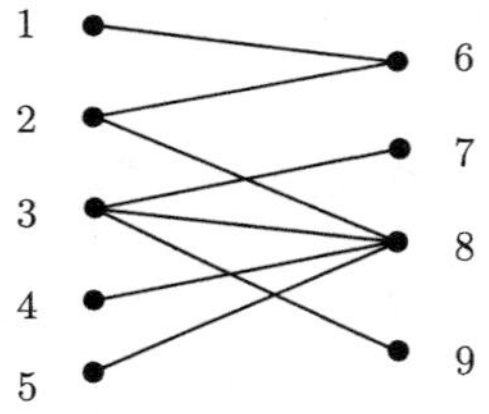


图 7.7.2

3. 在下面的二分图 (图 7.7.3) 中, 已经用粗线条的边标出了一个匹配. 请在这张图上使用增广路标号法继续迭代, 找出一个最大匹配. 可使用粗线条的边或波浪线表示匹配的边. 最终找到的最大匹配的大小等于多少?

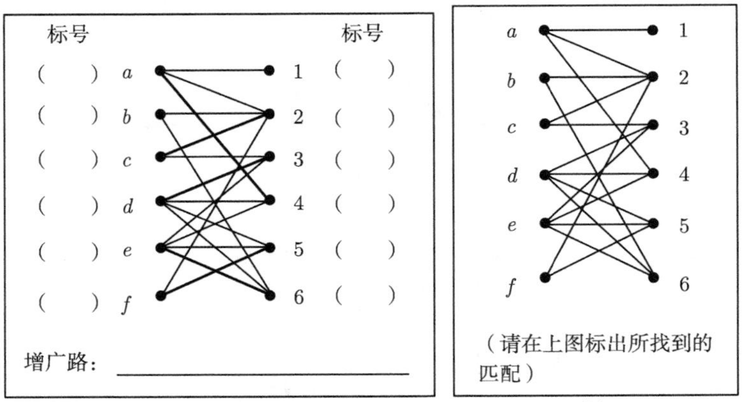


(a)　　　　(b)

图 7.7.3

若需要继续迭代, 请在下面按照上述格式自行画出二分图、标号、增广路和匹配.

4. 使用匈牙利算法, 找出图 7.7.4 的一个最小权重完美匹配, 写出必要的计算过程.

提示: 该图是一个二分图.

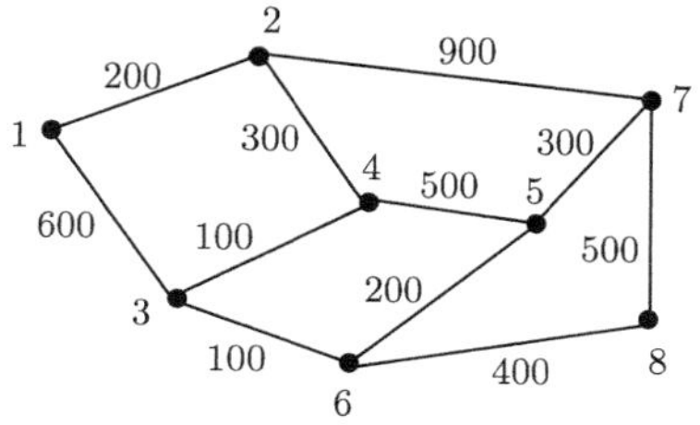


图 7.7.4

5. 使用匈牙利算法, 找出图 7.7.5 的一个最小权重完美匹配.

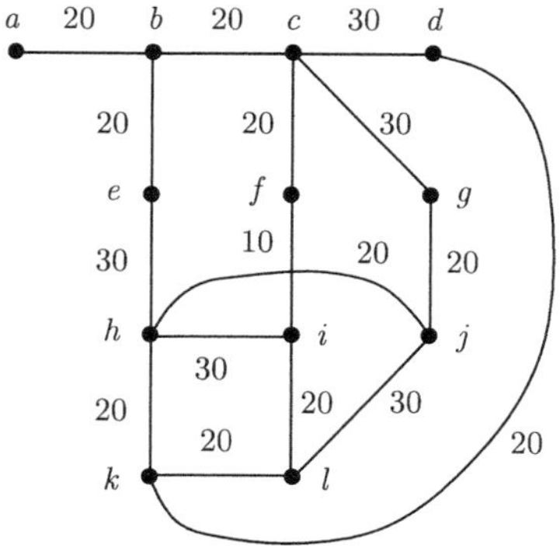


图 7.7.5

解题提示: (1) 该图上有一些显而易见的点必定和另一个点匹配 (无论是在哪一个最小权重完美匹配中). 逐步删除这样的顶点对, 可将该图化简.

(2) 该图是一个二分图. 因此, 可将该图转换为二分图后再运行匈牙利算法.

# 第 8 章　无约束优化的基本概念

从本章开始, 本书介绍连续优化的基本概念和方法. 连续优化的研究问题从总体上可分为无约束优化问题和约束优化问题两大类. 我们先从无约束优化问题开始.

无约束优化问题是指这样的优化问题:

$$\min f(\boldsymbol{x}),$$

这里 $f\colon \mathbb{R}^n \to \mathbb{R}$ 是连续函数.

## 8.1　一元函数的极小化问题

我们先从最简单的问题开始, 比如在无约束优化问题中, 向量 $\boldsymbol{x}$ 退化为单变量 $x$, 此时即得到一元函数的极小化问题.

一元函数的极小化问题, 除了用数学分析中介绍的解析法之外, 在工程实际中还经常用搜索的方法. 这是因为, 即使是一元函数, 求它的极小点的解析表达式也不一定是容易的.

一维搜索的方法主要有**试探法**和**函数逼近法**两大类.

试探法指按照某种方式找试探点, 通过一系列试探点来逼近极小点.

函数逼近法也称为**插值法**, 指用某种较简单的函数来近似本来的目标函数, 然后再通过求逼近函数的极小点来估计目标函数的极小点.

### 8.1.1　黄金分割法

黄金分割法是一种试探法, 也称为 0.618 法.

假设 $\varphi(x)$ 是 $[a,b]$ 上的单峰函数, 即在 $(a,b)$ 中有一点 $x^*$, 使得 $\varphi(x)$ 在 $[a,x^*]$ 上严格单调减少, 在 $[x^*,b]$ 上严格单调增加.

黄金分割法是一种搜索算法, 搜索 $\varphi$ 在 $[a,b]$ 上的最小值点 $x^*$. 其基本的想法是, 不断收缩要搜索的区间, 直到包含最小值点的区间的宽度足够小.

为此, 在当前搜索的区间 $[a_k,b_k]$ 中取两点 $\lambda_k \leqslant \mu_k$. 则, 若 $\varphi(\lambda_k) \leqslant \varphi(\mu_k)$, 则 $x^* \in [a_k,\mu_k]$, 否则 $\varphi(\lambda_k) > \varphi(\mu_k)$, $x^* \in [\lambda_k,b_k]$. 于是选择 $[a_k,\mu_k]$ 或 $[\lambda_k,b_k]$ 作为新的搜索区间 $[a_{k+1},b_{k+1}]$.

我们的目的是希望在搜索过程中尽量减少计算量 (计算 $\varphi$ 的函数值). 为此, 作如下安排:

(1) $\lambda_k$ 和 $\mu_k$ 在区间 $[a_k, b_k]$ 中处于对称的位置 (如图 8.1.1). 即

$$b_k - \lambda_k = \mu_k - a_k. \tag{8.1.1}$$

(2) 搜索区间按比例缩小. 即, 存在常数 $\tau \in [0,1]$, 使得

$$b_{k+1} - a_{k+1} = \tau(b_k - a_k). \tag{8.1.2}$$

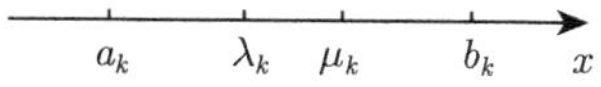

图 8.1.1

由于是选择 $[a_k, \mu_k]$ 或 $[\lambda_k, b_k]$ 作为新的搜索区间 $[a_{k+1}, b_{k+1}]$, 由 (8.1.2), 可知

$$\mu_k - a_k = \tau(b_k - a_k), \tag{8.1.3}$$

$$b_k - \lambda_k = \tau(b_k - a_k). \tag{8.1.4}$$

由 (8.1.3), 可得 $\mu_k - a_k = \tau b_k - \tau a_k$, 即 $\tau b_k - \mu_k = \tau a_k - a_k$, 即

$$\begin{aligned} b_k - \mu_k &= \tau a_k - a_k + (1-\tau) b_k \\ &= (1-\tau)(b_k - a_k). \end{aligned} \tag{8.1.5}$$

于是,

$$\lambda_k \underset{(8.1.1)}{=} a_k + (b_k - \mu_k) \underset{(8.1.5)}{=} a_k + (1-\tau)(b_k - a_k), \tag{8.1.6}$$

$$\mu_k \underset{(8.1.1)}{=} a_k + (b_k - \lambda_k) \underset{(8.1.4)}{=} a_k + \tau(b_k - a_k). \tag{8.1.7}$$

下面分两种情况进行讨论. 这两种情况实际上是对称的.

(1) $\varphi(\lambda_k) \leqslant \varphi(\mu_k)$ (如图 8.1.2).

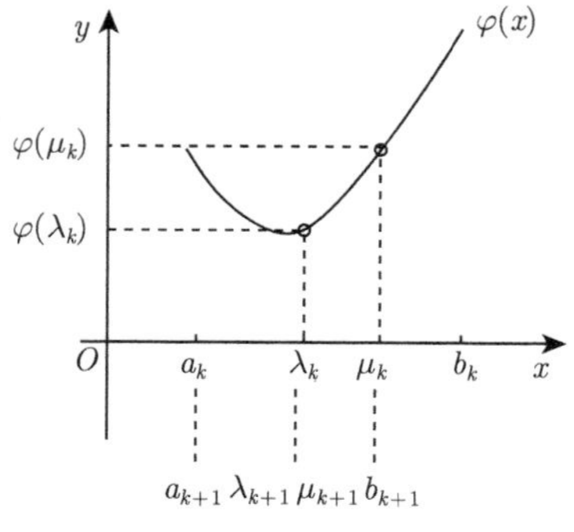

图 8.1.2

在这种情况下, 令 $a_{k+1} \leftarrow a_k$, $b_{k+1} \leftarrow \mu_k$, 在新的区间 $[a_{k+1}, b_{k+1}]$ 中继续搜索 $x^*$.

为减少计算量, 已经计算过的点 $\lambda_k$ 有两种选择, 或者将其赋值给 $\mu_{k+1}$, 或者将其赋值给 $\lambda_{k+1}$.

若将 $\lambda_k$ 赋值给 $\mu_{k+1}$, 则有

$$\mu_{k+1} = \lambda_k \underset{(8.1.6)}{=} a_k + (1-\tau)(b_k - a_k)$$

以及

$$\mu_{k+1} \underset{(8.1.7)}{=} a_{k+1} + \tau(b_{k+1} - a_{k+1}).$$

因此,

$$\begin{aligned} & a_k + (1-\tau)(b_k - a_k) = a_{k+1} + \tau(b_{k+1} - a_{k+1}) \\ \Leftrightarrow \quad & (1-\tau)(b_k - a_k) = \tau(b_{k+1} - a_{k+1}) \\ \underset{(8.1.2)}{\Leftrightarrow} \quad & (1-\tau)(b_k - a_k) = \tau^2(b_k - a_k) \\ \Leftrightarrow \quad & 1 - \tau = \tau^2. \end{aligned}$$

解方程, 可得

$$\tau = \frac{\sqrt{5}-1}{2}.$$

(另一个负根舍弃. )

另一方面, 若将 $\lambda_k$ 赋值给 $\lambda_{k+1}$, 则有

$$\lambda_{k+1} = \lambda_k \underset{(8.1.6)}{=} a_k + (1-\tau)(b_k - a_k)$$

以及

$$\lambda_{k+1} \underset{(8.1.6)}{=} a_{k+1} + (1-\tau)(b_{k+1} - a_{k+1}).$$

于是,

$$\begin{aligned} & a_k + (1-\tau)(b_k - a_k) = a_{k+1} + (1-\tau)(b_{k+1} - a_{k+1}) \\ \Leftrightarrow\ & (1-\tau)(b_k - a_k) = (1-\tau)(b_{k+1} - a_{k+1}) \\ \Leftrightarrow\ & b_k - a_k = b_{k+1} - a_{k+1}. \end{aligned}$$

这显然是荒谬的.

因此, 我们选择将 $\lambda_k$ 赋值给 $\mu_{k+1}$.

(2) $\varphi(\lambda_k) > \varphi(\mu_k)$ (如图 8.1.3).

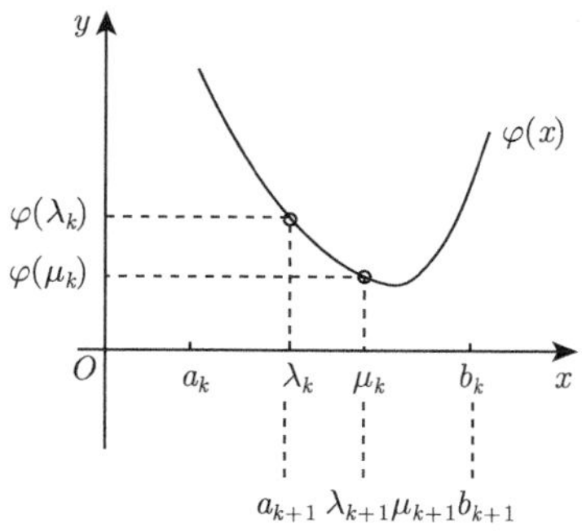


图 8.1.3

对称地, 在这种情况下, 我们可以推导出应该将 $\mu_k$ 赋值给 $\lambda_{k+1}$, 以及 $\tau = \dfrac{\sqrt{5}-1}{2}$.

由此, 便可以得到一维搜索的黄金分割算法 (0.618 法).

**算法 8.1.1** 黄金分割算法 (0.618 法).

输入: 函数 $\varphi\colon \mathbb{R} \to \mathbb{R}$, 初始单峰区间 $[a_1, b_1]$, 求解精度 $\epsilon \geqslant 0$.

输出: 函数 $\varphi$ 在区间 $[a_1, b_1]$ 上满足精度的最小值点 $\bar{x}$.

(1) $\lambda \leftarrow a + 0.382(b-a)$, $\mu \leftarrow a + 0.618(b-a)$.

(2) **while** $b - a > \epsilon$ **do**

(3) **if** $\varphi(\lambda) > \varphi(\mu)$ **then** $a \leftarrow \lambda$, $\lambda \leftarrow \mu$, $\mu \leftarrow a + 0.618(b-a)$.

(4) **else** $b \leftarrow \mu$, $\mu \leftarrow \lambda$, $\lambda \leftarrow a + 0.382(b-a)$ **endif**

(5) **endwhile**

(6) **return** $\bar{x} \leftarrow a + 0.5(b-a)$.

**例 8.1.1** ([7]) 用 0.618 法解

$$\min f(x) = 2x^2 - x - 1.$$

初始区间 $[a_1, b_1] = [-1, 1]$, 精度 $\epsilon = 0.16$.

**解** 计算结果如表 8.1.1 所示.

经过 6 次迭代达到

$$b_7 - a_7 = 0.111 < 0.16,$$

满足精度要求, 极小点

$$\bar{x} \in [0.168, 0.279],$$

取

$$\bar{x} = \frac{1}{2}(0.168 + 0.279) \approx 0.23$$

作为近似解.

**表 8.1.1**

| $k$ | $a_k$ | $b_k$ | $\lambda_k$ | $\mu_k$ | $f(\lambda_k)$ | $f(\mu_k)$ |
|---|---|---|---|---|---|---|
| 1 | −1 | 1 | −0.236 | 0.236 | −0.653 | −1.125 |
| 2 | −0.236 | 1 | 0.236 | 0.528 | −1.125 | −0.97 |
| 3 | −0.236 | 0.528 | 0.056 | 0.236 | −1.05 | −1.125 |
| 4 | 0.056 | 0.528 | 0.236 | 0.348 | −1.125 | −1.106 |
| 5 | 0.056 | 0.348 | 0.168 | 0.236 | −1.112 | −1.125 |
| 6 | 0.168 | 0.348 | 0.236 | 0.279 | −1.125 | −1.123 |
| 7 | 0.168 | 0.279 | | | | |

实际上, 问题的最优解 $x^* = 0.25$. ∎

### 8.1.2　函数逼近法

函数逼近法的基本思想是用简单的函数逼近目标函数, 通过对简单函数求极小值点, 来近似代替目标函数的极小值点.

著名的牛顿法就是一种函数逼近法. 对于一元函数而言, 牛顿法使用泰勒多项式来逼近一元目标函数.

一元函数的牛顿法和多元函数的牛顿法我们放在一起介绍, 请参阅 9.4.1 节, 在此不再重复.

## 8.2　下 降 方 向

对于无约束优化问题和约束优化问题的搜索法, 一种最简单、最直接的策略是, 从当前点开始, 沿着目标函数值下降的方向搜索下一个点, 然后以下一个点为当前点继续上述的搜索过程, 直到找到函数的极小值点 (或满足精度要求的极小值点的近似点). 这就引出了下降方向的概念.

**定义 8.2.1**　设有函数 $f(\boldsymbol{x})$: $\mathbb{R}^n \to \mathbb{R}$, 点 $\bar{\boldsymbol{x}} \in \mathbb{R}^n$ 和向量 $\boldsymbol{d} \in \mathbb{R}^n$, $\boldsymbol{d} \neq \boldsymbol{0}$. 若存在数 $\delta > 0$, 使得对每个 $\alpha \in (0, \delta)$, 都有

$$f(\bar{\boldsymbol{x}} + \alpha \boldsymbol{d}) < f(\bar{\boldsymbol{x}}),$$

则 $\boldsymbol{d}$ 称为函数 $f$ 在点 $\bar{\boldsymbol{x}}$ 处的**下降方向**.

**定理 8.2.2**　设函数 $f(\boldsymbol{x})$ 在点 $\bar{\boldsymbol{x}}$ 可微, 如果存在方向 $\boldsymbol{d}$, 使 $\nabla f(\bar{\boldsymbol{x}})^{\mathrm{T}} \boldsymbol{d} < 0$, 则 $\boldsymbol{d}$ 为函数 $f$ 在点 $\bar{\boldsymbol{x}}$ 处的下降方向.

**证明** 函数 $f(\boldsymbol{x})$ 在 $\bar{\boldsymbol{x}}$ 处的一阶泰勒展开式为

$$f(\boldsymbol{x}) = f(\bar{\boldsymbol{x}}) + \nabla f(\bar{\boldsymbol{x}})^{\mathrm{T}}(\boldsymbol{x} - \bar{\boldsymbol{x}}) + o(||\boldsymbol{x} - \bar{\boldsymbol{x}}||).$$

因此, $\forall \alpha \neq 0$, 都有

$$\begin{aligned} f(\bar{\boldsymbol{x}} + \alpha \boldsymbol{d}) &= f(\bar{\boldsymbol{x}}) + \alpha \nabla f(\bar{\boldsymbol{x}})^{\mathrm{T}} \boldsymbol{d} + o(||\alpha \boldsymbol{d}||) \\ &= f(\bar{\boldsymbol{x}}) + \alpha \left[ \nabla f(\bar{\boldsymbol{x}})^{\mathrm{T}} \boldsymbol{d} + \frac{o(||\alpha \boldsymbol{d}||)}{\alpha} \right]. \end{aligned}$$

现在令 $\alpha \to 0^+$, 有 $\dfrac{o(||\alpha \boldsymbol{d}||)}{\alpha} \to 0$. 又由于 $\nabla f(\bar{\boldsymbol{x}})^{\mathrm{T}} \boldsymbol{d} < 0$, 因此当 $\alpha > 0$ 充分小时, 就有

$$\nabla f(\bar{\boldsymbol{x}})^{\mathrm{T}} \boldsymbol{d} + \frac{o(||\alpha \boldsymbol{d}||)}{\alpha} < 0.$$

因此, 存在 $\delta > 0$, 使得当 $\alpha \in (0, \delta)$ 时, 有

$$\alpha \left[ \nabla f(\bar{\boldsymbol{x}})^{\mathrm{T}} \boldsymbol{d} + \frac{o(||\alpha \boldsymbol{d}||)}{\alpha} \right] < 0,$$

从而

$$f(\bar{\boldsymbol{x}} + \alpha \boldsymbol{d}) < f(\bar{\boldsymbol{x}}).$$ ■

**说明** $o(||\alpha \boldsymbol{d}||)$ (变化的量是 $\alpha$) 的含义是 $\lim_{\alpha \to 0} \dfrac{o(||\alpha \boldsymbol{d}||)}{||\alpha \boldsymbol{d}||} = 0$. 因此,

$$\begin{aligned} \lim_{\alpha \to 0} \frac{o(||\alpha \boldsymbol{d}||)}{\alpha} &= ||\boldsymbol{d}|| \lim_{\alpha \to 0} \frac{o(||\alpha \boldsymbol{d}||)}{\alpha ||\boldsymbol{d}||} \\ &= \mathrm{sgn}(\alpha) ||\boldsymbol{d}|| \lim_{\alpha \to 0} \frac{o(||\alpha \boldsymbol{d}||)}{||\alpha \boldsymbol{d}||} \\ &= 0, \end{aligned}$$

其中当 $\alpha > 0$ 时 $\mathrm{sgn}(\alpha) = 1$, 当 $\alpha < 0$ 时 $\mathrm{sgn}(\alpha) = -1$.

定理 8.2.2 中的方向 $\boldsymbol{d}$ 即是下降方向.

## 8.3 一维搜索的基本概念

许多迭代下降算法具有这样一个共同点: 在得到点 $\boldsymbol{x}^{(k)}$ 后, 按某种规则确定一个方向 $\boldsymbol{d}^{(k)}$, 再从 $\boldsymbol{x}^{(k)}$ 出发, 沿方向 $\boldsymbol{d}^{(k)}$ 在直线 (或射线) 上求目标函数的极小点, 从而得到 $\boldsymbol{x}^{(k)}$ 的后继点 $\boldsymbol{x}^{(k+1)}$, 重复以上做法, 直到求到问题的解.

设目标函数为 $f(\boldsymbol{x})$, 过点 $\boldsymbol{x}^{(k)}$ 沿方向 $\boldsymbol{d}^{(k)}$ 的直线可用点集来表示, 记作

$$L=\{\boldsymbol{x} \mid \boldsymbol{x}=\boldsymbol{x}^{(k)}+\alpha \boldsymbol{d}^{(k)},-\infty<\alpha<\infty\},$$

这里所谓求目标函数在直线上的极小点, 称为**一维搜索**, 或**线性搜索**.

求 $f(\boldsymbol{x})$ 在直线 $L$ 上的极小点, 就是求一元函数

$$\varphi(\alpha)=f(\boldsymbol{x}^{(k)}+\alpha \boldsymbol{d}^{(k)})$$

的极小点. 因此, 一维搜索可归结为单变量函数的极小化问题.

如果 $\varphi(\alpha)$ 的极小点为 $\alpha^{(k)}$, 通常称 $\alpha^{(k)}$ 为沿方向 $\boldsymbol{d}^{(k)}$ 的**步长因子**, 或简称**步长**.

## 8.4 习　　题

1. 选用一种计算机语言, 将 0.618 法编写成计算机程序并上机调试.
2. 用 0.618 法求以下问题的近似解.

$$\min \quad -2x^3+21x^2-60x+50$$

初始区间为 $[0.5, 3.5]$ (这是函数的单谷区间), 精度 $\epsilon=0.8$.

# 第 9 章 使用导数的无约束优化方法

本章介绍的无约束优化方法, 在计算过程中, 要用到目标函数的导数.

## 9.1 无约束优化问题的一阶极值条件

下面是无约束优化问题局部极小点的一阶必要条件. 所谓一阶, 是指在条件的描述中要用到一阶导数.

**定理 9.1.1** 设函数 $f(\boldsymbol{x})$ 在点 $\bar{\boldsymbol{x}}$ 可微. 若 $\bar{\boldsymbol{x}}$ 是局部极小点, 则梯度 $\nabla f(\bar{\boldsymbol{x}})=\mathbf{0}$.

**证明** 反证. 设 $\nabla f(\bar{\boldsymbol{x}})\neq\mathbf{0}$, 令方向 $\boldsymbol{d}=-\nabla f(\bar{\boldsymbol{x}})$, 则有

$$\nabla f(\bar{\boldsymbol{x}})^{\mathrm{T}}\boldsymbol{d}=-\nabla f(\bar{\boldsymbol{x}})^{\mathrm{T}}\nabla f(\bar{\boldsymbol{x}})=-\|\nabla f(\bar{\boldsymbol{x}})\|^2<0.$$

由定理 8.2.2, 必存在 $\delta>0$, 使得当 $\alpha\in(0,\delta)$ 时, 有

$$f(\bar{\boldsymbol{x}}+\alpha\boldsymbol{d})<f(\bar{\boldsymbol{x}}),$$

这与 $\bar{\boldsymbol{x}}$ 是局部极小点矛盾. ∎

一般地, 定理 9.1.1 的逆不成立. 即, 对于可微函数 $f(\boldsymbol{x})$, 由梯度 $\nabla f(\bar{\boldsymbol{x}})=\mathbf{0}$, 不一定能推出 $\bar{\boldsymbol{x}}$ 是局部极小点. 然而, 当 $f(\boldsymbol{x})$ 是可微凸函数时 (限制加强), 这是成立的 (若梯度 $\nabla f(\bar{\boldsymbol{x}})=\mathbf{0}$, 则 $\bar{\boldsymbol{x}}$ 是局部极小点). 实际上, 我们可以得到更强的结论.

**定理 9.1.2** 设 $f(\boldsymbol{x})$ 是定义在 $\mathbb{R}^n$ 上的可微凸函数, $\bar{\boldsymbol{x}}\in\mathbb{R}^n$, 则

$$\bar{\boldsymbol{x}}\text{ 为全局极小点 }\Leftrightarrow\text{ 梯度 }\nabla f(\bar{\boldsymbol{x}})=\mathbf{0}.$$

**证明** ($\Rightarrow$) 若 $\bar{\boldsymbol{x}}$ 是全局极小点, 自然也是局部极小点, 由定理 9.1.1, $\nabla f(\bar{\boldsymbol{x}})=\mathbf{0}$.

($\Leftarrow$) 由于 $f(\boldsymbol{x})$ 是可微凸函数, 根据定理 1.4.9, $\forall\boldsymbol{x}\in\mathbb{R}^n$, 成立

$$f(\boldsymbol{x})\geqslant f(\bar{\boldsymbol{x}})+\nabla f(\bar{\boldsymbol{x}})^{\mathrm{T}}(\boldsymbol{x}-\bar{\boldsymbol{x}}).$$

由假设, $\nabla f(\bar{\boldsymbol{x}})=\mathbf{0}$, 于是

$$f(\boldsymbol{x})\geqslant f(\bar{\boldsymbol{x}}),$$

即 $\bar{\boldsymbol{x}}$ 是全局极小点. ∎

## 9.2 下降算法的一般形式

由定理 9.1.1, 可微函数 $f$ 在其局部极小点处的梯度为 $\mathbf{0}$. 这是一个局部极小值的必要条件, 但可以为我们寻找全局极小点提供一定意义的参考. 这就导致了梯度下降算法: 当当前点 $\boldsymbol{x}^{(k)}$ 处的梯度不为 $\mathbf{0}$ 时, 从当前点 $\boldsymbol{x}^{(k)}$ 出发, 沿下降方向 $\boldsymbol{d}^{(k)}$ 前进到下一个点 $\boldsymbol{x}^{(k+1)}$.

**算法 9.2.1** 使用精确线性搜索的无约束优化问题下降算法的一般形式.

输入: 函数 $f\colon \mathbb{R}^n \to \mathbb{R}$, 初始点 $\boldsymbol{x}^{(0)}$.

输出: 函数 $f$ 梯度为 $\mathbf{0}$ 的点 $\bar{\boldsymbol{x}}$.

(1) $k \leftarrow 1$.

(2) **while** $\nabla f(\boldsymbol{x}^{(k)}) \neq \mathbf{0}$ **do**

(3) 计算下降方向 $\boldsymbol{d}^{(k)}$.

(4) 计算步长因子 $\alpha_k$, 使得

$$f(\boldsymbol{x}^{(k)} + \alpha_k \boldsymbol{d}^{(k)}) = \min_{\alpha > 0} f(\boldsymbol{x}^{(k)} + \alpha \boldsymbol{d}^{(k)}).$$

(5) $\boldsymbol{x}^{(k+1)} \leftarrow \boldsymbol{x}^{(k)} + \alpha_k \boldsymbol{d}^{(k)}$.

(6) $k \leftarrow k + 1$.

(7) **endwhile**

(8) **return** $\bar{\boldsymbol{x}} \leftarrow \boldsymbol{x}^{(k)}$.

在本章中, 我们要经常使用函数 $f$ 在点 $\boldsymbol{x}^{(k)}$ 处的梯度向量 $\nabla f(\boldsymbol{x}^{(k)})$. 为简便, 不妨令

$$\boldsymbol{g}^{(k)} = \nabla f(\boldsymbol{x}^{(k)}),$$

这是一种简写法.

定理 9.2.1 对算法 9.2.1 给出了分析. 这个定理的证明从略, 读者可参考文献 [4](定理 2.2.4).

**定理 9.2.1** 假设

(i) $\nabla f(\boldsymbol{x})$ 在水平集 $L = \{\boldsymbol{x} \mid f(\boldsymbol{x}) \leqslant f(\boldsymbol{x}^{(0)})\}$ 上存在且一致连续.

(ii) $\boldsymbol{d}^{(k)}$ 与 $-\boldsymbol{g}^{(k)}$ 的夹角 $\theta_k \leqslant \dfrac{\pi}{2} - \mu$, 其中 $\mu > 0$ 为常数. 则

- 或者对某个 $k$ 有 $\boldsymbol{g}^{(k)} = \mathbf{0}$,
- 或者 $f(\boldsymbol{x}^{(k)}) \to -\infty \ (k \to +\infty)$,
- 或者 $\boldsymbol{g}^{(k)} \to 0 \ (k \to +\infty)$.

在工程实际中, 算法 9.2.1 通常迭代到 $\|\boldsymbol{g}^{(k)}\| \leqslant \epsilon$ 就停止了, 其中 $\epsilon$ 是提前设定好的误差要求. 而对于算法 9.2.1 中的步长因子 $\alpha_k$, 当解析法不奏效时, 在工程实际中也可以使用一维搜索求得.

## 9.3 最速下降法

考虑无约束优化问题

$$\min f(\boldsymbol{x}),$$

其中 $f$ 具有一阶连续偏导数.

最速下降法 (Steepest Descent Method) 的基本思想是: 当当前点 $\boldsymbol{x}^{(k)}$ 处的梯度不为 $\mathbf{0}$ 时 (或不满足精度要求时), 从当前点 $\boldsymbol{x}^{(k)}$ 出发, 沿负梯度方向 $-\nabla f(\boldsymbol{x}^{(k)})$ 前进到下一个点 $\boldsymbol{x}^{(k+1)}$.

早在 1847 年, 数学家柯西就提出了最速下降法. 后来, Curry 等人作了进一步的研究. 现在最速下降法已经成为众所周知的一种基本的优化算法, 在最优化方法中占有重要地位.

### 9.3.1 算法

**算法 9.3.1** 最速下降算法.

输入: 函数 $f\colon \mathbb{R}^n \to \mathbb{R}$, 具有一阶连续偏导数, 初始点 $\boldsymbol{x}^{(0)}$, 允许误差 $\epsilon$.

输出: 满足精度要求的点 $\bar{\boldsymbol{x}}$.

(1) $k \leftarrow 1$.

(2) **while** $\|\nabla f(\boldsymbol{x}^{(k)})\| > \epsilon$ **do**

(3) 　下降方向 $\boldsymbol{d}^{(k)} \leftarrow -\nabla f(\boldsymbol{x}^{(k)})$.

(4) 　计算步长因子 $\alpha_k$.

(5) 　$\boldsymbol{x}^{(k+1)} \leftarrow \boldsymbol{x}^{(k)} + \alpha_k \boldsymbol{d}^{(k)}$.

(6) 　$k \leftarrow k + 1$.

(7) **endwhile**

(8) **return** $\bar{\boldsymbol{x}} \leftarrow \boldsymbol{x}^{(k)}$.

在算法第 (4) 步, 若使用精确线性搜索, 则找到的 $\alpha_k$ 应满足 $f(\boldsymbol{x}^{(k)}+\alpha_k\boldsymbol{d}^{(k)}) = \min_{\alpha>0} f(\boldsymbol{x}^{(k)} + \alpha\boldsymbol{d}^{(k)})$.

### 9.3.2 搜索为什么要沿负梯度方向进行

函数 $f(\boldsymbol{x})$ 在点 $\boldsymbol{x}$ 处沿方向 $\boldsymbol{d}$ 的变化率可用方向导数表达. 由定理 12.7.4 可知, 如果函数 $f$ 在 $\bar{\boldsymbol{x}}$ 可微, 则 $f$ 在 $\bar{\boldsymbol{x}}$ 处沿任何方向 $\boldsymbol{d}$ 的方向导数是有限的 (即, 极限存在), 其值等于

$$\mathrm{D}f(\bar{\boldsymbol{x}}; \boldsymbol{d}) = \boldsymbol{d}^{\mathrm{T}} \nabla f(\bar{\boldsymbol{x}}).$$

因此, 求函数 $f(\boldsymbol{x})$ 在点 $\bar{\boldsymbol{x}}$ 处下降最快的方向, 就是求函数 $f(\boldsymbol{x})$ 在点 $\bar{\boldsymbol{x}}$ 处的变化率 (即, 方向导数) 最负 (绝对值最大的负值) 的方向, 即求解下列非线性规划:

$$\begin{aligned} \min \quad & \nabla f(\bar{\boldsymbol{x}})^{\mathrm{T}}\boldsymbol{d} \\ \text{s.t.} \quad & \|\boldsymbol{d}\| \leqslant 1. \end{aligned} \tag{9.3.1}$$

注意在规划 (9.3.1) 中, $\boldsymbol{d}$ 为未知量.

对于下降方向而言, 我们只需要找到这个方向 $\boldsymbol{d}$ 即可, 而对它的模长没有要求. 这里在规划 (9.3.1) 中加上了 $\|\boldsymbol{d}\| \leqslant 1$ 的约束, 是为了便于把这个方向的解析式找出来.

由柯西-施瓦茨 (Cauchy-Schwarz) 不等式, 可知

$$|\nabla f(\bar{\boldsymbol{x}})^{\mathrm{T}}\boldsymbol{d}| \leqslant \|\nabla f(\bar{\boldsymbol{x}})\| \cdot \|\boldsymbol{d}\| \leqslant \|\nabla f(\bar{\boldsymbol{x}})\|.$$

因此,

$$\nabla f(\bar{\boldsymbol{x}})^{\mathrm{T}}\boldsymbol{d} \geqslant -\|\nabla f(\bar{\boldsymbol{x}})\|.$$

当

$$\boldsymbol{d} = -\frac{\nabla f(\bar{\boldsymbol{x}})}{\|\nabla f(\bar{\boldsymbol{x}})\|}$$

时, $\nabla f(\bar{\boldsymbol{x}})^{\mathrm{T}}\boldsymbol{d} = -\|\nabla f(\bar{\boldsymbol{x}})\|$, 即 $\nabla f(\bar{\boldsymbol{x}})^{\mathrm{T}}\boldsymbol{d}$ 达到最负 (绝对值最大的负值). 因此, 函数 $f(\boldsymbol{x})$ 在点 $\bar{\boldsymbol{x}}$ 处沿方向 $-\dfrac{1}{\|\nabla f(\bar{\boldsymbol{x}})\|}\nabla f(\bar{\boldsymbol{x}})$ 的变化率最负, 即**负梯度方向为最速下降方向**.

**例 9.3.1**　用最速下降法解

$$\min f(\boldsymbol{x}) = 2x_1^2 + x_2^2,$$

初始点 $\boldsymbol{x}^{(1)} = (1,1)^{\mathrm{T}}$, $\epsilon = 0.1$.

**解**　目标函数 $f$ 在 $\boldsymbol{x}$ 处的梯度为

$$\nabla f(\boldsymbol{x}) = \begin{bmatrix} 4x_1 \\ 2x_2 \end{bmatrix}.$$

第 1 次迭代.

函数 $f$ 在点 $\boldsymbol{x}^{(1)}$ 处的梯度为 $\nabla f(\boldsymbol{x}^{(1)}) = \begin{bmatrix} 4 \\ 2 \end{bmatrix}$, 其模为 $\sqrt{4^2+2^2} > 0.1$.

令搜索方向 $\boldsymbol{d}^{(1)} = -\nabla f(\boldsymbol{x}^{(1)}) = \begin{bmatrix} -4 \\ -2 \end{bmatrix}$. 从 $\boldsymbol{x}^{(1)}$ 出发, 沿方向 $\boldsymbol{d}^{(1)}$ 进行一维搜索, 求步长 $\alpha_1$, 即求解 $\min f(\boldsymbol{x}^{(1)} + \alpha\boldsymbol{d}^{(1)})$, 其中

$$
\begin{aligned}
f(\boldsymbol{x}^{(1)} + \alpha\boldsymbol{d}^{(1)}) &= f\left(\begin{bmatrix} 1 \\ 1 \end{bmatrix} + \alpha\begin{bmatrix} -4 \\ -2 \end{bmatrix}\right) \\
&= 2(1-4\alpha)^2 + (1-2\alpha)^2.
\end{aligned}
$$

求导解出其最小值点为

$$\alpha_1 = \frac{5}{18}.$$

因此, 在方向 $\boldsymbol{d}^{(1)}$ 上问题的极小点为

$$\boldsymbol{x}^{(2)} = \boldsymbol{x}^{(1)} + \alpha_1\boldsymbol{d}^{(1)} = \begin{bmatrix} -1/9 \\ 4/9 \end{bmatrix}.$$

第 2 次迭代.

函数 $f$ 在点 $\boldsymbol{x}^{(2)}$ 处的梯度为 $\nabla f(\boldsymbol{x}^{(2)}) = \begin{bmatrix} -4/9 \\ 8/9 \end{bmatrix}$, 其模为

$$\sqrt{(-4/9)^2 + (8/9)^2} > 0.1.$$

搜索方向 $\boldsymbol{d}^{(2)} = -\nabla f(\boldsymbol{x}^{(2)}) = \begin{bmatrix} 4/9 \\ -8/9 \end{bmatrix}$. 从 $\boldsymbol{x}^{(2)}$ 出发, 沿方向 $\boldsymbol{d}^{(2)}$ 进行一维搜索, 求步长 $\alpha_2$, 即求解 $\min f(\boldsymbol{x}^{(2)} + \alpha\boldsymbol{d}^{(2)})$, 其中

$$
\begin{aligned}
f(\boldsymbol{x}^{(2)} + \alpha\boldsymbol{d}^{(2)}) &= f\left(\begin{bmatrix} -1/9 \\ 4/9 \end{bmatrix} + \alpha\begin{bmatrix} 4/9 \\ -8/9 \end{bmatrix}\right) \\
&= f\left(\begin{bmatrix} -\dfrac{1}{9} + \dfrac{4}{9}\alpha \\ \dfrac{4}{9} - \dfrac{8}{9}\alpha \end{bmatrix}\right) \\
&= \frac{2}{81}(-1+4\alpha)^2 + \frac{16}{81}(1-2\alpha)^2.
\end{aligned}
$$

求导解出其最小值点为

$$\alpha_2 = \frac{5}{12}.$$

因此, 在方向 $\boldsymbol{d}^{(2)}$ 上问题的极小点为

$$\boldsymbol{x}^{(3)}=\boldsymbol{x}^{(2)}+\alpha_2\boldsymbol{d}^{(2)}=\begin{bmatrix}2/27\\2/27\end{bmatrix}.$$

第 3 次迭代.

函数 $f$ 在点 $\boldsymbol{x}^{(3)}$ 处的梯度为 $\nabla f(\boldsymbol{x}^{(3)})=\begin{bmatrix}8/27\\4/27\end{bmatrix}$, 其模为

$$\sqrt{(8/27)^2+(4/27)^2}=\frac{4}{27}\sqrt{5}>0.1.$$

搜索方向 $\boldsymbol{d}^{(3)}=-\nabla f(\boldsymbol{x}^{(3)})=\begin{bmatrix}-8/27\\-4/27\end{bmatrix}$. 从 $\boldsymbol{x}^{(3)}$ 出发, 沿方向 $\boldsymbol{d}^{(3)}$ 进行一维搜索, 求步长 $\alpha_3$, 即求解 $\min f(\boldsymbol{x}^{(3)}+\alpha\boldsymbol{d}^{(3)})$, 其中

$$\begin{aligned}f(\boldsymbol{x}^{(3)}+\alpha\boldsymbol{d}^{(3)})&=f\left(\begin{bmatrix}2/27\\2/27\end{bmatrix}+\alpha\begin{bmatrix}-8/27\\-4/27\end{bmatrix}\right)\\&=f\left(\frac{2}{27}\begin{bmatrix}1-4\alpha\\1-2\alpha\end{bmatrix}\right)\\&=\frac{8}{27^2}(1-4\alpha)^2+\frac{4}{27^2}(1-2\alpha)^2.\end{aligned}$$

求导解出其最小值点为

$$\alpha_3=\frac{5}{18}.$$

因此, 在方向 $\boldsymbol{d}^{(3)}$ 上问题的极小点为

$$\boldsymbol{x}^{(4)}=\boldsymbol{x}^{(3)}+\alpha_3\boldsymbol{d}^{(3)}=\frac{2}{243}\begin{bmatrix}-1\\4\end{bmatrix}.$$

第 4 次迭代.

函数 $f$ 在点 $\boldsymbol{x}^{(4)}$ 处的梯度为 $\nabla f(\boldsymbol{x}^{(4)})=\begin{bmatrix}-8/243\\16/243\end{bmatrix}$, 其模为

$$\sqrt{(-8/243)^2+(16/243)^2}=\frac{8}{243}\sqrt{5}\leqslant 0.1,$$

已满足精度要求.

因此, 得到近似解

$$\bar{\boldsymbol{x}}=\frac{2}{243}\begin{bmatrix}-1\\4\end{bmatrix}.$$

■

实际上, 函数 $f(\boldsymbol{x})=2x_1^2+x_2^2$ 的项都是平方项, 它的最优解为

$$\boldsymbol{x}^*=\begin{bmatrix}0\\0\end{bmatrix}.$$

这也可从函数的图像上观察得到 (如图 9.3.1).

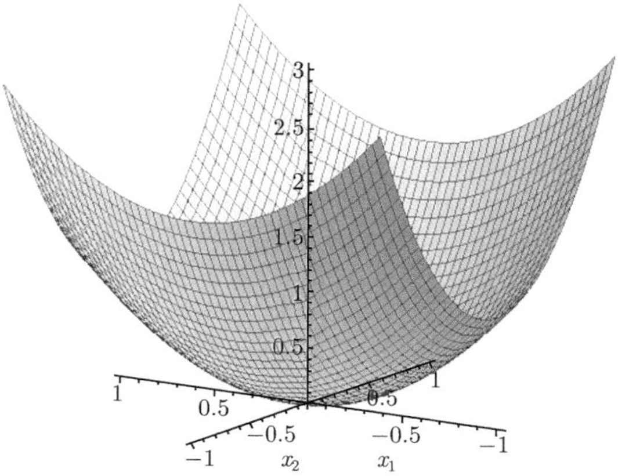


图 9.3.1

### 9.3.3 最速下降法的锯齿现象

在例 9.3.1 中, 一共产生了 4 个搜索点 $\boldsymbol{x}^{(1)},\cdots,\boldsymbol{x}^{(4)}$, 将它们依次连接起来, 就得到三个搜索方向 $\boldsymbol{d}^{(1)}$, $\boldsymbol{d}^{(2)}$ 和 $\boldsymbol{d}^{(3)}$ (和它们的方向一致的向量), 如图 9.3.2 所示.

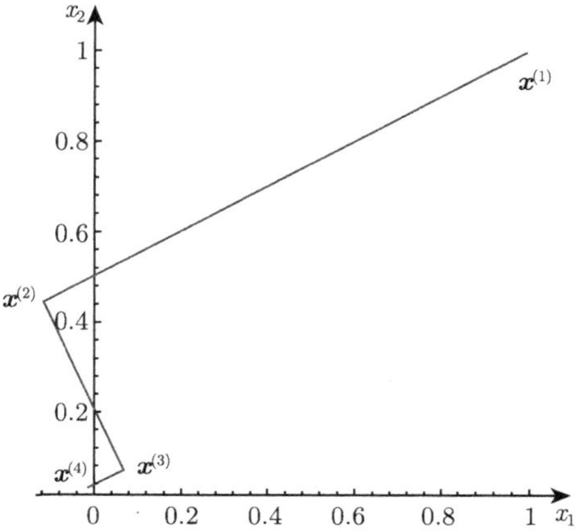


图 9.3.2

在图 9.3.2 上我们会发现这三个搜索方向好像是依次垂直的. 这是例 9.3.1 的个别现象, 还是最速下降法的普遍现象? 下面的定理 9.3.2 告诉我们, 这实际上是最速下降法的一种普遍现象.

**定理 9.3.2** 在最速下降法的每次迭代若采用精确一维搜索确定步长因子, 则有 $(\boldsymbol{d}^{(k)})^{\mathrm{T}}\boldsymbol{d}^{(k+1)}=0$.

**证明** 在第 $k$ 次迭代, 当采用精确一维搜索求得步长因子 $\alpha_k$ 时, 满足

$$f(\boldsymbol{x}^{(k)}+\alpha_k\boldsymbol{d}^{(k)})=\min_{\alpha>0}f(\boldsymbol{x}^{(k)}+\alpha\boldsymbol{d}^{(k)}).$$

复合函数 $f(\boldsymbol{x}^{(k)}+\alpha\boldsymbol{d}^{(k)})$ 是 $\alpha$ 的一元函数 (令 $h(\alpha)=\boldsymbol{x}^{(k)}+\alpha\boldsymbol{d}^{(k)}$, 则 $f(\boldsymbol{x}^{(k)}+\alpha\boldsymbol{d}^{(k)})=f(h(\alpha))$), 将其写作 $\varphi(\alpha)=f(\boldsymbol{x}^{(k)}+\alpha\boldsymbol{d}^{(k)})$. 由求导的链式规则 (例如, 参见 [2] 之定理 12.2.1), $\varphi'(\alpha)=(\nabla f(\boldsymbol{x}^{(k)}+\alpha\boldsymbol{d}^{(k)}))^{\mathrm{T}}\boldsymbol{d}^{(k)}$, 其中 $\nabla f(\boldsymbol{x}^{(k)}+\alpha\boldsymbol{d}^{(k)})$ 即 $\nabla f(\boldsymbol{x})$ 在 $\boldsymbol{x}=\boldsymbol{x}^{(k)}+\alpha\boldsymbol{d}^{(k)}$ 的值. 由于 $\alpha_k$ 是极小值点, 因此 $\varphi'(\alpha_k)=0$. 于是,

$$\begin{aligned}0&=\nabla f(\boldsymbol{x}^{(k)}+\alpha_k\boldsymbol{d}^{(k)})^{\mathrm{T}}\boldsymbol{d}^{(k)}\\&=\nabla f(\boldsymbol{x}^{(k+1)})^{\mathrm{T}}\boldsymbol{d}^{(k)}\\&=-(\boldsymbol{d}^{(k+1)})^{\mathrm{T}}\boldsymbol{d}^{(k)}.\end{aligned}$$

即, $(\boldsymbol{d}^{(k)})^{\mathrm{T}}\boldsymbol{d}^{(k+1)}=0$. ■

当最速下降法中确定步长因子采用非精确搜索时, 相邻的搜索方向近似垂直.

在最速下降法中相邻的搜索方向垂直或近似垂直, 这称为 “锯齿现象” (图 9.3.3).

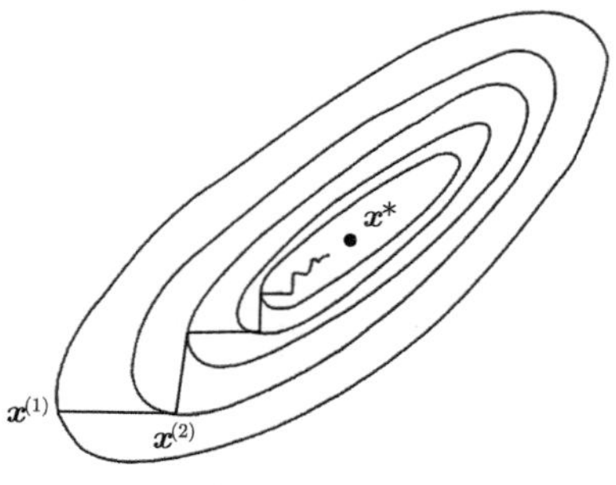


图 9.3.3

## 9.4 牛 顿 法

### 9.4.1 一元优化问题的牛顿法

牛顿法的基本思想是, 在极小点附近用简单的函数——二阶泰勒多项式近似目标函数 $f(x)$, 进而求出极小点的估计值.

一元优化问题的牛顿法是一种用于一维搜索的函数逼近法.

对一元函数 $f(x)$ 的求极小值问题, 当 $f(x)$ 连续可微时 ("连续可微" 的含义是 "可微并且导函数连续"), 极小值点 $x$ 满足 $f'(x)=0$. 因此, 通过解方程 $f'(x)=0$, 就能求到导数为 0 的一个极小值点. 于是, $\min f(x)$ 问题就转化为解方程 $f'(x)=0$ 的问题.

下面假设要求解的方程为 $g(x)=0$, 其中 $g(x)$ 连续可微. 设 $x_k$ 为方程的根附近的一个点. 函数 $g(x)$ 在 $x_k$ 处按照一阶泰勒展开式可近似为

$$g(x_k)+g'(x_k)(x-x_k).$$

令 $h(x)=g(x_k)+g'(x_k)(x-x_k)$. 这是过点 $(x_k,g(x_k))$、斜率为 $g'(x_k)$ 的直线方程, 即函数 $g(x)$ 在点 $x_k$ 处的切线方程.

如果 $g'(x_k)\neq 0$, 则直线 $h(x)$ 和横轴相交, 交点为 $\left(x_k-\dfrac{g(x_k)}{g'(x_k)},0\right)$. 显然, 点 $x=x_k-\dfrac{g(x_k)}{g'(x_k)}$ 满足 $h(x)=0$. 由于 $h(x)$ 是 $g(x)$ 的近似, 点 $x=x_k-\dfrac{g(x_k)}{g'(x_k)}$ 可认为近似满足 $g(x)=0$, 即, 比 $x_k$ 朝着令 $g(x)=0$ 的方向更近了一步. 因此, 令

$$x_{k+1}=x_k-\frac{g(x_k)}{g'(x_k)}.$$

在 $x_{k+1}$ 上重复上述过程, 直到要求解的方程 $g(x)=0$ 满足精度要求 (即, 对当前的 $x_k$, $g(x_k)\leqslant\epsilon$). 这就是牛顿法 (图 9.4.1).

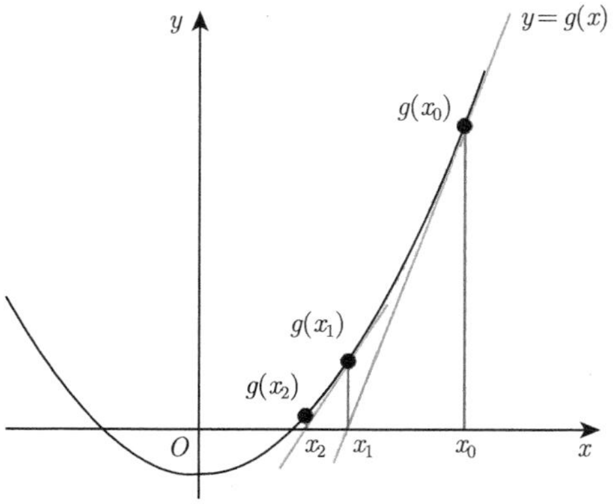


图 9.4.1

回到 $\min f(x)$ 的问题. 回忆 $g(x)=f'(x)$. 因此迭代中下一个 $x_{k+1}$ 的公式实际为

$$x_{k+1}=x_k-\frac{f'(x_k)}{f''(x_k)}.$$

**算法 9.4.1** 一维搜索中的牛顿法.

输入: 函数 $f:\mathbb{R}\to\mathbb{R}$, 具有二阶导数, 初始点 $x^{(0)}$, 允许误差 $\epsilon$.

输出: 满足精度要求的点 $\bar{x}$.

(1) $k\leftarrow 0$.

(2) **while** $|f'(x_k)|>\epsilon$ **do**

(3) $\quad x_{k+1}\leftarrow x_k-\dfrac{f'(x_k)}{f''(x_k)}$.

(4) $\quad k\leftarrow k+1$.

(5) **endwhile**

(6) **return** $\bar{x}\leftarrow x_k$.

我们也可以从另一个角度推导出牛顿法. 设 $x_k$ 是当前迭代点. $f(x)$ 在 $x_k$ 处按二阶泰勒展开近似为

$$f(x_k)+f'(x_k)(x-x_k)+\frac{1}{2}f''(x_k)(x-x_k)^2.$$

令 $\bar{f}(x)=f(x_k)+f'(x_k)(x-x_k)+\dfrac{1}{2}f''(x_k)(x-x_k)^2$. 由于 $\bar{f}(x)$ 是 $f(x)$ 的近似, 令 $\bar{f}'(x)=0$ 的点可看作是 $f(x)$ 极小值点的近似点. 解 $\bar{f}'(x)=0$, 可得

$$x=x_k-\frac{f'(x_k)}{f''(x_k)},$$

这就是迭代的下一个点 $x_{k+1}$.

### 9.4.2 多元优化问题的牛顿法

与一元优化问题类似, 使用泰勒公式可推导出一般多元优化问题 $\min f(\boldsymbol{x})$ 的牛顿法.

设 $f(\boldsymbol{x})$ 在 $\mathbb{R}^n$ 中二次连续可微. $f(\boldsymbol{x})$ 在当前迭代点 $\boldsymbol{x}^{(k)}$ 处按泰勒展开式可近似表达为

$$f(\boldsymbol{x}^{(k)})+\nabla f(\boldsymbol{x}^{(k)})^{\mathrm{T}}(\boldsymbol{x}-\boldsymbol{x}^{(k)})+\frac{1}{2}(\boldsymbol{x}-\boldsymbol{x}^{(k)})^{\mathrm{T}}\nabla^2 f(\boldsymbol{x}^{(k)})(\boldsymbol{x}-\boldsymbol{x}^{(k)}).$$

上式中 $\nabla^2 f(\boldsymbol{x}^{(k)})$ 称为 $f(\boldsymbol{x})$ 在 $\boldsymbol{x}^{(k)}$ 处的黑塞矩阵.

令 $\bar{f}(\boldsymbol{x})=f(\boldsymbol{x}^{(k)})+\nabla f(\boldsymbol{x}^{(k)})^{\mathrm{T}}(\boldsymbol{x}-\boldsymbol{x}^{(k)})+\dfrac{1}{2}(\boldsymbol{x}-\boldsymbol{x}^{(k)})^{\mathrm{T}}\nabla^2 f(\boldsymbol{x}^{(k)})(\boldsymbol{x}-\boldsymbol{x}^{(k)})$. 由于 $\bar{f}(\boldsymbol{x})$ 是 $f(\boldsymbol{x})$ 的近似, 令 $\nabla\bar{f}(\boldsymbol{x})=\mathbf{0}$ 的点可看作是 $f(\boldsymbol{x})$ 的极小值点的近似点. 解 $\nabla\bar{f}(\boldsymbol{x})=\mathbf{0}$, 可得

$$\nabla f(\boldsymbol{x}^{(k)})+\nabla^2 f(\boldsymbol{x}^{(k)})(\boldsymbol{x}-\boldsymbol{x}^{(k)})=\mathbf{0}$$

$$\Rightarrow \boldsymbol{x} = \boldsymbol{x}^{(k)} - (\nabla^2 f(\boldsymbol{x}^{(k)}))^{-1} \nabla f(\boldsymbol{x}^{(k)}).$$

这就是迭代的下一个点 $\boldsymbol{x}^{(k+1)}$.

**算法 9.4.2** 无约束优化问题的牛顿法.

输入: 函数 $f: \mathbb{R}^n \to \mathbb{R}$, 二次可微, 初始点 $\boldsymbol{x}^{(1)}$, 允许误差 $\epsilon$.

输出: 满足精度要求的点 $\bar{\boldsymbol{x}}$.

(1) $k \leftarrow 1$.

(2) **while** $\|\nabla f(\boldsymbol{x}^{(k)})\| > \epsilon$ **do**

(3) $\quad \boldsymbol{x}^{(k+1)} \leftarrow \boldsymbol{x}^{(k)} - (\nabla^2 f(\boldsymbol{x}^{(k)}))^{-1} \nabla f(\boldsymbol{x}^{(k)})$.

(4) $\quad k \leftarrow k + 1$.

(5) **endwhile**

(6) **return** $\bar{\boldsymbol{x}} \leftarrow \boldsymbol{x}^{(k)}$.

在牛顿法中, 下一个迭代点 $\boldsymbol{x}^{(k+1)}$ 的公式为

$$\boldsymbol{x}^{(k+1)} = \boldsymbol{x}^{(k)} - (\nabla^2 f(\boldsymbol{x}^{(k)}))^{-1} \nabla f(\boldsymbol{x}^{(k)}),$$

其中 $-(\nabla^2 f(\boldsymbol{x}^{(k)}))^{-1} \nabla f(\boldsymbol{x}^{(k)})$ 可以看作是从 $\boldsymbol{x}^{(k)}$ 出发搜索 $\boldsymbol{x}^{(k+1)}$ 所使用的“方向”. 记

$$\boldsymbol{d}^{(k)} = -(\nabla^2 f(\boldsymbol{x}^{(k)}))^{-1} \nabla f(\boldsymbol{x}^{(k)}),$$

$\boldsymbol{d}^{(k)}$ 称为**牛顿方向**. 则牛顿法中下一个迭代点可写为

$$\boldsymbol{x}^{(k+1)} = \boldsymbol{x}^{(k)} + \boldsymbol{d}^{(k)}.$$

**例 9.4.1** 用牛顿法解

$$\min f(\boldsymbol{x}) = 2x_1^2 + x_2^2,$$

初始点 $\boldsymbol{x}^{(1)} = \begin{bmatrix} 1 \\ 1 \end{bmatrix}$, $\epsilon = 0.1$.

**解** $\nabla f(\boldsymbol{x}) = \begin{bmatrix} 4x_1 \\ 2x_2 \end{bmatrix}$, $\nabla^2 f(\boldsymbol{x}) = \begin{bmatrix} 4 & 0 \\ 0 & 2 \end{bmatrix}$.

第 1 次迭代.

$$\begin{aligned} \boldsymbol{x}^{(2)} &= \boldsymbol{x}^{(1)} - (\nabla^2 f(\boldsymbol{x}^{(1)}))^{-1} \nabla f(\boldsymbol{x}^{(1)}) \\ &= \begin{bmatrix} 1 \\ 1 \end{bmatrix} - \begin{bmatrix} 1/4 & 0 \\ 0 & 1/2 \end{bmatrix} \begin{bmatrix} 4 \\ 2 \end{bmatrix} \end{aligned}$$

$$= \begin{bmatrix} 1 \\ 1 \end{bmatrix} - \begin{bmatrix} 1 \\ 1 \end{bmatrix}$$
$$= \begin{bmatrix} 0 \\ 0 \end{bmatrix}.$$

第 2 次迭代.

$\nabla f(\boldsymbol{x}^{(2)}) = \begin{bmatrix} 0 \\ 0 \end{bmatrix}$, 算法结束. 求得最优解 $\boldsymbol{x}^* = \begin{bmatrix} 0 \\ 0 \end{bmatrix}$. ∎

实际上, 对于该例, 使用牛顿法从任意点 $\begin{bmatrix} a \\ b \end{bmatrix}$ 出发, 经过一次迭代都可以求到最优解 $\boldsymbol{x}^* = \begin{bmatrix} 0 \\ 0 \end{bmatrix}$. 这不是个别的现象, 我们有更一般的结论.

**定理 9.4.2**　用牛顿法求解无约束优化问题

$$\min \quad f(\boldsymbol{x}) = \frac{1}{2}\boldsymbol{x}^{\mathrm{T}}\boldsymbol{A}\boldsymbol{x} + \boldsymbol{b}^{\mathrm{T}}\boldsymbol{x}, \tag{UQP}$$

其中 $f(\boldsymbol{x})$ 为严格凸函数, 则经过一次迭代即达到极小点.

**证明**　由于二次函数 $f(\boldsymbol{x})$ 为凸函数, 由定理 9.1.2, 其梯度为 $\mathbf{0}$ 的点即为全局极小点. 并且, 因为二次函数 $f(\boldsymbol{x})$ 为严格凸函数, 由定理 1.4.13, 可知矩阵 $\boldsymbol{A}$ 正定, 因此 $\boldsymbol{A}$ 可逆. 令

$$\nabla f(\boldsymbol{x}) = \boldsymbol{A}\boldsymbol{x} + \boldsymbol{b} = \mathbf{0},$$

可解得最优解为

$$\bar{\boldsymbol{x}} = -\boldsymbol{A}^{-1}\boldsymbol{b}.$$

当用牛顿法求 $f(\boldsymbol{x})$ 的全局极小点时, 任取初始点 $\boldsymbol{x}^{(1)}$, 根据牛顿法 (参见算法 9.4.2) 的迭代公式, 可知

$$\begin{aligned} \boldsymbol{x}^{(2)} &= \boldsymbol{x}^{(1)} - \boldsymbol{A}^{-1}\nabla f(\boldsymbol{x}^{(1)}) \\ &= \boldsymbol{x}^{(1)} - \boldsymbol{A}^{-1}(\boldsymbol{A}\boldsymbol{x}^{(1)} + \boldsymbol{b}) \\ &= -\boldsymbol{A}^{-1}\boldsymbol{b} \\ &= \bar{\boldsymbol{x}}. \end{aligned}$$

即, 经过一次迭代, 即达到了全局极小点. ∎

类似于牛顿法, 以一个优化算法, 用于二次凸函数时, 若经过有限次必达到极小点, 则称这种算法具有**二次终止性**. 注意这里的“二次”指二次函数, 而不是迭代两次的意思.

下面这个例子, 是一个四次凸函数. 用牛顿法求解, 需要经过若干次迭代.

**例 9.4.3** 用牛顿法求解下列问题

$$\min \quad f(\boldsymbol{x})=(x_1-1)^4+x_2^2,$$

初始点 $\boldsymbol{x}^{(1)}=\begin{bmatrix}0\\1\end{bmatrix}$.

函数 $f(\boldsymbol{x})$ 的图像如图 9.4.2 所示.

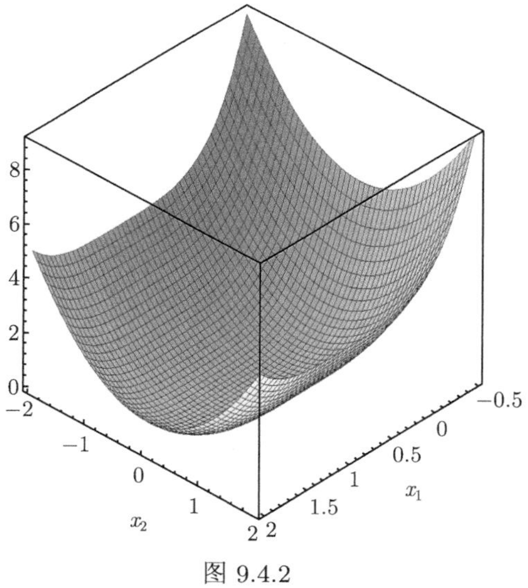


图 9.4.2

**解** $\nabla f(\boldsymbol{x})=\begin{bmatrix}4(x_1-1)^3\\2x_2\end{bmatrix}$, $\nabla^2 f(\boldsymbol{x})=\begin{bmatrix}12(x_1-1)^2 & 0\\0 & 2\end{bmatrix}$.

第 1 次迭代.

$$\begin{aligned}\boldsymbol{x}^{(2)}&=\boldsymbol{x}^{(1)}-(\nabla^2 f(\boldsymbol{x}^{(1)}))^{-1}\nabla f(\boldsymbol{x}^{(1)})\\&=\begin{bmatrix}0\\1\end{bmatrix}-\begin{bmatrix}12 & 0\\0 & 2\end{bmatrix}^{-1}\begin{bmatrix}-4\\2\end{bmatrix}\\&=\begin{bmatrix}1/3\\0\end{bmatrix}.\end{aligned}$$

第 2 次迭代.

$$\begin{aligned}\boldsymbol{x}^{(3)} &= \boldsymbol{x}^{(2)} - (\nabla^2 f(\boldsymbol{x}^{(2)}))^{-1}\nabla f(\boldsymbol{x}^{(2)}) \\ &= \begin{bmatrix} 1/3 \\ 0 \end{bmatrix} - \begin{bmatrix} 48/9 & 0 \\ 0 & 2 \end{bmatrix}^{-1} \begin{bmatrix} -32/27 \\ 0 \end{bmatrix} \\ &= \begin{bmatrix} 1/3 \\ 0 \end{bmatrix} - \begin{bmatrix} -2/9 \\ 0 \end{bmatrix} \\ &= \begin{bmatrix} 5/9 \\ 0 \end{bmatrix}.\end{aligned}$$

继续迭代下去, 得到

$$\boldsymbol{x}^{(4)} = \begin{bmatrix} 19/27 \\ 0 \end{bmatrix}, \quad \boldsymbol{x}^{(5)} = \begin{bmatrix} 65/81 \\ 0 \end{bmatrix}, \quad \cdots.$$ ∎

上述问题的最优解是 $\boldsymbol{x}^* = \begin{bmatrix} 1 \\ 0 \end{bmatrix}$.

### 9.4.3　阻尼牛顿法

回忆牛顿法中下一个迭代点 $\boldsymbol{x}^{(k+1)}$ 的公式为

$$\boldsymbol{x}^{(k+1)} = \boldsymbol{x}^{(k)} + \boldsymbol{d}^{(k)},$$

其中牛顿方向

$$\boldsymbol{d}^{(k)} = -(\nabla^2 f(\boldsymbol{x}^{(k)}))^{-1}\nabla f(\boldsymbol{x}^{(k)}).$$

受一维搜索的启发, 很容易想到在牛顿方向上增加步长因子 $\alpha$, 即在第 $k$ 次迭代时进行一维搜索, 找 $\alpha_k$ 满足

$$f(\boldsymbol{x}^{(k)} + \alpha_k \boldsymbol{d}^{(k)}) = \min_{\alpha} f(\boldsymbol{x}^{(k)} + \alpha \boldsymbol{d}^{(k)}).$$

这就是阻尼牛顿法.

**算法 9.4.3**　无约束优化问题的阻尼牛顿法.

输入: 函数 $f: \mathbb{R}^n \to \mathbb{R}$, 二次可微, 初始点 $\boldsymbol{x}^{(1)}$, 允许误差 $\epsilon$.

输出: 满足精度要求的点 $\bar{\boldsymbol{x}}$.

(1) $k \leftarrow 1$.

(2) **while** $\|\nabla f(\boldsymbol{x}^{(k)})\| > \epsilon$ **do**

(3) $\boldsymbol{d}^{(k)} \leftarrow -(\nabla^2 f(\boldsymbol{x}^{(k)}))^{-1}\nabla f(\boldsymbol{x}^{(k)})$.

(4) 从 $\boldsymbol{x}^{(k)}$ 出发, 沿 $\boldsymbol{d}^{(k)}$ 做一维搜索, 即, 找 $\alpha_k$ 满足

$$f(\boldsymbol{x}^{(k)} + \alpha_k \boldsymbol{d}^{(k)}) = \min_{\alpha} f(\boldsymbol{x}^{(k)} + \alpha \boldsymbol{d}^{(k)}).$$

令 $\boldsymbol{x}^{(k+1)} \leftarrow \boldsymbol{x}^{(k)} + \alpha_k \boldsymbol{d}^{(k)}$.

(5) $k \leftarrow k+1$.

(6) **endwhile**

(7) **return** $\bar{\boldsymbol{x}} \leftarrow \boldsymbol{x}^{(k)}$.

**例 9.4.4** 用阻尼牛顿法解

$$\min f(\boldsymbol{x}) = 2x_1^2 + x_2^2,$$

初始点 $\boldsymbol{x}^{(1)} = \begin{bmatrix} 5 \\ 10 \end{bmatrix}$, $\epsilon = 0.1$.

**解** $\nabla f(\boldsymbol{x}) = \begin{bmatrix} 4x_1 \\ 2x_2 \end{bmatrix}$, $\nabla^2 f(\boldsymbol{x}) = \begin{bmatrix} 4 & 0 \\ 0 & 2 \end{bmatrix}$, $(\nabla^2 f(\boldsymbol{x}))^{-1} = \begin{bmatrix} 1/4 & 0 \\ 0 & 1/2 \end{bmatrix}$.

第 1 次迭代.

$$\begin{aligned} \boldsymbol{d}^{(1)} &= -(\nabla^2 f(\boldsymbol{x}^{(1)}))^{-1}\nabla f(\boldsymbol{x}^{(1)}) \\ &= -\begin{bmatrix} 1/4 & 0 \\ 0 & 1/2 \end{bmatrix}\begin{bmatrix} 20 \\ 20 \end{bmatrix} \\ &= \begin{bmatrix} -5 \\ -10 \end{bmatrix}. \end{aligned}$$

令 $\varphi(\alpha) = f(\boldsymbol{x}^{(1)} + \alpha \boldsymbol{d}^{(1)})$. 则

$$\varphi(\alpha) = f\left(\begin{bmatrix} 5-5\alpha \\ 10-10\alpha \end{bmatrix}\right) = 2(5-5\alpha)^2 + (10-10\alpha)^2.$$

解 $\varphi'(\alpha) = 0$, 得 $\alpha = 1$. 因此 $\alpha_1 = 1$,

$$\begin{aligned} \boldsymbol{x}^{(2)} &= \boldsymbol{x}^{(1)} + \alpha_1 \boldsymbol{d}^{(1)} \\ &= \begin{bmatrix} 5 \\ 10 \end{bmatrix} + \begin{bmatrix} -5 \\ -10 \end{bmatrix} \\ &= \begin{bmatrix} 0 \\ 0 \end{bmatrix}. \end{aligned}$$

第 2 次迭代.

$\nabla f(\boldsymbol{x}^{(2)})=\begin{bmatrix}0\\0\end{bmatrix}$, 算法结束. 求得最优解 $\boldsymbol{x}^*=\begin{bmatrix}0\\0\end{bmatrix}$. ∎

令 $\bar{\boldsymbol{x}}$ 为一固定点, $\boldsymbol{d}=-(\nabla^2 f(\bar{\boldsymbol{x}}))^{-1}\nabla f(\bar{\boldsymbol{x}})$ 为 $\bar{\boldsymbol{x}}$ 处的牛顿方向. 若黑塞矩阵 $\nabla^2 f(\bar{\boldsymbol{x}})$ 正定, 则 $\nabla^2 f(\bar{\boldsymbol{x}})^{-1}$ 亦正定. 于是, 当梯度向量 $\nabla f(\bar{\boldsymbol{x}})$ 不为 $\mathbf{0}$ 时, $\nabla f(\bar{\boldsymbol{x}})^{\mathrm{T}}\boldsymbol{d}=-\nabla f(\bar{\boldsymbol{x}})^{\mathrm{T}}(\nabla^2 f(\bar{\boldsymbol{x}}))^{-1}\nabla f(\bar{\boldsymbol{x}})<0$. 由定理 8.2.2, 则 $\boldsymbol{d}$ 为下降方向. 若 $\nabla^2 f(\bar{\boldsymbol{x}})$ 非正定, 则一般地不能得到 $\boldsymbol{d}$ 为下降方向的结论. 此时 $\boldsymbol{d}$ 可能为下降方向, 也可能不是下降方向.

阻尼牛顿法的优点在于在牛顿方向上使用了一维搜索, 因此每次迭代目标函数值绝对不会上升. 但阻尼牛顿法和原始牛顿法也有共同的缺点. 一是可能出现黑塞矩阵奇异的情形, 导致无法确定后继点. 二是即使黑塞矩阵非奇异, 也未必正定, 因而牛顿方向不一定是下降方向, 导致算法失效.

**例 9.4.5**　用阻尼牛顿法解

$$\min f(\boldsymbol{x})=x_1^4+x_1x_2+(1+x_2)^2,$$

初始点 $\boldsymbol{x}^{(1)}=\begin{bmatrix}0\\0\end{bmatrix}$, $\epsilon=0.1$.

**解**　$\nabla f(\boldsymbol{x})=\begin{bmatrix}4x_1^3+x_2\\x_1+2(1+x_2)\end{bmatrix}$, $\nabla^2 f(\boldsymbol{x})=\begin{bmatrix}12x_1^2 & 1\\1 & 2\end{bmatrix}$.

本例用于说明阻尼牛顿法会失效, 算法只有一次迭代, 就异常退出了.

$\nabla f(\boldsymbol{x}^{(1)})=\begin{bmatrix}0\\2\end{bmatrix}$, $\nabla^2 f(\boldsymbol{x}^{(1)})=\begin{bmatrix}0 & 1\\1 & 2\end{bmatrix}$.

$$\begin{aligned}\boldsymbol{d}^{(1)}&=-(\nabla^2 f(\boldsymbol{x}^{(1)}))^{-1}\nabla f(\boldsymbol{x}^{(1)})\\&=-\begin{bmatrix}0 & 1\\1 & 2\end{bmatrix}^{-1}\begin{bmatrix}0\\2\end{bmatrix}\\&=\begin{bmatrix}-2\\0\end{bmatrix}.\end{aligned}$$

令 $\varphi(\alpha)=f(\boldsymbol{x}^{(1)}+\alpha\boldsymbol{d}^{(1)})=16\alpha^4+1$.

解 $\varphi'(\alpha)=0$, 得 $\alpha=0$. 因此 $\alpha_1=0$. 显然, 用阻尼牛顿法不能产生新点 $(\boldsymbol{x}^{(2)}=\boldsymbol{x}^{(1)}+\alpha_1\boldsymbol{d}^{(1)})$. 而点 $\boldsymbol{x}^{(1)}=\begin{bmatrix}0\\0\end{bmatrix}$ 并不是问题的极小点.

可见从 $\boldsymbol{x}^{(1)}$ 出发, 用阻尼牛顿法求不出问题的极小点, 原因就在于黑塞矩阵 $\nabla^2 f(\boldsymbol{x}^{(1)})$ 非正定. ■

### 9.4.4 牛顿法的进一步修正

为使牛顿法从任一点开始均能产生收敛于解集合的序列 $\{\boldsymbol{x}^{(k)}\}$, 需要对牛顿法做进一步的修正. 这方面大量工作的共同着眼点在于克服黑塞矩阵非正定的困难.

回忆牛顿方向为

$$\boldsymbol{d}^{(k)} = -(\nabla^2 f(\boldsymbol{x}^{(k)}))^{-1}\nabla f(\boldsymbol{x}^{(k)}).$$

解决黑塞矩阵 $\nabla^2 f(\boldsymbol{x}^{(k)})$ 非正定的基本思想是, 修正 $\nabla^2 f(\boldsymbol{x}^{(k)})$, 得到一个对称正定矩阵 $\boldsymbol{G}^{(k)}$, 用 $\boldsymbol{G}^{(k)}$ 替换矩阵 $\nabla^2 f(\boldsymbol{x}^{(k)})$, 从而得到下降方向

$$\boldsymbol{d}^{(k)} = -(\boldsymbol{G}^{(k)})^{-1}\nabla f(\boldsymbol{x}^{(k)}).$$

构造矩阵 $\boldsymbol{G}^{(k)}$ 的方法之一是令

$$\boldsymbol{G}^{(k)} = \nabla^2 f(\boldsymbol{x}^{(k)}) + \epsilon \boldsymbol{I},$$

其中 $\boldsymbol{I}$ 是 $n$ 阶单位矩阵, $\epsilon$ 是一个适当的正数.

事实上, 如果 $\alpha$ 是 $\nabla^2 f(\boldsymbol{x}^{(k)})$ 的特征值, 那么 $\alpha + \epsilon$ 就是 $\boldsymbol{G}^{(k)}$ 的特征值. 因此, 只要 $\epsilon > 0$ 取得足够大, 就能使 $\boldsymbol{G}^{(k)}$ 的特征值均为正数, 从而 $\boldsymbol{G}^{(k)}$ 为正定矩阵.

值得注意的是, 由于所谓的鞍点问题 (当 $\boldsymbol{x}^{(k)}$ 为鞍点时, 有 $\nabla f(\boldsymbol{x}^{(k)}) = \boldsymbol{0}$ 以及 $\nabla^2 f(\boldsymbol{x}^{(k)})$ 不定), 上述方法仍不能彻底解决问题. 上面讲的牛顿法求到 $\nabla f(\boldsymbol{x}^{(k)}) = \boldsymbol{0}$ 就结束了, 没有对鞍点进行识别和处理. 当 $\boldsymbol{x}^{(k)}$ 为鞍点时对 $\boldsymbol{d}^{(k)}$ 的处理请参阅相关文献, 如 [4](3.5 节).

例如, 对于函数 $f(\boldsymbol{x}) = x_1^2 - x_2^2$, $(0,0)$ 即为鞍点 (图 9.4.3).

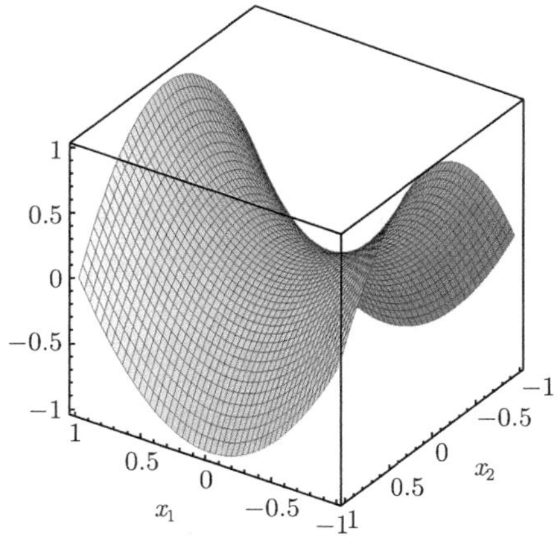


图 9.4.3

## 9.5 共轭梯度法

1952 年, Hesteness 和 Stiefel 提出共轭梯度法来作为解线性方程组的方法. 1964 年, Fletcher 和 Reeves 提出了无约束极小化问题的共轭梯度法[25], 它是直接从 Hesteness 和 Stiefel 解线性方程组的共轭梯度法发展而来的[4]. 共轭梯度法是一种共轭方向法, 是最著名的共轭方向法.

解线性方程组 $\boldsymbol{Ax}=\boldsymbol{b}$ 常见的方法有高斯消元法、系数矩阵的三角分解法等. 然而, 当变量的维数很大时这些方法就变得不再有效. Hesteness 和 Stiefel 在求解线性方程组 $\boldsymbol{Ax}=\boldsymbol{b}$ (假设 $\boldsymbol{A}$ 对称正定) 时, 将它等价地转换为二次规划问题

$$\min \quad \frac{1}{2}\boldsymbol{x}^{\mathrm{T}}\boldsymbol{Ax}-\boldsymbol{b}^{\mathrm{T}}\boldsymbol{x},$$

然后关于系数矩阵 $\boldsymbol{A}$ 构造共轭方向, 再进行线性搜索, 这样便得到共轭方向法[5]. 共轭方向法在极小化无约束二次严格凸函数时, 最多 $n$ 步就可以达到极小点. 当取搜索方向为负梯度方向时, 便得到共轭梯度法.

关于解线性方程组 $\boldsymbol{Ax}=\boldsymbol{b}$ 的说明. 由定理 1.4.11, 当 $\boldsymbol{A}$ 半正定时, $f(\boldsymbol{x})=\frac{1}{2}\boldsymbol{x}^{\mathrm{T}}\boldsymbol{Ax}-\boldsymbol{b}^{\mathrm{T}}\boldsymbol{x}$ 是一个凸函数. 由定理 9.1.2, 求 $f(\boldsymbol{x})$ 的全局极小点, 等价于解方程 $\nabla f(\boldsymbol{x})=\boldsymbol{0}$, 即解 $\boldsymbol{Ax}=\boldsymbol{b}$. 于是, 解线性方程组 $\boldsymbol{Ax}=\boldsymbol{b}$ ($\boldsymbol{A}$ 正定) 的问题就转化为函数 $\frac{1}{2}\boldsymbol{x}^{\mathrm{T}}\boldsymbol{Ax}-\boldsymbol{b}^{\mathrm{T}}\boldsymbol{x}$ 的极小化问题. 这里进一步要求 $\boldsymbol{A}$ 对称正定, 是为了构造共轭方向.

### 9.5.1 基本概念

**定义 9.5.1** 设 $\boldsymbol{A}$ 是 $n$ 阶对称正定矩阵, $\boldsymbol{d}^{(1)}$ 和 $\boldsymbol{d}^{(2)}$ 是 $n$ 维非零向量. 若

$$(\boldsymbol{d}^{(1)})^{\mathrm{T}}\boldsymbol{A}\boldsymbol{d}^{(2)}=0,$$

则称 $\boldsymbol{d}^{(1)}$ 和 $\boldsymbol{d}^{(2)}$ 是 (关于) $\boldsymbol{A}$ 共轭的.

由于 $\boldsymbol{A}$ 是对称矩阵, $(\boldsymbol{d}^{(1)})^{\mathrm{T}}\boldsymbol{A}\boldsymbol{d}^{(2)}=0$ 意味着同时也有 $(\boldsymbol{d}^{(2)})^{\mathrm{T}}\boldsymbol{A}\boldsymbol{d}^{(1)}=0$.

若 $\boldsymbol{d}^{(1)},\boldsymbol{d}^{(2)},\cdots,\boldsymbol{d}^{(m)}$ 是 $m$ 个 $n$ 维非零向量, 它们两两关于 $\boldsymbol{A}$ 共轭, 即满足

$$(\boldsymbol{d}^{(i)})^{\mathrm{T}}\boldsymbol{A}\boldsymbol{d}^{(j)}=0, \quad 1\leqslant i,j\leqslant m;i\neq j,$$

则称这组方向是 $\boldsymbol{A}$ 共轭的, 或称它们为 $\boldsymbol{A}$ 的 $m$ 个共轭方向.

在共轭的定义中, 若 $\boldsymbol{A}$ 是单位矩阵, 则两个方向关于 $\boldsymbol{A}$ 共轭等价于两个方向正交. 因此共轭是正交概念的推广. 实际上, 由共轭的定义, 若 $\boldsymbol{d}^{(1)}$ 和 $\boldsymbol{d}^{(2)}$ 关于 $\boldsymbol{A}$ 共轭, 则 $\boldsymbol{d}^{(1)}$ 与 $\boldsymbol{A}\boldsymbol{d}^{(2)}$ 正交.

**定理 9.5.2** 设 $\boldsymbol{A}$ 是对称正定矩阵, $\boldsymbol{d}^{(1)},\boldsymbol{d}^{(2)},\cdots,\boldsymbol{d}^{(m)}$ 是 $\boldsymbol{A}$ 共轭的 $n$ 维非零向量, 则 $\boldsymbol{d}^{(1)},\cdots,\boldsymbol{d}^{(m)}$ 线性无关.

**证明** 反证, 假设 $\boldsymbol{d}^{(1)},\cdots,\boldsymbol{d}^{(m)}$ 线性相关, 即, 存在一组不全为 0 的数 $\{\alpha_i\}$ 令

$$\alpha_1\boldsymbol{d}^{(1)}+\alpha_2\boldsymbol{d}^{(2)}+\cdots+\alpha_m\boldsymbol{d}^{(m)}=\boldsymbol{0}.$$

对任意的 $1\leqslant j\leqslant m$, 上式两端同时左乘 $(\boldsymbol{d}^{(j)})^{\mathrm{T}}\boldsymbol{A}$. 由于 $\boldsymbol{d}^{(1)},\cdots,\boldsymbol{d}^{(m)}$ 是 $\boldsymbol{A}$ 共轭的, $\forall i\neq j$, $(\boldsymbol{d}^{(j)})^{\mathrm{T}}\boldsymbol{A}\boldsymbol{d}^{(i)}=0$. 于是, 可得到

$$\alpha_j(\boldsymbol{d}^{(j)})^{\mathrm{T}}\boldsymbol{A}\boldsymbol{d}^{(j)}=0.$$

由于 $\boldsymbol{A}$ 正定, $(\boldsymbol{d}^{(j)})^{\mathrm{T}}\boldsymbol{A}\boldsymbol{d}^{(j)}>0$. 因此, $\alpha_j=0\ (1\leqslant j\leqslant m)$, 与假设矛盾. 于是, $\boldsymbol{d}^{(1)},\cdots,\boldsymbol{d}^{(m)}$ 线性无关. ■

### 9.5.2 共轭方向的几何意义

现在来看一下两个方向 (关于矩阵 $\boldsymbol{A}$) 共轭的几何意义, 来理解下为什么在共轭梯度算法中选取共轭的方向为搜索方向.

设有二次函数

$$f(\boldsymbol{x})=\frac{1}{2}(\boldsymbol{x}-\bar{\boldsymbol{x}})^{\mathrm{T}}\boldsymbol{A}(\boldsymbol{x}-\bar{\boldsymbol{x}}),$$

其中 $\boldsymbol{A}$ 是 $n$ 阶对称正定矩阵, $\bar{\boldsymbol{x}}$ 是一个定点.

由于 $\boldsymbol{A}$ 正定, $f(\boldsymbol{x})$ 是严格凸函数. 其梯度 $\nabla f(\boldsymbol{x})=\boldsymbol{A}(\boldsymbol{x}-\bar{\boldsymbol{x}})$ 等于 $\boldsymbol{0}$ 的点为极小点, 即 $\bar{\boldsymbol{x}}$ 为极小点.

设 $\boldsymbol{x}^{(1)}$ 为函数的某个等值面 (即, $f(\boldsymbol{x})=c$, 对某个常数 $c$) 上的一个点, $\nabla f(\boldsymbol{x}^{(1)})=\boldsymbol{A}(\boldsymbol{x}^{(1)}-\bar{\boldsymbol{x}})$. 由梯度向量的几何意义, $\nabla f(\boldsymbol{x}^{(1)})$ 是该等值面在点 $\boldsymbol{x}^{(1)}$ 处的法向量.

令 $\boldsymbol{d}^{(1)}$ 是等值面 $f(\boldsymbol{x})=c$ 在 $\boldsymbol{x}^{(1)}$ 处的一个切向量. 自然, 切向量 $\boldsymbol{d}^{(1)}$ 与法向量 $\nabla f(\boldsymbol{x}^{(1)})$ 正交, 即

$$(\boldsymbol{d}^{(1)})^{\mathrm{T}}\nabla f(\boldsymbol{x}^{(1)})=0.$$

令 $\boldsymbol{d}^{(2)}=\bar{\boldsymbol{x}}-\boldsymbol{x}^{(1)}$, 即, $\boldsymbol{d}^{(2)}$ 是由 $\boldsymbol{x}^{(1)}$ 指向极小点 $\bar{\boldsymbol{x}}$ 的一个向量. 则 $\nabla f(\boldsymbol{x}^{(1)})=-\boldsymbol{A}\boldsymbol{d}^{(2)}$. 于是

$$(\boldsymbol{d}^{(1)})^{\mathrm{T}}\boldsymbol{A}\boldsymbol{d}^{(2)}=0,$$

即, 等值面上一点处的切向量与由这一点指向极小点的向量关于 $\boldsymbol{A}$ 共轭. 这表明若依次沿着 $\boldsymbol{d}^{(1)}$ 和 $\boldsymbol{d}^{(2)}$ 进行一维搜索, 则经过两次迭代就能达到极小点 (图 9.5.1).

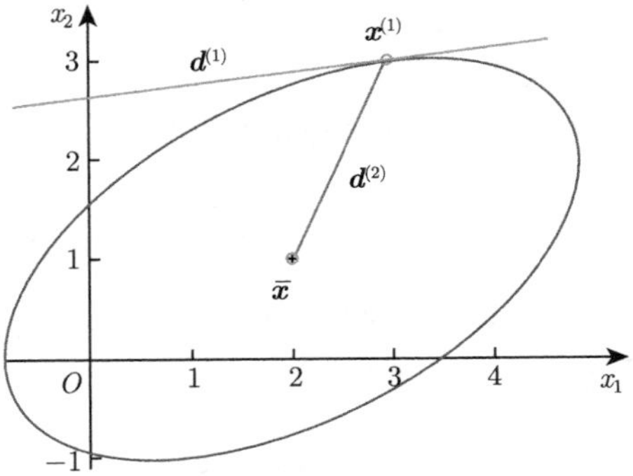


图 9.5.1

**例 9.5.3** 令二次函数

$$f(\boldsymbol{x}) = \frac{1}{2}(\boldsymbol{x} - \bar{\boldsymbol{x}})^{\mathrm{T}} \boldsymbol{A}(\boldsymbol{x} - \bar{\boldsymbol{x}}),$$

其中 $\boldsymbol{A} = \begin{bmatrix} 3 & -2 \\ -2 & 6 \end{bmatrix}$ 为对称正定矩阵, $\bar{\boldsymbol{x}} = \begin{bmatrix} 2 \\ 1 \end{bmatrix}$ 为一定点. 则

$$f(x_1, x_2) = \frac{3}{2}x_1^2 + 3x_2^2 - 2x_1x_2 - 4x_1 - 2x_2 + 5,$$

以及 $\nabla f(\boldsymbol{x}) = \begin{bmatrix} 3x_1 - 2x_2 - 4 \\ -2x_1 + 6x_2 - 2 \end{bmatrix}$.

函数 $f(x_1, x_2)$ 的图像如图 9.5.2 所示.

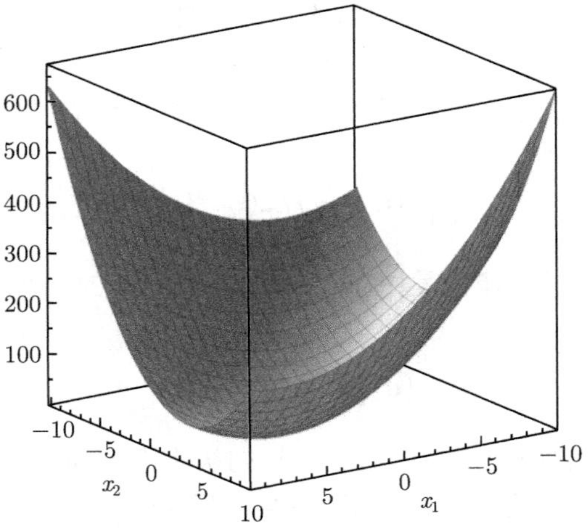


图 9.5.2

取等值线 $f(x_1,x_2)=\dfrac{19}{2}$, 以及点 $\boldsymbol{x}^{(1)}=\begin{bmatrix}3\\3\end{bmatrix}$. 隐函数 $f(x_1,x_2)=\dfrac{19}{2}$ 在点 $\boldsymbol{x}^{(1)}$ 处的切线方程为 $x_2=\dfrac{1}{10}x_1+\dfrac{27}{10}$. 于是, $\boldsymbol{d}^{(1)}=\begin{bmatrix}10\\1\end{bmatrix}$ 是点 $\boldsymbol{x}^{(1)}$ 处的一个切向量. 点 $\boldsymbol{x}^{(1)}$ 处的梯度向量 $\nabla f(\boldsymbol{x}^{(1)})=\begin{bmatrix}-1\\10\end{bmatrix}$, 可验证 $\boldsymbol{d}^{(1)}$ 和 $\nabla f(\boldsymbol{x}^{(1)})$ 正交.

由于 $\boldsymbol{d}^{(2)}=\bar{\boldsymbol{x}}-\boldsymbol{x}^{(1)}=\begin{bmatrix}2\\1\end{bmatrix}-\begin{bmatrix}3\\3\end{bmatrix}=\begin{bmatrix}-1\\-2\end{bmatrix}$, 因此

$$
\begin{aligned}
(\boldsymbol{d}^{(1)})^{\mathrm{T}}\boldsymbol{A}\boldsymbol{d}^{(2)}&=\begin{bmatrix}10 & 1\end{bmatrix}\begin{bmatrix}3 & -2\\-2 & 6\end{bmatrix}\begin{bmatrix}-1\\-2\end{bmatrix}\\
&=\begin{bmatrix}28 & -14\end{bmatrix}\begin{bmatrix}-1\\-2\end{bmatrix}=0,
\end{aligned}
$$

即, $\boldsymbol{d}^{(1)}$ 和 $\boldsymbol{d}^{(2)}$ 关于矩阵 $\boldsymbol{A}$ 共轭.

### 9.5.3 共轭梯度算法

考虑无约束二次优化问题

$$
\min \quad f(\boldsymbol{x})=\frac{1}{2}\boldsymbol{x}^{\mathrm{T}}\boldsymbol{A}\boldsymbol{x}+\boldsymbol{b}^{\mathrm{T}}\boldsymbol{x}, \tag{UQP}
$$

其中 $\boldsymbol{x}\in\mathbb{R}^n$, $\boldsymbol{A}$ 是对称正定矩阵.

下面叙述共轭梯度算法的基本思想, 并导出共轭梯度算法. 共轭梯度算法是一种迭代搜索算法, 从给定点 $\boldsymbol{x}^{(1)}$ 开始, 随着迭代, 逐步产生搜索点 $\boldsymbol{x}^{(2)},\boldsymbol{x}^{(3)},\cdots$. 为描述简便, 定义

$$
\boldsymbol{g}^{(k)}=\nabla f(\boldsymbol{x}^{(k)})=\boldsymbol{A}\boldsymbol{x}^{(k)}+\boldsymbol{b} \tag{9.5.1}
$$

表示在点 $\boldsymbol{x}^{(k)}$ 处目标函数 $f(\boldsymbol{x})$ 的梯度向量.

算法从一个初始点 $\boldsymbol{x}^{(1)}$ 开始, 计算在该点处的梯度 $\boldsymbol{g}^{(1)}$, 若模 $\|\boldsymbol{g}^{(1)}\|$ 为 0, 则停止计算. 若模 $\|\boldsymbol{g}^{(1)}\|$ 不为 0, 则令

$$
\boldsymbol{d}^{(1)}=-\boldsymbol{g}^{(1)},
$$

沿方向 $\boldsymbol{d}^{(1)}$ 进行搜索, 得到点 $\boldsymbol{x}^{(2)}$.

若模 $\|\boldsymbol{g}^{(2)}\|$ 为 0, 则停止计算. 若 $\|\boldsymbol{g}^{(2)}\|\neq 0$, 则利用 $-\boldsymbol{g}^{(2)}$ 和 $\boldsymbol{d}^{(1)}$ 构造第二个搜索方向 $\boldsymbol{d}^{(2)}$, 并使 $\boldsymbol{d}^{(2)}$ 和 $\boldsymbol{d}^{(1)}$ 关于 $\boldsymbol{A}$ 共轭, 再沿 $\boldsymbol{d}^{(2)}$ 搜索.

假设当前为第 $k$ 次迭代. 一般地, 若 $\|\boldsymbol{g}^{(k)}\| = 0$, 则停止计算. 否则, 根据 $-\boldsymbol{g}^{(k)}$, $\boldsymbol{d}^{(k-1)}$ 构造下一个搜索方向 $\boldsymbol{d}^{(k)}$, 并使 $\boldsymbol{d}^{(k)}$ 和 $\boldsymbol{d}^{(k-1)}$ 关于 $\boldsymbol{A}$ 共轭. 沿 $\boldsymbol{d}^{(k)}$ 搜索, 得到点 $\boldsymbol{x}^{(k+1)}$.

下面, 我们首先介绍点 $\boldsymbol{x}^{(k+1)}$ 的搜索方法, 再介绍方向 $\boldsymbol{d}^{(k)}$ 的构造方法.

点 $\boldsymbol{x}^{(k+1)}$ 采用一维搜索得到, 即, 从 $\boldsymbol{x}^{(k)}$ 出发, 沿 $\boldsymbol{d}^{(k)}$ 进行搜索, 得到

$$\boldsymbol{x}^{(k+1)} = \boldsymbol{x}^{(k)} + \alpha_k \boldsymbol{d}^{(k)}, \tag{9.5.2}$$

其中步长 $\alpha_k$ 满足

$$f(\boldsymbol{x}^{(k)} + \alpha_k \boldsymbol{d}^{(k)}) = \min\{f(\boldsymbol{x}^{(k)} + \alpha \boldsymbol{d}^{(k)})\}.$$

下面求 $\alpha_k$ 的显式表达. 令

$$\varphi(\alpha) = f(\boldsymbol{x}^{(k)} + \alpha \boldsymbol{d}^{(k)}).$$

则有

$$\begin{aligned}
&\varphi'(\alpha_k) = 0 \\
\Leftrightarrow\ &\nabla f(\boldsymbol{x}^{(k)} + \alpha_k \boldsymbol{d}^{(k)})^{\mathrm{T}} \boldsymbol{d}^{(k)} = 0 \\
\Leftrightarrow\ &(\boldsymbol{A}(\boldsymbol{x}^{(k)} + \alpha_k \boldsymbol{d}^{(k)}) + \boldsymbol{b})^{\mathrm{T}} \boldsymbol{d}^{(k)} = 0 \\
\Leftrightarrow\ &(\boldsymbol{A}\boldsymbol{x}^{(k)} + \boldsymbol{b} + \alpha_k \boldsymbol{A}\boldsymbol{d}^{(k)})^{\mathrm{T}} \boldsymbol{d}^{(k)} = 0 \\
\Leftrightarrow\ &(\boldsymbol{g}^{(k)} + \alpha_k \boldsymbol{A}\boldsymbol{d}^{(k)})^{\mathrm{T}} \boldsymbol{d}^{(k)} = 0 \\
\Leftrightarrow\ &\alpha_k = -\frac{(\boldsymbol{g}^{(k)})^{\mathrm{T}} \boldsymbol{d}^{(k)}}{(\boldsymbol{d}^{(k)})^{\mathrm{T}} \boldsymbol{A}\boldsymbol{d}^{(k)}}.
\end{aligned} \tag{9.5.3}$$

再来看搜索方向 $\boldsymbol{d}^{(k)}$ . 方向 $\boldsymbol{d}^{(k)}$ 按下式构造

$$\boldsymbol{d}^{(k)} = -\boldsymbol{g}^{(k)} + \beta_{k-1} \boldsymbol{d}^{(k-1)}, \tag{9.5.4}$$

其中 $\beta_{k-1}$ 为待定系数.

由于 $\boldsymbol{d}^{(k)}$ 和 $\boldsymbol{d}^{(k-1)}$ 关于 $\boldsymbol{A}$ 共轭, 因此有

$$0 = (\boldsymbol{d}^{(k-1)})^{\mathrm{T}} \boldsymbol{A}\boldsymbol{d}^{(k)} = -(\boldsymbol{d}^{(k-1)})^{\mathrm{T}} \boldsymbol{A}\boldsymbol{g}^{(k)} + \beta_{k-1} (\boldsymbol{d}^{(k-1)})^{\mathrm{T}} \boldsymbol{A}\boldsymbol{d}^{(k-1)}.$$

由此得到

$$\beta_{k-1} = \frac{(\boldsymbol{d}^{(k-1)})^{\mathrm{T}} \boldsymbol{A}\boldsymbol{g}^{(k)}}{(\boldsymbol{d}^{(k-1)})^{\mathrm{T}} \boldsymbol{A}\boldsymbol{d}^{(k-1)}}. \tag{9.5.5}$$

为方便, 我们也给出 $\beta_k$ 的公式

$$\beta_k = \frac{(\boldsymbol{d}^{(k)})^{\mathrm{T}} \boldsymbol{A} \boldsymbol{g}^{(k+1)}}{(\boldsymbol{d}^{(k)})^{\mathrm{T}} \boldsymbol{A} \boldsymbol{d}^{(k)}}. \tag{9.5.6}$$

定义 $\beta_0 = 0$, $\boldsymbol{d}^{(0)} = \boldsymbol{0}$, 则 $\boldsymbol{d}^{(1)}$ 的计算公式也可表达为 (9.5.4).

**算法 9.5.1** Fletcher-Reeves 共轭梯度算法.

输入: 函数 $f(\boldsymbol{x}) = \frac{1}{2}\boldsymbol{x}^{\mathrm{T}}\boldsymbol{A}\boldsymbol{x} + \boldsymbol{b}^{\mathrm{T}}\boldsymbol{x} + c$, 其中 $\boldsymbol{A}$ 对称正定. 初始点 $\boldsymbol{x}^{(1)}$.

输出: 函数 $f(\boldsymbol{x})$ 的唯一极小值点 $\boldsymbol{x}^*$.

(1) $k \leftarrow 1$.

(2) **while** $\|\boldsymbol{g}^{(k)}\| \neq 0$ **do**

(3) 　计算 $\beta_{k-1}$ (公式 (9.5.5))、搜索方向 $\boldsymbol{d}^{(k)}$ (公式 (9.5.4)).

(4) 　计算 $\alpha_k$ (公式 (9.5.3)), $\boldsymbol{x}^{(k+1)} \leftarrow \boldsymbol{x}^{(k)} + \alpha_k \boldsymbol{d}^{(k)}$.

(5) 　$k \leftarrow k + 1$.

(6) **endwhile**

(7) **return** $\boldsymbol{x}^* \leftarrow \boldsymbol{x}^{(k)}$.

我们看一下 FR 共轭梯度法优化例 9.5.3 中的目标函数的情形.

**例 9.5.4** 用 FR 共轭梯度法求解

$$\min \quad \frac{3}{2}x_1^2 + 3x_2^2 - 2x_1x_2 - 4x_1 - 2x_2.$$

**解**

$$\begin{aligned} &\frac{3}{2}x_1^2 + 3x_2^2 - 2x_1x_2 - 4x_1 - 2x_2 \\ =& \frac{1}{2}\begin{bmatrix} x_1 & x_2 \end{bmatrix} \begin{bmatrix} 3 & -2 \\ -2 & 6 \end{bmatrix} \begin{bmatrix} x_1 \\ x_2 \end{bmatrix} + \begin{bmatrix} -4 & -2 \end{bmatrix} \begin{bmatrix} x_1 \\ x_2 \end{bmatrix}. \end{aligned}$$

因此,

$$\boldsymbol{A} = \begin{bmatrix} 3 & -2 \\ -2 & 6 \end{bmatrix}, \quad \boldsymbol{b} = \begin{bmatrix} -4 \\ -2 \end{bmatrix},$$

以及

$$\nabla f(\boldsymbol{x}) = \boldsymbol{A}\boldsymbol{x} + \boldsymbol{b} = \begin{bmatrix} 3 & -2 \\ -2 & 6 \end{bmatrix} \begin{bmatrix} x_1 \\ x_2 \end{bmatrix} + \begin{bmatrix} -4 \\ -2 \end{bmatrix} = \begin{bmatrix} 3x_1 - 2x_2 - 4 \\ -2x_1 + 6x_2 - 2 \end{bmatrix}.$$

取 $\boldsymbol{x}^{(1)} = \begin{bmatrix} 1 \\ 1 \end{bmatrix}$.

$$\boldsymbol{g}^{(1)} = \begin{bmatrix} 3x_1^{(1)} - 2x_2^{(1)} - 4 \\ -2x_1^{(1)} + 6x_2^{(1)} - 2 \end{bmatrix} = \begin{bmatrix} 3-2-4 \\ -2+6-2 \end{bmatrix} = \begin{bmatrix} -3 \\ 2 \end{bmatrix}.$$

第 1 次迭代.

$\boldsymbol{g}^{(1)} \neq \boldsymbol{0}$.

$\beta_0 = 0$.

$$\boldsymbol{d}^{(1)} = -\boldsymbol{g}^{(1)} = \begin{bmatrix} 3 \\ -2 \end{bmatrix}.$$

$$\alpha_1 = -\frac{(\boldsymbol{g}^{(1)})^{\mathrm{T}}\boldsymbol{d}^{(1)}}{(\boldsymbol{d}^{(1)})^{\mathrm{T}}\boldsymbol{A}\boldsymbol{d}^{(1)}} = \frac{13}{75}.$$

$$\boldsymbol{x}^{(2)} = \boldsymbol{x}^{(1)} + \alpha_1\boldsymbol{d}^{(1)} = \begin{bmatrix} 1 \\ 1 \end{bmatrix} + \frac{13}{75}\begin{bmatrix} 3 \\ -2 \end{bmatrix} = \begin{bmatrix} 38/25 \\ 49/75 \end{bmatrix}.$$

$$\boldsymbol{g}^{(2)} = \begin{bmatrix} 3x_1^{(2)} - 2x_2^{(2)} - 4 \\ -2x_1^{(2)} + 6x_2^{(2)} - 2 \end{bmatrix} = \begin{bmatrix} 3\cdot\dfrac{38}{25} - 2\cdot\dfrac{49}{75} - 4 \\ -2\cdot\dfrac{38}{25} + 6\cdot\dfrac{49}{75} \end{bmatrix} = -\begin{bmatrix} 56/75 \\ 28/25 \end{bmatrix}.$$

第 2 次迭代.

$\boldsymbol{g}^{(2)} \neq \boldsymbol{0}$.

$$\beta_1 = \frac{(\boldsymbol{d}^{(1)})^{\mathrm{T}}\boldsymbol{A}\boldsymbol{g}^{(2)}}{(\boldsymbol{d}^{(1)})^{\mathrm{T}}\boldsymbol{A}\boldsymbol{d}^{(1)}} = \frac{784}{5625}.$$

$$\boldsymbol{d}^{(2)} = -\boldsymbol{g}^{(2)} + \beta_1\boldsymbol{d}^{(1)} = \begin{bmatrix} \dfrac{56}{75} \\ \dfrac{28}{25} \end{bmatrix} + \frac{784}{5625}\begin{bmatrix} 3 \\ -2 \end{bmatrix} = \begin{bmatrix} 728/625 \\ 4732/5625 \end{bmatrix}.$$

$$\alpha_2 = -\frac{(\boldsymbol{g}^{(2)})^{\mathrm{T}}\boldsymbol{d}^{(2)}}{(\boldsymbol{d}^{(2)})^{\mathrm{T}}\boldsymbol{A}\boldsymbol{d}^{(2)}} = \frac{75}{182}.$$

$$\boldsymbol{x}^{(3)} = \boldsymbol{x}^{(2)} + \alpha_2\boldsymbol{d}^{(2)} = \begin{bmatrix} 38/25 \\ 49/75 \end{bmatrix} + \frac{75}{182}\begin{bmatrix} 728/625 \\ 4732/5625 \end{bmatrix} = \begin{bmatrix} 2 \\ 1 \end{bmatrix}.$$

$$\boldsymbol{g}^{(3)} = \begin{bmatrix} 3x_1^{(3)} - 2x_2^{(3)} - 4 \\ -2x_1^{(3)} + 6x_2^{(3)} - 2 \end{bmatrix} = \begin{bmatrix} 3\cdot 2 - 2 - 4 \\ -2\cdot 2 + 6 - 2 \end{bmatrix} = \begin{bmatrix} 0 \\ 0 \end{bmatrix}.$$

第 3 次迭代.

$\boldsymbol{g}^{(3)} = \boldsymbol{0}$, 算法结束.

找到最优解 $\boldsymbol{x}^* = \boldsymbol{x}^{(3)} = \begin{bmatrix} 2 \\ 1 \end{bmatrix}$, $f(\boldsymbol{x}^*) = -5$. ∎

下面对 FR 共轭梯度法进行分析.

**引理 9.5.5** 考虑 FR 共轭梯度法的第 $k$ 次迭代. 则有

$$(\boldsymbol{g}^{(k+1)})^{\mathrm{T}}\boldsymbol{d}^{(k)}=0.$$

**证明** 这是因为在第 $k$ 次迭代, 我们有 $\varphi'(\alpha_k)=0$, 且

$$\begin{aligned}
&\varphi'(\alpha_k)=0\\
\Leftrightarrow\ &\nabla f(\boldsymbol{x}^{(k)}+\alpha_k\boldsymbol{d}^{(k)})^{\mathrm{T}}\boldsymbol{d}^{(k)}=0\\
\Leftrightarrow\ &\nabla f(\boldsymbol{x}^{(k+1)})^{\mathrm{T}}\boldsymbol{d}^{(k)}=0\\
\Leftrightarrow\ &(\boldsymbol{g}^{(k+1)})^{\mathrm{T}}\boldsymbol{d}^{(k)}=0.
\end{aligned}$$

■

**引理 9.5.6** 假设FR共轭梯度法一共执行了 $m$ 次迭代. 则 $\forall 1\leqslant k\leqslant m$, 有

$$\boldsymbol{g}^{(k+1)}=\boldsymbol{g}^{(k)}+\alpha_k\boldsymbol{A}\boldsymbol{d}^{(k)}.$$

**证明** 由 $\boldsymbol{g}^{(k+1)}$ 的定义, 可知

$$\begin{aligned}
\boldsymbol{g}^{(k+1)}&=\boldsymbol{A}\boldsymbol{x}^{(k+1)}+\boldsymbol{b}\\
&=\boldsymbol{A}(\boldsymbol{x}^{(k)}+\alpha_k\boldsymbol{d}^{(k)})+\boldsymbol{b}\\
&=\boldsymbol{A}\boldsymbol{x}^{(k)}+\boldsymbol{b}+\alpha_k\boldsymbol{A}\boldsymbol{d}^{(k)}\\
&=\boldsymbol{g}^{(k)}+\alpha_k\boldsymbol{A}\boldsymbol{d}^{(k)}.
\end{aligned}$$

■

**说明** FR 共轭梯度算法执行到 $\boldsymbol{g}^{(m+1)}=\boldsymbol{0}$ 结束. 由 $\boldsymbol{g}^{(m+1)}=\boldsymbol{0}$ 和引理 9.5.6, 可推出 $\boldsymbol{g}^{(m)}+\alpha_m\boldsymbol{A}\boldsymbol{d}^{(m)}=\boldsymbol{0}$, 但不能由 $\boldsymbol{g}^{(m+1)}=\boldsymbol{g}^{(m)}+\alpha_m\boldsymbol{A}\boldsymbol{d}^{(m)}$ 推出 $\boldsymbol{g}^{(m+1)}=\boldsymbol{0}$.

**定理 9.5.7** 假设 FR 共轭梯度法共产生了 $m$ 个方向 $\boldsymbol{d}^{(1)}, \boldsymbol{d}^{(2)}, \cdots, \boldsymbol{d}^{(m)}$ (即, 算法执行到 $\boldsymbol{g}^{(m+1)}=\boldsymbol{0}$ 结束). 则

(i) $\forall k=2,\cdots,m$, $\forall i=1,\cdots,k-1$, 有 $(\boldsymbol{d}^{(i)})^{\mathrm{T}}\boldsymbol{A}\boldsymbol{d}^{(k)}=0$ (即, $\boldsymbol{d}^{(1)},\cdots,\boldsymbol{d}^{(m)}$ 关于 $\boldsymbol{A}$ 共轭).

(ii) $\forall k=2,\cdots,m$, $\forall i=1,\cdots,k$, 有 $(\boldsymbol{d}^{(i)})^{\mathrm{T}}\boldsymbol{g}^{(k+1)}=0$.

(iii) $\forall k=2,\cdots,m$, $\forall i=1,\cdots,k$, 有 $(\boldsymbol{g}^{(i)})^{\mathrm{T}}\boldsymbol{g}^{(k+1)}=0$.

**说明** 定理 9.5.7 的本意是证明 $\boldsymbol{d}^{(1)},\cdots,\boldsymbol{d}^{(m)}$ 关于 $\boldsymbol{A}$ 共轭. 结论 (ii) 和 (iii) 是证明过程中产生的副产品.

**证明** 用数学归纳法证明.

(基本步) 当 $k=2$ 时定理的证明.

由 $\boldsymbol{d}^{(2)}$ 和 $\beta_1$ 的表达式 ((9.5.4)、(9.5.6)), 有

$$(\boldsymbol{d}^{(1)})^{\mathrm{T}}\boldsymbol{A}\boldsymbol{d}^{(2)}\underset{(9.5.4)}{=}(\boldsymbol{d}^{(1)})^{\mathrm{T}}\boldsymbol{A}(-\boldsymbol{g}^{(2)}+\beta_1\boldsymbol{d}^{(1)})$$

$$
\begin{aligned}
&= -(\boldsymbol{d}^{(1)})^{\mathrm{T}}\boldsymbol{A}\boldsymbol{g}^{(2)} + \beta_1(\boldsymbol{d}^{(1)})^{\mathrm{T}}\boldsymbol{A}\boldsymbol{d}^{(1)} \\
&\underset{(9.5.6)}{=} -(\boldsymbol{d}^{(1)})^{\mathrm{T}}\boldsymbol{A}\boldsymbol{g}^{(2)} + \frac{(\boldsymbol{d}^{(1)})^{\mathrm{T}}\boldsymbol{A}\boldsymbol{g}^{(2)}}{(\boldsymbol{d}^{(1)})^{\mathrm{T}}\boldsymbol{A}\boldsymbol{d}^{(1)}}(\boldsymbol{d}^{(1)})^{\mathrm{T}}\boldsymbol{A}\boldsymbol{d}^{(1)} \\
&= 0. \qquad (9.5.7)
\end{aligned}
$$

因此结论 (i) 得证.

下面考虑结论 (ii). 首先,

$$
\begin{aligned}
(\boldsymbol{d}^{(1)})^{\mathrm{T}}\boldsymbol{g}^{(3)} &\underset{\mathrm{LM9.5.6}}{=} (\boldsymbol{d}^{(1)})^{\mathrm{T}}(\boldsymbol{g}^{(2)} + \alpha_2\boldsymbol{A}\boldsymbol{d}^{(2)}) \\
&= (\boldsymbol{d}^{(1)})^{\mathrm{T}}\boldsymbol{g}^{(2)} + \alpha_2(\boldsymbol{d}^{(1)})^{\mathrm{T}}\boldsymbol{A}\boldsymbol{d}^{(2)} \\
&\underset{\substack{\mathrm{LM9.5.5}\\(9.5.7)}}{=} 0. \quad (\text{LM 9.5.6, 即引理 9.5.6, LM 9.5.5 同理}) \qquad (9.5.8)
\end{aligned}
$$

其次, 由引理 9.5.5, $(\boldsymbol{d}^{(2)})^{\mathrm{T}}\boldsymbol{g}^{(3)} = 0$. 因此结论 (ii) 得证.

再是结论 (iii). 首先, $(\boldsymbol{g}^{(1)})^{\mathrm{T}}\boldsymbol{g}^{(3)} = -(\boldsymbol{d}^{(1)})^{\mathrm{T}}\boldsymbol{g}^{(3)} \underset{(9.5.8)}{=} 0$. 其次,

$$
\begin{aligned}
(\boldsymbol{g}^{(2)})^{\mathrm{T}}\boldsymbol{g}^{(3)} &\underset{(9.5.4)}{=} (-\boldsymbol{d}^{(2)} + \beta_1\boldsymbol{d}^{(1)})^{\mathrm{T}}\boldsymbol{g}^{(3)} \\
&= -(\boldsymbol{d}^{(2)})^{\mathrm{T}}\boldsymbol{g}^{(3)} + \beta_1(\boldsymbol{d}^{(1)})^{\mathrm{T}}\boldsymbol{g}^{(3)} \\
&\underset{\substack{\mathrm{LM9.5.5}\\(9.5.8)}}{=} 0.
\end{aligned}
$$

因此结论 (iii) 得证.

(归纳假设) 下面假设结论 (i)、(ii)、(iii) 对 $k$ 成立 $(2 \leqslant k \leqslant m-1)$, 即

$$\forall i = 1, \cdots, k-1, \quad 有\ (\boldsymbol{d}^{(i)})^{\mathrm{T}}\boldsymbol{A}\boldsymbol{d}^{(k)} = 0. \qquad (9.5.9)$$

$$\forall i = 1, \cdots, k, \quad 有\ (\boldsymbol{d}^{(i)})^{\mathrm{T}}\boldsymbol{g}^{(k+1)} = 0. \qquad (9.5.10)$$

$$\forall i = 1, \cdots, k, \quad 有\ (\boldsymbol{g}^{(i)})^{\mathrm{T}}\boldsymbol{g}^{(k+1)} = 0. \qquad (9.5.11)$$

(归纳步) 要完成定理的证明, 需要证明结论对 $k+1$ 也成立, 即, 要证明

$$\forall i = 1, \cdots, k, \quad 有\ (\boldsymbol{d}^{(i)})^{\mathrm{T}}\boldsymbol{A}\boldsymbol{d}^{(k+1)} = 0. \qquad (9.5.12)$$

$$\forall i = 1, \cdots, k+1, \quad 有\ (\boldsymbol{d}^{(i)})^{\mathrm{T}}\boldsymbol{g}^{(k+2)} = 0. \qquad (9.5.13)$$

$$\forall i = 1, \cdots, k+1, \quad 有\ (\boldsymbol{g}^{(i)})^{\mathrm{T}}\boldsymbol{g}^{(k+2)} = 0. \qquad (9.5.14)$$

先证 (9.5.12). 当 $i=k$ 时, 仿照 $(\boldsymbol{d}^{(1)})^{\mathrm{T}}\boldsymbol{A}\boldsymbol{d}^{(2)}=0$ 的情形, 有

$$\begin{aligned}
(\boldsymbol{d}^{(k)})^{\mathrm{T}}\boldsymbol{A}\boldsymbol{d}^{(k+1)} &\underset{(9.5.4)}{=} (\boldsymbol{d}^{(k)})^{\mathrm{T}}\boldsymbol{A}(-\boldsymbol{g}^{(k+1)}+\beta_k\boldsymbol{d}^{(k)})\\
&= -(\boldsymbol{d}^{(k)})^{\mathrm{T}}\boldsymbol{A}\boldsymbol{g}^{(k+1)}+\beta_k(\boldsymbol{d}^{(k)})^{\mathrm{T}}\boldsymbol{A}\boldsymbol{d}^{(k)}\\
&\underset{(9.5.6)}{=} -(\boldsymbol{d}^{(k)})^{\mathrm{T}}\boldsymbol{A}\boldsymbol{g}^{(k+1)}+\frac{(\boldsymbol{d}^{(k)})^{\mathrm{T}}\boldsymbol{A}\boldsymbol{g}^{(k+1)}}{(\boldsymbol{d}^{(k)})^{\mathrm{T}}\boldsymbol{A}\boldsymbol{d}^{(k)}}(\boldsymbol{d}^{(k)})^{\mathrm{T}}\boldsymbol{A}\boldsymbol{d}^{(k)}\\
&= 0.
\end{aligned}$$

下面证当 $i=1,\cdots,k-1$ 时, 亦有 $(\boldsymbol{d}^{(i)})^{\mathrm{T}}\boldsymbol{A}\boldsymbol{d}^{(k+1)}=0$.

$$\begin{aligned}
(\boldsymbol{d}^{(i)})^{\mathrm{T}}\boldsymbol{A}\boldsymbol{d}^{(k+1)} &\underset{(9.5.4)}{=} (\boldsymbol{d}^{(i)})^{\mathrm{T}}\boldsymbol{A}(-\boldsymbol{g}^{(k+1)}+\beta_k\boldsymbol{d}^{(k)})\\
&\underset{(9.5.9)}{=} -(\boldsymbol{d}^{(i)})^{\mathrm{T}}\boldsymbol{A}\boldsymbol{g}^{(k+1)}\\
&\underset{(9.5.2)}{=} -\frac{1}{\alpha_i}(\boldsymbol{x}^{(i+1)}-\boldsymbol{x}^{(i)})^{\mathrm{T}}\boldsymbol{A}\boldsymbol{g}^{(k+1)}\\
&= \frac{1}{\alpha_i}((\boldsymbol{A}\boldsymbol{x}^{(i)})^{\mathrm{T}}-(\boldsymbol{A}\boldsymbol{x}^{(i+1)})^{\mathrm{T}})\boldsymbol{g}^{(k+1)}\\
&\underset{(9.5.1)}{=} \frac{1}{\alpha_i}((\boldsymbol{g}^{(i)})^{\mathrm{T}}-(\boldsymbol{g}^{(i+1)})^{\mathrm{T}})\boldsymbol{g}^{(k+1)}\\
&\underset{(9.5.11)}{=} 0,
\end{aligned}$$

其中第四个等号是因为 $\boldsymbol{A}$ 是对称矩阵.

再证 (9.5.13). 若 $i=k+1$, 则由引理 9.5.5, 可知 $(\boldsymbol{d}^{(k+1)})^{\mathrm{T}}\boldsymbol{g}^{(k+2)}=0$.

下面假设 $1\leqslant i\leqslant k$. 由引理 9.5.6, 将 $\boldsymbol{g}^{(k+2)}$ 展开至 $\boldsymbol{g}^{(i+1)}$:

$$\begin{aligned}
\boldsymbol{g}^{(k+2)} &= \boldsymbol{g}^{(k+1)}+\alpha_{k+1}\boldsymbol{A}\boldsymbol{d}^{(k+1)}\\
&= \boldsymbol{g}^{(k)}+\alpha_k\boldsymbol{A}\boldsymbol{d}^{(k)}+\alpha_{k+1}\boldsymbol{A}\boldsymbol{d}^{(k+1)}\\
&= \cdots\\
&= \boldsymbol{g}^{(i+1)}+\alpha_{i+1}\boldsymbol{A}\boldsymbol{d}^{(i+1)}+\cdots+\alpha_{k+1}\boldsymbol{A}\boldsymbol{d}^{(k+1)}.
\end{aligned}$$

上式两端左乘 $(\boldsymbol{d}^{(i)})^{\mathrm{T}}$, 可得

$$\begin{aligned}
&(\boldsymbol{d}^{(i)})^{\mathrm{T}}\boldsymbol{g}^{(k+2)}\\
=&(\boldsymbol{d}^{(i)})^{\mathrm{T}}\boldsymbol{g}^{(i+1)}+\alpha_{i+1}(\boldsymbol{d}^{(i)})^{\mathrm{T}}\boldsymbol{A}\boldsymbol{d}^{(i+1)}+\cdots+\alpha_{k+1}(\boldsymbol{d}^{(i)})^{\mathrm{T}}\boldsymbol{A}\boldsymbol{d}^{(k+1)}.
\end{aligned}$$

由引理 9.5.5, 可知 $(\boldsymbol{d}^{(i)})^{\mathrm{T}}\boldsymbol{g}^{(i+1)}=0$. 由已经证明的 (9.5.12), $\forall j=i+1,\cdots,k+1$, $(\boldsymbol{d}^{(i)})^{\mathrm{T}}\boldsymbol{A}\boldsymbol{d}^{(j)}=0$. 因此, $(\boldsymbol{d}^{(i)})^{\mathrm{T}}\boldsymbol{g}^{(k+2)}=0$.

最后证 (9.5.14). 当 $2 \leqslant i \leqslant k$ 时,

$$\begin{aligned}(\boldsymbol{g}^{(i)})^{\mathrm{T}}\boldsymbol{g}^{(k+2)} &\underset{(9.5.4)}{=} (-\boldsymbol{d}^{(i)}+\beta_{i-1}\boldsymbol{d}^{(i-1)})^{\mathrm{T}}\boldsymbol{g}^{(k+2)}\\ &= (-\boldsymbol{d}^{(i)})^{\mathrm{T}}\boldsymbol{g}^{(k+2)}+\beta_{i-1}(\boldsymbol{d}^{(i-1)})^{\mathrm{T}}\boldsymbol{g}^{(k+2)}\\ &\underset{(9.5.13)}{=} 0.\end{aligned}$$

当 $i=1$ 时,

$$\begin{aligned}(\boldsymbol{g}^{(1)})^{\mathrm{T}}\boldsymbol{g}^{(k+2)} &= -(\boldsymbol{d}^{(1)})^{\mathrm{T}}\boldsymbol{g}^{(k+2)}\\ &\underset{(9.5.4)}{=} \left(-\frac{1}{\beta_1}(\boldsymbol{d}^{(2)}+\boldsymbol{g}^{(2)})\right)^{\mathrm{T}}\boldsymbol{g}^{(k+2)}\\ &= 0,\end{aligned}$$

其中最后一个等号是由于已经证明的 (9.5.13) 以及刚证明的 $(\boldsymbol{g}^{(i)})^{\mathrm{T}}\boldsymbol{g}^{(k+2)}=0$ $(2 \leqslant i \leqslant k)$.

当 $i=k+1$ 时,

$$\begin{aligned}(\boldsymbol{g}^{(k+1)})^{\mathrm{T}}\boldsymbol{g}^{(k+2)} &= (-\boldsymbol{d}^{(k+1)}+\beta_k\boldsymbol{d}^{(k)})^{\mathrm{T}}\boldsymbol{g}^{(k+2)}\\ &= (-\boldsymbol{d}^{(k+1)})^{\mathrm{T}}\boldsymbol{g}^{(k+2)}+\beta_k(\boldsymbol{d}^{(k)})^{\mathrm{T}}\boldsymbol{g}^{(k+2)}\\ &= 0,\end{aligned}$$

其中最后一个等号是由引理 9.5.5 以及已经证明的 (9.5.13). ∎

**定理 9.5.8**　对于二次优化问题 (UQP), 其目标函数的黑塞矩阵为正定矩阵, 则 FR 共轭梯度法至多经过 $n$ 次迭代结束 (即, 收敛到最优解), 其中 $n$ 为 未知量 $\boldsymbol{x}$ 的维数.

**证明**　若在第 $k$ $(k \leqslant n)$ 次迭代开始时有 $\boldsymbol{g}^{(k)}=\mathbf{0}$, 则算法结束, 此时算法执行了 $k-1$ 次迭代, 定理得证.

下面假设 $\forall 1 \leqslant k \leqslant n$, $\boldsymbol{g}^{(k)} \neq \mathbf{0}$, 即, 算法已经执行了 $n$ 次迭代. 需证第 $n+1$ 次迭代开始时, 必有 $\boldsymbol{g}^{(n+1)}=\mathbf{0}$, 从而算法结束.

由定理 9.5.7 (ii), 可得 $\forall 1 \leqslant k \leqslant n$, $(\boldsymbol{d}^{(k)})^{\mathrm{T}}\boldsymbol{g}^{(n+1)}=0$. 由定理 9.5.7 (i), 方向 $\boldsymbol{d}^{(1)},\boldsymbol{d}^{(2)},\cdots,\boldsymbol{d}^{(n)}$ 是 $\boldsymbol{A}$ 共轭的. 由定理 9.5.2, 它们也是线性无关的. 因此, $\boldsymbol{g}^{(n+1)}=\mathbf{0}$, 从而定理得证. ∎

定理 9.5.8 表明, FR 共轭梯度算法具有二次终止性.

**定理 9.5.9**　假设 FR 共轭梯度法一共执行了 $m$ 次迭代. 则, 算法产生的 $m+1$ 个梯度向量 $\boldsymbol{g}^{(1)}$, $\boldsymbol{g}^{(2)}$, $\cdots$, $\boldsymbol{g}^{(m+1)}$ 两两正交. 即, $\forall 1 \leqslant i,j \leqslant m+1, i \neq$

$j$, 有

$$(\boldsymbol{g}^{(i)})^{\mathrm{T}}\boldsymbol{g}^{(j)}=0.$$

**证明** 由定理 9.5.7 (iii), 已知

$$(\boldsymbol{g}^{(1)})^{\mathrm{T}}\boldsymbol{g}^{(3)}=(\boldsymbol{g}^{(2)})^{\mathrm{T}}\boldsymbol{g}^{(3)}=0.$$
$$(\boldsymbol{g}^{(1)})^{\mathrm{T}}\boldsymbol{g}^{(4)}=(\boldsymbol{g}^{(2)})^{\mathrm{T}}\boldsymbol{g}^{(4)}=(\boldsymbol{g}^{(3)})^{\mathrm{T}}\boldsymbol{g}^{(4)}=0.$$
$$\cdots\cdots$$
$$(\boldsymbol{g}^{(1)})^{\mathrm{T}}\boldsymbol{g}^{(m+1)}=(\boldsymbol{g}^{(2)})^{\mathrm{T}}\boldsymbol{g}^{(m+1)}=\cdots=(\boldsymbol{g}^{(m)})^{\mathrm{T}}\boldsymbol{g}^{(m+1)}=0.$$

因此, 只需再证明 $(\boldsymbol{g}^{(1)})^{\mathrm{T}}\boldsymbol{g}^{(2)}=0$.

而 $\boldsymbol{d}^{(1)}=-\boldsymbol{g}^{(1)}$, 由引理 9.5.5, $(\boldsymbol{g}^{(1)})^{\mathrm{T}}\boldsymbol{g}^{(2)}=-(\boldsymbol{d}^{(1)})^{\mathrm{T}}\boldsymbol{g}^{(2)}=0$. ■

**引理 9.5.10** 对于 FR 算法的每次迭代 $k$, 有

$$(\boldsymbol{g}^{(k)})^{\mathrm{T}}\boldsymbol{d}^{(k)}=-\|\boldsymbol{g}^{(k)}\|^2.$$

**证明** 当 $k=1$ 时, $\boldsymbol{d}^{(1)}=-\boldsymbol{g}^{(1)}$, 因此 $(\boldsymbol{g}^{(1)})^{\mathrm{T}}\boldsymbol{d}^{(1)}=-\|\boldsymbol{g}^{(1)}\|^2$.
当 $k>1$ 时,

$$\begin{aligned}(\boldsymbol{g}^{(k)})^{\mathrm{T}}\boldsymbol{d}^{(k)} &\underset{(9.5.4)}{=} (\boldsymbol{g}^{(k)})^{\mathrm{T}}(-\boldsymbol{g}^{(k)}+\beta_{k-1}\boldsymbol{d}^{(k-1)})\\ &\underset{\mathrm{LM9.5.5}}{=} -\|\boldsymbol{g}^{(k)}\|^2.\end{aligned}$$ ■

FR 共轭梯度法中, $\beta_k$ 实际上有一个更加简单的写法.

**定理 9.5.11** FR 共轭梯度法中, $\beta_k$ 可以写为

$$\beta_k=\frac{\|\boldsymbol{g}^{(k+1)}\|^2}{\|\boldsymbol{g}^{(k)}\|^2}.$$

**证明**

$$\begin{aligned}\beta_k &\underset{(9.5.6)}{=} \frac{(\boldsymbol{d}^{(k)})^{\mathrm{T}}\boldsymbol{A}\boldsymbol{g}^{(k+1)}}{(\boldsymbol{d}^{(k)})^{\mathrm{T}}\boldsymbol{A}\boldsymbol{d}^{(k)}}\\ &\underset{(9.5.2)}{=} \frac{\left(\dfrac{1}{\alpha_k}(\boldsymbol{x}^{(k+1)}-\boldsymbol{x}^{(k)})\right)^{\mathrm{T}}\boldsymbol{A}\boldsymbol{g}^{(k+1)}}{\left(\dfrac{1}{\alpha_k}(\boldsymbol{x}^{(k+1)}-\boldsymbol{x}^{(k)})\right)^{\mathrm{T}}\boldsymbol{A}\boldsymbol{d}^{(k)}}\\ &= \frac{((\boldsymbol{x}^{(k+1)})^{\mathrm{T}}\boldsymbol{A}-(\boldsymbol{x}^{(k)})^{\mathrm{T}}\boldsymbol{A})\boldsymbol{g}^{(k+1)}}{((\boldsymbol{x}^{(k+1)})^{\mathrm{T}}\boldsymbol{A}-(\boldsymbol{x}^{(k)})^{\mathrm{T}}\boldsymbol{A})\boldsymbol{d}^{(k)}}\end{aligned}$$

$$\underset{(9.5.1)}{=} \frac{((\boldsymbol{g}^{(k+1)})^{\mathrm{T}} - (\boldsymbol{g}^{(k)})^{\mathrm{T}})\boldsymbol{g}^{(k+1)}}{((\boldsymbol{g}^{(k+1)})^{\mathrm{T}} - (\boldsymbol{g}^{(k)})^{\mathrm{T}})\boldsymbol{d}^{(k)}}$$
$$= \frac{\|\boldsymbol{g}^{(k+1)}\|^2 - (\boldsymbol{g}^{(k)})^{\mathrm{T}}\boldsymbol{g}^{(k+1)}}{(\boldsymbol{g}^{(k+1)})^{\mathrm{T}}\boldsymbol{d}^{(k)} - (\boldsymbol{g}^{(k)})^{\mathrm{T}}\boldsymbol{d}^{(k)}}.$$

由定理 9.5.9, $(\boldsymbol{g}^{(k)})^{\mathrm{T}}\boldsymbol{g}^{(k+1)} = 0$. 由引理 9.5.5, $(\boldsymbol{g}^{(k+1)})^{\mathrm{T}}\boldsymbol{d}^{(k)} = 0$. 由引理 9.5.10, $-(\boldsymbol{g}^{(k)})^{\mathrm{T}}\boldsymbol{d}^{(k)} = \|\boldsymbol{g}^{(k)}\|^2$. 因此, $\beta_k = \dfrac{\|\boldsymbol{g}^{(k+1)}\|^2}{\|\boldsymbol{g}^{(k)}\|^2}$, 定理得证. ∎

### 9.5.4 一般无约束优化问题的共轭梯度法

二次正定函数的共轭梯度算法可以推广到求解一般无约束优化问题. 推广后的共轭梯度算法, 与原来的算法相比, 主要有两点不同: ① 每次迭代中步长因子 $\alpha_k$ 不一定有显式表达, 此时需要用一维搜索确定 $\alpha_k$. ② 凡是用到矩阵 $\boldsymbol{A}$ 处, 改用当前点处的黑塞矩阵 $\nabla^2 f(\boldsymbol{x}^{(k)})$ 代替.

一般来说, 推广后的共轭梯度法不一定在 $n$ 次迭代之内求到满足精度要求的点. 此时有两种处理方法. 一种是从当前点继续进行迭代, 直到求到满足精度要求的点, 而不理会迭代的次数. 一种是把 $n$ 次迭代作为一轮, 若一轮内求不到满足精度要求的点, 则开始下一轮, 每一轮次开始时置搜索方向为当前点的负梯度方向. 这种每一轮次重新开始的共轭梯度法, 有时称为**传统的共轭梯度法**.

**算法 9.5.2** 传统的 Fletcher-Reeves 共轭梯度算法.

输入: 函数 $f(\boldsymbol{x})$, 初始点 $\boldsymbol{x}^{(1)}$, 精度 $\epsilon > 0$.

输出: 函数 $f(\boldsymbol{x})$ 的满足精度要求的点 $\bar{\boldsymbol{x}}$.

(1) $k \leftarrow 1$, $\boldsymbol{d}^{(1)} \leftarrow -\nabla f(\boldsymbol{x}^{(1)})$.

(2) **while** $\|\nabla f(\boldsymbol{x}^{(k)})\| > \epsilon$ **do**

(3)     **if** $k > n$ **then**

(4)         $\boldsymbol{x}^{(1)} \leftarrow \boldsymbol{x}^{(k)}$, $\boldsymbol{d}^{(1)} \leftarrow -\nabla f(\boldsymbol{x}^{(1)})$.

(5)         $k \leftarrow 1$.

(6)     **endif**

(7)     作一维搜索, 求 $\alpha_k$, 满足

$$f(\boldsymbol{x}^{(k)} + \alpha_k \boldsymbol{d}^{(k)}) = \min_{\alpha \geqslant 0} f(\boldsymbol{x}^{(k)} + \alpha \boldsymbol{d}^{(k)}).$$

$\boldsymbol{x}^{(k+1)} \leftarrow \boldsymbol{x}^{(k)} + \alpha_k \boldsymbol{d}^{(k)}$.

(8)     $\boldsymbol{d}^{(k+1)} \leftarrow -\nabla f(\boldsymbol{x}^{(k+1)}) + \beta_k \boldsymbol{d}^{(k)}$, 其中

$$\beta_k = \frac{\|\nabla f(\boldsymbol{x}^{(k+1)})\|^2}{\|\nabla f(\boldsymbol{x}^{(k)})\|^2}.$$

(9) $k \leftarrow k+1$.

(10) **endwhile**

(11) **return** $\bar{\boldsymbol{x}} \leftarrow \boldsymbol{x}^{(k)}$.

将共轭梯度法推广到一般无约束优化问题, 其主要理论依据是无约束优化问题的二阶极值条件 (定理 9.6.2). 这些理论我们放在 9.6 节中介绍.

## 9.6 无约束优化问题的二阶极值条件

本节介绍无约束优化问题的二阶极值条件. 所谓二阶, 是指极值条件的描述中要用到目标函数的二阶偏导数.

**定理 9.6.1** 设函数 $f(\boldsymbol{x})$ 在点 $\bar{\boldsymbol{x}}$ 处二次可微, 若 $\bar{\boldsymbol{x}}$ 是局部极小点, 则黑塞矩阵 $\nabla^2 f(\bar{\boldsymbol{x}})$ 半正定.

**证明** 由于 $f(\boldsymbol{x})$ 在 $\bar{\boldsymbol{x}}$ 处二次可微, 因此 $f(\boldsymbol{x})$ 可在 $\bar{\boldsymbol{x}}$ 处做二阶泰勒展开:

$$f(\boldsymbol{x})=f(\bar{\boldsymbol{x}})+\nabla f(\bar{\boldsymbol{x}})^{\mathrm{T}}(\boldsymbol{x}-\bar{\boldsymbol{x}})+\frac{1}{2}(\boldsymbol{x}-\bar{\boldsymbol{x}})^{\mathrm{T}}\nabla^2 f(\bar{\boldsymbol{x}})(\boldsymbol{x}-\bar{\boldsymbol{x}})+o(\|\boldsymbol{x}-\bar{\boldsymbol{x}}\|^2).$$

由定理 9.1.1, 可知梯度向量 $\nabla f(\bar{\boldsymbol{x}})=\mathbf{0}$.

设 $\boldsymbol{d}$ 是任一个 $n$ 维向量. 注意到 $\nabla f(\bar{\boldsymbol{x}})=\mathbf{0}$, 于是

$$f(\bar{\boldsymbol{x}}+\alpha\boldsymbol{d})=f(\bar{\boldsymbol{x}})+\frac{1}{2}\alpha^2\boldsymbol{d}^{\mathrm{T}}\nabla^2 f(\bar{\boldsymbol{x}})\boldsymbol{d}+o(\|\alpha\boldsymbol{d}\|^2).$$

移项整理, 得到

$$\frac{f(\bar{\boldsymbol{x}}+\alpha\boldsymbol{d})-f(\bar{\boldsymbol{x}})}{\alpha^2}=\frac{1}{2}\boldsymbol{d}^{\mathrm{T}}\nabla^2 f(\bar{\boldsymbol{x}})\boldsymbol{d}+\frac{o(\|\alpha\boldsymbol{d}\|^2)}{\alpha^2}.$$

由于 $\bar{\boldsymbol{x}}$ 是局部极小点, 则存在 $\epsilon>0$, 当 $|\alpha|\leqslant\epsilon$ 时, 必有 $f(\bar{\boldsymbol{x}}+\alpha\boldsymbol{d})\geqslant f(\bar{\boldsymbol{x}})$. 因此, 对于这个 $\epsilon$, 当 $|\alpha|\leqslant\epsilon$ 时, 就有

$$\frac{1}{2}\boldsymbol{d}^{\mathrm{T}}\nabla^2 f(\bar{\boldsymbol{x}})\boldsymbol{d}+\frac{o(\|\alpha\boldsymbol{d}\|^2)}{\alpha^2}\geqslant 0.$$

由于当 $\alpha\to 0$ 时, $\dfrac{o(\|\alpha\boldsymbol{d}\|^2)}{\alpha^2}\to 0$, 因此可知

$$\boldsymbol{d}^{\mathrm{T}}\nabla^2 f(\bar{\boldsymbol{x}})\boldsymbol{d}\geqslant 0,$$

即, $\nabla^2 f(\bar{\boldsymbol{x}})$ 是半正定的. ∎

**定理 9.6.2**　设函数 $f(\boldsymbol{x})$ 在点 $\bar{\boldsymbol{x}}$ 处二次可微, 若梯度 $\nabla f(\bar{\boldsymbol{x}}) = \mathbf{0}$, 并且黑塞矩阵 $\nabla^2 f(\bar{\boldsymbol{x}})$ 正定, 则 $\bar{\boldsymbol{x}}$ 是局部极小点.

**证明**　由于 $\nabla f(\bar{\boldsymbol{x}}) = \mathbf{0}$, $f(\boldsymbol{x})$ 在 $\bar{\boldsymbol{x}}$ 处的二阶泰勒展开式为

$$f(\boldsymbol{x}) = f(\bar{\boldsymbol{x}}) + \frac{1}{2}(\boldsymbol{x}-\bar{\boldsymbol{x}})^{\mathrm{T}}\nabla^2 f(\bar{\boldsymbol{x}})(\boldsymbol{x}-\bar{\boldsymbol{x}}) + o(\|\boldsymbol{x}-\bar{\boldsymbol{x}}\|^2). \tag{9.6.1}$$

**断言 9.6.3**　设 $\lambda_{\min}$ 为实对称矩阵 $\boldsymbol{A}$ 的最小特征值. 则 $\boldsymbol{A} - \lambda_{\min}\boldsymbol{I}$ 为半正定矩阵.

注意到黑塞矩阵 $\nabla^2 f(\bar{\boldsymbol{x}})$ 是实对称的, 因此它的特征值均为实数. 令 $\lambda_{\min}$ 为矩阵 $\nabla^2 f(\bar{\boldsymbol{x}})$ 的最小特征值. 由断言 9.6.3, 可知 $\nabla^2 f(\bar{\boldsymbol{x}}) - \lambda_{\min}\boldsymbol{I}$ 半正定. 因此,

$$(\boldsymbol{x}-\bar{\boldsymbol{x}})^{\mathrm{T}}(\nabla^2 f(\bar{\boldsymbol{x}}) - \lambda_{\min}\boldsymbol{I})(\boldsymbol{x}-\bar{\boldsymbol{x}}) \geqslant 0,$$

即

$$(\boldsymbol{x}-\bar{\boldsymbol{x}})^{\mathrm{T}}\nabla^2 f(\bar{\boldsymbol{x}})(\boldsymbol{x}-\bar{\boldsymbol{x}}) \geqslant \lambda_{\min}\|\boldsymbol{x}-\bar{\boldsymbol{x}}\|^2.$$

从而, 由 (9.6.1) 可知

$$f(\boldsymbol{x}) \geqslant f(\bar{\boldsymbol{x}}) + \left[\frac{1}{2}\lambda_{\min} + \frac{o(\|\boldsymbol{x}-\bar{\boldsymbol{x}}\|^2)}{\|\boldsymbol{x}-\bar{\boldsymbol{x}}\|^2}\right]\|\boldsymbol{x}-\bar{\boldsymbol{x}}\|^2.$$

当 $\boldsymbol{x} \to \bar{\boldsymbol{x}}$ 时, $\dfrac{o(\|\boldsymbol{x}-\bar{\boldsymbol{x}}\|^2)}{\|\boldsymbol{x}-\bar{\boldsymbol{x}}\|^2} \to 0$. 由于 $\nabla^2 f(\bar{\boldsymbol{x}})$ 正定, 可知 $\lambda_{\min} > 0$. 因此, 存在 $\bar{\boldsymbol{x}}$ 的 $\epsilon$ 邻域 $N(\bar{\boldsymbol{x}}, \epsilon)$, 当 $\boldsymbol{x} \in N(\bar{\boldsymbol{x}}, \epsilon)$ 时, 就有 $f(\boldsymbol{x}) \geqslant f(\bar{\boldsymbol{x}})$, 即, $\bar{\boldsymbol{x}}$ 是局部极小点.

余下的任务是证明断言 9.6.3.

**证明**　设 $\lambda$ 为矩阵 $\boldsymbol{A} - \lambda_{\min}\boldsymbol{I}$ 的任一特征值. 则

$$\begin{aligned} &\exists \boldsymbol{x} \neq \mathbf{0}, (\boldsymbol{A} - \lambda_{\min}\boldsymbol{I})\boldsymbol{x} = \lambda\boldsymbol{x} \\ \Leftrightarrow\ &\exists \boldsymbol{x} \neq \mathbf{0}, \boldsymbol{A}\boldsymbol{x} - \lambda_{\min}\boldsymbol{x} = \lambda\boldsymbol{x} \\ \Leftrightarrow\ &\exists \boldsymbol{x} \neq \mathbf{0}, \boldsymbol{A}\boldsymbol{x} = (\lambda + \lambda_{\min})\boldsymbol{x}. \end{aligned}$$

因此, $\lambda + \lambda_{\min}$ 为 $\boldsymbol{A}$ 的特征值.

由于 $\lambda_{\min}$ 为 $\boldsymbol{A}$ 的最小特征值, 因此有 $\lambda + \lambda_{\min} \geqslant \lambda_{\min}$. 即, $\lambda \geqslant 0$. 这表明 $\boldsymbol{A} - \lambda_{\min}\boldsymbol{I}$ 的所有特征值都是大于等于 0 的, 因此, $\boldsymbol{A} - \lambda_{\min}\boldsymbol{I}$ 半正定.

定理证毕. ∎

在定理 9.6.2 和断言 9.6.3 的证明中, 我们用到了关于矩阵的这样的基本结论: 一个实对称矩阵 $\boldsymbol{A}$ 是半正定的, 当且仅当其所有特征值都大于等于 0. 一个实对称矩阵 $\boldsymbol{A}$ 是正定的, 当且仅当其所有特征值都大于 0.

# 9.7 拟牛顿法

牛顿法的突出优点是收敛速度很快，但它也有缺点，运用牛顿法需要计算二阶偏导数，并且目标函数的黑塞矩阵可能非正定.

为了克服牛顿法的缺点，一个基本的想法是用不包含二阶导数的矩阵近似牛顿法中黑塞矩阵的逆矩阵，这样的想法得到的方法称为“拟牛顿法”. 由于构造近似矩阵的方法不同，因而有不同的拟牛顿法.

经理论分析和实践检验，拟牛顿法已经成为一类公认的比较有效的算法.

## 9.7.1 拟牛顿方程

下面分析怎样构造近似矩阵来取代牛顿法中黑塞矩阵的逆.

回忆牛顿法的迭代公式为

$$\boldsymbol{x}^{(k+1)} = \boldsymbol{x}^{(k)} + \alpha_k \boldsymbol{d}^{(k)},$$

其中 $\boldsymbol{d}^{(k)} = -\nabla^2 f(\boldsymbol{x}^{(k)})^{-1} \nabla f(\boldsymbol{x}^{(k)})$ 为在点 $\boldsymbol{x}^{(k)}$ 处的牛顿方向 (搜索方向)，$\alpha_k$ 为从 $\boldsymbol{x}^{(k)}$ 出发沿牛顿方向搜索的步长.

为符号简便，定义

$$\begin{aligned} \boldsymbol{g}^{(k)} &= \nabla f(\boldsymbol{x}^{(k)}), \\ \boldsymbol{H}^{(k)} &= \nabla^2 f(\boldsymbol{x}^{(k)}) \end{aligned}$$

分别为 $\boldsymbol{x}^{(k)}$ 处的**梯度**和**黑塞矩阵**.

为构造 $(\boldsymbol{H}^{(k)})^{-1}$ 的近似矩阵 $\tilde{\boldsymbol{H}}^{(k)}$，首先来分析 $(\boldsymbol{H}^{(k)})^{-1}$ 与一阶偏导数的关系.

设第 $k$ 次迭代之后得到点 $\boldsymbol{x}^{(k+1)}$，将目标函数在点 $\boldsymbol{x}^{(k+1)}$ 处做泰勒展开，并取二阶近似，得到

$$\begin{aligned} f(\boldsymbol{x}) \approx{}& f(\boldsymbol{x}^{(k+1)}) + \nabla f(\boldsymbol{x}^{(k+1)})^{\mathrm{T}}(\boldsymbol{x} - \boldsymbol{x}^{(k+1)}) \\ &+ \frac{1}{2}(\boldsymbol{x} - \boldsymbol{x}^{(k+1)})^{\mathrm{T}} \nabla^2 f(\boldsymbol{x}^{(k+1)})(\boldsymbol{x} - \boldsymbol{x}^{(k+1)}). \end{aligned}$$

对上式求一阶偏导数，就可以得到

$$\nabla f(\boldsymbol{x}) \approx \nabla f(\boldsymbol{x}^{(k+1)}) + \nabla^2 f(\boldsymbol{x}^{(k+1)})(\boldsymbol{x} - \boldsymbol{x}^{(k+1)}).$$

令 $\boldsymbol{x} = \boldsymbol{x}^{(k)}$，则有

$$\nabla f(\boldsymbol{x}^{(k)}) \approx \nabla f(\boldsymbol{x}^{(k+1)}) + \nabla^2 f(\boldsymbol{x}^{(k+1)})(\boldsymbol{x}^{(k)} - \boldsymbol{x}^{(k+1)}).$$

记

$$\boldsymbol{p}^{(k)}=\boldsymbol{x}^{(k+1)}-\boldsymbol{x}^{(k)},$$
$$\boldsymbol{q}^{(k)}=\boldsymbol{g}^{(k+1)}-\boldsymbol{g}^{(k)},$$

则有

$$\boldsymbol{q}^{(k)}\approx\boldsymbol{H}^{(k+1)}\boldsymbol{p}^{(k)}.$$

假设黑塞矩阵 $\boldsymbol{H}^{(k+1)}$ 可逆, 则

$$\boldsymbol{p}^{(k)}\approx(\boldsymbol{H}^{(k+1)})^{-1}\boldsymbol{q}^{(k)}. \tag{9.7.1}$$

于是, 在计算出 $\boldsymbol{p}^{(k)}$ 和 $\boldsymbol{q}^{(k)}$ 之后, 就可以根据 (9.7.1) 式估计 $(\boldsymbol{H}^{(k+1)})^{-1}$. 假设我们使用了某个不包含二阶偏导数的矩阵 $\tilde{\boldsymbol{H}}^{(k+1)}$ 来近似 $(\boldsymbol{H}^{(k+1)})^{-1}$, 则应该使 $\tilde{\boldsymbol{H}}^{(k+1)}$ 满足

$$\boldsymbol{p}^{(k)}=\tilde{\boldsymbol{H}}^{(k+1)}\boldsymbol{q}^{(k)}. \tag{9.7.2}$$

(9.7.2) 式称为**拟牛顿方程**或**拟牛顿条件**.

下面就来研究怎样构造满足拟牛顿条件的矩阵 $\tilde{\boldsymbol{H}}^{(k+1)}$.

### 9.7.2 DFP 算法

著名的 DFP 算法由 Davidon 提出, 后来又被 Fletcher 和 Powell 改进. 下面叙述在 DFP 算法中如何构造满足拟牛顿条件的矩阵 $\tilde{\boldsymbol{H}}^{(k+1)}$.

假设算法在迭代的过程中已经构造出 $\tilde{\boldsymbol{H}}^{(k)}$, 我们通过对 $\tilde{\boldsymbol{H}}^{(k)}$ 进行修正来构造 $\tilde{\boldsymbol{H}}^{(k+1)}$, 即

$$\tilde{\boldsymbol{H}}^{(k+1)}=\tilde{\boldsymbol{H}}^{(k)}+\boldsymbol{E}^{(k)},$$

其中 $\boldsymbol{E}^{(k)}$ 称为**校正矩阵**.

将 $\tilde{\boldsymbol{H}}^{(k+1)}$ 的表达式代入拟牛顿方程 (9.7.2), 则有

$$\boldsymbol{p}^{(k)}=\tilde{\boldsymbol{H}}^{(k)}\boldsymbol{q}^{(k)}+\boldsymbol{E}^{(k)}\boldsymbol{q}^{(k)}.$$

因此,

$$\boldsymbol{E}^{(k)}\boldsymbol{q}^{(k)}=\boldsymbol{p}^{(k)}-\tilde{\boldsymbol{H}}^{(k)}\boldsymbol{q}^{(k)}. \tag{9.7.3}$$

令 $\boldsymbol{E}^{(k)}$ 的形式为

$$\boldsymbol{E}^{(k)}=\alpha_k\boldsymbol{u}\boldsymbol{u}^{\mathrm{T}}+\beta_k\boldsymbol{v}\boldsymbol{v}^{\mathrm{T}},$$

其中 $\boldsymbol{u}$, $\boldsymbol{v}$ 为向量, $\alpha_k$, $\beta_k$ 为参数. 将其代入 (9.7.3), 有

$$(\alpha_k\boldsymbol{u}\boldsymbol{u}^{\mathrm{T}}+\beta_k\boldsymbol{v}\boldsymbol{v}^{\mathrm{T}})\boldsymbol{q}^{(k)}=\boldsymbol{p}^{(k)}-\tilde{\boldsymbol{H}}^{(k)}\boldsymbol{q}^{(k)}$$

$$
\begin{aligned}
&\Leftrightarrow \alpha_k \boldsymbol{u}\boldsymbol{u}^{\mathrm{T}}\boldsymbol{q}^{(k)} + \beta_k \boldsymbol{v}\boldsymbol{v}^{\mathrm{T}}\boldsymbol{q}^{(k)} = \boldsymbol{p}^{(k)} - \tilde{\boldsymbol{H}}^{(k)}\boldsymbol{q}^{(k)} \\
&\Leftrightarrow \alpha_k \boldsymbol{u}^{\mathrm{T}}\boldsymbol{q}^{(k)}\boldsymbol{u} + \beta_k \boldsymbol{v}^{\mathrm{T}}\boldsymbol{q}^{(k)}\boldsymbol{v} = \boldsymbol{p}^{(k)} - \tilde{\boldsymbol{H}}^{(k)}\boldsymbol{q}^{(k)},
\end{aligned}
$$

注意到 $\boldsymbol{u}^{\mathrm{T}}\boldsymbol{q}^{(k)}$ (以及 $\boldsymbol{v}^{\mathrm{T}}\boldsymbol{q}^{(k)}$) 是一个数.

比较上式等号的两端, 令

$$
\begin{cases}\alpha_k \boldsymbol{u}^{\mathrm{T}}\boldsymbol{q}^{(k)} = 1, \\ \boldsymbol{u} = \boldsymbol{p}^{(k)},\end{cases} \qquad \begin{cases}\beta_k \boldsymbol{v}^{\mathrm{T}}\boldsymbol{q}^{(k)} = -1, \\ \boldsymbol{v} = \tilde{\boldsymbol{H}}^{(k)}\boldsymbol{q}^{(k)},\end{cases}
$$

则有

$$
\begin{aligned}
\alpha_k &= \frac{1}{(\boldsymbol{p}^{(k)})^{\mathrm{T}}\boldsymbol{q}^{(k)}}, \\
\beta_k &= -\frac{1}{(\boldsymbol{q}^{(k)})^{\mathrm{T}}\tilde{\boldsymbol{H}}^{(k)}\boldsymbol{q}^{(k)}},
\end{aligned}
$$

这里用到了要构造的近似矩阵 $\tilde{\boldsymbol{H}}^{(k)}$ 为对称矩阵 (实际上 DFP 方法构造的 $\tilde{\boldsymbol{H}}^{(k)}$ 也为正定矩阵).

因此,

$$
\boldsymbol{E}^{(k)} = \frac{\boldsymbol{p}^{(k)}(\boldsymbol{p}^{(k)})^{\mathrm{T}}}{(\boldsymbol{p}^{(k)})^{\mathrm{T}}\boldsymbol{q}^{(k)}} - \frac{\tilde{\boldsymbol{H}}^{(k)}\boldsymbol{q}^{(k)}(\boldsymbol{q}^{(k)})^{\mathrm{T}}\tilde{\boldsymbol{H}}^{(k)}}{(\boldsymbol{q}^{(k)})^{\mathrm{T}}\tilde{\boldsymbol{H}}^{(k)}\boldsymbol{q}^{(k)}},
$$

于是, 在 DFP 方法中,

$$
\tilde{\boldsymbol{H}}^{(k+1)} = \tilde{\boldsymbol{H}}^{(k)} + \frac{\boldsymbol{p}^{(k)}(\boldsymbol{p}^{(k)})^{\mathrm{T}}}{(\boldsymbol{p}^{(k)})^{\mathrm{T}}\boldsymbol{q}^{(k)}} - \frac{\tilde{\boldsymbol{H}}^{(k)}\boldsymbol{q}^{(k)}(\boldsymbol{q}^{(k)})^{\mathrm{T}}\tilde{\boldsymbol{H}}^{(k)}}{(\boldsymbol{q}^{(k)})^{\mathrm{T}}\tilde{\boldsymbol{H}}^{(k)}\boldsymbol{q}^{(k)}}, \tag{9.7.4}
$$

满足拟牛顿条件 (9.7.2). (9.7.4) 称为 **DFP 公式**.

**算法 9.7.1** 无约束优化问题的 DFP 算法.

输入: 可微函数 $f\colon \mathbb{R}^n \to \mathbb{R}$, 初始点 $\boldsymbol{x}^{(1)}$, 允许误差 $\epsilon$.

输出: 满足精度要求的点 $\bar{\boldsymbol{x}}$.

(1) $k \leftarrow 1$, $\tilde{\boldsymbol{H}}^{(1)} \leftarrow \boldsymbol{I}$.

(2) **while** $\|\boldsymbol{g}^{(k)}\| > \epsilon$ **do**

(3) $\quad \boldsymbol{d}^{(k)} \leftarrow -\tilde{\boldsymbol{H}}^{(k)}\boldsymbol{g}^{(k)}$.

(4) $\quad \boldsymbol{x}^{(k+1)} \leftarrow \boldsymbol{x}^{(k)} + \alpha_k \boldsymbol{d}^{(k)}$, 其中 $\alpha_k$ 有一维搜索得到 (或精确求解).

(5) $\quad k \leftarrow k + 1$.

(6) **endwhile**

(7) **return** $\bar{\boldsymbol{x}} \leftarrow \boldsymbol{x}^{(k)}$.

### 9.7.3 BFGS 算法

BFGS 算法的着眼点不是去近似黑塞矩阵的逆 $(\boldsymbol{H}^{(k)})^{-1}$, 而是构造矩阵去近似黑塞矩阵 $\boldsymbol{H}^{(k)}$. 若我们用 $\boldsymbol{B}^{(k)}$ 来表示黑塞矩阵 $\boldsymbol{H}^{(k)}$ 的近似矩阵, 则由 (9.7.1) 可得到另一种形式的拟牛顿条件:

$$\boldsymbol{B}^{(k+1)}\boldsymbol{p}^{(k)} = \boldsymbol{q}^{(k)}.$$

使用类似于 9.7.2 节的推导方法, 可给出 $\boldsymbol{B}^{(k+1)}$ 的公式为

$$\boldsymbol{B}^{(k+1)} = \boldsymbol{B}^{(k)} + \frac{\boldsymbol{q}^{(k)}(\boldsymbol{q}^{(k)})^{\mathrm{T}}}{(\boldsymbol{q}^{(k)})^{\mathrm{T}}\boldsymbol{p}^{(k)}} - \frac{\boldsymbol{B}^{(k)}\boldsymbol{p}^{(k)}(\boldsymbol{p}^{(k)})^{\mathrm{T}}\boldsymbol{B}^{(k)}}{(\boldsymbol{p}^{(k)})^{\mathrm{T}}\boldsymbol{B}^{(k)}\boldsymbol{p}^{(k)}},$$

此式称为关于矩阵 $\boldsymbol{B}^{(k)}$ 的 **BFGS 修正公式**, 由于形式上的对称性, 有时也称为 **DFP 公式的对偶公式**.

假设 $\boldsymbol{B}^{(k+1)}$ 可逆, 则求出 $\boldsymbol{B}^{(k+1)}$ 的逆矩阵, 便得到黑塞矩阵的逆 $(\boldsymbol{H}^{(k+1)})^{-1}$ 的另一种形式的近似矩阵. 使用 Sherman-Morrison 公式 ([7] 的 (6.1.22) 式), 可以计算出 $(\boldsymbol{B}^{(k+1)})^{-1}$, 从而得到近似黑塞矩阵的逆 $(\boldsymbol{H}^{(k+1)})^{-1}$ 的 **BFGS 公式**

$$\begin{aligned}\tilde{\boldsymbol{H}}_{\mathrm{BFGS}}^{(k+1)} = {} & \tilde{\boldsymbol{H}}_{\mathrm{BFGS}}^{(k)} + \left(1 + \frac{(\boldsymbol{q}^{(k)})^{\mathrm{T}}\tilde{\boldsymbol{H}}_{\mathrm{BFGS}}^{(k)}\boldsymbol{q}^{(k)}}{(\boldsymbol{p}^{(k)})^{\mathrm{T}}\boldsymbol{q}^{(k)}}\right)\frac{\boldsymbol{p}^{(k)}(\boldsymbol{p}^{(k)})^{\mathrm{T}}}{(\boldsymbol{p}^{(k)})^{\mathrm{T}}\boldsymbol{q}^{(k)}} \\ & - \frac{\boldsymbol{p}^{(k)}(\boldsymbol{q}^{(k)})^{\mathrm{T}}\tilde{\boldsymbol{H}}_{\mathrm{BFGS}}^{(k)} + \tilde{\boldsymbol{H}}_{\mathrm{BFGS}}^{(k)}\boldsymbol{q}^{(k)}(\boldsymbol{p}^{(k)})^{\mathrm{T}}}{(\boldsymbol{p}^{(k)})^{\mathrm{T}}\boldsymbol{q}^{(k)}}.\end{aligned}$$

这个重要的公式由 Broyden、Fletcher、Goldfarb 和 Shanno 于 1970 年提出. 将它代入 DFP 算法, 便得到 BFGS 算法.

数值计算经验表明, BFGS 算法的性能比 DFP 算法还要好[7]. BFGS 算法是目前已知的最有效的拟牛顿算法[8].

## 9.8 习　　题

1. 设 $\boldsymbol{A} \in \mathbb{R}^{m\times n}$, $\boldsymbol{b} \in \mathbb{R}^{m}$, 试给出无约束优化问题

$$\min \quad \frac{1}{2}\boldsymbol{x}^{\mathrm{T}}\boldsymbol{A}\boldsymbol{x} + \boldsymbol{b}^{\mathrm{T}}\boldsymbol{x}$$

的一阶最优性条件.

2. 设 $\boldsymbol{A} \in \mathbb{R}^{m\times n}$, $\boldsymbol{b} \in \mathbb{R}^{m}$, 试给出无约束优化问题

$$\min \quad (\boldsymbol{A}\boldsymbol{x} - \boldsymbol{b})^{\mathrm{T}}(\boldsymbol{A}\boldsymbol{x} - \boldsymbol{b})$$

的一阶最优性条件. 该条件也是充分条件吗? 这个优化问题的最优解唯一吗?

3. 用最速下降法求解无约束优化问题

$$\min \quad f(\boldsymbol{x}) = 2x_1^2 + x_2^2 + x_3^2,$$

初始点 $\boldsymbol{x}^{(1)} = \begin{bmatrix} 1 \\ 1 \\ 1 \end{bmatrix}$. 写出前 2 次迭代, 计算出 $\boldsymbol{d}^{(1)}$, $\boldsymbol{x}^{(2)}$, $\boldsymbol{d}^{(2)}$, 并验证 $\boldsymbol{d}^{(1)}$ 和 $\boldsymbol{d}^{(2)}$ 垂直.

4. 用牛顿法解下列无约束规划.

(a)

$$\min \quad f(\boldsymbol{x}) = x_1^2 + x_2^2 - x_1x_2 - 4x_1 - 5x_2 - 5,$$

初始点 $\boldsymbol{x}^{(1)} = \begin{bmatrix} 1 \\ 1 \end{bmatrix}$.

(b)

$$\min \quad x_1^2 + x_2^2 - 4x_1 - 5x_2 - x_1x_2 - 5.$$

初始点 $\boldsymbol{x}^{(1)} = \begin{bmatrix} 1 \\ 1 \end{bmatrix}$.

5. 用 FR 共轭梯度法求解下列无约束规划.

(a)

$$\min \quad (x_1 - 7)^2 + (x_2 - 3)^2.$$

(b)

$$\min \quad \frac{3}{2}x_1^2 + \frac{1}{2}x_2^2 - x_1x_2 - 2x_1.$$

# 第 10 章　约束优化问题的基本概念和性质

本章讨论约束最优化问题，它的一般形式如下.

$$\begin{aligned} \min \quad & f(\boldsymbol{x}) \\ \text{s.t.} \quad & g_i(\boldsymbol{x}) \geqslant 0, \quad i \in G, \\ & h_j(\boldsymbol{x}) = 0, \quad j \in H. \end{aligned} \tag{CP}$$

在此，$f, g_i, h_j$ 均为 $\mathbb{R}^n \to \mathbb{R}$ 的连续函数，$G$ 和 $H$ 为指标集 (即，下标的集合). 一般地，可假设 $G = [m]$, $H = [\ell]$. 设 $n$ 为自然数，则 $[n]$ 表示集合 $\{1, 2, \cdots, n\}$.

由凸规划的定义可知，当 $f$ 为凸函数、$g_i$ 为凹函数、$h_j$ 为线性函数时，约束优化问题 (CP) 是凸规划.

## 10.1　问 题 举 例

在介绍约束优化问题的基本概念和性质之前，我们先来看几个具有实际应用背景的例子.

最大割问题是算法图论和组合优化中的一个基本的问题. 这个问题可使用连续优化的技术来表达和求解.

**定义 10.1.1　最大割问题** (The Max Cut Problem)

实例：无向图 $G = (V, E)$，边上定义有非负权重 $\{w_{ij} \colon (i, j) \in E\}$.

目标：找图 $G$ 的一个割 $(S, V \setminus S)$，使得割中的边的总权重最大.

一条边 $e$，若其两个顶点一个在 $S$ 中，一个在 $V \setminus S$ 中，则称这是一条被割开的边，或割中的边. 割 $(S, V \setminus S)$ 中的所有边的集合记为 $\delta(S, V \setminus S)$.

最大割可表达如下.

$$\begin{aligned} \max \quad & \frac{1}{4} \sum_{i,j} w_{ij}(1 - x_i x_j) \\ \text{s.t.} \quad & x_i^2 = 1, \quad i \in [n], \\ & \boldsymbol{x} \in \mathbb{R}^n. \end{aligned} \tag{10.1.1}$$

约束 $x_i^2 = 1$ 使 $x_i$ 的值不是 1 就是 $-1$. 将 $x_i$ 取值为 1 的顶点构成一个集合 $S$，取值为 $-1$ 的点自然构成了集合 $V \setminus S$，这就得到了一个割. 一条边 $e = (i, j)$，若其两

个顶点对应的变量 $x_i$ 和 $x_j$ 的取值都为 1 或者都为 $-1$, 则这条边对目标函数的值没有贡献. 若 $x_i$ 和 $x_j$ 的取值一个为 1, 另一个为 $-1$, 则 $\frac{1}{4}w_{ij}(1-x_ix_j)=\frac{1}{2}w_{ij}$. 由于边 $e$ 在目标函数中被考虑了两次 (一次为 $(i,j)$, 另一次为 $(j,i)$), 因此它对目标函数的值的贡献 (在边 $e$ 被割开时) 恰为 $w_{ij}$.

规划 (10.1.1) 的目标函数中含有常数项. 注意到

$$\begin{aligned}&\frac{1}{4}\sum_{i,j}w_{ij}(1-x_ix_j)\\=&\frac{1}{4}\sum_{i,j}w_{ij}-\frac{1}{4}\sum_{i,j}w_{ij}x_ix_j\\=&\frac{1}{4}\boldsymbol{e}^{\mathrm{T}}\boldsymbol{W}\boldsymbol{e}-\frac{1}{4}\boldsymbol{x}^{\mathrm{T}}\boldsymbol{W}\boldsymbol{x}.\end{aligned}$$

这里 $\boldsymbol{W}$ 为无向图 $G$ 的带权重的邻接矩阵, 主对角元素全为 0, 则可知规划 (10.1.1) 等价于如下规划 (10.1.2).

$$\begin{aligned}\min\quad&\boldsymbol{x}^{\mathrm{T}}\boldsymbol{W}\boldsymbol{x}\\\text{s.t.}\quad&x_i^2=1,\quad i\in[n],\\&\boldsymbol{x}\in\mathbb{R}^n.\end{aligned}\tag{10.1.2}$$

最大割问题是 NP 困难的. 1995 年, Goemans 和 Williamson[32] 对最大割问题给出了著名的基于半正定规划的随机超平面近似算法, 近似比为 0.87856, 这也是最大割问题到目前为止已知的最好的近似比. 文献 [32] 开创了使用半正定规划技术设计近似算法的新方向, 获得了广泛的引用. 一大批的组合优化问题, 使用半正定规划技术得到了新的近似算法.

在名称上与最大割问题相对的, 是最小割问题.

**定义 10.1.2 最小割问题** (The Min Cut Problem)

实例: 无向图 $G=(V,E)$, 边上定义有非负权重 $\{w_{ij}\colon (i,j)\in E\}$.

目标: 找图 $G$ 的一个割 $(S,V\setminus S)$, 使得割中的边的总权重最小.

最小割问题也称为全局最小割问题, 以区别于最小 $s$-$t$ 割问题 (见本书 7.1.2 节). 最小 $s$-$t$ 割问题是找图 $G$ 的一个边的权重最小的割, 使得在图上去掉割中的边时, 能够将 $s$ 和 $t$ 断开. 最小 $s$-$t$ 割问题和最大 $s$-$t$ 流问题互为对偶问题.

如果最小化目标函数 $\frac{1}{4}\sum_{i,j}w_{ij}(1-x_ix_j)$, 便得到最小割问题的数学规划.

$$\min\quad\frac{1}{4}\sum_{i,j}w_{ij}(1-x_ix_j)$$

$$\text{s.t.} \quad x_i^2 = 1, \quad i \in [n],$$
$$\boldsymbol{x} \in \mathbb{R}^n.$$

最小割问题和最大割问题都是计算机算法领域中的著名问题. 尽管有名称上的相对关系, 应当注意到, 最大割问题和最小割问题并不是互补的问题 (读者可去想一想为什么). 最大割问题是 NP 困难的, 而最小割问题却是多项式时间可解的.

长期以来, 全局最小割问题都是归约到最小 $s$-$t$ 割问题来解决. 1992 年, Nagamochi 和 Ibaraki[53] 得到了首个不依赖于上述归约技术的全局最小割问题的精确求解算法. 这个算法后来被 Stoer 和 Wagner[60] 简化. 受 [53] 的启发, Karger 和 Stein[41] 为全局最小割问题设计了著名的基于随机边收缩技术的随机算法.

## 10.2 可 行 方 向

对于约束优化问题而言, 最基本的求解策略仍是搜索的方法. 在 8.2 节中, 我们已经介绍过下降方向的概念. 当对约束优化问题使用搜索策略时, 不但要注意沿着下降方向搜索, 还要注意搜索到的点是可行的点, 这就引出了可行方向的概念.

**定义 10.2.1**　设 $S \subset \mathbb{R}^n$, 点 $\bar{\boldsymbol{x}} \in \mathrm{cl}S$, 向量 $\boldsymbol{d} \in \mathbb{R}^n$, $\boldsymbol{d} \neq \boldsymbol{0}$. 若存在数 $\delta > 0$, 使得 $\forall \lambda \in (0, \delta)$, 都有

$$\bar{\boldsymbol{x}} + \lambda \boldsymbol{d} \in S,$$

则 $\boldsymbol{d}$ 称为点 $\bar{\boldsymbol{x}}$ 处关于 $S$ 的**可行方向** (图 10.2.1).

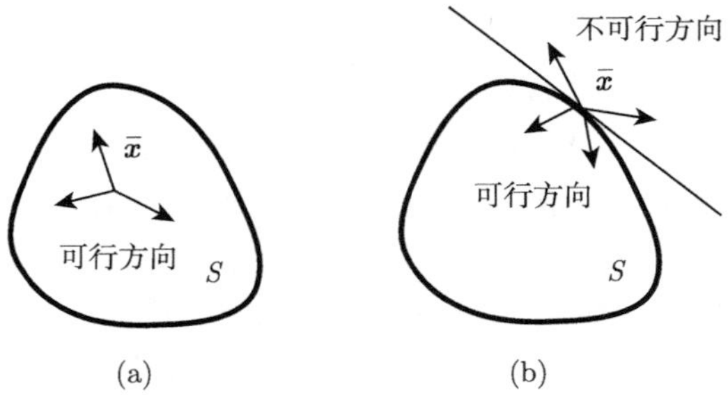


图 10.2.1

定义 10.2.1 中, $\mathrm{cl}S = \{\boldsymbol{x} \mid \forall \epsilon > 0, N_\epsilon(\boldsymbol{x}) \cap S \neq \varnothing\}$ 表示 $S$ 的闭包.

给定集合 $S \subset \mathbb{R}^n$ 和点 $\bar{\boldsymbol{x}} \in \mathrm{cl}S$, 定义集合 $F(\bar{\boldsymbol{x}})$ 为

$$F(\bar{\boldsymbol{x}}) = \{\boldsymbol{d} \mid \boldsymbol{d} \text{ 为 } S \text{ 在 } \bar{\boldsymbol{x}} \text{ 处的可行方向}\}.$$

集合 $F(\bar{\boldsymbol{x}})$ 称为在 $\bar{\boldsymbol{x}}$ 处的**可行方向锥**. 设 $C \subseteq \mathbb{R}^n$ 是一个非空点集. 若 $\forall \boldsymbol{x} \in C$, $\forall \lambda \geqslant 0$, 都有 $\lambda \boldsymbol{x} \in C$, 则称 $C$ 是一个**锥** (cone).

当 $\bar{\boldsymbol{x}}$ 在上下文中已知时, $F(\bar{\boldsymbol{x}})$ 也可简写为 $F$.

若向量 $\boldsymbol{d}$ 既是可行方向又是下降方向, 则 $\boldsymbol{d}$ 称为**可行下降方向**.

令 $f(\boldsymbol{x})$ 为可微函数. 给定点 $\bar{\boldsymbol{x}}$, 定义集合 $D_0(\bar{\boldsymbol{x}})$ 为

$$D_0(\bar{\boldsymbol{x}}) = \{\boldsymbol{d} \mid \nabla f(\bar{\boldsymbol{x}})^{\mathrm{T}} \boldsymbol{d} < 0\}.$$

由定理 8.2.2, $D_0(\bar{\boldsymbol{x}})$ 中的 $\boldsymbol{d}$ 为 $\bar{\boldsymbol{x}}$ 处的下降方向. 注意, $D_0(\bar{\boldsymbol{x}})$ 中的方向都是 $\bar{\boldsymbol{x}}$ 处的下降方向, 但 $\bar{\boldsymbol{x}}$ 处的下降方向不一定都在 $D_0(\bar{\boldsymbol{x}})$ 中.

**引理 10.2.2** 设集合 $S \subset \mathbb{R}^n$, 考虑问题 $\min\{f(\boldsymbol{x}) \mid \boldsymbol{x} \in S\}$. 令 $\bar{\boldsymbol{x}} \in S$, $f(\boldsymbol{x})$ 在 $\bar{\boldsymbol{x}}$ 处可微. 若 $\bar{\boldsymbol{x}}$ 是局部最优解, 则

$$D_0(\bar{\boldsymbol{x}}) \cap F(\bar{\boldsymbol{x}}) = \varnothing.$$

**证明** 反证. 假设有 $\boldsymbol{d} \in D_0(\bar{\boldsymbol{x}}) \cap F(\bar{\boldsymbol{x}})$. 则由 $D_0(\bar{\boldsymbol{x}})$ 的定义, 有

$$\nabla f(\bar{\boldsymbol{x}})^{\mathrm{T}} \boldsymbol{d} < 0.$$

由定理 8.2.2 可知, 存在 $\delta_1 > 0$, 当 $\lambda \in (0, \delta_1)$ 时, 有

$$f(\bar{\boldsymbol{x}} + \lambda \boldsymbol{d}) < f(\bar{\boldsymbol{x}}).$$

另一方面, 由可行方向锥 $F(\bar{\boldsymbol{x}})$ 的定义, 存在 $\delta_2 > 0$, 当 $\lambda \in (0, \delta_2)$ 时, 有

$$\bar{\boldsymbol{x}} + \lambda \boldsymbol{d} \in S.$$

于是, 令 $\delta = \min\{\delta_1, \delta_2\}$, 当 $\lambda$ 取 $(0, \delta)$ 中充分小的数时, $\bar{\boldsymbol{x}} + \lambda \boldsymbol{d}$ 是 $\bar{\boldsymbol{x}}$ 的邻域中的一个可行点, 其函数值又比 $\bar{\boldsymbol{x}}$ 小, 这与 $\bar{\boldsymbol{x}}$ 是局部最优解矛盾. ∎

## 10.3 不等式约束问题的一阶最优性条件

本节及 10.4 节的一个重要任务是证明约束优化问题的一阶最优性条件的必要条件, 即著名的 K-T 定理 (定理 10.3.7、定理 10.4.3). 但 K-T 定理的证明比较复杂, 因此, 我们先从问题的简单版本开始, 即仅含不等式约束的约束优化问题. 本节先证明不等式约束问题的 K-T 定理, 10.4 节再介绍一般约束优化问题的 K-T 定理.

K-T 定理是由库恩 (Kuhn) 和塔克 (Tucker)[49] 于 1951 年给出的, 并得到了人们广泛的引用. 后来, 人们发现卡鲁什 (Karush)[43] 于 1939 年也给出了类似的结果. 因此, 现在这一定理也被称为 KKT 定理.

本节考虑不等式约束优化问题.

$$\begin{aligned} \min \quad & f(\boldsymbol{x}) \\ \text{s.t.} \quad & g_i(\boldsymbol{x}) \geqslant 0, \quad i \in G. \end{aligned} \tag{CPI}$$

在本节, 我们用 $S$ 表示问题 (CPI) 的可行域, 即

$$S = \{\boldsymbol{x} \mid \forall i, g_i(\boldsymbol{x}) \geqslant 0\}.$$

### 10.3.1　必要条件

**定义 10.3.1**　考虑约束优化问题 (CPI). 给定可行点 $\bar{\boldsymbol{x}}$, 称以等式 $(g_i(\bar{\boldsymbol{x}}) = 0)$ 成立的约束 $g_i(\boldsymbol{x}) \geqslant 0$ 为点 $\bar{\boldsymbol{x}}$ 的一个**积极约束** (也称为**起作用约束**), 定义

$$I(\bar{\boldsymbol{x}}) = \{i \in G \mid g_i(\bar{\boldsymbol{x}}) = 0\}$$

为点 $\bar{\boldsymbol{x}}$ 的所有积极约束的集合.

当 $\bar{\boldsymbol{x}}$ 在上下文中明确已知时, $I(\bar{\boldsymbol{x}})$ 也可简写为 $I$.

若 $g_i(\boldsymbol{x}) \geqslant 0$ 是 $\bar{\boldsymbol{x}}$ 的积极约束 (即满足 $g_i(\bar{\boldsymbol{x}}) = 0$), 则 $\bar{\boldsymbol{x}}$ 的微小变动可能导致约束被破坏. 反之 (即满足 $g_i(\bar{\boldsymbol{x}}) > 0$), 则 $\bar{\boldsymbol{x}}$ 的微小变动不会导致约束被破坏. 从这个意义上, 满足 $g_i(\bar{\boldsymbol{x}}) = 0$ 的约束 $g_i(\boldsymbol{x}) \geqslant 0$ 被称为点 $\bar{\boldsymbol{x}}$ 的积极约束.

在图 10.3.1 所示的例子中, $g_1(\boldsymbol{x}) \geqslant 0$ 和 $g_2(\boldsymbol{x}) \geqslant 0$ 为点 $\bar{\boldsymbol{x}}$ 处的积极约束, $g_3(\boldsymbol{x}) \geqslant 0$ 不是点 $\bar{\boldsymbol{x}}$ 处的积极约束.

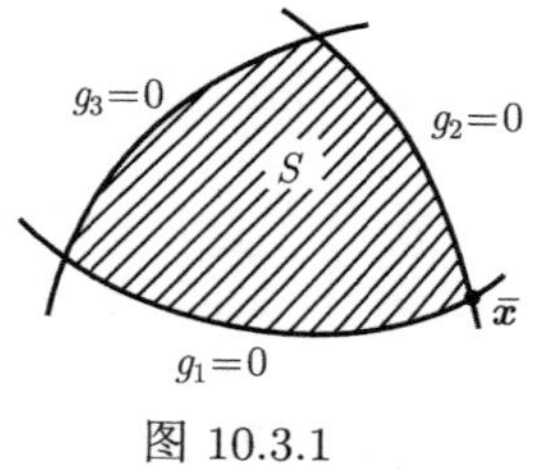


图 10.3.1

给定点 $\bar{\boldsymbol{x}}$, 定义集合 $G_0(\bar{\boldsymbol{x}})$ 为

$$G_0(\bar{\boldsymbol{x}}) = \{\boldsymbol{d} \mid \forall i \in I, \nabla g_i(\bar{\boldsymbol{x}})^{\mathrm{T}} \boldsymbol{d} > 0\},$$

其中 $I$ 表示 $\bar{\boldsymbol{x}}$ 处积极约束的集合. 当 $\bar{\boldsymbol{x}}$ 在上下文中明确已知时, $G_0(\bar{\boldsymbol{x}})$ 也可简写为 $G_0$.

**引理 10.3.2**　设 $\bar{\boldsymbol{x}}$ 是问题 (CPI) 的可行域中的一个点, $f(\boldsymbol{x})$ 和 $g_i(\boldsymbol{x})(i \in I)$ 在 $\bar{\boldsymbol{x}}$ 可微, $g_i(\boldsymbol{x})(i \notin I)$ 在 $\bar{\boldsymbol{x}}$ 连续. 则有

$$G_0(\bar{\boldsymbol{x}}) \subseteq F(\bar{\boldsymbol{x}}).$$

在证明引理 10.3.2 之前, 先看一个示例, 如图 10.3.2 所示. 在这个例子中, 给定点 $\bar{\boldsymbol{x}}$, $g_1(\boldsymbol{x})\geqslant 0$ 和 $g_2(\boldsymbol{x})\geqslant 0$ 是积极约束, $g_3(\boldsymbol{x})\geqslant 0$ 不是积极约束. 梯度向量如图所示. 可以看出, 满足 $\nabla g_1(\bar{\boldsymbol{x}})^{\mathrm{T}}\boldsymbol{d}>0$ 和 $\nabla g_2(\bar{\boldsymbol{x}})^{\mathrm{T}}\boldsymbol{d}>0$ 的方向 $\boldsymbol{d}$ 为可行方向.

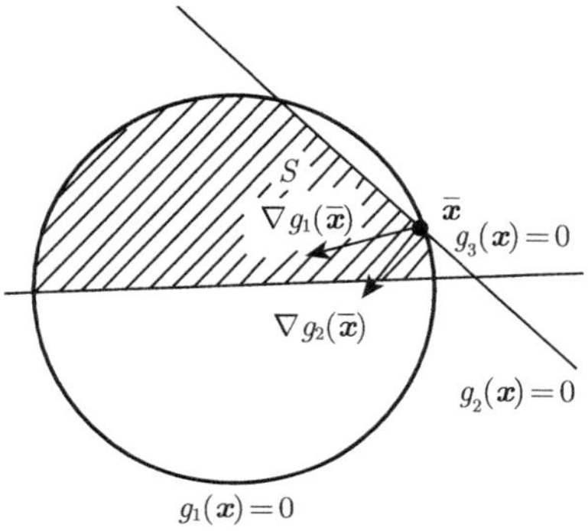


图 10.3.2

**引理 10.3.2 的证明** 设方向 $\boldsymbol{d}\in G_0(\bar{\boldsymbol{x}})$. 则 $\nabla g_i(\bar{\boldsymbol{x}})^{\mathrm{T}}\boldsymbol{d}>0(i\in I)$, 即, $(-\nabla g_i(\bar{\boldsymbol{x}}))^{\mathrm{T}}\boldsymbol{d}<0$. 由定理 8.2.2, 存在 $\delta_1>0$, 当 $\lambda\in(0,\delta_1)$ 时, 有

$$-g_i(\bar{\boldsymbol{x}}+\lambda\boldsymbol{d})<-g_i(\bar{\boldsymbol{x}})=0,\quad \forall i\in I,$$

因此

$$g_i(\bar{\boldsymbol{x}}+\lambda\boldsymbol{d})>0,\quad \forall i\in I.$$

当 $i\notin I$ 时, $g_i(\boldsymbol{x})\geqslant 0$ 不是积极约束, 因此 $g_i(\bar{\boldsymbol{x}})>0$. 由于 $g_i(\boldsymbol{x})$ 在 $\bar{\boldsymbol{x}}$ 处连续, 由连续的定义, 因此存在 $\delta_2>0$, 当 $\lambda\in(0,\delta_2)$ 充分小时, 有

$$g_i(\bar{\boldsymbol{x}}+\lambda\boldsymbol{d})>0,\quad \forall i\notin I.$$

于是, 当 $\lambda\in(0,\min\{\delta_1,\delta_2\})$ 充分小时, 就有 $\forall i\in G$, $g_i(\bar{\boldsymbol{x}}+\lambda\boldsymbol{d})>0$, 即, $\bar{\boldsymbol{x}}+\lambda\boldsymbol{d}$ 是问题 (CPI) 的一个可行点, 这表明 $\boldsymbol{d}$ 是 $\bar{\boldsymbol{x}}$ 处的一个可行方向, 即 $\boldsymbol{d}\in F(\bar{\boldsymbol{x}})$, 从而证明了 $G_0(\bar{\boldsymbol{x}})\subseteq F(\bar{\boldsymbol{x}})$. ∎

**引理 10.3.3** 设 $\bar{\boldsymbol{x}}$ 是问题 (CPI) 的可行域中的一个点, $f(\boldsymbol{x})$ 和 $g_i(\boldsymbol{x})(i\in I)$ 在 $\bar{\boldsymbol{x}}$ 可微, $g_i(\boldsymbol{x})(i\notin I)$ 在 $\bar{\boldsymbol{x}}$ 连续. 如果 $\bar{\boldsymbol{x}}$ 是问题 (CPI) 的局部最优解, 则

$$D_0(\bar{\boldsymbol{x}})\cap G_0(\bar{\boldsymbol{x}})=\varnothing.$$

**证明** 引理 10.2.2 已经证明 $D_0(\bar{\boldsymbol{x}})\cap F(\bar{\boldsymbol{x}})=\varnothing$. 由引理 10.3.2, 可知 $G_0(\bar{\boldsymbol{x}})\subseteq F(\bar{\boldsymbol{x}})$, 从而本引理得证. ∎

**定理 10.3.4** (弗里茨 • 约翰条件) 设 $\bar{\boldsymbol{x}} \in S$ 是问题 (CPI) 的一个局部最优解, 函数 $f$, $g_i(i \in I)$ 在 $\bar{\boldsymbol{x}}$ 处可微, $g_i(i \notin I)$ 在 $\bar{\boldsymbol{x}}$ 处连续. 则存在不全为零的数 $\lambda_0$, $\lambda_i(i \in I)$, 使得

$$\lambda_0 \nabla f(\bar{\boldsymbol{x}}) - \sum_{i \in I} \lambda_i \nabla g_i(\bar{\boldsymbol{x}}) = \mathbf{0},$$

$$\lambda_i \geqslant 0, \quad i \in \{0\} \cup I.$$

**证明** 根据引理 10.3.3, 在点 $\bar{\boldsymbol{x}}$ 处 $D_0 \cap G_0 = \varnothing$, 即不等式组

$$\begin{cases} \nabla f(\bar{\boldsymbol{x}})^{\mathrm{T}} \boldsymbol{d} < 0, \\ -\nabla g_i(\bar{\boldsymbol{x}})^{\mathrm{T}} \boldsymbol{d} < 0, \quad i \in I \end{cases}$$

无解. 令

$$\boldsymbol{A} = \begin{bmatrix} \nabla f(\bar{\boldsymbol{x}})^{\mathrm{T}} \\ -\nabla g_i(\bar{\boldsymbol{x}})^{\mathrm{T}}, i \in I \end{bmatrix},$$

则 $\boldsymbol{A}\boldsymbol{d} < \mathbf{0}$ 无解.

由戈丹引理 (引理 1.3.10), 存在非零向量 $\boldsymbol{\lambda} \geqslant \mathbf{0}$, 使得 $\boldsymbol{A}^{\mathrm{T}} \boldsymbol{\lambda} = \mathbf{0}$, 即 $\lambda_0 \nabla f(\bar{\boldsymbol{x}}) - \sum_{i \in I} \lambda_i \nabla g_i(\bar{\boldsymbol{x}}) = \mathbf{0}$. ∎

定理 10.3.4 中给出的 $\bar{\boldsymbol{x}}$ 是局部最优解的条件称为弗里茨•约翰条件 (Fritz John, 德裔美籍, 1910—1994). 为简便, 弗里茨 • 约翰条件在本书中简称为 FJ 条件.

**例 10.3.5** ([7]) 已知 $\bar{\boldsymbol{x}} = \begin{bmatrix} 3 \\ 1 \end{bmatrix}$ 是下列问题的最优解.

$$\begin{aligned} \min \quad & (x_1 - 7)^2 + (x_2 - 3)^2 \\ \text{s.t.} \quad & x_1^2 + x_2^2 \leqslant 10, \\ & x_1 + x_2 \leqslant 4, \\ & x_2 \geqslant 0. \end{aligned}$$

验证在 $\bar{\boldsymbol{x}}$ 处满足 FJ 条件 (图 10.3.3).

**解** 按照约束优化问题的形式 (CPI), 写出目标函数和约束函数:

$$\begin{aligned} f(\boldsymbol{x}) =& (x_1 - 7)^2 + (x_2 - 3)^2, \\ g_1(\boldsymbol{x}) =& 10 - x_1^2 - x_2^2, \end{aligned}$$

$$g_2(\boldsymbol{x}) = 4 - x_1 - x_2,$$

$$g_3(\boldsymbol{x}) = x_2.$$

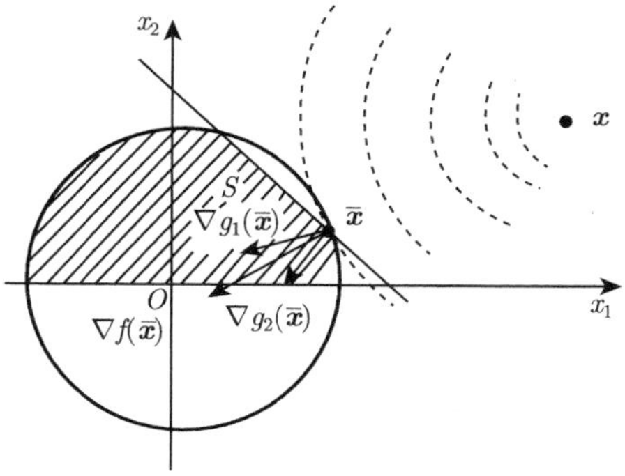


图 10.3.3

由于 $\nabla f(\boldsymbol{x}) = \begin{bmatrix} 2(x_1 - 7) \\ 2(x_2 - 3) \end{bmatrix}$, 因此 $\nabla f(\bar{\boldsymbol{x}}) = \begin{bmatrix} -8 \\ -4 \end{bmatrix}$.

在点 $\bar{\boldsymbol{x}} = \begin{bmatrix} 3 \\ 1 \end{bmatrix}$ 处, 积极约束为 $g_1$ 和 $g_2$, $\nabla g_1(\bar{\boldsymbol{x}}) = \begin{bmatrix} -2\bar{x}_1 \\ -2\bar{x}_2 \end{bmatrix} = \begin{bmatrix} -6 \\ -2 \end{bmatrix}$, $\nabla g_2(\bar{\boldsymbol{x}}) = \begin{bmatrix} -1 \\ -1 \end{bmatrix}$.

因此, FJ 条件为

$$\lambda_0 \begin{bmatrix} -8 \\ -4 \end{bmatrix} - \lambda_1 \begin{bmatrix} -6 \\ -2 \end{bmatrix} - \lambda_2 \begin{bmatrix} -1 \\ -1 \end{bmatrix} = \begin{bmatrix} 0 \\ 0 \end{bmatrix}.$$

即

$$\begin{cases} -8\lambda_0 + 6\lambda_1 + \lambda_2 = 0, \\ -4\lambda_0 + 2\lambda_1 + \lambda_2 = 0. \end{cases}$$

这个方程组存在非零的非负解, 比如

$$\begin{cases} \lambda_0 = 1, \\ \lambda_1 = 1, \\ \lambda_2 = 2. \end{cases}$$

因此, 在点 $\bar{\boldsymbol{x}}$ 处存在非零的 $\boldsymbol{\lambda} \geqslant \mathbf{0}$ 使 FJ 条件满足. ∎

**例 10.3.6** ([7]) 给一个非线性规划问题

$$\begin{aligned} \min \quad & -x_2 \\ \text{s.t.} \quad & -2x_1+(2-x_2)^3 \geqslant 0, \\ & x_1 \geqslant 0. \end{aligned}$$

验证在点 $\bar{\boldsymbol{x}}=\begin{bmatrix} 0 \\ 2 \end{bmatrix}$ 处满足 FJ 条件 (图 10.3.4).

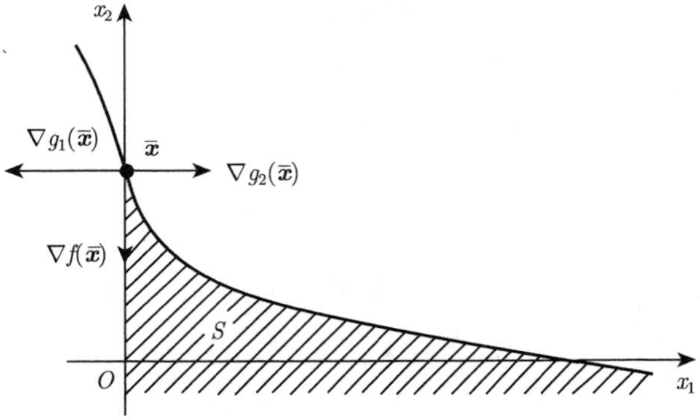


图 10.3.4

**解** 按照约束优化问题的形式 (CPI), 写出目标函数和约束函数:

$$\begin{aligned} f(\boldsymbol{x}) &= -x_2, \\ g_1(\boldsymbol{x}) &= -2x_1+(2-x_2)^3, \\ g_2(\boldsymbol{x}) &= x_1. \end{aligned}$$

$$\nabla f(\bar{\boldsymbol{x}})=\begin{bmatrix} 0 \\ -1 \end{bmatrix}, \nabla g_1(\bar{\boldsymbol{x}})=\begin{bmatrix} -2 \\ 0 \end{bmatrix}, \nabla g_2(\bar{\boldsymbol{x}})=\begin{bmatrix} 1 \\ 0 \end{bmatrix}.$$

令

$$\lambda_0\begin{bmatrix} 0 \\ -1 \end{bmatrix}-\lambda_1\begin{bmatrix} -2 \\ 0 \end{bmatrix}-\lambda_2\begin{bmatrix} 1 \\ 0 \end{bmatrix}=\begin{bmatrix} 0 \\ 0 \end{bmatrix}.$$

解得

$$\begin{cases} \lambda_0=0, \\ \lambda_1=k, \\ \lambda_2=2k, \end{cases}$$

其中 $k$ 可取任何正数. 因此, 在 $\bar{\boldsymbol{x}}$ 处 FJ 条件成立. ∎

例 10.3.6 表明, 运用 FJ 条件时, 可能会出现 $\lambda_0 = 0$ 的情形. 此时 FJ 条件中不包含目标函数的任何信息, 这是我们所不希望的. 然而, 当对问题的约束施加某种限制时, 就可以保证 $\lambda_0 \neq 0$. 这种限制通常称为**约束规格** (Constraint Qualification). 当使用积极约束的梯度向量线性无关的约束规格时, 即得到著名的 K-T 条件.

**定理 10.3.7** (K-T 定理) 考虑问题 (CPI). 设 $\bar{\boldsymbol{x}}$ 是一个可行解, 目标函数 $f$ 及诸积极约束 $g_i(i \in I(\bar{\boldsymbol{x}}))$ 在 $\bar{\boldsymbol{x}}$ 处可微, 不积极约束 $g_i(i \notin I(\bar{\boldsymbol{x}}))$ 在 $\bar{\boldsymbol{x}}$ 处连续, 积极约束的梯度向量 $\{\nabla g_i(\bar{\boldsymbol{x}}) \mid i \in I(\bar{\boldsymbol{x}})\}$ 线性无关.

若 $\bar{\boldsymbol{x}}$ 是问题 (CPI) 的局部最优解, 则存在数 $\lambda_i(i \in I)$ 满足

$$\nabla f(\bar{\boldsymbol{x}}) - \sum_{i\in I} \lambda_i \nabla g_i(\bar{\boldsymbol{x}}) = \boldsymbol{0}, \tag{10.3.1}$$

$$\lambda_i \geqslant 0, \quad i \in I. \tag{10.3.2}$$

**证明** 由 FJ 条件 (定理 10.3.4), 存在不全为零的数 $\lambda_i'(i \in \{0\} \cup I)$ 满足

$$\lambda_0' \nabla f(\bar{\boldsymbol{x}}) - \sum_{i\in I} \lambda_i' \nabla g_i(\bar{\boldsymbol{x}}) = \boldsymbol{0},$$

$$\lambda_i' \geqslant 0, \quad i \in \{0\} \cup I.$$

我们断言必有 $\lambda_0' \neq 0$. 否则, 上式意味着 $\{\nabla g_i(\bar{\boldsymbol{x}}) \mid i \in I\}$ 线性相关, 与定理给定的条件矛盾. 于是, 令 $\lambda_i = \dfrac{\lambda_i'}{\lambda_0'}(i \in I)$, 则证明了定理. ∎

(10.3.1) 和 (10.3.2) 总称为问题 (CPI) 的 **K-T 条件**, 它是一个点是局部最优解的一阶必要条件. 我们把满足 K-T 条件的点 $\boldsymbol{x}$ 称为 **K-T 点**.

令 $\boldsymbol{b}_1, \boldsymbol{b}_2, \cdots, \boldsymbol{b}_k \in \mathbb{R}^n$ 为 $k$ 个 $n$ 维向量. 则由 $\boldsymbol{b}_1, \boldsymbol{b}_2, \cdots, \boldsymbol{b}_k$ 的非负线性组合所构成的集合

$$C = \left\{ \boldsymbol{x} \in \mathbb{R}^n \,\middle|\, \boldsymbol{x} = \sum_{i=1}^{k} \lambda_i \boldsymbol{b}_i; \forall i, \lambda_i \geqslant 0 \right\}$$

称为由 $\boldsymbol{b}_1, \boldsymbol{b}_2, \cdots, \boldsymbol{b}_k$ 所张成的锥.

在 K-T 点 $\bar{\boldsymbol{x}}$ 处, 有 $\nabla f(\bar{\boldsymbol{x}}) = \sum_{i\in I} \lambda_i \nabla g_i(\bar{\boldsymbol{x}})$, 即, $\nabla f(\bar{\boldsymbol{x}})$ 位于积极约束张成的锥中. 这正是 K-T 条件的几何意义. 可参见例 10.3.8.

在定理 10.3.7中, 若进一步要求诸 $g_i(i \notin I)$ 在 $\bar{\boldsymbol{x}}$ 处可微, 则 K-T 条件 (10.3.1)、(10.3.2) 等价于如下形式:

$$\nabla f(\bar{\boldsymbol{x}}) - \sum_{i\in G} \lambda_i \nabla g_i(\bar{\boldsymbol{x}}) = \boldsymbol{0}, \tag{10.3.3}$$

$$\lambda_i g_i(\bar{\boldsymbol{x}}) = 0, \quad i \in G, \tag{10.3.4}$$

$$\lambda_i \geqslant 0, \quad i \in G. \tag{10.3.5}$$

其中, 条件 (10.3.4) 称为**互补松紧条件** (Complement Slackness Condition), 也叫做互补松弛条件.

**例 10.3.8** 验证例 10.3.5 中的 $\bar{\boldsymbol{x}}$ 实际上也是 K-T 点.

**解** 按照约束优化问题的形式 (CPI), 写出目标函数和约束函数:

$$f(\boldsymbol{x}) = (x_1-7)^2 + (x_2-3)^2,$$

$$g_1(\boldsymbol{x}) = 10 - x_1^2 - x_2^2,$$

$$g_2(\boldsymbol{x}) = 4 - x_1 - x_2,$$

$$g_3(\boldsymbol{x}) = x_2.$$

它们的梯度为 $\nabla f(\boldsymbol{x}) = \begin{bmatrix} 2(x_1-7) \\ 2(x_2-3) \end{bmatrix}$, $\nabla g_1(\boldsymbol{x}) = \begin{bmatrix} -2x_1 \\ -2x_2 \end{bmatrix}$, $\nabla g_2(\boldsymbol{x}) = \begin{bmatrix} -1 \\ -1 \end{bmatrix}$.

在点 $\bar{\boldsymbol{x}}$ 处, $\nabla f(\bar{\boldsymbol{x}}) = \begin{bmatrix} -8 \\ -4 \end{bmatrix}$. 在点 $\bar{\boldsymbol{x}}$ 处, 积极约束为 $g_1$ 和 $g_2$. $\nabla g_1(\bar{\boldsymbol{x}}) = \begin{bmatrix} -6 \\ -2 \end{bmatrix}$, $\nabla g_2(\bar{\boldsymbol{x}}) = \begin{bmatrix} -1 \\ -1 \end{bmatrix}$.

令

$$\begin{bmatrix} -8 \\ -4 \end{bmatrix} - \lambda_1 \begin{bmatrix} -6 \\ -2 \end{bmatrix} - \lambda_2 \begin{bmatrix} -1 \\ -1 \end{bmatrix} = \begin{bmatrix} 0 \\ 0 \end{bmatrix}.$$

解得

$$\begin{cases} \lambda_1 = 1, \\ \lambda_2 = 2. \end{cases}$$

因此, 点 $\bar{\boldsymbol{x}}$ 是 K-T 点. ∎

例 10.3.8 的计算结果表明 $\nabla f(\bar{\boldsymbol{x}}) = \nabla g_1(\bar{\boldsymbol{x}}) + 2\nabla g_2(\bar{\boldsymbol{x}})$, 即 $\nabla f(\bar{\boldsymbol{x}})$ 位于由积极约束 $\nabla g_1(\bar{\boldsymbol{x}})$ 和 $\nabla g_2(\bar{\boldsymbol{x}})$ 张成的锥中. 这正是 K-T 条件所表达的几何意义. 参见例 10.3.5 的附图 10.3.3.

**例 10.3.9** ([7]) 给定非线性规划问题

$$\min \quad (x_1-2)^2 + x_2^2$$

$$\text{s.t.} \quad x_1 - x_2^2 \geqslant 0,$$
$$-x_1 + x_2 \geqslant 0.$$

判断 $\boldsymbol{x}^{(1)} = \begin{bmatrix} 0 \\ 0 \end{bmatrix}$ 和 $\boldsymbol{x}^{(2)} = \begin{bmatrix} 1 \\ 1 \end{bmatrix}$ 是否为 K-T 点 (图 10.3.5).

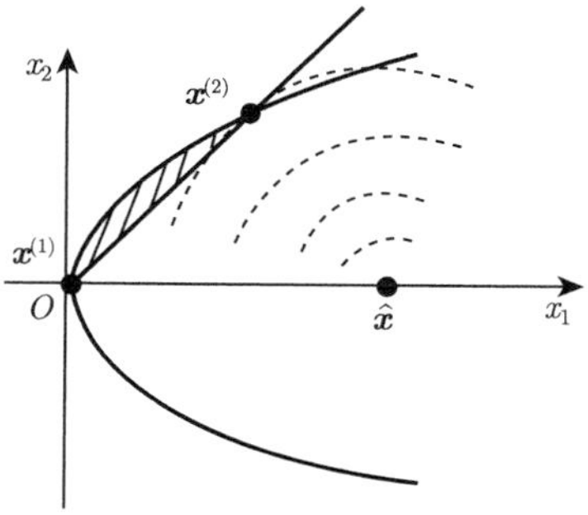


图 10.3.5

**解** 记

$$f(\boldsymbol{x}) = (x_1 - 2)^2 + x_2^2,$$
$$g_1(\boldsymbol{x}) = x_1 - x_2^2,$$
$$g_2(\boldsymbol{x}) = -x_1 + x_2.$$

它们的梯度为

$$\nabla f(\boldsymbol{x}) = \begin{bmatrix} 2(x_1 - 2) \\ 2x_2 \end{bmatrix}, \quad \nabla g_1(\boldsymbol{x}) = \begin{bmatrix} 1 \\ -2x_2 \end{bmatrix}, \quad \nabla g_2(\boldsymbol{x}) = \begin{bmatrix} -1 \\ 1 \end{bmatrix}.$$

先验证 $\boldsymbol{x}^{(1)}$. 在这一点, $g_1(\boldsymbol{x}) \geqslant 0$ 和 $g_2(\boldsymbol{x}) \geqslant 0$ 都是积极约束. $\nabla f(\boldsymbol{x}^{(1)}) = \begin{bmatrix} -4 \\ 0 \end{bmatrix}$, $\nabla g_1(\boldsymbol{x}^{(1)}) = \begin{bmatrix} 1 \\ 0 \end{bmatrix}$, $\nabla g_2(\boldsymbol{x}^{(1)}) = \begin{bmatrix} -1 \\ 1 \end{bmatrix}$.

令

$$\begin{bmatrix} -4 \\ 0 \end{bmatrix} - \lambda_1 \begin{bmatrix} 1 \\ 0 \end{bmatrix} - \lambda_2 \begin{bmatrix} -1 \\ 1 \end{bmatrix} = \begin{bmatrix} 0 \\ 0 \end{bmatrix}.$$

解得

$$\begin{cases} \lambda_1 = -4, \\ \lambda_2 = 0. \end{cases}$$

由于 $\lambda_1 < 0$, $\boldsymbol{x}^{(1)}$ 不是 K-T 点.

再验证 $\boldsymbol{x}^{(2)}$. 在这一点, $g_1(\boldsymbol{x}) \geqslant 0$ 和 $g_2(\boldsymbol{x}) \geqslant 0$ 都是积极约束. $\nabla f(\boldsymbol{x}^{(2)}) = \begin{bmatrix} -2 \\ 2 \end{bmatrix}$, $\nabla g_1(\boldsymbol{x}^{(2)}) = \begin{bmatrix} 1 \\ -2 \end{bmatrix}$, $\nabla g_2(\boldsymbol{x}^{(2)}) = \begin{bmatrix} -1 \\ 1 \end{bmatrix}$.

令

$$\begin{bmatrix} -2 \\ 2 \end{bmatrix} - \lambda_1 \begin{bmatrix} 1 \\ -2 \end{bmatrix} - \lambda_2 \begin{bmatrix} -1 \\ 1 \end{bmatrix} = \begin{bmatrix} 0 \\ 0 \end{bmatrix}.$$

解得

$$\begin{cases} \lambda_1 = 0, \\ \lambda_2 = 2. \end{cases}$$

所以 $\boldsymbol{x}^{(2)}$ 是 K-T 点. ■

**例 10.3.10**　给一个非线性规划问题

$$\begin{aligned} \min \quad & -x_2 \\ \text{s.t.} \quad & -2x_1 + (2 - x_2)^3 \geqslant 0, \\ & x_1 \geqslant 0. \end{aligned}$$

判断点 $\bar{\boldsymbol{x}} = \begin{bmatrix} 0 \\ 2 \end{bmatrix}$ 是否为 K-T 点.

**解**　按照约束优化问题的形式 (CPI), 写出目标函数和约束函数:

$$\begin{aligned} f(\boldsymbol{x}) &= -x_2, \\ g_1(\boldsymbol{x}) &= -2x_1 + (2 - x_2)^3, \\ g_2(\boldsymbol{x}) &= x_1. \end{aligned}$$

$$\nabla f(\bar{\boldsymbol{x}}) = \begin{bmatrix} 0 \\ -1 \end{bmatrix}, \quad \nabla g_1(\bar{\boldsymbol{x}}) = \begin{bmatrix} -2 \\ 0 \end{bmatrix}, \quad \nabla g_2(\bar{\boldsymbol{x}}) = \begin{bmatrix} 1 \\ 0 \end{bmatrix}.$$

现在, $g_1(\boldsymbol{x})$ 和 $g_2(\boldsymbol{x})$ 均为积极约束, 但 $\nabla g_1(\bar{\boldsymbol{x}})$ 和 $\nabla g_2(\bar{\boldsymbol{x}})$ 线性相关, 因此点 $\begin{bmatrix} 0 \\ 2 \end{bmatrix}$ 不是 K-T 点. ■

把 K-T 条件 (10.3.3) 和 (10.3.4) 中的可行点 $\bar{\boldsymbol{x}}$ 看成变量, 可以尝试通过求解 K-T 条件和问题中的约束所构成的系统反求出 K-T 点. 然而, 一般地, K-T 条件和问题约束可以是非线性的, 这些条件和约束构成的系统没有一般的解法. 对于某些问题, 当 K-T 条件的形式比较简单时, 可通过观察法解出这一系统, 因而可以通过 K-T 条件反求出 K-T 点.

**例 10.3.11** 给定非线性规划问题

$$\begin{aligned} \min \quad & (x_1-1)^2+x_2 \\ \text{s.t.} \quad & x_1+x_2 \leqslant 2, \\ & x_2 \geqslant 0. \end{aligned}$$

求满足 K-T 条件的点.

**解** 记

$$\begin{aligned} f(\boldsymbol{x}) &= (x_1-1)^2+x_2, \\ g_1(\boldsymbol{x}) &= -x_1-x_2+2, \\ g_2(\boldsymbol{x}) &= x_2. \end{aligned}$$

它们的梯度为

$$\nabla f(\boldsymbol{x}) = \begin{bmatrix} 2(x_1-1) \\ 1 \end{bmatrix}, \quad \nabla g_1(\boldsymbol{x}) = \begin{bmatrix} -1 \\ -1 \end{bmatrix}, \quad \nabla g_2(\boldsymbol{x}) = \begin{bmatrix} 0 \\ 1 \end{bmatrix}.$$

根据 K-T 条件 (10.3.4)、(10.3.4)、(10.3.5), 即要求解由方程和不等式构成的系统

$$\begin{aligned} & 2(x_1-1)+\lambda_1=0, \\ & 1+\lambda_1-\lambda_2=0, & (10.3.6) \\ & \lambda_1(-x_1-x_2+2)=0, \\ & \lambda_2 x_2=0, & (10.3.7) \\ & \lambda_1,\lambda_2 \geqslant 0. & (10.3.8) \end{aligned}$$

由 (10.3.7), $\lambda_2$ 和 $x_2$ 必须有一个为零. 若 $\lambda_2=0$, 则由 (10.3.6) 得到 $\lambda_1=-1$, 不满足 (10.3.8).

因此, 令 $x_2=0$. 则该系统变为

$$\begin{aligned} & 2(x_1-1)+\lambda_1=0, & (10.3.9) \\ & 1+\lambda_1-\lambda_2=0, \\ & \lambda_1(-x_1+2)=0, & (10.3.10) \end{aligned}$$

$$\lambda_1, \lambda_2 \geqslant 0. \tag{10.3.11}$$

在 (10.3.10) 中, 若 $x_1 = 2$, 则由 (10.3.9) 得到 $\lambda_1 = -2$, 与 (10.3.11) 矛盾.

因此, 令 $\lambda_1 = 0$. 则可解出 $\lambda_2 = 1$, $x_1 = 1$. 于是, 得到原系统的一组解 $x_1 = 1, x_2 = 0, \lambda_1 = 0, \lambda_2 = 1$. 由于 $\lambda_1, \lambda_2 \geqslant 0$, 因此得到 K-T 点

$$\bar{\boldsymbol{x}} = \begin{bmatrix} 1 \\ 0 \end{bmatrix}.$$

■

### 10.3.2 充分条件

简单而言, 当问题 (CPI) 是凸规划时, 再满足在 $\bar{\boldsymbol{x}}$ 点处相应的可微和连续的条件, 则 K-T 条件也是 (CPI) 最优解的充分条件.

**定理 10.3.12** 考虑问题 (CPI), 设 $f$ 是凸函数, $g_i(i \in G)$ 是凹函数. $\bar{\boldsymbol{x}} \in S$ 是一个可行解, $f$ 及诸 $g_i(\boldsymbol{x})(i \in I)$ 在点 $\bar{\boldsymbol{x}}$ 处可微, 诸 $g_i(i \notin I)$ 在点 $\bar{\boldsymbol{x}}$ 处连续.

若 $\bar{\boldsymbol{x}}$ 是 K-T 点, 则 $\bar{\boldsymbol{x}}$ 是问题 (CPI) 的全局最优解.

**证明** 由定理假设, 可行域 $S$ 为凸集.

因为 $f(\boldsymbol{x})$ 为凸函数, 由定理 1.4.9, 可知

$$f(\boldsymbol{x}) \geqslant f(\bar{\boldsymbol{x}}) + \nabla f(\bar{\boldsymbol{x}})^{\mathrm{T}}(\boldsymbol{x} - \bar{\boldsymbol{x}}), \quad \forall \boldsymbol{x} \in S.$$

又因为 $\bar{\boldsymbol{x}}$ 是 K-T 点, 因此存在 $\boldsymbol{\lambda} \geqslant \boldsymbol{0}$, 使得

$$\nabla f(\bar{\boldsymbol{x}}) - \sum_{i \in I} \lambda_i \nabla g_i(\bar{\boldsymbol{x}}) = \boldsymbol{0}.$$

因此

$$f(\boldsymbol{x}) \geqslant f(\bar{\boldsymbol{x}}) + \sum_{i \in I} \lambda_i \nabla g_i(\bar{\boldsymbol{x}})^{\mathrm{T}}(\boldsymbol{x} - \bar{\boldsymbol{x}}), \quad \forall \boldsymbol{x} \in S. \tag{10.3.12}$$

由于 $-g_i(i \in I)$ 为凸函数, 所以对任一可行点 $\boldsymbol{x}$, 有

$$-g_i(\boldsymbol{x}) \geqslant -g_i(\bar{\boldsymbol{x}}) - \nabla g_i(\bar{\boldsymbol{x}})^{\mathrm{T}}(\boldsymbol{x} - \bar{\boldsymbol{x}}), \quad \forall i \in I.$$

即

$$\nabla g_i(\bar{\boldsymbol{x}})^{\mathrm{T}}(\boldsymbol{x} - \bar{\boldsymbol{x}}) \geqslant g_i(\boldsymbol{x}) - g_i(\bar{\boldsymbol{x}}), \quad \forall i \in I.$$

由于 $I$ 中的积极约束都是等式 ($g_i(\bar{\boldsymbol{x}}) = 0$, $i \in I$) 成立, 因此

$$\nabla g_i(\bar{\boldsymbol{x}})^{\mathrm{T}}(\boldsymbol{x} - \bar{\boldsymbol{x}}) \geqslant g_i(\boldsymbol{x}) \geqslant 0, \quad \forall i \in I. \tag{10.3.13}$$

由 (10.3.12) 以及 (10.3.13), 就可以得到 $\forall \boldsymbol{x} \in S$, $f(\boldsymbol{x}) \geqslant f(\bar{\boldsymbol{x}})$, 即, $\bar{\boldsymbol{x}}$ 是问题 (CPI) 的全局最优解. ■

# 10.4 一般约束问题的一阶最优性条件

## 10.4.1 必要条件

对于一般约束优化问题 (CP),

$$\begin{aligned} \min \quad & f(\boldsymbol{x}) \\ \text{s.t.} \quad & g_i(\boldsymbol{x}) \geqslant 0, \quad i \in G, \\ & h_j(\boldsymbol{x}) = 0, \quad j \in H. \end{aligned} \tag{CP}$$

我们平行地有和不等式约束优化问题 (CPI) 对应的 FJ 条件和 K-T 条件. 但一般约束优化问题的 FJ 条件证明比较复杂, 在此我们直接给出这个定理, 而不加以证明.

**定理 10.4.1** (弗里茨 • 约翰条件) 考虑问题 (CP), $\bar{\boldsymbol{x}} \in S$ 是一个可行点. 函数 $f$, $g_i(i \in I)$ 在 $\bar{\boldsymbol{x}}$ 处可微, $g_i(i \notin I)$ 在 $\bar{\boldsymbol{x}}$ 处连续, $h_j(j \in H)$ 在 $\bar{\boldsymbol{x}}$ 处连续可微. 若 $\bar{\boldsymbol{x}}$ 是局部最优解, 则存在不全为零的数 $\lambda_0$, $\lambda_i(i \in I)$, $\mu_j(j \in H)$, 使得

$$\begin{aligned} & \lambda_0 \nabla f(\bar{\boldsymbol{x}}) - \sum_{i \in I} \lambda_i \nabla g_i(\bar{\boldsymbol{x}}) - \sum_{j \in H} \mu_j \nabla h_j(\bar{\boldsymbol{x}}) = \mathbf{0}, \\ & \lambda_i \geqslant 0, \quad i \in \{0\} \cup I. \end{aligned}$$

**例 10.4.2** ([7]) 给定非线性规划问题

$$\begin{aligned} \min \quad & -x_2 \\ \text{s.t.} \quad & x_1 - (1 - x_2)^3 = 0, \\ & -x_1 - (1 - x_2)^3 = 0. \end{aligned} \tag{10.4.1}$$

这个问题只有一个可行点 $\bar{\boldsymbol{x}} = \begin{bmatrix} 0 \\ 1 \end{bmatrix}$. 验证在 $\bar{\boldsymbol{x}}$ 处满足 FJ 条件 (图 10.4.1).

**解** 目标函数和约束函数在 $\bar{\boldsymbol{x}}$ 处的梯度分别为

$$\nabla f(\bar{\boldsymbol{x}}) = \begin{bmatrix} 0 \\ -1 \end{bmatrix}, \quad \nabla h_1(\bar{\boldsymbol{x}}) = \begin{bmatrix} 1 \\ 0 \end{bmatrix}, \quad \nabla h_2(\bar{\boldsymbol{x}}) = \begin{bmatrix} -1 \\ 0 \end{bmatrix}.$$

设

$$\lambda_0 \begin{bmatrix} 0 \\ -1 \end{bmatrix} - \mu_1 \begin{bmatrix} 1 \\ 0 \end{bmatrix} - \mu_2 \begin{bmatrix} -1 \\ 0 \end{bmatrix} = \begin{bmatrix} 0 \\ 0 \end{bmatrix}.$$

解此方程组, 得

$$\lambda_0 = 0, \quad \mu_1 = \mu_2 = a,$$

其中 $a$ 可取任何数.

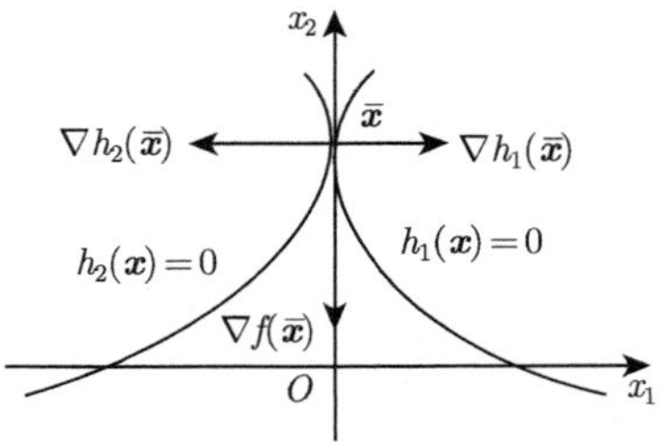


图 10.4.1

因此, 在点 $\bar{x}$ 处 FJ 条件成立. ∎

下面介绍一般约束优化问题的 K-T 定理.

**定理 10.4.3** (K-T 定理)　考虑问题 (CP), $\bar{x} \in S$ 是一个可行点. 函数 $f$, $g_i(i \in I)$ 在 $\bar{x}$ 处可微, $g_i(i \notin I)$ 在 $\bar{x}$ 处连续, $h_j(j \in H)$ 在 $\bar{x}$ 处连续可微. 向量集 $\{\nabla g_i(\bar{x}), \nabla h_j(\bar{x}) \mid i \in I, j \in H\}$ 线性无关.

若 $\bar{x}$ 是局部最优解, 则存在不全为零的数 $\lambda_i(i \in I)$, $\mu_j(j \in H)$, 使得

$$\nabla f(\bar{x}) - \sum_{i \in I} \lambda_i \nabla g_i(\bar{x}) - \sum_{j \in H} \mu_j \nabla h_j(\bar{x}) = \mathbf{0},$$
$$\lambda_i \geqslant 0, \quad i \in I.$$

**证明**　由 FJ 条件 (定理 10.4.1), 存在不全为零的数 $\lambda_i'(i \in \{0\} \cup I)$ 和 $\mu_j'(j \in H)$ 满足

$$\lambda_0' \nabla f(\bar{x}) - \sum_{i \in I} \lambda_i' \nabla g_i(\bar{x}) - \sum_{j \in H} \mu_j' \nabla h_j(\bar{x}) = \mathbf{0},$$
$$\lambda_i' \geqslant 0, \quad i \in \{0\} \cup I.$$

我们断言必有 $\lambda_0' \neq 0$. 否则, 上式意味着 $\{\nabla g_i(\bar{x}), \nabla h_j(\bar{x}) \mid i \in I, j \in H\}$ 线性相关, 与定理给定的条件矛盾. 于是, 令 $\lambda_i = \dfrac{\lambda_i'}{\lambda_0'}(i \in I)$, $\mu_j = \dfrac{\mu_j'}{\lambda_0'}(j \in H)$, 则证明了定理. ∎

当 $g_i(i \notin I)$ 在点 $\bar{x}$ 处也可微时, 上述 K-T 条件可写成如下等价形式:

$$\nabla f(\bar{x}) - \sum_{i \in G} \lambda_i \nabla g_i(\bar{x}) - \sum_{j \in H} \mu_j \nabla h_j(\bar{x}) = 0, \tag{10.4.2}$$

$$\lambda_i g_i(\bar{\boldsymbol{x}}) = 0, \quad i \in G, \tag{10.4.3}$$

$$\lambda_i \geqslant 0, \qquad i \in G. \tag{10.4.4}$$

其中, 条件 (10.4.3) 也称为**互补松紧条件**.

定义

$$L(\boldsymbol{x}, \boldsymbol{\lambda}, \boldsymbol{\mu}) = f(\boldsymbol{x}) - \sum_i \lambda_i g_i(\boldsymbol{x}) - \sum_j \mu_j h_j(\boldsymbol{x}).$$

$L(\boldsymbol{x}, \boldsymbol{\lambda}, \boldsymbol{\mu})$ 称为问题 (CP) 的**拉格朗日函数**.

若让函数 $L(\boldsymbol{x}, \boldsymbol{\lambda}, \boldsymbol{\mu})$ 对 $\boldsymbol{x}$ 求偏导数, 则得到

$$\nabla_{\boldsymbol{x}} L(\boldsymbol{x}, \boldsymbol{\lambda}, \boldsymbol{\mu}) = \nabla f(\boldsymbol{x}) - \sum_{i\in G} \lambda_i \nabla g_i(\boldsymbol{x}) - \sum_{j\in H} \mu_j \nabla h_j(\boldsymbol{x}).$$

因此, K-T 条件的一种简化表达为

$$\begin{aligned} &\nabla_{\boldsymbol{x}} L(\bar{\boldsymbol{x}}, \boldsymbol{\lambda}, \boldsymbol{\mu}) = 0, \\ &\lambda_i g_i(\bar{\boldsymbol{x}}) = 0, \quad i \in G, \\ &\lambda_i \geqslant 0, \qquad i \in G. \end{aligned}$$

### 10.4.2 充分条件

在一定条件下, K-T 条件也是问题 (CP) 最优解的充分条件.

**定理 10.4.4** 设问题 (CP) 为凸规划. $\bar{\boldsymbol{x}} \in S$ 是一个可行解, $f$ 及诸 $g_i(i \in I)$ 在点 $\bar{\boldsymbol{x}}$ 处可微, 诸 $g_i(i \notin I)$ 在点 $\bar{\boldsymbol{x}}$ 处连续, $h_j(j \in H)$ 在 $\bar{\boldsymbol{x}}$ 处连续可微.

若 $\bar{\boldsymbol{x}}$ 满足 K-T 条件, 则 $\bar{\boldsymbol{x}}$ 是问题 (CP) 的全局最优解.

**证明** 由凸规划的定义 1.5.1, 可知 $f$ 是凸函数, 诸 $g_i(i \in G)$ 是凹函数, 诸 $h_j(j \in H)$ 是线性函数.

因为 $f(\boldsymbol{x})$ 为凸函数, 由定理 1.4.9, 可知

$$f(\boldsymbol{x}) \geqslant f(\bar{\boldsymbol{x}}) + \nabla f(\bar{\boldsymbol{x}})^{\mathrm{T}}(\boldsymbol{x} - \bar{\boldsymbol{x}}), \quad \forall \boldsymbol{x} \in \mathbb{R}^n. \tag{10.4.5}$$

因为 $\bar{\boldsymbol{x}}$ 是 K-T 点, 因此存在 $\boldsymbol{\lambda} \geqslant 0$, 使得

$$\nabla f(\bar{\boldsymbol{x}}) - \sum_{i\in I} \lambda_i \nabla g_i(\bar{\boldsymbol{x}}) - \sum_{j\in H} \mu_j \nabla h_j(\bar{\boldsymbol{x}}) = 0.$$

因此

$$\nabla f(\bar{\boldsymbol{x}})^{\mathrm{T}}(\boldsymbol{x} - \bar{\boldsymbol{x}})$$

$$= \sum_{i\in I(\bar{\boldsymbol{x}})} \lambda_i \nabla g_i(\bar{\boldsymbol{x}})^{\mathrm{T}}(\boldsymbol{x}-\bar{\boldsymbol{x}}) + \sum_{j\in H} \mu_j \nabla h_j(\bar{\boldsymbol{x}})^{\mathrm{T}}(\boldsymbol{x}-\bar{\boldsymbol{x}}). \tag{10.4.6}$$

对任一可行点 $\boldsymbol{x}$, 由于 $-g_i(\boldsymbol{x})(i\in G)$ 为凸函数, 所以有

$$-g_i(\boldsymbol{x}) \geqslant -g_i(\bar{\boldsymbol{x}}) - \nabla g_i(\bar{\boldsymbol{x}})^{\mathrm{T}}(\boldsymbol{x}-\bar{\boldsymbol{x}}), \quad i\in G.$$

即

$$\nabla g_i(\bar{\boldsymbol{x}})^{\mathrm{T}}(\boldsymbol{x}-\bar{\boldsymbol{x}}) \geqslant g_i(\boldsymbol{x}) - g_i(\bar{\boldsymbol{x}}), \quad i\in G.$$

由于 $I$ 中的积极约束都是等式 $(g_i(\bar{\boldsymbol{x}})=0,\, i\in I)$ 成立, 因此

$$\nabla g_i(\bar{\boldsymbol{x}})^{\mathrm{T}}(\boldsymbol{x}-\bar{\boldsymbol{x}}) \geqslant g_i(\boldsymbol{x}) \geqslant 0, \quad i\in I. \tag{10.4.7}$$

类似地, 由于 $h_j(\boldsymbol{x})(j\in H)$ 是线性函数 (既是凸函数又是凹函数), 因此 $\forall i\in H$,

$$h_j(\boldsymbol{x}) \geqslant h_j(\bar{\boldsymbol{x}}) + \nabla h_j(\bar{\boldsymbol{x}})^{\mathrm{T}}(\boldsymbol{x}-\bar{\boldsymbol{x}}),$$

$$-h_j(\boldsymbol{x}) \geqslant -h_j(\bar{\boldsymbol{x}}) - \nabla h_j(\bar{\boldsymbol{x}})^{\mathrm{T}}(\boldsymbol{x}-\bar{\boldsymbol{x}}).$$

这表明

$$h_j(\boldsymbol{x}) = h_j(\bar{\boldsymbol{x}}) + \nabla h_j(\bar{\boldsymbol{x}})^{\mathrm{T}}(\boldsymbol{x}-\bar{\boldsymbol{x}}), \quad i\in H.$$

于是

$$\nabla h_j(\bar{\boldsymbol{x}})^{\mathrm{T}}(\boldsymbol{x}-\bar{\boldsymbol{x}}) = h_j(\boldsymbol{x}) - h_j(\bar{\boldsymbol{x}}) = 0-0 = 0, \quad i\in H. \tag{10.4.8}$$

由式 (10.4.7)、(10.4.8) 以及 (10.4.6), 可知 $\nabla f(\bar{\boldsymbol{x}})^{\mathrm{T}}(\boldsymbol{x}-\bar{\boldsymbol{x}}) \geqslant 0$. 再由 (10.4.5), 就可以得到

$$f(\boldsymbol{x}) \geqslant f(\bar{\boldsymbol{x}}),$$

即, $\bar{\boldsymbol{x}}$ 是问题 (CP) 的全局最优解. ∎

由定理 10.4.4, K-T 条件也为约束优化问题的求解提供了一种途径.

**例 10.4.5**　用 K-T 条件解下列问题.

$$\begin{aligned}
\min \quad & (x_1-1)^2+(x_2-2)^2 \\
\text{s.t.} \quad & x_1+x_2 \leqslant 2, \\
& x_1 \geqslant 0, \\
& x_2 \geqslant 0, \\
& -x_1+x_2 = 1.
\end{aligned}$$

**解** 按照约束优化问题 (CP) 的形式, 有

$$\begin{aligned} f(\boldsymbol{x}) &= (x_1-1)^2+(x_2-2)^2, \\ g_1(\boldsymbol{x}) &= -x_1-x_2+2, \\ g_2(\boldsymbol{x}) &= x_1, \\ g_3(\boldsymbol{x}) &= x_2, \\ h_1(\boldsymbol{x}) &= -x_1+x_2-1. \end{aligned}$$

该问题的拉格朗日函数为

$$\begin{aligned} L(\boldsymbol{x},\boldsymbol{\lambda},\boldsymbol{\mu}) = &(x_1-1)^2+(x_2-2)^2 \\ &-\lambda_1(-x_1-x_2+2)-\lambda_2 x_1-\lambda_3 x_2 \\ &-\mu(-x_1+x_2-1). \end{aligned}$$

因为

$$\begin{aligned} \frac{\partial L}{\partial x_1} &= 2(x_1-1)+\lambda_1-\lambda_2+\mu, \\ \frac{\partial L}{\partial x_2} &= 2(x_2-2)+\lambda_1-\lambda_3-\mu. \end{aligned}$$

故问题的 K-T 条件为

$$\begin{cases} 2(x_1-1)+\lambda_1-\lambda_2+\mu=0, \\ 2(x_2-2)+\lambda_1-\lambda_3-\mu=0, \\ \lambda_1(-x_1-x_2+2)=0, \\ \lambda_2 x_1=0, \\ \lambda_3 x_2=0, \\ \lambda_1,\lambda_2,\lambda_3 \geqslant 0. \end{cases}$$

另外, $\boldsymbol{x}$ 还必须是可行点, 从而

$$\begin{cases} -x_1-x_2+2 \geqslant 0, \\ x_1 \geqslant 0, \\ x_2 \geqslant 0, \\ -x_1+x_2-1=0. \end{cases}$$

解出满足所有这些限制条件的 K-T 点一般是不容易的. 为使求解易于进行, 我们从互补松紧条件入手开始讨论.

(1) 设 $\lambda_1 = 0, x_1 \neq 0, x_2 \neq 0$.

由互补松紧条件知 $\lambda_2 = \lambda_3 = 0$. 由 K-T 条件得

$$2(x_1 - 1) + \mu = 0,$$

$$2(x_2 - 2) - \mu = 0.$$

因此, 有

$$x_1 + x_2 - 3 = 0.$$

再由等式约束条件

$$-x_1 + x_2 - 1 = 0,$$

可解出

$$x_1 = 1,$$

$$x_2 = 2.$$

但这个解不满足不等式约束条件

$$x_1 + x_2 \leqslant 2,$$

因而被舍弃.

(2) 设 $\lambda_1 \neq 0$.

由互补松紧条件, 得

$$x_1 + x_2 - 2 = 0.$$

再由等式约束条件

$$-x_1 + x_2 - 1 = 0,$$

可解出

$$x_1 = \frac{1}{2},$$

$$x_2 = \frac{3}{2}.$$

对于这个解, 由互补松紧条件知 $\lambda_2 = \lambda_3 = 0$. 将这些值代入 K-T 条件的前两个方程, 有

$$2\left(\frac{1}{2} - 1\right) + \lambda_1 + \mu = 0,$$

$$2\left(\frac{3}{2}-2\right)+\lambda_1-\mu=0.$$

解得 $\lambda_1=1,\ \mu=0$.

检验 $\boldsymbol{x}=\begin{bmatrix}1/2\\3/2\end{bmatrix}$, $\boldsymbol{\lambda}=\begin{bmatrix}1\\0\\0\end{bmatrix}$, $\mu=0$ 均满足 K-T 条件和可行性条件, 因此 $\boldsymbol{x}=\begin{bmatrix}1/2\\3/2\end{bmatrix}$ 为问题的 K-T 点.

由于本例中的约束优化问题为凸规划, 由定理 10.4.4 可知 $\boldsymbol{x}=\begin{bmatrix}1/2\\3/2\end{bmatrix}$ 为问题的全局最优解. ■

## 10.5 约束优化问题的对偶理论

### 10.5.1 对偶问题

回忆约束最优化问题的一般形式为

$$\begin{aligned}\min\quad & f(\boldsymbol{x}) && \text{(CP)}\\ \text{s.t.}\quad & g_i(\boldsymbol{x})\geqslant 0,\quad i\in G,\\ & h_j(\boldsymbol{x})=0,\quad j\in H.\end{aligned}$$

**定义 10.5.1** 定义

$$L(\boldsymbol{x},\boldsymbol{\lambda},\boldsymbol{\mu})=f(\boldsymbol{x})-\sum_i\lambda_i g_i(\boldsymbol{x})-\sum_j\mu_j h_j(\boldsymbol{x})$$

为约束优化问题 (CP) 的**拉格朗日函数**, $\lambda_i(i\in G)$, $\mu_j(j\in H)$ 分别称为对应于 $g_i(\boldsymbol{x})$ 和 $h_j(\boldsymbol{x})$ 的**拉格朗日乘子**.

定义

$$\theta(\boldsymbol{\lambda},\boldsymbol{\mu})=\inf_{\boldsymbol{x}}\{L(\boldsymbol{x},\boldsymbol{\lambda},\boldsymbol{\mu})\}$$

为**拉格朗日对偶函数**.

则如下定义的约束优化问题 (CP-D)

$$\max\quad \theta(\boldsymbol{\lambda},\boldsymbol{\mu}) \qquad \text{(CP-D)}$$

$$\text{s.t.}\quad \boldsymbol{\lambda} \geqslant \mathbf{0}.$$

为约束优化问题 (CP) 的**对偶问题**.

**例 10.5.2** 标准线性规划的拉格朗日对偶问题是什么?

**解** 标准的 LP 为

$$\begin{aligned} \min \quad & \boldsymbol{c}^{\mathrm{T}}\boldsymbol{x} \\ \text{s.t.} \quad & \boldsymbol{A}\boldsymbol{x} = \boldsymbol{b}, \\ & \boldsymbol{x} \geqslant \mathbf{0}. \end{aligned}$$

拉格朗日函数为

$$\begin{aligned} L(\boldsymbol{x}, \boldsymbol{\lambda}, \boldsymbol{\mu}) &= \boldsymbol{c}^{\mathrm{T}}\boldsymbol{x} - \boldsymbol{\lambda}^{\mathrm{T}}\boldsymbol{x} - \boldsymbol{\mu}^{\mathrm{T}}(\boldsymbol{A}\boldsymbol{x} - \boldsymbol{b}) \\ &= \boldsymbol{b}^{\mathrm{T}}\boldsymbol{\mu} - (\boldsymbol{c} - \boldsymbol{A}^{\mathrm{T}}\boldsymbol{\mu} - \boldsymbol{\lambda})^{\mathrm{T}}\boldsymbol{x}. \end{aligned}$$

拉格朗日对偶函数为

$$\begin{aligned} \theta(\boldsymbol{\lambda}, \boldsymbol{\mu}) &= \inf_{\boldsymbol{x}}\{L(\boldsymbol{x}, \boldsymbol{\lambda}, \boldsymbol{\mu})\} \\ &= \boldsymbol{b}^{\mathrm{T}}\boldsymbol{\mu} - \inf_{\boldsymbol{x}}\{(\boldsymbol{c} - \boldsymbol{A}^{\mathrm{T}}\boldsymbol{\mu} - \boldsymbol{\lambda})^{\mathrm{T}}\boldsymbol{x}\} \\ &= \begin{cases} \boldsymbol{b}^{\mathrm{T}}\boldsymbol{\mu}, & \boldsymbol{c} - \boldsymbol{A}^{\mathrm{T}}\boldsymbol{\mu} - \boldsymbol{\lambda} = \mathbf{0}, \\ -\infty, & \text{o.w.}. \end{cases} \end{aligned}$$

下面考虑对偶问题 $\max\{\theta(\boldsymbol{\lambda}, \boldsymbol{\mu}) \mid \boldsymbol{\lambda} \geqslant \mathbf{0}\}$. 由于 $-\infty$ 显然 $< \boldsymbol{b}^{\mathrm{T}}\boldsymbol{\mu}$(当 $\boldsymbol{b}^{\mathrm{T}}\boldsymbol{\mu}$ 为有限值时), 因此为计算 $\theta(\boldsymbol{\lambda}, \boldsymbol{\mu})$ 的最大值, $\theta(\boldsymbol{\lambda}, \boldsymbol{\mu})$ 为 $-\infty$ 的情形可以不必考虑. 于是, 得到对偶问题如下

$$\begin{aligned} \max \quad & \boldsymbol{b}^{\mathrm{T}}\boldsymbol{\mu} \\ \text{s.t.} \quad & \boldsymbol{c} - \boldsymbol{A}^{\mathrm{T}}\boldsymbol{\mu} - \boldsymbol{\lambda} = \mathbf{0}, \\ & \boldsymbol{\lambda} \geqslant \mathbf{0}. \end{aligned}$$

这等价于

$$\begin{aligned} \max \quad & \boldsymbol{b}^{\mathrm{T}}\boldsymbol{\mu} \\ \text{s.t.} \quad & \boldsymbol{A}^{\mathrm{T}}\boldsymbol{\mu} \leqslant \boldsymbol{c}, \\ & \boldsymbol{\mu} \gtreqless \mathbf{0}. \end{aligned}$$

这恰好是标准型的线性规划的对偶规划. ∎

**例 10.5.3** 求如下非线性规划问题的对偶规划.

$$\begin{aligned}\min\quad & x_1^2+x_2^2\\ \text{s.t.}\quad & x_1+x_2\geqslant 4,\\ & x_1,x_2\geqslant 0.\end{aligned}$$

**解** 拉格朗日函数为 $L(\boldsymbol{x},\boldsymbol{\lambda},\boldsymbol{\mu})=x_1^2+x_2^2-\lambda_1x_1-\lambda_2x_2-\lambda_3(x_1+x_2-4)$. 拉格朗日对偶函数为 $\theta(\boldsymbol{\lambda},\boldsymbol{\mu})=\inf_{\boldsymbol{x}}\{x_1^2+x_2^2-\lambda_1x_1-\lambda_2x_2-\lambda_3(x_1+x_2-4)\}$, 对偶问题为

$$\begin{aligned}\max\quad & \inf_{\boldsymbol{x}}\{x_1^2+x_2^2-\lambda_1x_1-\lambda_2x_2-\lambda_3(x_1+x_2-4)\}\\ \text{s.t.}\quad & \boldsymbol{\lambda}\geqslant \mathbf{0}.\end{aligned}$$

拉格朗日函数 $L(\boldsymbol{x},\boldsymbol{\lambda},\boldsymbol{\mu})$ 是关于 $\boldsymbol{x}$ 的二次函数, 其黑塞矩阵为二阶单位矩阵 $\boldsymbol{I}$, 正定. 由定理 1.4.13, $L(\boldsymbol{x},\boldsymbol{\lambda},\boldsymbol{\mu})$ 是 $\boldsymbol{x}$ 的严格凸函数, 因此有唯一的全局极小点. 由定理 9.1.2, 其全局极小点位于 $\nabla L(\boldsymbol{x},\boldsymbol{\lambda},\boldsymbol{\mu})=0$ 处. 解

$$\nabla L(\boldsymbol{x},\boldsymbol{\lambda},\boldsymbol{\mu})=\begin{bmatrix}2x_1-\lambda_1-\lambda_3\\ 2x_2-\lambda_2-\lambda_3\end{bmatrix}=\mathbf{0},$$

得全局极小点为 $\boldsymbol{x}^*=\begin{bmatrix}\dfrac{1}{2}(\lambda_1+\lambda_3)\\ \dfrac{1}{2}(\lambda_2+\lambda_3)\end{bmatrix}$.

将 $\boldsymbol{x}^*$ 代入 $L(\boldsymbol{x},\boldsymbol{\lambda},\boldsymbol{\mu})$, 得到对偶问题为

$$\begin{aligned}\max\quad & -\frac{1}{4}\lambda_1^2-\frac{1}{4}\lambda_2^2-\frac{1}{2}\lambda_3^2-\frac{1}{2}\lambda_1\lambda_3-\frac{1}{2}\lambda_2\lambda_3+4\lambda_3\\ \text{s.t.}\quad & \boldsymbol{\lambda}\geqslant \mathbf{0}.\end{aligned}$$

■

记 $p^*$ 为约束优化问题 (CP) 的最优解值. 则我们有如下引理.

**引理 10.5.4** $\forall\boldsymbol{\lambda}\geqslant\mathbf{0},\forall\boldsymbol{\mu}$, $\theta(\boldsymbol{\lambda},\boldsymbol{\mu})\leqslant p^*$.

**证明** 任取 $\boldsymbol{\lambda}\geqslant\mathbf{0}$ 和 $\boldsymbol{\mu}$, 对 (CP) 的任意可行解 $\boldsymbol{x}$, 有

$$\sum_i\lambda_ig_i(\boldsymbol{x})+\sum_j\mu_jh_j(\boldsymbol{x})\geqslant 0,$$

从而

$$L(\boldsymbol{x},\boldsymbol{\lambda},\boldsymbol{\mu})=f(\boldsymbol{x})-\sum_i\lambda_ig_i(\boldsymbol{x})-\sum_j\mu_jh_j(\boldsymbol{x})\leqslant f(\boldsymbol{x}).$$

两边关于 $\boldsymbol{x}$ 同时取下确界便得到 $\theta(\boldsymbol{\lambda},\boldsymbol{\mu})\leqslant p^*$. ■

由引理 10.5.4, 对任意的 $\boldsymbol{\lambda}\geqslant\mathbf{0}$ 和任意的 $\boldsymbol{\mu}$ 都有 $\theta(\boldsymbol{\lambda},\boldsymbol{\mu})\leqslant p^*$, 则 $\max_{\boldsymbol{\lambda}\geqslant\mathbf{0}}\theta(\boldsymbol{\lambda},\boldsymbol{\mu})$ 也小于等于 $p^*$. 因此, $\max_{\boldsymbol{\lambda}\geqslant\mathbf{0}}\theta(\boldsymbol{\lambda},\boldsymbol{\mu})$ 是 $p^*$ 的一个更紧的下界. 这就是对偶问题 (CP-D) 的由来.

设 $d^*$ 为 (CP-D) 的最优解值. 则我们已经证明了

**定理 10.5.5**　$d^*\leqslant p^*$.

这是约束优化问题的**弱对偶定理**.

对于各种各样不同的约束优化问题, 有些问题能够达到更紧的结论 $d^*=p^*$. 但这不能一般地对所有的约束优化问题都达到. 因此, 一般地, 约束优化问题和它的对偶之间存在着**对偶间隙**. 对于那些能够达到 $d^*=p^*$ 的约束优化问题, 称对偶间隙为 0. 线性规划作为约束规划的一种特殊形式, 其对偶间隙为 0.

**例 10.5.6**　例 10.5.3 的 $p^*$ 和 $d^*$ 分别等于多少?

**解**　由于在目标函数 $x_1^2+x_2^2$ 中 $x_1$ 和 $x_2$ 的系数相同, 当 $x_1$ 和 $x_2$ 的值相等时例 10.5.3 的原始问题解值达到最小. 根据其约束 $x_1+x_2\geqslant 4$, 可知 $x_1=2, x_2=2$ 为最优解, 解值为 8.

对于例 10.5.3 的对偶问题, 当 $\lambda_1=\lambda_2=0$, $\lambda_3=4$ 时达到最优值, 最优值也为 8. 因此该例的对偶间隙为 0. ■

**例 10.5.7**　写出下述非线性规划的拉格朗日对偶函数.

$$\begin{aligned}\min\quad & \boldsymbol{x}^{\mathrm{T}}\boldsymbol{W}\boldsymbol{x}\\ \text{s.t.}\quad & x_i^2=1,\quad i\in[n],\\ & \boldsymbol{x}\in\mathbb{R}^n.\end{aligned}$$

这里 $\boldsymbol{W}$ 是 $n$ 阶实对称矩阵, $[n]$ 表示从 1 到 $n$ 的自然数的集合.

**解**　该规划的拉格朗日函数为

$$L(\boldsymbol{x},\boldsymbol{\mu})=\boldsymbol{x}^{\mathrm{T}}\boldsymbol{W}\boldsymbol{x}-\sum_i\mu_i(x_i^2-1).$$

拉格朗日对偶函数为

$$\begin{aligned}\theta(\boldsymbol{\mu})&=\inf_{\boldsymbol{x}}\left\{\boldsymbol{x}^{\mathrm{T}}\boldsymbol{W}\boldsymbol{x}-\sum_i\mu_i(x_i^2-1)\right\}\\ &=\inf_{\boldsymbol{x}}\left\{\boldsymbol{x}^{\mathrm{T}}\boldsymbol{W}\boldsymbol{x}-\sum_i\mu_ix_i^2+\sum_i\mu_i\right\}\\ &=\boldsymbol{e}^{\mathrm{T}}\boldsymbol{\mu}+\inf_{\boldsymbol{x}}\left\{\boldsymbol{x}^{\mathrm{T}}\boldsymbol{W}\boldsymbol{x}-\boldsymbol{x}^{\mathrm{T}}\mathrm{diag}(\boldsymbol{\mu})\boldsymbol{x}\right\}\end{aligned}$$

$$= \boldsymbol{e}^{\mathrm{T}}\boldsymbol{\mu} + \inf_{\boldsymbol{x}} \left\{ \boldsymbol{x}^{\mathrm{T}}(\boldsymbol{W} - \mathrm{diag}(\boldsymbol{\mu}))\boldsymbol{x} \right\},$$

其中 $\mathrm{diag}(\boldsymbol{\mu})$ 是一个对角矩阵, 其主对角线和 $\boldsymbol{\mu}$ 一致, $\boldsymbol{e}$ 为全 1 向量.

进行进一步的分析. 若 $\boldsymbol{W}-\mathrm{diag}(\boldsymbol{\mu})$ 有小于 0 的特征值 (即, 该矩阵是一个不定矩阵或半负定矩阵), 由于 $\boldsymbol{x}$ 可任意取值, $\boldsymbol{x}^{\mathrm{T}}(\boldsymbol{W} - \mathrm{diag}(\boldsymbol{\mu}))\boldsymbol{x}$ 的下确界为 $-\infty$. 否则, 若 $\boldsymbol{W}-\mathrm{diag}(\boldsymbol{\mu})$ 的所有特征值均大于等于 0(即, 该矩阵是一个半正定矩阵), 无论 $\boldsymbol{x}$ 怎样取, 都有 $\boldsymbol{x}^{\mathrm{T}}(\boldsymbol{W} - \mathrm{diag}(\boldsymbol{\mu}))\boldsymbol{x} \geqslant 0$. 因此, 我们有

$$\theta(\boldsymbol{\mu}) = \begin{cases} \boldsymbol{e}^{\mathrm{T}}\boldsymbol{\mu}, & \boldsymbol{W} - \mathrm{diag}(\boldsymbol{\mu}) \geqslant \boldsymbol{0}, \\ -\infty, & \text{o.w..} \end{cases}$$ ∎

读者可注意到, 例 10.5.7 中的规划正是规划 (10.1.2).

我们再来看例 10.5.7, 推导出对偶函数 $\theta(\boldsymbol{\mu})$ 的一个函数值. 即, 找出一个具体的 $\boldsymbol{\mu}$, 并计算出 $\theta(\boldsymbol{\mu})$ 的值.

记 $\lambda_{\min}$ 为 $\boldsymbol{W}$ 的最小特征值. 定义 $\boldsymbol{\mu}$ 为每个分量均为 $\lambda_{\min}$ 构成的向量. 于是, $\boldsymbol{W} - \mathrm{diag}(\boldsymbol{\mu}) = \boldsymbol{W} - \lambda_{\min}\boldsymbol{I}$. 由于

**断言 10.5.8** $\lambda$ 是 $\boldsymbol{W}$ 的特征值 $\Leftrightarrow$ $\lambda - \lambda_{\min}$ 是 $\boldsymbol{W} - \lambda_{\min}\boldsymbol{I}$ 的特征值.

$\boldsymbol{W} - \lambda_{\min}\boldsymbol{I}$ 的每一个特征值都是非负的, 因此 $\boldsymbol{W} - \lambda_{\min}\boldsymbol{I}$ 是半正定矩阵. 于是, 对于该 $\boldsymbol{\mu}$, $\theta(\boldsymbol{\mu}) = n\lambda_{\min}$. 这表明 $n\lambda_{\min}$ 是原问题的一个下界.

**断言 10.5.8 的证明** 假设 $\lambda$ 为 $\boldsymbol{W}$ 的特征值, $\boldsymbol{x}$ 为对应的特征向量. 则有

$$\begin{aligned} \boldsymbol{W}\boldsymbol{x} = \lambda\boldsymbol{x} &\Leftrightarrow (\boldsymbol{W} - \lambda\boldsymbol{I})\boldsymbol{x} = \boldsymbol{0} \\ &\Leftrightarrow (\boldsymbol{W} - \lambda\boldsymbol{I} + \lambda_{\min}\boldsymbol{I} - \lambda_{\min}\boldsymbol{I})\boldsymbol{x} = \boldsymbol{0} \\ &\Leftrightarrow ((\boldsymbol{W} - \lambda_{\min}\boldsymbol{I}) - (\lambda - \lambda_{\min})\boldsymbol{I})\boldsymbol{x} = \boldsymbol{0} \\ &\Leftrightarrow (\boldsymbol{W} - \lambda_{\min}\boldsymbol{I})\boldsymbol{x} = (\lambda - \lambda_{\min})\boldsymbol{x}. \end{aligned}$$

断言得证. ∎

### 10.5.2 凸规划的对偶

对于非线性规划和其拉格朗日对偶规划, 弱对偶定理 10.5.5 证明了总有 $d^* \leqslant p^*$. 一个自然的问题是, 什么条件下对偶间隙为 0? 这一节将证明, 当 (CP) 为凸规划, 并且再满足一定条件时, 有 $p^* = d^*$.

为书写方便, 记向量

$$\boldsymbol{g}(\boldsymbol{x}) = \begin{bmatrix} g_1(\boldsymbol{x}) \\ g_2(\boldsymbol{x}) \\ \vdots \\ g_m(\boldsymbol{x}) \end{bmatrix},$$

向量 $\boldsymbol{h}(\boldsymbol{x})$ 类似地定义.

于是, 约束优化问题 (CP) 可以简写为

$$\begin{aligned} \min \quad & f(\boldsymbol{x}) \\ \text{s.t.} \quad & \boldsymbol{g}(\boldsymbol{x}) \geqslant \boldsymbol{0}, \\ & \boldsymbol{h}(\boldsymbol{x}) = \boldsymbol{0}. \end{aligned} \tag{CP}$$

**引理 10.5.9**　假设 (CP) 为凸规划, 其可行域不为空. 现有两个约束系统:

$$A = \begin{cases} f(\boldsymbol{x}) < 0, \\ \boldsymbol{g}(\boldsymbol{x}) \geqslant \boldsymbol{0}, \\ \boldsymbol{h}(\boldsymbol{x}) = \boldsymbol{0}, \end{cases}$$

$$B = \begin{cases} w_0 f(\boldsymbol{x}) - \boldsymbol{w}^{\mathrm{T}}\boldsymbol{g}(\boldsymbol{x}) - \boldsymbol{v}^{\mathrm{T}}\boldsymbol{h}(\boldsymbol{x}) \geqslant 0, \forall \boldsymbol{x}, \\ \begin{bmatrix} w_0 \\ \boldsymbol{w} \end{bmatrix} \geqslant \boldsymbol{0}, \\ \begin{bmatrix} w_0 \\ \boldsymbol{w} \\ \boldsymbol{v} \end{bmatrix} \neq \boldsymbol{0}. \end{cases}$$

若系统 $A$ 无解, 则系统 $B$ 有解.

**证明**　定义集合 $C$ 为

$$C = \left\{ \begin{bmatrix} p \\ \boldsymbol{q} \\ \boldsymbol{r} \end{bmatrix} : \exists \boldsymbol{x} \text{ s.t. } \begin{array}{r} f(\boldsymbol{x}) < p, \\ \boldsymbol{g}(\boldsymbol{x}) \geqslant \boldsymbol{q}, \\ \boldsymbol{h}(\boldsymbol{x}) = \boldsymbol{r} \end{array} \right\}.$$

由于 (CP) 的可行域不为空, 可知 $C$ 不是空集. 由凸集和凸函数的定义, 可证明 $C$ 是凸集.

由于系统 $A$ 无解, 自然点 $\begin{bmatrix} 0 \\ \boldsymbol{0} \\ \boldsymbol{0} \end{bmatrix}$ 不属于凸集 $C$. 由点和凸集的分离定理 1.3.8 可知, 存在向量

$$\begin{bmatrix} w_0 \\ \boldsymbol{w} \\ \boldsymbol{v} \end{bmatrix} \neq \boldsymbol{0}, \tag{10.5.1}$$

使得对每一个 $\begin{bmatrix} p \\ \boldsymbol{q} \\ \boldsymbol{r} \end{bmatrix} \in \mathrm{cl}C$, 都有 $\begin{bmatrix} w_0 & \boldsymbol{w}^{\mathrm{T}} & \boldsymbol{v}^{\mathrm{T}} \end{bmatrix} \left( \begin{bmatrix} p \\ \boldsymbol{q} \\ \boldsymbol{r} \end{bmatrix} - \begin{bmatrix} 0 \\ \mathbf{0} \\ \mathbf{0} \end{bmatrix} \right) \leqslant 0$, 即

$$w_0 p + \boldsymbol{w}^{\mathrm{T}} \boldsymbol{q} + \boldsymbol{v}^{\mathrm{T}} \boldsymbol{r} \leqslant 0.$$

令 $w_0' = -w_0$, 则有

$$w_0' p - \boldsymbol{w}^{\mathrm{T}} \boldsymbol{q} - \boldsymbol{v}^{\mathrm{T}} \boldsymbol{r} \geqslant 0, \quad \forall \begin{bmatrix} p \\ \boldsymbol{q} \\ \boldsymbol{r} \end{bmatrix} \in \mathrm{cl}C. \tag{10.5.2}$$

下面我们要证明这个 $\begin{bmatrix} w_0' \\ \boldsymbol{w} \\ \boldsymbol{v} \end{bmatrix}$ 即是系统 $B$ 的一个解.

首先, 任取 $\boldsymbol{x}$, 注意到 $\begin{bmatrix} f(\boldsymbol{x}) \\ \boldsymbol{g}(\boldsymbol{x}) \\ \boldsymbol{h}(\boldsymbol{x}) \end{bmatrix} \in \mathrm{cl}C$. 因此, 由 (10.5.2), 就有

$$w_0' f(\boldsymbol{x}) - \boldsymbol{w}^{\mathrm{T}} \boldsymbol{g}(\boldsymbol{x}) - \boldsymbol{v}^{\mathrm{T}} \boldsymbol{h}(\boldsymbol{x}) \geqslant 0, \quad \forall \boldsymbol{x}. \tag{10.5.3}$$

其次, 由于 $C$ 不为空, 任取 $\begin{bmatrix} p \\ \boldsymbol{q} \\ \boldsymbol{r} \end{bmatrix} \in C$. 由集合 $C$ 的定义, 可知存在 $\boldsymbol{x}$, 使得

$$f(\boldsymbol{x}) < p, \quad \boldsymbol{g}(\boldsymbol{x}) \geqslant \boldsymbol{q}, \quad \boldsymbol{h}(\boldsymbol{x}) = \boldsymbol{r}.$$

取 $p'$ 为大于 $p$ 的任意大的正数, 则亦有 $\begin{bmatrix} p' \\ \boldsymbol{q} \\ \boldsymbol{r} \end{bmatrix} \in C$. 由于 $p'$ 可为任意大的正数, 由 (10.5.2) 可知必有

$$w_0' \geqslant 0. \tag{10.5.4}$$

类似地, 由于 $\begin{bmatrix} p \\ \boldsymbol{q} \\ \boldsymbol{r} \end{bmatrix} \in C$, 取 $q' \leqslant q$, 其每个分量可取任意小的负数 (绝对值任意

大的负数), 则亦有 $\begin{bmatrix} p \\ \boldsymbol{q}' \\ \boldsymbol{r} \end{bmatrix} \in C$. 由 (10.5.2) 可知必有

$$\boldsymbol{w} \geqslant \boldsymbol{0}. \tag{10.5.5}$$

(10.5.4) 和 (10.5.5) 表明 $\begin{bmatrix} w_0' \\ \boldsymbol{w} \end{bmatrix} \geqslant \boldsymbol{0}$. (10.5.1) 表明 $\begin{bmatrix} w_0' \\ \boldsymbol{w} \\ \boldsymbol{v} \end{bmatrix} \neq \boldsymbol{0}$. 再由 (10.5.3), 可知 $\begin{bmatrix} w_0' \\ \boldsymbol{w} \\ \boldsymbol{v} \end{bmatrix}$ 即是系统 $B$ 的一个解. ■

**定义 10.5.10** 对于约束规划 (CP), 设存在一个可行解 $\bar{\boldsymbol{x}}$ 满足

$$\begin{cases} g_i(\bar{\boldsymbol{x}}) > 0, & \forall i \in G, \\ h_j(\bar{\boldsymbol{x}}) = 0, & \forall j \in H, \end{cases}$$

则称 $\bar{\boldsymbol{x}}$ 满足 Slater 条件.

回忆 $p^*$ 为约束规划 (CP) 的最优解值, $d^*$ 为 (CP) 的对偶规划 (CP-D) 的最优解值.

**定理 10.5.11** (强对偶定理) 假设约束优化问题 (CP) 是一个凸规划, 且有一个可行解满足 Slater 条件, 则此时有 $p^* = d^*$.

**证明** 若 $p^* = -\infty$, 由弱对偶定理 10.5.5, 则 $d^* = -\infty$, 本定理得证.

下面我们假设 $p^*$ 为有限值. 由于弱对偶定理 10.5.5 已经证明了 $d^* \leqslant p^*$, 我们只需要再证明 $d^* \geqslant p^*$. 考虑以下系统

$$\begin{aligned} f(\boldsymbol{x}) - p^* &< 0, \\ \boldsymbol{g}(\boldsymbol{x}) &\geqslant \boldsymbol{0}, \\ \boldsymbol{h}(\boldsymbol{x}) &= \boldsymbol{0}. \end{aligned}$$

由 $p^*$ 的定义, 可知该系统无解. 由引理 10.5.9, 存在 $\begin{bmatrix} w_0 \\ \boldsymbol{w} \\ \boldsymbol{v} \end{bmatrix}$ 满足

$$w_0(f(\boldsymbol{x}) - p^*) - \boldsymbol{w}^{\mathrm{T}}\boldsymbol{g}(\boldsymbol{x}) - \boldsymbol{v}^{\mathrm{T}}\boldsymbol{h}(\boldsymbol{x}) \geqslant 0, \quad \forall \boldsymbol{x}, \tag{10.5.6}$$

$$\begin{bmatrix} w_0 \\ \boldsymbol{w} \end{bmatrix} \geqslant \mathbf{0},$$

$$\begin{bmatrix} w_0 \\ \boldsymbol{w} \\ \boldsymbol{v} \end{bmatrix} \neq \mathbf{0}. \tag{10.5.7}$$

我们断言必有 $w_0 > 0$(下面证明). 令 $\bar{\boldsymbol{w}} = \dfrac{1}{w_0}\boldsymbol{w}$, $\bar{\boldsymbol{v}} = \dfrac{1}{w_0}\boldsymbol{v}$, 则得到

$$f(\boldsymbol{x}) - \bar{\boldsymbol{w}}^{\mathrm{T}}\boldsymbol{g}(\boldsymbol{x}) - \bar{\boldsymbol{v}}^{\mathrm{T}}\boldsymbol{h}(\boldsymbol{x}) \geqslant p^*, \quad \forall \boldsymbol{x}.$$

于是拉格朗日对偶函数 $\theta(\bar{\boldsymbol{w}}, \bar{\boldsymbol{v}}) = \inf_{\boldsymbol{x}}\{f(\boldsymbol{x}) - \bar{\boldsymbol{w}}^{\mathrm{T}}\boldsymbol{g}(\boldsymbol{x}) - \bar{\boldsymbol{v}}^{\mathrm{T}}\boldsymbol{h}(\boldsymbol{x})\} \geqslant p^*$, 且 $\bar{\boldsymbol{w}} \geqslant \mathbf{0}$. 这表明对偶规划 (CP-D) 的最优值 $d^* \geqslant p^*$.

下面证明断言 $w_0 > 0$. 反证. 假设

$$w_0 = 0,$$

则 (10.5.6) 式变为

$$\boldsymbol{w}^{\mathrm{T}}\boldsymbol{g}(\boldsymbol{x}) + \boldsymbol{v}^{\mathrm{T}}\boldsymbol{h}(\boldsymbol{x}) \leqslant 0, \quad \forall \boldsymbol{x}.$$

由定理给定, 假设可行解 $\hat{\boldsymbol{x}}$ 满足 Slater 条件, 即 $\boldsymbol{g}(\hat{\boldsymbol{x}}) > \mathbf{0}$, $\boldsymbol{h}(\hat{\boldsymbol{x}}) = \mathbf{0}$. 代入上式, 则得到

$$\boldsymbol{w} = \mathbf{0}.$$

因此有

$$\boldsymbol{v}^{\mathrm{T}}\boldsymbol{h}(\boldsymbol{x}) \leqslant 0, \quad \forall \boldsymbol{x}. \tag{10.5.8}$$

由于诸 $h_j(\boldsymbol{x})$ 是线性函数, 可假定 $\boldsymbol{h}(\boldsymbol{x}) = \mathbf{0}$ 的形式为 $\boldsymbol{A}\boldsymbol{x} - \boldsymbol{b} = \mathbf{0}$, 且 $\boldsymbol{A}$ 为行满秩矩阵 (否则 $\boldsymbol{h}(\boldsymbol{x}) = \mathbf{0}$ 无解, 或有可去掉的多余的约束). 现在, 令 $\bar{\boldsymbol{x}} = \boldsymbol{A}^{\mathrm{T}}(\boldsymbol{A}\boldsymbol{A}^{\mathrm{T}})^{-1}(\boldsymbol{v} + \boldsymbol{b})$, 则有

$$\boldsymbol{h}(\bar{\boldsymbol{x}}) = \boldsymbol{A}\boldsymbol{A}^{\mathrm{T}}(\boldsymbol{A}\boldsymbol{A}^{\mathrm{T}})^{-1}(\boldsymbol{v} + \boldsymbol{b}) - \boldsymbol{b} = \boldsymbol{v}.$$

于是, 由 (10.5.8) 可得 $\boldsymbol{v}^{\mathrm{T}}\boldsymbol{v} = 0$, 即

$$\boldsymbol{v} = \mathbf{0}.$$

因此, 我们得到 $\begin{bmatrix} w_0 \\ \boldsymbol{w} \\ \boldsymbol{v} \end{bmatrix}$ 为全 0, 这与 (10.5.7) 矛盾. ∎

标准型的线性规划是一个凸规划, 并且满足 Slater 条件. 因此, 对于线性规划和它的对偶而言, 对偶间隙等于 0.

例 10.5.3 中的规划是一个凸规划, 并且满足 Slater 条件. 正如例 10.5.6 所示, 该规划和它的对偶规划的对偶间隙为 0.

## 10.6 习　题

1. 已知 $\bar{\boldsymbol{x}}$ 是如下标准型线性规划的一个可行解.

$$\begin{aligned} \min \quad & \boldsymbol{c}^{\mathrm{T}}\boldsymbol{x} \\ \text{s.t.} \quad & \boldsymbol{A}\boldsymbol{x} = \boldsymbol{b}, \\ & \boldsymbol{x} \geqslant \boldsymbol{0}. \end{aligned}$$

请给出 $\bar{\boldsymbol{x}}$ 处可行方向应该满足的条件.

2. 已知 $\bar{\boldsymbol{x}}^{\mathrm{T}} = \begin{bmatrix} 0 & 2 & 0 & 6 & 3 \end{bmatrix}$ 是例 2.4.5 中的线性规划 (如下所示) 的一个可行解.

$$\begin{aligned} \min \quad & x_1 - x_2 \\ \text{s.t.} \quad & -2x_1 + x_2 + x_3 = 2, \\ & x_1 - 2x_2 + x_4 = 2, \\ & x_1 + x_2 + x_5 = 5, \\ & x_j \geqslant 0, \quad \forall j. \end{aligned}$$

判断 $\bar{\boldsymbol{x}}$ 是否满足 K-T 条件.

3. 用 K-T 条件解如下二次规划.

(a)

$$\begin{aligned} \min \quad & x_1^2 + x_2^2 \\ \text{s.t.} \quad & x_1 \geqslant 0, \\ & x_1 + x_2 = 1. \end{aligned}$$

(b)

$$\begin{aligned} \min \quad & x_1^2 + x_2^2 - 6x_1 - 4x_2 \\ \text{s.t.} \quad & x_1 + x_2 \leqslant 3, \\ & x_1 \geqslant 0, \\ & x_2 \geqslant 0. \end{aligned}$$

4. 用 K-T 条件解如下线性规划.

$$\begin{aligned}\max\quad & -x_1+x_2\\ \text{s.t.}\quad & 2x_1-x_2\geqslant -2,\\ & x_1-2x_2\leqslant 2,\\ & x_1+x_2\leqslant 5,\\ & x_1\geqslant 0, x_2\geqslant 0.\end{aligned}$$

5. 考虑如下二次规划.

$$\begin{aligned}\min\quad & -3x_1+x_2-x_3^2\\ \text{s.t.}\quad & x_1+x_2+x_3\leqslant 0,\\ & -x_1+2x_2+x_3^2=0.\end{aligned}$$

(a) 写出该二次规划的 K-T 条件, 并解出 K-T 点.

(b) 用观测法证明该二次规划最优值无下界.

这个题目说明了, 即使能够解出 K-T 点, 也不意味着 K-T 点一定是最优解.

6. 设 $\bar{\boldsymbol{x}}$ 是如下约束优化问题的最优解,

$$\begin{aligned}\min\quad & \frac{1}{2}\boldsymbol{x}^{\mathrm{T}}\boldsymbol{A}\boldsymbol{x}\\ \text{s.t.}\quad & \boldsymbol{x}\geqslant \boldsymbol{b}.\end{aligned}$$

其中 $\boldsymbol{A}$ 为对称正定矩阵. 请证明 $\bar{\boldsymbol{x}}-\boldsymbol{b}$ 和 $\boldsymbol{x}$ 关于 $\boldsymbol{A}$ 共轭.

# 第 11 章　约束优化问题的解法

## 11.1　二次规划的解法

二次规划是指约束函数为线性函数、目标函数为二次函数的约束规划, 是最简单的一类约束优化问题.

$$
\begin{aligned}
\min \quad & \frac{1}{2}\boldsymbol{x}^{\mathrm{T}}\boldsymbol{Q}\boldsymbol{x}+\boldsymbol{c}^{\mathrm{T}}\boldsymbol{x} \\
\text{s.t.} \quad & \boldsymbol{a}_i^{\mathrm{T}}\boldsymbol{x} \geqslant b_i, \qquad i\in G, \\
& \boldsymbol{a}_i^{\mathrm{T}}\boldsymbol{x} = b_i, \qquad i\in H.
\end{aligned} \tag{QP}
$$

在 (QP) 中, $\boldsymbol{Q}$ 为对称矩阵. 这里, $\boldsymbol{Q}$ 的写法来自于 [37].

### 11.1.1　等式约束二次规划的直接消元法

等式约束的二次规划问题为

$$
\begin{aligned}
\min \quad & f(\boldsymbol{x})=\frac{1}{2}\boldsymbol{x}^{\mathrm{T}}\boldsymbol{Q}\boldsymbol{x}+\boldsymbol{c}^{\mathrm{T}}\boldsymbol{x} \\
\text{s.t.} \quad & \boldsymbol{A}\boldsymbol{x}=\boldsymbol{b}.
\end{aligned} \tag{QPE}
$$

在此, 我们假设 $\boldsymbol{A}$ 是行满秩的.

本节介绍等式约束二次规划的直接消元法. 设 $\boldsymbol{A}=\begin{bmatrix}\boldsymbol{B} & \boldsymbol{N}\end{bmatrix}$, 其中 $\boldsymbol{B}$ 为可逆矩阵. 相应地, $\boldsymbol{x}$, $\boldsymbol{Q}$, $\boldsymbol{c}$ 划分如下:

$$
\boldsymbol{x}=\begin{bmatrix}\boldsymbol{x}_B\\ \boldsymbol{x}_N\end{bmatrix}, \quad \boldsymbol{Q}=\begin{bmatrix}\boldsymbol{Q}_{BB} & \boldsymbol{Q}_{BN}\\ \boldsymbol{Q}_{NB} & \boldsymbol{Q}_{NN}\end{bmatrix}, \quad \boldsymbol{c}=\begin{bmatrix}\boldsymbol{c}_B\\ \boldsymbol{c}_N\end{bmatrix}.
$$

于是,

$$
\begin{aligned}
\boldsymbol{A}\boldsymbol{x}=\boldsymbol{b} &\Leftrightarrow \boldsymbol{B}\boldsymbol{x}_B+\boldsymbol{N}\boldsymbol{x}_N=\boldsymbol{b} \\
&\Leftrightarrow \boldsymbol{x}_B=\boldsymbol{B}^{-1}\boldsymbol{b}-\boldsymbol{B}^{-1}\boldsymbol{N}\boldsymbol{x}_N.
\end{aligned} \tag{11.1.1}
$$

将 $\boldsymbol{x}_B$ 的表达式代入目标函数 $f(\boldsymbol{x})$, 整理可得

$$f(\boldsymbol{x})=\frac{1}{2}\boldsymbol{x}_N^{\mathrm{T}}\hat{\boldsymbol{Q}}_{NN}\boldsymbol{x}_N+\hat{\boldsymbol{c}}_N\boldsymbol{x}_N+r,$$

其中

$$\begin{aligned}\hat{\boldsymbol{Q}}_{NN}=&\boldsymbol{Q}_{NN}-\boldsymbol{Q}_{NB}\boldsymbol{B}^{-1}\boldsymbol{N}-\boldsymbol{N}^{\mathrm{T}}(\boldsymbol{B}^{-1})^{\mathrm{T}}\boldsymbol{Q}_{BN}\\&+\boldsymbol{N}^{\mathrm{T}}(\boldsymbol{B}^{-1})^{\mathrm{T}}\boldsymbol{Q}_{BB}\boldsymbol{B}^{-1}\boldsymbol{N},\\\hat{\boldsymbol{c}}_N=&\boldsymbol{c}_N-\boldsymbol{N}^{\mathrm{T}}(\boldsymbol{B}^{-1})^{\mathrm{T}}\boldsymbol{c}_B+(\boldsymbol{Q}_{NB}-\boldsymbol{N}^{\mathrm{T}}(\boldsymbol{B}^{-1})^{\mathrm{T}}\boldsymbol{Q}_{BB})\boldsymbol{B}^{-1}\boldsymbol{b},\\r=&\frac{1}{2}\boldsymbol{b}^{\mathrm{T}}(\boldsymbol{B}^{-1})^{\mathrm{T}}\boldsymbol{Q}_{BB}\boldsymbol{B}^{-1}\boldsymbol{b}+\boldsymbol{c}_B^{\mathrm{T}}\boldsymbol{B}^{-1}\boldsymbol{b}.\end{aligned}$$

于是, 求解问题 (QPE) 变为求解无约束优化问题

$$\min \quad \frac{1}{2}\boldsymbol{x}_N^{\mathrm{T}}\hat{\boldsymbol{Q}}_{NN}\boldsymbol{x}_N+\hat{\boldsymbol{c}}_N\boldsymbol{x}_N+r. \tag{11.1.2}$$

下面分情况讨论.

(1) $\hat{\boldsymbol{Q}}_{NN}$ 的所有特征值都是正的, 即 $\hat{\boldsymbol{Q}}_{NN}$ 正定. 由于 $\hat{\boldsymbol{Q}}_{NN}$ 正定, 其各阶顺序主子式均大于 0, 特别地 $|\hat{\boldsymbol{Q}}_{NN}|>0$, 因此 $\hat{\boldsymbol{Q}}_{NN}$ 可逆. 由定理 1.4.13, (11.1.2) 的目标函数是严格凸函数, 因此有唯一的全局最优解. 解其梯度为 $\mathbf{0}$ 的方程 $\hat{\boldsymbol{Q}}_{NN}\boldsymbol{x}_N+\hat{\boldsymbol{c}}_N=\mathbf{0}$, 可得问题 (11.1.2) 的解为 $\boldsymbol{x}_N^*=-(\hat{\boldsymbol{Q}}_{NN})^{-1}\hat{\boldsymbol{c}}_N$. 代入 (11.1.1), 可求出 (QPE) 的最优解

$$\boldsymbol{x}^*=\begin{bmatrix}\boldsymbol{B}^{-1}\boldsymbol{b}+\boldsymbol{B}^{-1}\boldsymbol{N}(\hat{\boldsymbol{Q}}_{NN})^{-1}\hat{\boldsymbol{c}}_N\\-(\hat{\boldsymbol{Q}}_{NN})^{-1}\hat{\boldsymbol{c}}_N\end{bmatrix}. \tag{11.1.3}$$

(2) $\hat{\boldsymbol{Q}}_{NN}$ 的所有特征值都是大于等于零的, 即 $\hat{\boldsymbol{Q}}_{NN}$ 半正定. 由定理 1.4.12, 问题 (11.1.2) 的目标函数是凸函数. 解其梯度为 $\mathbf{0}$ 的方程 $\hat{\boldsymbol{Q}}_{NN}\boldsymbol{x}_N+\hat{\boldsymbol{c}}_N=\mathbf{0}$, 可得问题 (11.1.2) 的解. 这里的问题在于, $\hat{\boldsymbol{Q}}_{NN}$ 不一定可逆. 因此, 当 $\hat{\boldsymbol{Q}}_{NN}\boldsymbol{x}_N+\hat{\boldsymbol{c}}_N=\mathbf{0}$ 有解时, 问题 (QPE) 有最优解. 否则, 可以证明问题 (11.1.2) 无下界[3], 从而原问题 (QPE) 亦无下界.

(3) $\hat{\boldsymbol{Q}}_{NN}$ 有负的特征值. 此时, 可以证明问题 (11.1.2) 无下界, 从而原问题 (QPE) 亦无下界.

**例 11.1.1**

$$\begin{aligned}\min\quad&3x_1^2+2x_1x_2+x_1x_3+\frac{5}{2}x_2^2+2x_2x_3+2x_3^2-8x_1-3x_2-3x_3\\\text{s.t.}\quad&x_1+x_3=3,\\&x_2+x_3=0.\end{aligned}$$

**解**　由题目给定的二次规划, 可知

$$\boldsymbol{Q}=\begin{bmatrix}6&2&1\\2&5&2\\1&2&4\end{bmatrix},\quad \boldsymbol{c}=\begin{bmatrix}-8\\-3\\-3\end{bmatrix},$$

$$\boldsymbol{A}=\begin{bmatrix}1&0&1\\0&1&1\end{bmatrix},\quad \boldsymbol{b}=\begin{bmatrix}3\\0\end{bmatrix}.$$

取 $\boldsymbol{B}$ 为 $\boldsymbol{A}$ 的前两列, $\boldsymbol{N}$ 为 $\boldsymbol{A}$ 的最后一列, 即

$$\boldsymbol{B}=\begin{bmatrix}1&0\\0&1\end{bmatrix},\quad \boldsymbol{N}=\begin{bmatrix}1\\1\end{bmatrix}.$$

可知

$$\boldsymbol{B}^{-1}\boldsymbol{b}=\begin{bmatrix}3\\0\end{bmatrix},\quad \boldsymbol{B}^{-1}\boldsymbol{N}=\begin{bmatrix}1\\1\end{bmatrix}.$$

由 (11.1.1), 可得

$$\begin{cases}x_1=3-x_3,\\x_2=-x_3.\end{cases}$$

将其代入目标函数, 目标函数简化为

$$\begin{aligned}&3(3-x_3)^2+2(3-x_3)(-x_3)+(3-x_3)x_3\\&+\frac{5}{2}x_3^2-2x_3^2+2x_3^2-8(3-x_3)\\=&\frac{13}{2}x_3^2-13x_3+3.\end{aligned}$$

因此,

$$\hat{\boldsymbol{Q}}_{NN}=[13],\quad \hat{\boldsymbol{c}}_N=[-13].$$

由公式 (11.1.3), 可解出最优解为

$$\boldsymbol{x}^*=\begin{bmatrix}2\\-1\\1\end{bmatrix}.$$

■

### 11.1.2　等式约束二次规划的拉格朗日方法

对于等式约束的二次规划, 由定理 1.4.11, 当目标函数的黑塞矩阵 $\boldsymbol{Q}$ 半正定时, 目标函数为凸函数. 于是, 由定理 10.4.4, 对于凸规划, K-T 点就是全局最小值点. 因此, 此时可通过求解 K-T 条件 $\boldsymbol{Q}\boldsymbol{x}+\boldsymbol{c}-\boldsymbol{A}^{\mathrm{T}}\boldsymbol{\mu}=\boldsymbol{0}$ 以及二次规划中的约束 $\boldsymbol{A}\boldsymbol{x}=\boldsymbol{b}$ 构成的方程组, 来尝试解出 K-T 点.

$$
\begin{cases}
\boldsymbol{Q}\boldsymbol{x}+\boldsymbol{c}-\boldsymbol{A}^{\mathrm{T}}\boldsymbol{\mu}=\boldsymbol{0}, \\
\boldsymbol{A}\boldsymbol{x}=\boldsymbol{b}.
\end{cases} \tag{11.1.4}
$$

在一定条件下, 这样的 K-T 点是唯一存在的.

**定理 11.1.2** 设 $\boldsymbol{Z}$ 是 $\boldsymbol{A}$ 的零空间的基组成的矩阵. 若 $\boldsymbol{A}$ 是行满秩的, 且 $\boldsymbol{Z}^{\mathrm{T}}\boldsymbol{Q}\boldsymbol{Z}$ 正定, 则 (11.1.4) 存在唯一解 $(\boldsymbol{x}^*,\boldsymbol{\mu}^*)$, 且 $\boldsymbol{x}^*$ 是原问题的唯一全局最优解.

给定一个矩阵 $\boldsymbol{A}$, 它的零空间定义为 $\{\boldsymbol{x}\in\mathbb{R}^n \mid \boldsymbol{A}\boldsymbol{x}=\boldsymbol{0}\}$, 即, 所有满足 $\boldsymbol{A}\boldsymbol{x}=\boldsymbol{0}$ 的向量 $\boldsymbol{x}$ 的集合, 这些向量构成一个线性空间. 定理 11.1.2 中的 $\boldsymbol{Z}$, 即是以这个线性空间的任意一个基中的向量为列构成的矩阵.

在具体计算中, 方程组 (11.1.4) 也可以写成矩阵方程的形式.

$$
\begin{bmatrix} \boldsymbol{Q} & -\boldsymbol{A}^{\mathrm{T}} \\ -\boldsymbol{A} & \boldsymbol{0} \end{bmatrix}
\begin{bmatrix} \boldsymbol{x} \\ \boldsymbol{\mu} \end{bmatrix}
=
\begin{bmatrix} -\boldsymbol{c} \\ -\boldsymbol{b} \end{bmatrix}. \tag{11.1.5}
$$

**例 11.1.3** 使用拉格朗日法解如下二次规划.

$$
\begin{aligned}
\min \quad & x_1^2+2x_2^2+x_3^2-2x_1x_2+x_3 \\
\text{s.t.} \quad & x_1+x_2+x_3=4, \\
& 2x_1-x_2+x_3=2.
\end{aligned}
$$

**解** 由题目给定的二次规划, 可知

$$
\boldsymbol{Q}=\begin{bmatrix} 2 & -2 & 0 \\ -2 & 4 & 0 \\ 0 & 0 & 2 \end{bmatrix}, \quad
\boldsymbol{c}=\begin{bmatrix} 0 \\ 0 \\ 1 \end{bmatrix},
$$

$$
\boldsymbol{A}=\begin{bmatrix} 1 & 1 & 1 \\ 2 & -1 & 1 \end{bmatrix}, \quad
\boldsymbol{b}=\begin{bmatrix} 4 \\ 2 \end{bmatrix}.
$$

因此, K-T 条件和约束方程可联立为

$$
\begin{bmatrix}
2 & -2 & 0 & -1 & -2 \\
-2 & 4 & 0 & -1 & 1 \\
0 & 0 & 2 & -1 & -1 \\
-1 & -1 & -1 & 0 & 0 \\
-2 & 1 & -1 & 0 & 0
\end{bmatrix}
\begin{bmatrix} x_1 \\ x_2 \\ x_3 \\ \mu_1 \\ \mu_2 \end{bmatrix}
=
\begin{bmatrix} 0 \\ 0 \\ -1 \\ -4 \\ -2 \end{bmatrix}.
$$

解得

$$\boldsymbol{x}=\begin{bmatrix}21/11\\43/22\\3/22\end{bmatrix},\quad \boldsymbol{\mu}=\begin{bmatrix}29/11\\-15/11\end{bmatrix}.$$

■

**例 11.1.4**　用拉格朗日法解例 11.1.1 中的二次规划.

$$\begin{aligned}\min\quad & 3x_1^2+2x_1x_2+x_1x_3+\frac{5}{2}x_2^2+2x_2x_3+2x_3^2-8x_1-3x_2-3x_3\\ \text{s.t.}\quad & x_1+x_3=3,\\ & x_2+x_3=0.\end{aligned}$$

**解**　由题目给定的二次规划, 可知

$$\boldsymbol{Q}=\begin{bmatrix}6&2&1\\2&5&2\\1&2&4\end{bmatrix},\quad \boldsymbol{c}=\begin{bmatrix}-8\\-3\\-3\end{bmatrix},$$

$$\boldsymbol{A}=\begin{bmatrix}1&0&1\\0&1&1\end{bmatrix},\quad \boldsymbol{b}=\begin{bmatrix}3\\0\end{bmatrix}.$$

因此, K-T 条件和约束方程可联立为

$$\begin{bmatrix}6&2&1&-1&0\\2&5&2&0&-1\\1&2&4&-1&-1\\-1&0&-1&0&0\\0&-1&-1&0&0\end{bmatrix}\begin{bmatrix}x_1\\x_2\\x_3\\\mu_1\\\mu_2\end{bmatrix}=\begin{bmatrix}8\\3\\3\\-3\\0\end{bmatrix}.$$

解得

$$\boldsymbol{x}=\begin{bmatrix}2\\-1\\1\end{bmatrix},\quad \boldsymbol{\mu}=\begin{bmatrix}3\\-2\end{bmatrix}.$$

现在找 $\boldsymbol{A}$ 的零空间的一个基. 齐次线性方程组 $\boldsymbol{Ax}=\boldsymbol{0}$ 的增广矩阵为

$$\begin{bmatrix}\boldsymbol{A}&\boldsymbol{0}\end{bmatrix}=\begin{bmatrix}1&0&1&0\\0&1&1&0\end{bmatrix},$$

已经是阶梯型的形式. 在此, $x_3$ 为自由变量, $x_1$, $x_2$(注意, 这里的 $x_i$ 是指方程组 $\boldsymbol{Ax}=\boldsymbol{0}$ 中的变量) 可以表达为

$$x_1=-x_3,$$

$$x_2 = -x_3.$$

因此, $\boldsymbol{Ax}=\boldsymbol{0}$ 的通解为

$$\begin{bmatrix} x_1 \\ x_2 \\ x_3 \end{bmatrix} = \begin{bmatrix} -x_3 \\ -x_3 \\ x_3 \end{bmatrix} = x_3 \begin{bmatrix} -1 \\ -1 \\ 1 \end{bmatrix}.$$

于是, 我们知道 $\boldsymbol{A}$ 的零空间的一个基为

$$\boldsymbol{Z} = \begin{bmatrix} -1 \\ -1 \\ 1 \end{bmatrix}.$$

由于 $\boldsymbol{Z}^{\mathrm{T}}\boldsymbol{QZ}=13>0$, 由定理 11.1.2 可知, $\boldsymbol{x}$ 是问题的唯一全局最优解. ∎

### 11.1.3 一种凸二次规划的有效集方法

回忆二次规划的形式为

$$\begin{aligned} \min \quad & \frac{1}{2}\boldsymbol{x}^{\mathrm{T}}\boldsymbol{Qx}+\boldsymbol{c}^{\mathrm{T}}\boldsymbol{x} \\ \text{s.t.} \quad & \boldsymbol{a}_i^{\mathrm{T}}\boldsymbol{x} \geqslant b_i, \quad i \in G, \\ & \boldsymbol{a}_i^{\mathrm{T}}\boldsymbol{x} = b_i, \quad i \in H. \end{aligned} \tag{QP}$$

其中 $G$ 表示所有不等式约束的下标的集合, $H$ 表示所有等式约束的下标的集合.

由于二次规划的约束都是线性的, 因此只要二次规划的目标函数是凸函数, 二次规划就同时也是凸规划. 一般地, 既是二次规划又是凸规划的约束优化问题, 称为凸二次规划. 由定理 1.4.11, 凸二次规划, 也就是指目标函数的黑塞矩阵 $\boldsymbol{Q}$ 是半正定的二次规划.

本节介绍黑塞矩阵 $\boldsymbol{Q}$ 为对称正定矩阵的凸二次规划的一种解法, 称为“有效集法”. 在此有效集是指给定一个可行解 $\boldsymbol{x}$, 以等式成立的凸二次规划的约束的集合, 这实际上包括两部分: 一部分是所有的等式约束, 一部分是以等式成立的所有的不等式约束. 有效集法由 Fletcher 于 1971 年提出, 也称为**积极集法**或**起作用集法**.

设 $\boldsymbol{x}$ 是问题 (QP) 的一个可行解 (点), 记

$$A(\boldsymbol{x}) = I(\boldsymbol{x}) \cup H \tag{11.1.6}$$

为点 $\boldsymbol{x}$ 处的有效集. 回忆 $I(\boldsymbol{x})=\{i\in G\mid \boldsymbol{a}_i^{\mathrm{T}}\boldsymbol{x}=b_i\}$ 是点 $\boldsymbol{x}$ 处的积极约束的集合. 为方便, $A(\boldsymbol{x})$ 中的约束称为 "有效约束".

设 $\boldsymbol{x}^{(k)}$ 为问题 (QP) 的一个可行解. 则 $A(\boldsymbol{x}^{(k)})$ 是已知的. 解如下等式约束二次规划问题:

$$\begin{aligned}\min\quad &\frac{1}{2}\boldsymbol{x}^{\mathrm{T}}\boldsymbol{Q}\boldsymbol{x}+\boldsymbol{c}^{\mathrm{T}}\boldsymbol{x}\\ \text{s.t.}\quad &\boldsymbol{a}_i^{\mathrm{T}}\boldsymbol{x}=b_i,\qquad i\in A(\boldsymbol{x}^{(k)}).\end{aligned}\tag{11.1.7}$$

得到其最优解 $\bar{\boldsymbol{x}}$. 由于 $\bar{\boldsymbol{x}}$ 是 (11.1.7) 的最优解, 由 K-T 定理 (定理 10.4.3), 存在拉格朗日乘子 $\bar{\boldsymbol{\lambda}}$, 使得 $\bar{\boldsymbol{x}}$ 和 $\bar{\boldsymbol{\lambda}}$ 满足 K-T 条件

$$\boldsymbol{Q}\bar{\boldsymbol{x}}+\boldsymbol{c}-\sum_{i\in I(\boldsymbol{x}^{(k)})\cup H}\bar{\lambda}_i\boldsymbol{a}_i=\boldsymbol{0},$$

即

$$\boldsymbol{Q}\bar{\boldsymbol{x}}+\boldsymbol{c}-\sum_{i\in I(\boldsymbol{x}^{(k)})}\bar{\lambda}_i\boldsymbol{a}_i-\sum_{i\in H}\bar{\lambda}_i\boldsymbol{a}_i=\boldsymbol{0}.\tag{11.1.8}$$

注意到 (11.1.8) 已经非常像凸二次规划 (QP) 的 (某个最优解) 的 K-T 条件. 若 $\bar{\boldsymbol{x}}$ 是 (QP) 的可行解, 并且有 $\forall i\in I(\boldsymbol{x}^{(k)}),\bar{\lambda}_i\geqslant 0$, 则由于 $I(\boldsymbol{x}^{(k)})\subseteq I(\bar{\boldsymbol{x}})$(参见引理 11.1.5), 只需对于 $i\in I(\bar{\boldsymbol{x}})\setminus I(\boldsymbol{x}^{(k)})$, 补充定义 $\bar{\lambda}_i=0$, 则就得到

$$\begin{aligned}&\boldsymbol{Q}\bar{\boldsymbol{x}}+\boldsymbol{c}-\sum_{i\in I(\bar{\boldsymbol{x}})}\bar{\lambda}_i\boldsymbol{a}_i-\sum_{i\in H}\bar{\lambda}_i\boldsymbol{a}_i=\boldsymbol{0},\\ &\bar{\lambda}_i\geqslant 0,\quad i\in I(\bar{\boldsymbol{x}}).\end{aligned}$$

即, 对于 (QP), $\bar{\boldsymbol{x}}$ 满足 K-T 条件. 于是, 由定理 10.4.4, $\bar{\boldsymbol{x}}$ 是 (QP) 的全局最优解!

**引理 11.1.5**　假设 $\bar{\boldsymbol{x}}$ 是 (QP) 的可行解, 则有 $I(\boldsymbol{x}^{(k)})\subseteq I(\bar{\boldsymbol{x}})$.

**证明**　由定义,

$$\begin{aligned}I(\boldsymbol{x}^{(k)})&=\{i\in G\mid \boldsymbol{a}_i^{\mathrm{T}}\boldsymbol{x}^{(k)}=b_i\},\\ I(\bar{\boldsymbol{x}})&=\{i\in G\mid \boldsymbol{a}_i^{\mathrm{T}}\bar{\boldsymbol{x}}=b_i\}.\end{aligned}$$

由于 $\boldsymbol{x}^{(k)}$ 和 $\bar{\boldsymbol{x}}$ 都是 (QP) 的可行解, 这两个定义是良定义的.

由于 $\bar{\boldsymbol{x}}$ 是 (11.1.7) 的最优解, $\bar{\boldsymbol{x}}$ 必满足 $\boldsymbol{a}_i^{\mathrm{T}}\boldsymbol{x}=b_i,\ \forall i\in A(\boldsymbol{x}^{(k)})$, 而 $A(\boldsymbol{x}^{(k)})=I(\boldsymbol{x}^{(k)})\cup H$, 因此在 $\boldsymbol{x}^{(k)}$ 处以等式成立的不等式约束, 在 $\bar{\boldsymbol{x}}$ 处也是以等式成立的. 因此有 $I(\boldsymbol{x}^{(k)})\subseteq I(\bar{\boldsymbol{x}})$. ∎

若 $\bar{\boldsymbol{x}}$ 是 (QP) 的可行解, $\bar{\boldsymbol{x}}$ 除了使 $I(\boldsymbol{x}^{(k)}) \subseteq G$ 中的不等式约束以等式成立之外, $\bar{\boldsymbol{x}}$ 还有可能使 $I(\boldsymbol{x}^{(k)})$ 之外的不等式约束也以等式成立 (当然, 也可能没有).

如果并不是 $\forall i \in I(\boldsymbol{x}^{(k)}), \bar{\lambda}_i \geqslant 0$, 或 $\bar{\boldsymbol{x}}$ 不是 (QP) 的可行解, 则需要对 $A(\boldsymbol{x}^{(k)})$ 或 $\boldsymbol{x}^{(k)}$ 进行调整, 重解问题 (11.1.7). 这样, 就把解凸二次规划的问题转化为求解一系列等式约束的二次规划问题.

以上介绍的, 就是解凸二次规划的有效集方法的基本想法.

下面具体介绍有效集方法. 设 $\boldsymbol{x}^{(k)}$ 是 (QP) 的当前迭代的可行点.

为方便起见, 将坐标原点移到 $\boldsymbol{x}^{(k)}$, 即, 令

$$\boldsymbol{p} = \boldsymbol{x} - \boldsymbol{x}^{(k)}.$$

由于 $\boldsymbol{x} = \boldsymbol{x}^{(k)} + \boldsymbol{p}$, $\boldsymbol{p}$ 也称为 "校正量". 于是,

$$\begin{aligned} f(\boldsymbol{x}) &= \frac{1}{2}\boldsymbol{x}^{\mathrm{T}}\boldsymbol{Q}\boldsymbol{x} + \boldsymbol{c}^{\mathrm{T}}\boldsymbol{x} \\ &= \frac{1}{2}(\boldsymbol{p} + \boldsymbol{x}^{(k)})^{\mathrm{T}}\boldsymbol{Q}(\boldsymbol{p} + \boldsymbol{x}^{(k)}) + \boldsymbol{c}^{\mathrm{T}}(\boldsymbol{p} + \boldsymbol{x}^{(k)}) \\ &= \frac{1}{2}\boldsymbol{p}^{\mathrm{T}}\boldsymbol{Q}\boldsymbol{p} + (\boldsymbol{g}^{(k)})^{\mathrm{T}}\boldsymbol{p} + f(\boldsymbol{x}^{(k)}), \end{aligned}$$

其中

$$\boldsymbol{g}^{(k)} = \boldsymbol{Q}\boldsymbol{x}^{(k)} + \boldsymbol{c} = \nabla f(\boldsymbol{x}^{(k)}).$$

任取 $i \in A(\boldsymbol{x}^{(k)})$. 对任一满足 $\boldsymbol{a}_i^{\mathrm{T}}\boldsymbol{x} = b_i$ 的 $\boldsymbol{x}$, 由于 $\boldsymbol{a}_i^{\mathrm{T}}\boldsymbol{x}^{(k)} = b_i$, 因此 $\boldsymbol{a}_i^{\mathrm{T}}\boldsymbol{p} = 0$. 于是, 问题 (11.1.7) 就转化为求校正量的问题 (11.1.9).

$$\begin{aligned} \min \quad & \frac{1}{2}\boldsymbol{p}^{\mathrm{T}}\boldsymbol{Q}\boldsymbol{p} + (\boldsymbol{g}^{(k)})^{\mathrm{T}}\boldsymbol{p} \\ \text{s.t.} \quad & \boldsymbol{a}_i^{\mathrm{T}}\boldsymbol{p} = 0, \quad i \in A(\boldsymbol{x}^{(k)}). \end{aligned} \tag{11.1.9}$$

按照解等式约束二次规划的方法解出问题 (11.1.9), 设其最优解为 $\boldsymbol{p}^{(k)}$.

当 $\boldsymbol{p}^{(k)}$ 是问题 (11.1.9) 的最优解时, $\bar{\boldsymbol{x}} = \boldsymbol{p}^{(k)} + \boldsymbol{x}^{(k)}$ 就是问题 (11.1.7) 的最优解, 这是因为 $\boldsymbol{p}^{(k)}$ 和 $\bar{\boldsymbol{x}}$ 的目标函数值仅差一个值 $f(\boldsymbol{x}^{(k)})$. (实际上, 当 $\bar{\boldsymbol{x}}$ 是问题 (11.1.7) 的最优解时, $\boldsymbol{p}^{(k)} = \bar{\boldsymbol{x}} - \boldsymbol{x}^{(k)}$ 也是问题 (11.1.9) 的最优解. )

下面分情形讨论.

*情形* (1): 如果 $\boldsymbol{p}^{(k)} = \boldsymbol{0}$, 则 $\boldsymbol{x}^{(k)}$ 是问题 (11.1.7) 的最优解. 此时使用 K-T 条件解出与 $\boldsymbol{x}^{(k)}$ 对应的拉格朗日乘子 $\boldsymbol{\lambda}^{(k)}$.

*情形* (1.1): 如果 $\forall i \in I(\boldsymbol{x}^{(k)})$, 都有 $\lambda_i^{(k)} \geqslant 0$, 则 $\boldsymbol{x}^{(k)}$ 是 (QP) 的 K-T 点. 从而, $\boldsymbol{x}^{(k)}$ 是 (QP) 的全局最优解.

情形 (1.2): 否则, 找到 $I(\boldsymbol{x}^{(k)})$ 中满足 $\lambda_i^{(k)} < 0$ 的最小的 $i$, 令其为 $j$, 即

$$j = \min\{i \mid \lambda_i^{(k)} < 0, i \in I(\boldsymbol{x}^{(k)})\}. \tag{11.1.10}$$

将 $j$ 从 $A(\boldsymbol{x}^{(k)})$ 中去除, 重新求解 (11.1.9).

情形 (2): 如果 $\boldsymbol{p}^{(k)} \neq \boldsymbol{0}$, 此时 $\boldsymbol{x}^{(k)} + \boldsymbol{p}^{(k)}$ 是问题 (11.1.7) 的最优解. 因此也就无法像 $\boldsymbol{p}^{(k)} = \boldsymbol{0}$ 时那样进一步检查 $\boldsymbol{x}^{(k)}$ 是否实际上也是 (QP) 的 K-T 点.

这里的策略是对 $\boldsymbol{x}^{(k)}$ 进行调整, 得到新的解

$$\boldsymbol{x}^{(k+1)} = \boldsymbol{x}^{(k)} + \alpha_k \boldsymbol{p}^{(k)},$$

其中 $\alpha_k \in (0,1]$ 是步长因子. 需要保证调整得到的解 $\boldsymbol{x}^{(k+1)}$ 是 (QP) 的可行解, 因此定义

$$\alpha_k = \min\left\{1, \min\left\{\frac{b_i - \boldsymbol{a}_i^{\mathrm{T}}\boldsymbol{x}^{(k)}}{\boldsymbol{a}_i^{\mathrm{T}}\boldsymbol{p}^{(k)}} \middle| i \notin A(\boldsymbol{x}^{(k)}), \boldsymbol{a}_i^{\mathrm{T}}\boldsymbol{p}^{(k)} < 0\right\}\right\}. \tag{11.1.11}$$

下面解释为何如此定义 $\alpha_k$. 由于 $\boldsymbol{x}^{(k)}$ 是 (QP) 的可行解, 因此有

$$\boldsymbol{a}_i^{\mathrm{T}}\boldsymbol{x}^{(k)} = b_i, \quad \forall i \in A(\boldsymbol{x}^{(k)}).$$

由于 $\boldsymbol{p}^{(k)}$ 是 (11.1.9) 的可行解, 因此有

$$\boldsymbol{a}_i^{\mathrm{T}}\boldsymbol{p}^{(k)} = 0, \quad \forall i \in A(\boldsymbol{x}^{(k)}).$$

于是, 无论 $\alpha_k$ 取何值, 均有

$$\boldsymbol{a}_i^{\mathrm{T}}(\boldsymbol{x}^{(k)} + \alpha_k \boldsymbol{p}^{(k)}) = b_i, \quad \forall i \in A(\boldsymbol{x}^{(k)}).$$

即, $\boldsymbol{x}^{(k)} + \alpha_k \boldsymbol{p}^{(k)}$ 自动满足 (QP) 中 $A(\boldsymbol{x}^{(k)}) = I(\boldsymbol{x}^{(k)}) \cup H$ 所指明的所有约束 (其中 $I(\boldsymbol{x}^{(k)})$ 中的不等式约束是以等式满足的).

下面考虑 (QP) 中 $A(\boldsymbol{x}^{(k)})$ 以外的所有约束. 这些约束都是不等式约束. 任取 $i \notin A(\boldsymbol{x}^{(k)})$(即, $i \in G \setminus I(\boldsymbol{x}^{(k)})$). 由于 $\boldsymbol{x}^{(k)}$ 是 (QP) 的可行解, 因此有

$$\boldsymbol{a}_i^{\mathrm{T}}\boldsymbol{x}^{(k)} \geqslant b_i.$$

由于 $\boldsymbol{a}_i^{\mathrm{T}}(\boldsymbol{x}^{(k)}+\alpha_k\boldsymbol{p}^{(k)}) = \boldsymbol{a}_i^{\mathrm{T}}\boldsymbol{x}^{(k)}+\alpha_k\boldsymbol{a}_i^{\mathrm{T}}\boldsymbol{p}^{(k)}$, 因此当 $\boldsymbol{a}_i^{\mathrm{T}}\boldsymbol{p}^{(k)} \geqslant 0$ 时, 约束 $\boldsymbol{a}_i^{\mathrm{T}}\boldsymbol{x}^{(k+1)} \geqslant b_i$ 自动满足 (回忆 $\alpha_k \in (0,1]$).

当 $\boldsymbol{a}_i^{\mathrm{T}}\boldsymbol{p}^{(k)} < 0$ 时, 我们需要

$$\boldsymbol{a}_i^{\mathrm{T}}\boldsymbol{x}^{(k)} + \alpha_k\boldsymbol{a}_i^{\mathrm{T}}\boldsymbol{p}^{(k)} \geqslant b_i,$$

即, 需要

$$\alpha_k \boldsymbol{a}_i^{\mathrm{T}} \boldsymbol{p}^{(k)} \geqslant b_i - \boldsymbol{a}_i^{\mathrm{T}} \boldsymbol{x}^{(k)}.$$

由于 $\boldsymbol{a}_i^{\mathrm{T}} \boldsymbol{p}^{(k)} < 0$, 我们需要

$$\alpha_k \leqslant \frac{b_i - \boldsymbol{a}_i^{\mathrm{T}} \boldsymbol{x}^{(k)}}{\boldsymbol{a}_i^{\mathrm{T}} \boldsymbol{p}^{(k)}}.$$

因此, 可取 $\alpha_k$ 的值为 $\min\left\{\dfrac{b_i - \boldsymbol{a}_i^{\mathrm{T}} \boldsymbol{x}^{(k)}}{\boldsymbol{a}_i^{\mathrm{T}} \boldsymbol{p}^{(k)}} \middle| i \notin A(\boldsymbol{x}^{(k)}), \boldsymbol{a}_i^{\mathrm{T}} \boldsymbol{p}^{(k)} < 0\right\}$. 由于对任意的 $i$ 都有 $\boldsymbol{a}_i^{\mathrm{T}} \boldsymbol{x}^{(k)} \geqslant b_i$, 这样定义的 $\alpha_k$ 总是大于等于 0 的. 另外, 步长因子 $\alpha_k$ 的取值不超过 1. 因此, 就有 (11.1.11) 式定义的 $\alpha_k$.

对于 $\boldsymbol{x}^{(k+1)}$, 重新求解问题 (11.1.9).

当 $\boldsymbol{x}^{(k)} + \boldsymbol{p}^{(k)}$ 已经是 (QP) 的可行点时, 由 (11.1.11) 计算出的 $\alpha_k$ 必等于 1. 这是因为, 对于满足 $i \notin A(\boldsymbol{x}^{(k)}), \boldsymbol{a}_i^{\mathrm{T}} \boldsymbol{p}^{(k)} < 0$ 的 $i$, 由于 $\boldsymbol{x}^{(k)} + \boldsymbol{p}^{(k)}$ 已经是 (QP) 的可行点, 我们有 $\boldsymbol{a}_i^{\mathrm{T}}(\boldsymbol{x}^{(k)} + \boldsymbol{p}^{(k)}) \geqslant b_i$, 即 $b_i - \boldsymbol{a}_i^{\mathrm{T}} \boldsymbol{x}^{(k)} \leqslant \boldsymbol{a}_i^{\mathrm{T}} \boldsymbol{p}^{(k)}$. 由于 $\boldsymbol{a}_i^{\mathrm{T}} \boldsymbol{p}^{(k)} < 0$, 两边同除以 $\boldsymbol{a}_i^{\mathrm{T}} \boldsymbol{p}^{(k)}$, 就得到 $\dfrac{b_i - \boldsymbol{a}_i^{\mathrm{T}} \boldsymbol{x}^{(k)}}{\boldsymbol{a}_i^{\mathrm{T}} \boldsymbol{p}^{(k)}} \geqslant 1$.

读者可以体会到, (11.1.11) 中 $\alpha_k$ 的定义, 实际上是在 $\boldsymbol{x}^{(k)}$ 和 $\boldsymbol{x}^{(k)} + \boldsymbol{p}^{(k)}$ 之间取一个最靠近 $\boldsymbol{x}^{(k)} + \boldsymbol{p}^{(k)}$ 的 (QP) 的可行点.

前面已经论述, 当 $\boldsymbol{x}^{(k)} + \boldsymbol{p}^{(k)}$ 已经是 (QP) 的可行解时, 计算出的 $\alpha_k = 1$. 因此, 此时 $\boldsymbol{x}^{(k+1)} = \boldsymbol{x}^{(k)} + \boldsymbol{p}^{(k)}$. 在下一次迭代 (即第 $k+1$ 次迭代), 问题 (11.1.9) 是定义在 $A(\boldsymbol{x}^{(k+1)})$ 上, 此时问题 (11.1.9) 的最优解 $\boldsymbol{p}^{(k+1)} = \mathbf{0}$. 因此, 算法就会检测出 $\boldsymbol{x}^{(k)} + \boldsymbol{p}^{(k)}$ 为定义在 $A(\boldsymbol{x}^{(k+1)})$ 上的问题 (11.1.7) 的最优解, 从而再去判断它是否为 (QP) 的 K-T 点.

**算法 11.1.1** 凸二次规划的有效集法.

输入: 凸二次规划问题 (QP), 初始点 $\boldsymbol{x}^{(0)}$.

输出: 全局最优解 $\boldsymbol{x}^*$.

(1) 根据 (11.1.6) 计算出有效集 $A(\boldsymbol{x}^{(0)})$, $k \leftarrow 0$, $Found \leftarrow$ FALSE.

(2) **while not** $Found$ **do**

(3) 解问题 (11.1.9), 得最优解 $\boldsymbol{p}^{(k)}$.

(4) **if** $\boldsymbol{p}^{(k)} = \mathbf{0}$ **then**

(5) 此时 $\boldsymbol{x}^{(k)}$ 为 (11.1.7) 的最优解. 由 K-T 条件计算出和 $\boldsymbol{x}^{(k)}$ 对应的拉格朗日乘子 $\boldsymbol{\lambda}^{(k)}$.

(6) **if** $\forall i \in I(\boldsymbol{x}^{(k)}), \lambda_i^{(k)} \geqslant 0$ **then** $Found \leftarrow$ TRUE, **continue**.

(7) **else** 根据 (11.1.10) 计算 $j$. $\boldsymbol{x}^{(k+1)} \leftarrow \boldsymbol{x}^{(k)}$, $A(\boldsymbol{x}^{(k+1)}) \leftarrow A(\boldsymbol{x}^{(k)}) \setminus \{j\}$. **endif**

(8) **else**

(9) 根据 (11.1.11) 计算 $\alpha_k$.

(10) $\boldsymbol{x}^{(k+1)} \leftarrow \boldsymbol{x}^{(k)} + \alpha_k \boldsymbol{p}^{(k)}$, 计算出 $A(\boldsymbol{x}^{(k+1)})$.

(11) **endif**

(12) $k \leftarrow k+1$.

(13) **endwhile**

(14) **return** $\boldsymbol{x}^* \leftarrow \boldsymbol{x}^{(k)}$.

算法 11.1.1 的第 (6) 步中的 **continue** 关键字的含义是“回到所在循环的顶部”(即, 算法中 **while** 循环的判断条件处).

**例 11.1.6**　用有效集法解如下凸二次规划问题.

$$\begin{aligned} \min \quad & x_1^2 + x_2^2 - 6x_1 - 4x_2 \\ \text{s.t.} \quad & x_1 + x_2 \leqslant 3, \\ & x_1 \geqslant 0, \\ & x_2 \geqslant 0. \end{aligned}$$

取 $\boldsymbol{x}^{(0)} = \begin{bmatrix} 0 \\ 0 \end{bmatrix}$.

**解**　先作图对问题有一个了解 (图 11.1.1).

注意到目标函数 $f(\boldsymbol{x}) = (x_1-3)^2 + (x_2-2)^2 - 13$. 因此, 目标函数的等值线是以 $(3, 2)$ 为圆心的圆.

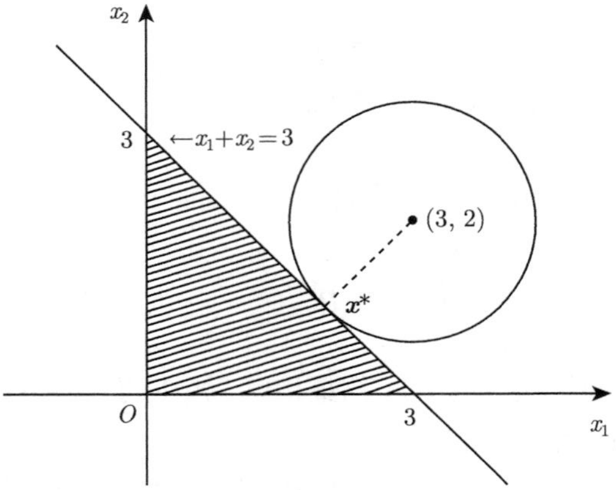


图 11.1.1

问题的可行域是一个三角形. 当表示目标函数等值线的圆形不断缩小时, 目标函数值逐渐变小. 这个等值线圆形最后离开可行域时与可行域的交点 (切点), 就是最优解. 作图可知, 原问题的最优解 $\boldsymbol{x}^* = \begin{bmatrix} 2 \\ 1 \end{bmatrix}$.

再用有效集法求解. 将待求解的规划写成符合 (QP) 的形式.

$$\begin{aligned} \min \quad & x_1^2 + x_2^2 - 6x_1 - 4x_2 \\ \text{s.t.} \quad & -x_1 - x_2 \geqslant -3, \\ & x_1 \geqslant 0, \\ & x_2 \geqslant 0. \end{aligned}$$

其中,

$$\boldsymbol{Q} = \begin{bmatrix} 2 & 0 \\ 0 & 2 \end{bmatrix}, \quad \boldsymbol{c} = \begin{bmatrix} -6 \\ -4 \end{bmatrix}.$$

第 0 次迭代.

$A(\boldsymbol{x}^{(0)}) = \{2, 3\}$. $\boldsymbol{g}^{(0)} = \boldsymbol{Q}\boldsymbol{x}^{(0)} + \boldsymbol{c} = \boldsymbol{c}$. 于是问题 (11.1.9) 为

$$\begin{aligned} \min \quad & p_1^2 + p_2^2 - 6p_1 - 4p_2 \\ \text{s.t.} \quad & p_1 = 0, \\ & p_2 = 0. \end{aligned}$$

其最优解为 $\boldsymbol{p}^{(0)} = \begin{bmatrix} 0 \\ 0 \end{bmatrix}$.

现在 $\boldsymbol{p}^{(0)} = \boldsymbol{0}$. 写出 K-T 条件求拉格朗日乘子,

$$\begin{bmatrix} 2 & 0 \\ 0 & 2 \end{bmatrix} \boldsymbol{x}^{(0)} + \begin{bmatrix} -6 \\ -4 \end{bmatrix} = \lambda_2 \begin{bmatrix} 1 \\ 0 \end{bmatrix} + \lambda_3 \begin{bmatrix} 0 \\ 1 \end{bmatrix},$$

解得 $\lambda_2 = -6$, $\lambda_3 = -4$.

拉格朗日乘子不都大于等于 0. 计算出 $j = 2$,

$$\boldsymbol{x}^{(1)} = \boldsymbol{x}^{(0)}, \quad A(\boldsymbol{x}^{(1)}) = A(\boldsymbol{x}^{(0)}) \setminus \{2\} = \{3\}.$$

第 1 次迭代.

$\boldsymbol{g}^{(1)} = \boldsymbol{Q}\boldsymbol{x}^{(1)} + \boldsymbol{c} = \boldsymbol{c}$. 于是问题 (11.1.9) 为

$$\min \quad p_1^2 + p_2^2 - 6p_1 - 4p_2$$

$$\text{s.t.}\quad p_2 = 0.$$

其最优解为 $\boldsymbol{p}^{(1)} = \begin{bmatrix} 3 \\ 0 \end{bmatrix}$.

现在 $\boldsymbol{p}^{(1)} \neq \mathbf{0}$. 不在 $A(\boldsymbol{x}^{(1)})$ 中的不等式约束的下标集合为 $\{1,2\}$. 对于第 1 个约束, 有 $\boldsymbol{a}_1^{\mathrm{T}}\boldsymbol{p}^{(1)} = \begin{bmatrix} -1 & -1 \end{bmatrix}\begin{bmatrix} 3 \\ 0 \end{bmatrix} = -3$, $\boldsymbol{b}_1 - \boldsymbol{a}_1^{\mathrm{T}}\boldsymbol{x}^{(1)} = -3 - \begin{bmatrix} -1 & -1 \end{bmatrix}\begin{bmatrix} 0 \\ 0 \end{bmatrix} = -3$. 对于第 2 个约束, 有 $\boldsymbol{a}_2^{\mathrm{T}}\boldsymbol{p}^{(1)} = \begin{bmatrix} 1 & 0 \end{bmatrix}\begin{bmatrix} 3 \\ 0 \end{bmatrix} = 3$. 因此,

$$\alpha_1 = \min\left\{1, \min\left\{\frac{-3}{-3}\right\}\right\} = 1.$$

所以,

$$\boldsymbol{x}^{(2)} = \boldsymbol{x}^{(1)} + \alpha_1\boldsymbol{p}^{(1)} = \begin{bmatrix} 0 \\ 0 \end{bmatrix} + \begin{bmatrix} 3 \\ 0 \end{bmatrix} = \begin{bmatrix} 3 \\ 0 \end{bmatrix},$$

$A(\boldsymbol{x}^{(2)}) = \{1,3\}$.

第 2 次迭代.

$\boldsymbol{g}^{(2)} = \boldsymbol{Q}\boldsymbol{x}^{(2)} + \boldsymbol{c} = \begin{bmatrix} 2 & 0 \\ 0 & 2 \end{bmatrix}\begin{bmatrix} 3 \\ 0 \end{bmatrix} + \begin{bmatrix} -6 \\ -4 \end{bmatrix} = \begin{bmatrix} 0 \\ -4 \end{bmatrix}$. 于是问题 (11.1.9) 为

$$\begin{aligned} \min\quad & p_1^2 + p_2^2 - 4p_2 \\ \text{s.t.}\quad & p_1 + p_2 = 0, \\ & p_2 = 0. \end{aligned}$$

其最优解为 $\boldsymbol{p}^{(2)} = \begin{bmatrix} 0 \\ 0 \end{bmatrix}$.

现在 $\boldsymbol{p}^{(2)} = \mathbf{0}$. 写出 K-T 条件求拉格朗日乘子,

$$\begin{bmatrix} 2 & 0 \\ 0 & 2 \end{bmatrix}\begin{bmatrix} 3 \\ 0 \end{bmatrix} + \begin{bmatrix} -6 \\ -4 \end{bmatrix} = \lambda_1\begin{bmatrix} 1 \\ 1 \end{bmatrix} + \lambda_3\begin{bmatrix} 0 \\ 1 \end{bmatrix},$$

解得 $\lambda_1 = 0$, $\lambda_3 = -4$.

拉格朗日乘子不都大于等于 0. 计算出 $j = 3$,

$$\boldsymbol{x}^{(3)} = \boldsymbol{x}^{(2)}, \quad A(\boldsymbol{x}^{(3)}) = A(\boldsymbol{x}^{(2)}) \setminus \{3\} = \{1\}.$$

第 3 次迭代.

$\boldsymbol{g}^{(3)}=\boldsymbol{Q}\boldsymbol{x}^{(3)}+\boldsymbol{c}=\begin{bmatrix}2&0\\0&2\end{bmatrix}\begin{bmatrix}3\\0\end{bmatrix}+\begin{bmatrix}-6\\-4\end{bmatrix}=\begin{bmatrix}0\\-4\end{bmatrix}$. 于是问题 (11.1.9) 为

$$\begin{aligned}&\min \quad p_1^2+p_2^2-4p_2\\&\text{s.t.} \quad p_1+p_2=0.\end{aligned}$$

其最优解为 $\boldsymbol{p}^{(3)}=\begin{bmatrix}-1\\1\end{bmatrix}$.

现在 $\boldsymbol{p}^{(3)}\neq\boldsymbol{0}$.

$$\alpha_3=\min\left\{1,\min\left\{\frac{-1}{-1}\right\}\right\}=1.$$

所以,

$$\boldsymbol{x}^{(4)}=\boldsymbol{x}^{(3)}+\alpha_3\boldsymbol{p}^{(3)}=\begin{bmatrix}3\\0\end{bmatrix}+\begin{bmatrix}-1\\1\end{bmatrix}=\begin{bmatrix}2\\1\end{bmatrix},$$

$A(\boldsymbol{x}^{(4)})=\{1\}$.

第 4 次迭代.

$\boldsymbol{g}^{(4)}=\boldsymbol{Q}\boldsymbol{x}^{(4)}+\boldsymbol{c}=\begin{bmatrix}2&0\\0&2\end{bmatrix}\begin{bmatrix}2\\1\end{bmatrix}+\begin{bmatrix}-6\\-4\end{bmatrix}=\begin{bmatrix}-2\\-2\end{bmatrix}$. 于是问题 (11.1.9) 为

$$\begin{aligned}&\min \quad p_1^2+p_2^2-2p_1-2p_2\\&\text{s.t.} \quad p_1+p_2=0.\end{aligned}$$

其最优解为 $\boldsymbol{p}^{(4)}=\begin{bmatrix}0\\0\end{bmatrix}$.

现在 $\boldsymbol{p}^{(4)}=\boldsymbol{0}$. 写出 K-T 条件, 求拉格朗日乘子,

$$\begin{bmatrix}2&0\\0&2\end{bmatrix}\begin{bmatrix}2\\1\end{bmatrix}+\begin{bmatrix}-6\\-4\end{bmatrix}=\lambda\begin{bmatrix}-1\\-1\end{bmatrix},$$

解得 $\lambda=2\geqslant 0$. 因此, 找到最优解 $\boldsymbol{x}^*=\boldsymbol{x}^{(4)}=\begin{bmatrix}2\\1\end{bmatrix}$. ∎

## 11.2 简约梯度法

回忆下降算法是处理无约束优化问题的一类基本算法, 它不断地从当前点移动到使目标函数值下降的下一个点. 然而在约束优化问题中, 不但要求移动到的点是使目标函数值下降的, 移动到的点还要是可行的. 对于约束优化问题, 在下降的过程中能够始终保持当前解可行的这类搜索算法, 统称为可行方向法. 有多种不同的可行方向法, 其中简约梯度法是一种基本的可行方向法.

简约梯度法 (Reduced Gradient Method)(也称为既约梯度法) 处理带有线性约束的约束优化问题, 这类问题如 (CPL) 所示.

$$\begin{aligned} \min \quad & f(\boldsymbol{x}) \\ \text{s.t.} \quad & \boldsymbol{Ax} = \boldsymbol{b}, \\ & \boldsymbol{x} \geqslant \boldsymbol{0}. \end{aligned} \tag{CPL}$$

可以看出, (CPL) 和线性规划标准型 (LPS) 的区别在于在 (CPL) 中目标函数 $f(\boldsymbol{x})$ 允许是一般函数, 不要求必须是线性函数. 因此 (CPL) 可以看作是 (LPS) 的推广. 同时, (CPL) 又是约束规划 (CP) 的特例, 它的对应于 (CP) 的 $g_i(\boldsymbol{x}) \geqslant 0$ 的部分要求必须是 $\boldsymbol{x} \geqslant \boldsymbol{0}$ 的形式.

对于 (CPL), 作如下非退化假设: ①每一个可行点至少有 $m$ 个大于零的分量; ② $\boldsymbol{A}$ 的任意 $m$ 列线性无关.

本节介绍的简约梯度法是 Wolfe 于 1962 年提出来的, 这个方法可看作是线性规划单纯形方法的推广. 简约梯度法是一种可行方向法, 它使用具有 $n-m$ 个分量 (而不是 $n$ 个分量) 的梯度向量来确定下降方向, 因此称为简约 (Reduced) 梯度法. 大量的数值实验表明, 简约梯度法对于大规模线性约束的非线性规划问题是非常好的, 是世界上很流行的约束优化算法. Abadie 和 Carpentier 于 1969 年将 Wolfe 简约梯度法推广到求解非线性约束的非线性规划问题, 提出了著名的广义简约梯度法 (Generalized Reduced Gradient Method). 该方法又经后人不断改进, 目前是求解约束规划问题的一种非常有效的方法.

### 11.2.1 简约梯度

固定 $\boldsymbol{A}$ 的一个子方阵 $\boldsymbol{B}$, 称为**基** (下面我们将介绍如何选取基). 矩阵 $\boldsymbol{A}$ 分块为

$$\boldsymbol{A} = \begin{bmatrix} \boldsymbol{B} & \boldsymbol{N} \end{bmatrix}.$$

对应地, 将向量 $\boldsymbol{x}$ 分块为 $\boldsymbol{x}=\begin{bmatrix}\boldsymbol{x}_B\\ \boldsymbol{x}_N\end{bmatrix}$, 其中 $\boldsymbol{x}_B$ 的每个分量称为**基变量**. $\boldsymbol{x}_N$ 由剩下的分量组成, 每个分量称为**非基变量**.

于是, (CPL) 的约束 $\boldsymbol{Ax}=\boldsymbol{b}$ 可写为

$$\boldsymbol{B}\boldsymbol{x}_B+\boldsymbol{N}\boldsymbol{x}_N=\boldsymbol{b}.$$

由假设, $\boldsymbol{A}$ 的任意 $m$ 列线性无关, 因此 $\boldsymbol{B}$ 可逆, 于是 $\boldsymbol{x}_B$ 可表达为

$$\boldsymbol{x}_B=\boldsymbol{B}^{-1}\boldsymbol{b}-\boldsymbol{B}^{-1}\boldsymbol{N}\boldsymbol{x}_N.$$

这里, $\boldsymbol{x}_B$ 的表达式是 $\boldsymbol{x}_N$ 的函数. 为符号上的简便, 我们将这个函数记为 $v(\boldsymbol{x}_N)$, 即, $\boldsymbol{x}_B=v(\boldsymbol{x}_N)=\boldsymbol{B}^{-1}\boldsymbol{b}-\boldsymbol{B}^{-1}\boldsymbol{N}\boldsymbol{x}_N$.

因此, 目标函数 $f(\boldsymbol{x})$ 可表达为 $\boldsymbol{x}_N$ 的函数, 记为 $F(\boldsymbol{x}_N)$, 即

$$F(\boldsymbol{x}_N)=f\left(\begin{bmatrix}v(\boldsymbol{x}_N)\\ \boldsymbol{x}_N\end{bmatrix}\right).$$

使用复合函数求导的链式法则计算 $\nabla F(\boldsymbol{x}_N)$, 得到

$$\nabla F(\boldsymbol{x}_N)=\begin{bmatrix}-\boldsymbol{B}^{-1}\boldsymbol{N}\\ \boldsymbol{I}\end{bmatrix}^{\mathrm{T}}\nabla f\left(\begin{bmatrix}v(\boldsymbol{x}_N)\\ \boldsymbol{x}_N\end{bmatrix}\right).$$

为便于表达, 我们将 $\nabla f\left(\begin{bmatrix}v(\boldsymbol{x}_N)\\ \boldsymbol{x}_N\end{bmatrix}\right)$ 按照基 $\boldsymbol{B}$ 分块为

$$\nabla f\left(\begin{bmatrix}v(\boldsymbol{x}_N)\\ \boldsymbol{x}_N\end{bmatrix}\right)=\begin{bmatrix}\nabla_B f\left(\begin{bmatrix}v(\boldsymbol{x}_N)\\ \boldsymbol{x}_N\end{bmatrix}\right)\\ \nabla_N f\left(\begin{bmatrix}v(\boldsymbol{x}_N)\\ \boldsymbol{x}_N\end{bmatrix}\right)\end{bmatrix},$$

其中 $\nabla_B f\left(\begin{bmatrix}v(\boldsymbol{x}_N)\\ \boldsymbol{x}_N\end{bmatrix}\right)$ 为 $f(\boldsymbol{x})$ 对各个基变量求偏导数构成的向量 (每个分量是 $\boldsymbol{x}$ 的表达式), 再代入 $\begin{bmatrix}v(\boldsymbol{x}_N)\\ \boldsymbol{x}_N\end{bmatrix}$ 得到的向量; $\nabla_N f\left(\begin{bmatrix}v(\boldsymbol{x}_N)\\ \boldsymbol{x}_N\end{bmatrix}\right)$ 为 $f(\boldsymbol{x})$ 对

各个非基变量求偏导数构成的向量, 再代入 $\begin{bmatrix} v(\boldsymbol{x}_N) \\ \boldsymbol{x}_N \end{bmatrix}$ 得到的向量. 于是, $\nabla F(\boldsymbol{x}_N)$ 可重新写为

$$\begin{aligned}
\boldsymbol{r}_N &= \nabla F(\boldsymbol{x}_N) \\
&= \begin{bmatrix} -(\boldsymbol{B}^{-1}\boldsymbol{N})^{\mathrm{T}} & \boldsymbol{I} \end{bmatrix} \begin{bmatrix} \nabla_B f\left(\begin{bmatrix} v(\boldsymbol{x}_N) \\ \boldsymbol{x}_N \end{bmatrix}\right) \\ \nabla_N f\left(\begin{bmatrix} v(\boldsymbol{x}_N) \\ \boldsymbol{x}_N \end{bmatrix}\right) \end{bmatrix} \\
&= -(\boldsymbol{B}^{-1}\boldsymbol{N})^{\mathrm{T}}\nabla_B f\left(\begin{bmatrix} v(\boldsymbol{x}_N) \\ \boldsymbol{x}_N \end{bmatrix}\right) + \nabla_N f\left(\begin{bmatrix} v(\boldsymbol{x}_N) \\ \boldsymbol{x}_N \end{bmatrix}\right).
\end{aligned}$$

$\boldsymbol{r}_N$ 则称为函数 $f$ 在点 $\boldsymbol{x}$ 处对应于基矩阵 $\boldsymbol{B}$ 的**简约梯度**. 注意向量 $\boldsymbol{r}_N$ 含有 $n-m$ 个分量, 每个分量都是 $\boldsymbol{x}_N$ 的函数.

下面我们来看一个具体的例子, 来计算一下简约梯度向量.

**例 11.2.1**　考虑如下约束规划.

$$\begin{aligned}
\min \quad & x_1^2 + x_2^2 + 2x_1x_2 + 2x_1 + 6x_2 \\
\text{s.t.} \quad & x_1 + x_2 + x_3 = 4, \\
& -x_1 + x_2 + x_4 = 2, \\
& x_i \geqslant 0, \quad \forall i.
\end{aligned}$$

约束矩阵 $\boldsymbol{A} = \begin{bmatrix} 1 & 1 & 1 & 0 \\ -1 & 1 & 0 & 1 \end{bmatrix}$, 右端项 $\boldsymbol{b} = \begin{bmatrix} 4 \\ 2 \end{bmatrix}$.

假设选取 $x_2$, $x_3$ 为基变量, $x_1$, $x_4$ 为非基变量. 则

$$\boldsymbol{B} = \begin{bmatrix} 1 & 1 \\ 1 & 0 \end{bmatrix}, \quad \boldsymbol{N} = \begin{bmatrix} 1 & 0 \\ -1 & 1 \end{bmatrix}.$$

$$\boldsymbol{B}^{-1} = \begin{bmatrix} 0 & 1 \\ 1 & -1 \end{bmatrix}, \quad \boldsymbol{B}^{-1}\boldsymbol{N} = \begin{bmatrix} -1 & 1 \\ 2 & -1 \end{bmatrix}.$$

由 $\boldsymbol{x}_B = \boldsymbol{B}^{-1}\boldsymbol{b} - \boldsymbol{B}^{-1}\boldsymbol{N}\boldsymbol{x}_N$, 可计算得到

$$\begin{bmatrix} x_2 \\ x_3 \end{bmatrix} = \boldsymbol{B}^{-1}\boldsymbol{b} - \boldsymbol{B}^{-1}\boldsymbol{N}\boldsymbol{x}_N$$

$$
= \begin{bmatrix} 1 & 1 \\ 1 & 0 \end{bmatrix} \begin{bmatrix} 4 \\ 2 \end{bmatrix} - \begin{bmatrix} -1 & 1 \\ 2 & -1 \end{bmatrix} \begin{bmatrix} x_1 \\ x_4 \end{bmatrix}
$$

$$
= \begin{bmatrix} 2 \\ 2 \end{bmatrix} - \begin{bmatrix} -x_1 + x_4 \\ 2x_1 - x_4 \end{bmatrix} = \begin{bmatrix} x_1 - x_4 + 2 \\ -2x_1 + x_4 + 2 \end{bmatrix},
$$

即

$$
x_2 = x_1 - x_4 + 2,
$$

$$
x_3 = -2x_1 + x_4 + 2.
$$

目标函数的梯度向量

$$
\nabla f(\boldsymbol{x}) = \begin{bmatrix} 2x_1 + 2x_2 + 2 \\ 2x_1 + 2x_2 + 6 \\ 0 \\ 0 \end{bmatrix},
$$

使用非基变量表达为

$$
\nabla f\left(\begin{bmatrix} v(\boldsymbol{x}_N) \\ \boldsymbol{x}_N \end{bmatrix}\right) = \begin{bmatrix} 4x_1 - 2x_4 + 6 \\ 4x_1 - 2x_4 + 10 \\ 0 \\ 0 \end{bmatrix},
$$

分块为

$$
\nabla_B f\left(\begin{bmatrix} v(\boldsymbol{x}_N) \\ \boldsymbol{x}_N \end{bmatrix}\right) = \begin{bmatrix} 4x_1 - 2x_4 + 10 \\ 0 \end{bmatrix},
$$

$$
\nabla_N f\left(\begin{bmatrix} v(\boldsymbol{x}_N) \\ \boldsymbol{x}_N \end{bmatrix}\right) = \begin{bmatrix} 4x_1 - 2x_4 + 6 \\ 0 \end{bmatrix}.
$$

则简约梯度向量 $\boldsymbol{r}_N$ 为

$$
-(\boldsymbol{B}^{-1}\boldsymbol{N})^{\mathrm{T}} \nabla_B f\left(\begin{bmatrix} v(\boldsymbol{x}_N) \\ \boldsymbol{x}_N \end{bmatrix}\right) + \nabla_N f\left(\begin{bmatrix} v(\boldsymbol{x}_N) \\ \boldsymbol{x}_N \end{bmatrix}\right)
$$

$$
= -\begin{bmatrix} -1 & 2 \\ 1 & -1 \end{bmatrix} \begin{bmatrix} 4x_1 - 2x_4 + 10 \\ 0 \end{bmatrix} + \begin{bmatrix} 4x_1 - 2x_4 + 6 \\ 0 \end{bmatrix}
$$

$$= -\begin{bmatrix} -4x_1+2x_4-10 \\ 4x_1-2x_4+10 \end{bmatrix} + \begin{bmatrix} 4x_1-2x_4+6 \\ 0 \end{bmatrix}$$

$$= \begin{bmatrix} 8x_1-4x_4+16 \\ -4x_1+2x_4-10 \end{bmatrix}.$$

从例 11.2.1 中读者可注意到, $\nabla f(\boldsymbol{x})$ 实际上也可分块为 $\begin{bmatrix} \nabla_B f(\boldsymbol{x}) \\ \nabla_N f(\boldsymbol{x}) \end{bmatrix}$. 因为基变量与非基变量之间的线性关系, 实际上我们有

$$\nabla_B f(\boldsymbol{x}) = \nabla_B f\left(\begin{bmatrix} v(\boldsymbol{x}_N) \\ \boldsymbol{x}_N \end{bmatrix}\right),$$

$$\nabla_N f(\boldsymbol{x}) = \nabla_N f\left(\begin{bmatrix} v(\boldsymbol{x}_N) \\ \boldsymbol{x}_N \end{bmatrix}\right),$$

只不过 $\nabla_B f(\boldsymbol{x})$, $\nabla_N f(\boldsymbol{x})$ 是以 $\boldsymbol{x}$ 的表达式给出的, 而 $\nabla_B f\left(\begin{bmatrix} v(\boldsymbol{x}_N) \\ \boldsymbol{x}_N \end{bmatrix}\right)$, $\nabla_N f\left(\begin{bmatrix} v(\boldsymbol{x}_N) \\ \boldsymbol{x}_N \end{bmatrix}\right)$ 是以 $\boldsymbol{x}_N$ 的表达式给出的. 因此, 简约梯度向量 $\boldsymbol{r}_N$ 也可以写成 $\boldsymbol{x}$ 的表达式:

$$\boldsymbol{r}_N = -(\boldsymbol{B}^{-1}\boldsymbol{N})^{\mathrm{T}}\nabla_B f(\boldsymbol{x}) + \nabla_N f(\boldsymbol{x}). \tag{11.2.1}$$

对于例 11.2.1, 我们有

$$\nabla_B f(\boldsymbol{x}) = \begin{bmatrix} 2x_1+2x_2+6 \\ 0 \end{bmatrix}, \quad \nabla_N f(\boldsymbol{x}) = \begin{bmatrix} 2x_1+2x_2+2 \\ 0 \end{bmatrix},$$

以及

$$\boldsymbol{r}_N = \begin{bmatrix} 4x_1+4x_2+8 \\ -2x_1-2x_2-6 \end{bmatrix}.$$

### 11.2.2　构造搜索方向

假设当前点为 $\boldsymbol{x}^{(k)}$, 简约梯度法的核心任务是根据简约梯度 $\boldsymbol{r}_N$ 构造搜索方向 $\boldsymbol{d}^{(k)}$, 使得沿 $\boldsymbol{d}^{(k)}$ 前进到的下一个点 $\boldsymbol{x}^{(k+1)} = \boldsymbol{x}^{(k)} + \alpha_k \boldsymbol{d}^{(k)}$ 既是可行的, 又是使目标函数值下降的.

在简约梯度法的每一次迭代中, 都要重新选择基 (相当于单纯形算法的 "换基"). 对于第 $k$ 次迭代, 选择 $\boldsymbol{x}^{(k)}$ 的前 $m$ 个最大的正分量在 $\boldsymbol{A}$ 中所对应的列,

由这些列构成的子方阵为基 $\boldsymbol{B}^{(k)}$. 矩阵 $\boldsymbol{A}$ 对应地分块为 $\boldsymbol{A}=\begin{bmatrix} \boldsymbol{B}^{(k)} & \boldsymbol{N}^{(k)} \end{bmatrix}$, $\boldsymbol{x}^{(k)}$ 分块为 $\boldsymbol{x}^{(k)}=\begin{bmatrix} \boldsymbol{x}_B^{(k)} \\ \boldsymbol{x}_N^{(k)} \end{bmatrix}$, 搜索方向 $\boldsymbol{d}^{(k)}$ 分块为

$$\boldsymbol{d}^{(k)}=\begin{bmatrix} \boldsymbol{d}_B^{(k)} \\ \boldsymbol{d}_N^{(k)} \end{bmatrix}.$$

为方便书写, 记 $I_B^{(k)}$ 为基变量的下标的集合, $I_N^{(k)}$ 为非基变量的下标的集合.

由定理 8.2.2, $\boldsymbol{d}_N^{(k)}$ 取值为负的简约梯度 $-\boldsymbol{r}_N$, 是使目标函数 $F(\boldsymbol{x}_N)$ 下降的方向, 但我们不知道这个方向是否是可行的. 下面根据 $\boldsymbol{r}_N$ 构造一个既是可行又是下降的搜索方向 $\boldsymbol{d}^{(k)}$. 我们总是假设步长因子 $\alpha_k>0$.

由简约梯度 $\boldsymbol{r}_N$ 的定义, $\boldsymbol{r}_N$ 的每个分量都是 $\boldsymbol{x}$ 的函数. 令 $\boldsymbol{r}_N^{(k)}$ 表示 $\boldsymbol{r}_N$ 在 $\boldsymbol{x}^{(k)}$ 处的值.

考虑 $\boldsymbol{r}_N^{(k)}$ 的任一个分量, 假设这个分量对应于非基变量 $x_i$. 为符号上的方便, 我们把这个分量记为 $r_i^{(k)}$, 但注意这个符号并不是 "$r_i^{(k)}$ 是 $\boldsymbol{r}_N^{(k)}$ 中的第 $i$ 个分量" 的意思. 我们先尝试让 $\boldsymbol{d}_N^{(k)}=-\boldsymbol{r}_N^{(k)}$, 于是 $x_i^{(k+1)}=x_i^{(k)}+\alpha_k d_i^{(k)}=x_i^{(k)}-\alpha_k r_i^{(k)}$. 若 $r_i^{(k)}\leqslant 0$, 总有 $x_i^{(k+1)}=x_i^{(k)}-\alpha_k r_i^{(k)}\geqslant 0$. 若 $r_i^{(k)}>0$, $x_i^{(k)}>0$, 则当 $\alpha_k$ 在一定范围内变化时, 可保证 $x_i^{(k+1)}=x_i^{(k)}-\alpha_k r_i^{(k)}\geqslant 0$. 但对于一种极端情况, 当 $x_i^{(k)}=0$ 时, 必有 $x_i^{(k+1)}=x_i^{(k)}-\alpha_k r_i^{(k)}<0$, 从而 $\boldsymbol{x}^{(k+1)}$ 不可行. 因此 $\boldsymbol{d}_N^{(k)}$ 的取值要排除掉这种极端情况.

为此, $\forall i\in I_N^{(k)}$, 我们定义

$$d_i^{(k)}=\begin{cases} -r_i^{(k)}, & r_i^{(k)}\leqslant 0, \\ -x_i r_i^{(k)}, & r_i^{(k)}>0. \end{cases} \tag{11.2.2}$$

注意, 当 $r_i^{(k)}>0$ 时, 我们定义 $d_i^{(k)}=-x_i r_i^{(k)}$, 这样就排除了上面讲的 $x_i^{(k)}=0$ 时的极端情况.

下面再来确定 $\boldsymbol{d}_B^{(k)}$. 由于 $\boldsymbol{A}\boldsymbol{x}^{(k+1)}=\boldsymbol{A}(\boldsymbol{x}^{(k)}+\alpha_k\boldsymbol{d}^{(k)})=\boldsymbol{A}\boldsymbol{x}^{(k)}+\alpha_k\boldsymbol{A}\boldsymbol{d}^{(k)}$, 为使 $\boldsymbol{d}^{(k)}$ 是一个可行方向, 它应满足 $\boldsymbol{A}\boldsymbol{x}^{(k+1)}=\boldsymbol{b}$, 即应满足

$$\boldsymbol{A}\boldsymbol{x}^{(k)}+\alpha_k\boldsymbol{A}\boldsymbol{d}^{(k)}=\boldsymbol{b}.$$

而 $\boldsymbol{x}^{(k)}$ 是可行点, 已经有 $\boldsymbol{A}\boldsymbol{x}^{(k)}=\boldsymbol{b}$, 因此 $\boldsymbol{d}^{(k)}$ 应满足 $\boldsymbol{A}\boldsymbol{d}^{(k)}=\boldsymbol{0}$. 现在,

$$\boldsymbol{A}\boldsymbol{d}^{(k)}=\begin{bmatrix} \boldsymbol{B}^{(k)} & \boldsymbol{N}^{(k)} \end{bmatrix}\begin{bmatrix} \boldsymbol{d}_B^{(k)} \\ \boldsymbol{d}_N^{(k)} \end{bmatrix}=\boldsymbol{B}^{(k)}\boldsymbol{d}_B^{(k)}+\boldsymbol{N}^{(k)}\boldsymbol{d}_N^{(k)},$$

因此, 应取

$$\boldsymbol{d}_B^{(k)} = -(\boldsymbol{B}^{(k)})^{-1}\boldsymbol{N}^{(k)}\boldsymbol{d}_N^{(k)}. \tag{11.2.3}$$

可以证明, 上面构造的搜索方向 $\boldsymbol{d}^{(k)}$, 是可行方向, 同时也是下降方向.

**引理 11.2.2**　假设 $\boldsymbol{d}^{(k)} \neq \boldsymbol{0}$. 则 $\boldsymbol{d}^{(k)}$ 是函数 $f$ 在点 $x^{(k)}$ 处的可行下降方向.

**证明**　(1) 先证 $\boldsymbol{d}^{(k)}$ 是可行方向. 首先, 由 $\boldsymbol{d}_B^{(k)}$ 的定义, $\boldsymbol{x}^{(k+1)}$ 自然满足 $\boldsymbol{A}\boldsymbol{x}^{(k+1)} = \boldsymbol{b}$.

在引理 11.2.2 的证明中, 我们已经论证到当 $\boldsymbol{d}^{(k)}$ 是可行方向. 下面给出 $\alpha_k$ 的变化范围.

其次, 看 $\boldsymbol{x}^{(k+1)}$ 的各个分量 $x_i^{(k+1)}$. 由于 $\forall i \in [n], x_i^{(k+1)} = x_i^{(k)} + \alpha_k d_i^{(k)}$, 当 $d_i^{(k)} \geqslant 0$ 时, 总有 $x_i^{(k+1)} \geqslant 0$. 当 $d_i^{(k)} < 0$ 时, $\alpha_k$ 应小于等于 $-x_i^{(k)}/d_i^{(k)}$, 才能保证 $x_i^{(k+1)} \geqslant 0$, 即, 此时步长因子 $\alpha_k$ 仅能在一定范围内变化. 因此, $\alpha_k$ 的最大取值 $\alpha_{\max}^{(k)}$ 应为

$$\alpha_{\max}^{(k)} = \begin{cases} +\infty, & \boldsymbol{d}^{(k)} \geqslant \boldsymbol{0}, \\ \min\left\{-\dfrac{x_i^{(k)}}{d_i^{(k)}} \middle| d_i^{(k)} < 0, 1 \leqslant i \leqslant n\right\}, & \boldsymbol{d}^{(k)} \ngeqslant \boldsymbol{0}. \end{cases}$$

以上论述表明 $\boldsymbol{x}^{(k+1)} \geqslant \boldsymbol{0}$.

(2) 再证 $\boldsymbol{d}^{(k)}$ 是下降方向. 计算可知

$$\begin{aligned} \nabla f(\boldsymbol{x}^{(k)})^{\mathrm{T}}\boldsymbol{d}^{(k)} &= \nabla_B f(\boldsymbol{x}^{(k)})^{\mathrm{T}}\boldsymbol{d}_B^{(k)} + \nabla_N f(\boldsymbol{x}^{(k)})^{\mathrm{T}}\boldsymbol{d}_N^{(k)} \\ &\underset{(11.2.3)}{=} \left(-\nabla_B f(\boldsymbol{x}^{(k)})^{\mathrm{T}}(\boldsymbol{B}^{(k)})^{-1}\boldsymbol{N}^{(k)} + \nabla_N f(\boldsymbol{x}^{(k)})^{\mathrm{T}}\right)\boldsymbol{d}_N^{(k)} \\ &\underset{(11.2.1)}{=} (\boldsymbol{r}_N^{(k)})^{\mathrm{T}}\boldsymbol{d}_N^{(k)} \\ &\underset{(11.2.2)}{=} -\sum_{i \in I_N^{(k)}, r_i^{(k)} \leqslant 0}(r_i^{(k)})^2 - \sum_{i \in I_N^{(k)}, r_i^{(k)} > 0} x_i^k (r_i^{(k)})^2. \end{aligned}$$

由于 $\boldsymbol{d}^{(k)} \neq \boldsymbol{0}$, 以及 (11.2.3), 可知 $\boldsymbol{d}_N^{(k)} \neq \boldsymbol{0}$. 因此, $\nabla f(\boldsymbol{x}^{(k)})^{\mathrm{T}}\boldsymbol{d}^{(k)} < 0$. 由定理 8.2.2, 可知 $\boldsymbol{d}^{(k)}$ 是 $f$ 在点 $\boldsymbol{x}^{(k)}$ 处的下降方向. ∎

**引理 11.2.3**　$\boldsymbol{d}^{(k)} = \boldsymbol{0}$ 当且仅当 $\boldsymbol{x}^{(k)}$ 是 (CPL) 的 K-T 点.

**证明**　($\Leftarrow$) 由于 $\boldsymbol{x}^{(k)}$ 是 (CPL) 的 K-T 点, 因此存在 $\boldsymbol{\lambda} \in \mathbb{R}^n$ 和 $\boldsymbol{\mu} \in \mathbb{R}^m$, 满足

$$\nabla f(\boldsymbol{x}^{(k)}) - \boldsymbol{\lambda} + \boldsymbol{A}^{\mathrm{T}}\boldsymbol{\mu} = \boldsymbol{0},$$

$$\boldsymbol{\lambda}^{\mathrm{T}}\boldsymbol{x}^{(k)} = 0,$$
$$\boldsymbol{\lambda} \geqslant \mathbf{0}.$$

由于 $\boldsymbol{x}^{(k)}$ 的基为 $\boldsymbol{B}^{(k)}$, 将 $\boldsymbol{\lambda}$ 相应分块为 $\boldsymbol{\lambda} = \begin{bmatrix} \boldsymbol{\lambda}_B \\ \boldsymbol{\lambda}_N \end{bmatrix}$, 则上述 K-T 条件等价于

$$\nabla_B f(\boldsymbol{x}^{(k)}) - \boldsymbol{\lambda}_B + (\boldsymbol{B}^{(k)})^{\mathrm{T}}\boldsymbol{\mu} = \mathbf{0}, \tag{11.2.4}$$
$$\nabla_N f(\boldsymbol{x}^{(k)}) - \boldsymbol{\lambda}_N + (\boldsymbol{N}^{(k)})^{\mathrm{T}}\boldsymbol{\mu} = \mathbf{0}, \tag{11.2.5}$$
$$\boldsymbol{\lambda}_B^{\mathrm{T}}\boldsymbol{x}_B^{(k)} = 0, \tag{11.2.6}$$
$$\boldsymbol{\lambda}_N^{\mathrm{T}}\boldsymbol{x}_N^{(k)} = 0, \tag{11.2.7}$$
$$\boldsymbol{\lambda} \geqslant \mathbf{0}. \tag{11.2.8}$$

由于 $\boldsymbol{x}_B^{(k)} > \mathbf{0}$, 由互补松紧条件 (11.2.6) 可知 $\lambda_B = \mathbf{0}$. 再由 (11.2.4), 可知

$$\boldsymbol{\mu} = -((\boldsymbol{B}^{(k)})^{-1})^{\mathrm{T}}\nabla_B f(\boldsymbol{x}^{(k)}).$$

将 $\boldsymbol{\mu}$ 的取值代入 (11.2.5), 便可得到

$$\begin{aligned} \boldsymbol{\lambda}_N &= -(\boldsymbol{N}^{(k)})^{\mathrm{T}}((\boldsymbol{B}^{(k)})^{-1})^{\mathrm{T}}\nabla_B f(\boldsymbol{x}^{(k)}) + \nabla_N f(\boldsymbol{x}^{(k)}) \\ &\underset{(11.2.1)}{=} \boldsymbol{r}_N^{(k)}. \end{aligned} \tag{11.2.9}$$

由 (11.2.7) 和 (11.2.9), 可得到

$$(\boldsymbol{r}_N^{(k)})^{\mathrm{T}}\boldsymbol{x}_N^{(k)} = 0. \tag{11.2.10}$$

由 (11.2.8) 和 (11.2.9), 可得到

$$\boldsymbol{r}_N^{(k)} \geqslant \mathbf{0}.$$

由于 $\boldsymbol{r}_N^{(k)} \geqslant \mathbf{0}$, $\boldsymbol{x}_N^{(k)} \geqslant \mathbf{0}$, (11.2.10) 表明

$$\forall i \in I_N^{(k)}, \quad r_i^{(k)} x_i^{(k)} = 0.$$

现任取 $i \in I_N^{(k)}$. 若 $r_i^{(k)} > 0$, 则有 $x_i^{(k)} = 0$. 因此, 由 $d_i^{(k)}$ 的定义 (11.2.2), 可知 $d_i^{(k)} = 0$. 若 $r_i^{(k)} = 0$, 则由 (11.2.2), 亦有 $d_i^{(k)} = 0$. 因此, $\boldsymbol{d}_N^{(k)} = \mathbf{0}$. 再由 $\boldsymbol{d}_B^{(k)}$ 的定义 (11.2.3), 可知 $\boldsymbol{d}_B^{(k)} = \mathbf{0}$, 即, $\boldsymbol{d}^{(k)} = \mathbf{0}$.

($\Rightarrow$) 由 $\boldsymbol{d}^{(k)} = \mathbf{0}$, 可知 $\boldsymbol{d}_N^{(k)} = \mathbf{0}$. 由 $\boldsymbol{d}_N^{(k)}$ 的定义 (11.2.2), 可知不存在 $i \in I_N^{(k)}$, 使得 $r_i^{(k)} < 0$. 因为若有这样的 $i$, 则 $d_i^{(k)} > 0$, 与 $\boldsymbol{d}_N^{(k)} = \mathbf{0}$ 矛盾. 即, 我们有

$$\boldsymbol{r}_N^{(k)} \geqslant \mathbf{0}.$$

现在考察 $(\boldsymbol{r}_N^{(k)})^{\mathrm{T}}\boldsymbol{x}_N^{(k)} = \sum_{i\in I_N^{(k)}} r_i^{(k)}x_i^{(k)}$. 由于 $\boldsymbol{r}_N^{(k)} \geqslant \mathbf{0}$, 对任一 $i \in I_N^{(k)}$, 只需要考虑 $r_i^{(k)} = 0$ 和 $r_i^{(k)} > 0$ 两种情形. 若 $r_i^{(k)} = 0$, 自然有 $r_i^{(k)}x_i^{(k)} = 0$. 若 $r_i^{(k)} > 0$, 由 $\boldsymbol{d}_N^{(k)}$ 的定义, 有 $-x_i^{(k)}r_i^{(k)} = 0$. 因此,

$$(\boldsymbol{r}_N^{(k)})^{\mathrm{T}}\boldsymbol{x}_N^{(k)} = 0.$$

因此, 令 $\lambda_B = \mathbf{0}$, $\lambda_N = \boldsymbol{r}_N$, 则 K-T 条件中的 (11.2.8)、(11.2.6)、(11.2.7) 满足. 进而令 $\boldsymbol{\mu} = -((\boldsymbol{B}^{(k)})^{-1})^{\mathrm{T}}\nabla_B f(\boldsymbol{x}^{(k)})$, 则 K-T 条件中的 (11.2.4)、(11.2.5) 满足. 这表明 $\boldsymbol{x}^{(k)}$ 是问题 (CPL) 的 K-T 点. ∎

### 11.2.3 算法设计

现在, 我们已经可以给出 Wolfe 简约梯度法的算法描述了.

**算法 11.2.1** Wolfe 简约梯度算法.

输入: 约束规划 (CPL), 允许误差 $\epsilon > 0$, 初始可行点 $\boldsymbol{x}^{(0)}$.

输出: 满足误差要求的点 $\boldsymbol{x}$.

(1) $k \leftarrow 1$.

(2) 确定 $\boldsymbol{x}^{(k)}$ 的前 $m$ 个最大分量的下标的集合 $I_B^{(k)}$, 余下的下标的集合记为 $I_N^{(k)}$.

(3) 按公式 (11.2.1) 计算简约梯度 $\boldsymbol{r}_N^{(k)}$, 按公式 (11.2.2) 和 (11.2.3) 构造搜索方向 $\boldsymbol{d}^{(k)}$.

(4) **if** $\|\boldsymbol{d}^{(k)}\| \leqslant \epsilon$ **then** 输出 $\boldsymbol{x}^{(k)}$, 结束.

(5) 进行一维搜索, 求解 $\min_{0\leqslant\alpha\leqslant\alpha_{\max}^{(k)}} f(\boldsymbol{x}^{(k)} + \alpha\boldsymbol{d}^{(k)})$ 得到步长因子 $\alpha_k$.

(6) $\boldsymbol{x}^{(k+1)} \leftarrow \boldsymbol{x}^{(k)} + \alpha_k\boldsymbol{d}^{(k)}$, $k \leftarrow k+1$, 转 (2).

**例 11.2.4** 用 Wolfe 简约梯度法求解下列约束规划.

$$\begin{aligned}
\min \quad & x_1^2 + x_2^2 + 2x_1x_2 + 2x_1 + 6x_2 \\
\text{s.t.} \quad & x_1 + x_2 \leqslant 4, \\
& -x_1 + x_2 \leqslant 2, \\
& x_1, x_2 \geqslant 0.
\end{aligned}$$

初始点 $\boldsymbol{x}^{(1)} = \begin{bmatrix} 1 \\ 1 \end{bmatrix}$, 误差 $\epsilon = 0.01$.

**解** 将约束规划写成符合 (CPL) 的形式.

$$\min \quad x_1^2 + x_2^2 + 2x_1x_2 + 2x_1 + 6x_2 \tag{11.2.11}$$

$$\begin{aligned} \text{s.t.} \quad & x_1 + x_2 + x_3 = 4, \\ & -x_1 + x_2 + x_4 = 2, \\ & x_i \geqslant 0, \quad \forall i. \end{aligned}$$

约束矩阵 $A = \begin{bmatrix} 1 & 1 & 1 & 0 \\ -1 & 1 & 0 & 1 \end{bmatrix}$, 目标函数的梯度向量 $\nabla f(\boldsymbol{x}) = \begin{bmatrix} 2x_1+2x_2+2 \\ 2x_2+2x_1+6 \\ 0 \\ 0 \end{bmatrix}$.

第 1 次迭代.

$\boldsymbol{x}^{(1)} = \begin{bmatrix} 1 \\ 1 \\ 2 \\ 2 \end{bmatrix}$, 故 $I_B^{(1)} = \{3,4\}$, $I_N^{(1)} = \{1,2\}$, $\boldsymbol{A}$ 分块为 $\boldsymbol{B}^{(1)} = \begin{bmatrix} 1 & 0 \\ 0 & 1 \end{bmatrix}$ 和 $\boldsymbol{N}^{(1)} = \begin{bmatrix} 1 & 1 \\ -1 & 1 \end{bmatrix}$, $\nabla f(\boldsymbol{x}^{(1)}) = \begin{bmatrix} 6 \\ 10 \\ 0 \\ 0 \end{bmatrix}$.

计算简约梯度和搜索方向:

$$\begin{aligned} \boldsymbol{r}_N^{(1)} &= -((\boldsymbol{B}^{(1)})^{-1}\boldsymbol{N}^{(1)})^{\mathrm{T}}\nabla_B f(\boldsymbol{x}^{(1)}) + \nabla_N f(\boldsymbol{x}^{(1)}) \\ &= -\left(\begin{bmatrix} 1 & 0 \\ 0 & 1 \end{bmatrix}^{-1} \begin{bmatrix} 1 & 1 \\ -1 & 1 \end{bmatrix}\right)^{\mathrm{T}} \begin{bmatrix} 0 \\ 0 \end{bmatrix} + \begin{bmatrix} 6 \\ 10 \end{bmatrix} \\ &= \begin{bmatrix} 6 \\ 10 \end{bmatrix}. \end{aligned}$$

$$\boldsymbol{d}_N^{(1)} = \begin{bmatrix} -6 \\ -10 \end{bmatrix}.$$

$$\begin{aligned} \boldsymbol{d}_B^{(1)} &= -(\boldsymbol{B}^{(1)})^{-1}\boldsymbol{N}^{(1)}\boldsymbol{d}_N^{(1)} \\ &= -\begin{bmatrix} 1 & 0 \\ 0 & 1 \end{bmatrix}^{-1} \begin{bmatrix} 1 & 1 \\ -1 & 1 \end{bmatrix} \begin{bmatrix} -6 \\ -10 \end{bmatrix} = \begin{bmatrix} 16 \\ 4 \end{bmatrix}. \end{aligned}$$

因此 $\boldsymbol{d}^{(1)}=\begin{bmatrix}-6\\-10\\16\\4\end{bmatrix}$.

由于 $\|\boldsymbol{d}^{(1)}\|\nleqslant 0.01$, 要沿 $\boldsymbol{d}^{(0)}$ 进行一维搜索. 计算

$$\alpha_{\max}^{(1)}=\min\left\{\frac{1}{6},\frac{1}{10}\right\}=\frac{1}{10},$$

求解

$$\min_{0\leqslant\alpha\leqslant 1/10} f(\boldsymbol{x}^{(1)}+\alpha\boldsymbol{d}^{(1)})=\min_{0\leqslant\alpha\leqslant 1/10} 256\alpha^2-136\alpha+12,$$

得 $\alpha_0=\dfrac{1}{10}$. 于是得到下一个迭代点,

$$\boldsymbol{x}^{(2)}=\boldsymbol{x}^{(1)}+\alpha_0\boldsymbol{d}^{(1)}=\begin{bmatrix}1\\1\\2\\2\end{bmatrix}+\frac{1}{10}\begin{bmatrix}-6\\-10\\16\\4\end{bmatrix}=\begin{bmatrix}\frac{2}{5}\\0\\\frac{18}{5}\\\frac{12}{5}\end{bmatrix}.$$

第 2 次迭代.

$I_B^{(2)}=\{3,4\}$, $I_N^{(2)}=\{1,2\}$, $\boldsymbol{A}$ 仍分块为 $\boldsymbol{B}^{(2)}=\begin{bmatrix}1&0\\0&1\end{bmatrix}$ 和 $\boldsymbol{N}^{(2)}=\begin{bmatrix}1&1\\-1&1\end{bmatrix}$. $\nabla f(\boldsymbol{x}^{(2)})=\begin{bmatrix}\frac{14}{5}\\\frac{34}{5}\\0\\0\end{bmatrix}$.

计算简约梯度和搜索方向:

$$\begin{aligned}\boldsymbol{r}_N^{(2)}&=-((\boldsymbol{B}^{(2)})^{-1}\boldsymbol{N}^{(2)})^{\mathrm{T}}\nabla_B f(\boldsymbol{x}^{(2)})+\nabla_N f(\boldsymbol{x}^{(2)})\\&=-\left(\begin{bmatrix}1&0\\0&1\end{bmatrix}^{-1}\begin{bmatrix}1&1\\-1&1\end{bmatrix}\right)^{\mathrm{T}}\begin{bmatrix}0\\0\end{bmatrix}+\begin{bmatrix}\frac{14}{5}\\\frac{34}{5}\end{bmatrix}\end{aligned}$$

$$= \begin{bmatrix} \frac{14}{5} \\ \frac{34}{5} \end{bmatrix}.$$

$$\boldsymbol{d}_N^{(2)} = \begin{bmatrix} -\frac{28}{25} \\ 0 \end{bmatrix}.$$

$$\boldsymbol{d}_B^{(2)} = -(\boldsymbol{B}^{(1)})^{-1}\boldsymbol{N}^{(1)}\boldsymbol{d}_N^{(1)}$$

$$= -\begin{bmatrix} 1 & 0 \\ 0 & 1 \end{bmatrix}^{-1} \begin{bmatrix} 1 & 1 \\ -1 & 1 \end{bmatrix} \begin{bmatrix} -\frac{28}{25} \\ 0 \end{bmatrix} = \begin{bmatrix} \frac{28}{25} \\ -\frac{28}{25} \end{bmatrix}.$$

因此 $\boldsymbol{d}^{(2)} = \begin{bmatrix} -\frac{28}{25} \\ 0 \\ \frac{28}{25} \\ -\frac{28}{25} \end{bmatrix}$.

由于 $\|\boldsymbol{d}^{(2)}\| \nleqslant 0.01$, 要沿 $\boldsymbol{d}^{(1)}$ 进行一维搜索. 计算

$$\alpha_{\max}^{(2)} = \min\left\{-\frac{2/5}{-28/25}, -\frac{12/5}{-28/25}\right\} = \frac{5}{14},$$

求解

$$\min_{0\leqslant\alpha\leqslant 5/14} f(\boldsymbol{x}^{(2)} + \alpha\boldsymbol{d}^{(2)}) = \min_{0\leqslant\alpha\leqslant 5/14} \frac{1}{625}\left(784\alpha^2 - 1960\alpha + 600\right),$$

得 $\alpha_1 = \frac{5}{14}$. 于是得到下一个迭代点

$$\boldsymbol{x}^{(2)} = \boldsymbol{x}^{(2)} + \alpha_1\boldsymbol{d}^{(2)} = \begin{bmatrix} \frac{2}{5} \\ 0 \\ \frac{18}{5} \\ \frac{12}{5} \end{bmatrix} + \frac{5}{14}\begin{bmatrix} -\frac{28}{25} \\ 0 \\ \frac{28}{25} \\ -\frac{28}{25} \end{bmatrix} = \begin{bmatrix} 0 \\ 0 \\ 4 \\ 2 \end{bmatrix}.$$

第 3 次迭代.

$I_B^{(3)} = \{3,4\}$, $I_N^{(3)} = \{1,2\}$, $\boldsymbol{A}$ 仍分块为 $\boldsymbol{B}^{(3)} = \begin{bmatrix} 1 & 0 \\ 0 & 1 \end{bmatrix}$ 和 $\boldsymbol{N}^{(3)} = \begin{bmatrix} 1 & 1 \\ -1 & 1 \end{bmatrix}$. $\nabla f(\boldsymbol{x}^{(3)}) = \begin{bmatrix} 2 \\ 6 \\ 0 \\ 0 \end{bmatrix}$.

计算简约梯度和搜索方向:

$$
\begin{aligned}
\boldsymbol{r}_N^{(3)} &= -((\boldsymbol{B}^{(3)})^{-1}\boldsymbol{N}^{(3)})^{\mathrm{T}}\nabla_B f(\boldsymbol{x}^{(3)}) + \nabla_N f(\boldsymbol{x}^{(3)}) \\
&= -\left(\begin{bmatrix} 1 & 0 \\ 0 & 1 \end{bmatrix}^{-1}\begin{bmatrix} 1 & 1 \\ -1 & 1 \end{bmatrix}\right)^{\mathrm{T}}\begin{bmatrix} 0 \\ 0 \end{bmatrix} + \begin{bmatrix} 2 \\ 6 \end{bmatrix} \\
&= \begin{bmatrix} 2 \\ 6 \end{bmatrix}. \\
\boldsymbol{d}_N^{(3)} &= \begin{bmatrix} 0 \\ 0 \end{bmatrix}. \\
\boldsymbol{d}_B^{(3)} &= -(\boldsymbol{B}^{(2)})^{-1}\boldsymbol{N}^{(2)}\boldsymbol{d}_N^{(2)} \\
&= -\begin{bmatrix} 1 & 0 \\ 0 & 1 \end{bmatrix}^{-1}\begin{bmatrix} 1 & 1 \\ -1 & 1 \end{bmatrix}\begin{bmatrix} 0 \\ 0 \end{bmatrix} = \begin{bmatrix} 0 \\ 0 \end{bmatrix}.
\end{aligned}
$$

因此 $\boldsymbol{d}^{(3)} = \begin{bmatrix} 0 \\ 0 \\ 0 \\ 0 \end{bmatrix}$.

现在, $\|\boldsymbol{d}^{(3)}\| \leqslant 0.01$, 算法输出找到的解 $\boldsymbol{x}^{(3)} = \begin{bmatrix} 0 \\ 0 \\ 4 \\ 2 \end{bmatrix}$, 计算结束.

可以验证, $x_1 = 0, x_2 = 0$ 是原问题的最优解. ■

我们再看一个使用简约梯度法求解线性规划的例子. 读者可对比单纯形法以加深对算法的理解.

**例 11.2.5**　用简约梯度法求解例 2.4.5 中的线性规划.

$$\begin{aligned}\min\quad & x_1 - x_2\\ \text{s.t.}\quad & -2x_1 + x_2 + x_3 = 2,\\ & x_1 - 2x_2 + x_4 = 2,\\ & x_1 + x_2 + x_5 = 5,\\ & x_j \geqslant 0, \quad \forall j.\end{aligned}$$

初始点为 $\boldsymbol{x}^{(1)} = \begin{bmatrix} 0\\0\\2\\2\\5 \end{bmatrix}$, 误差 $\epsilon$ 取 0.01.

**解** 该线性规划已经是符合 (CPL) 的形式. 约束矩阵 $A = \begin{bmatrix} -2 & 1 & 1 & 0 & 0\\ 1 & -2 & 0 & 1 & 0\\ 1 & 1 & 0 & 0 & 1 \end{bmatrix}$, 目标函数的梯度向量 $\nabla f(\boldsymbol{x}) = \begin{bmatrix} 1\\-1\\0\\0\\0 \end{bmatrix}$.

第 1 次迭代.

$\boldsymbol{x}^{(1)} = \begin{bmatrix} 0\\0\\2\\2\\5 \end{bmatrix}$, 故 $I_B^{(1)} = \{3,4,5\}$, $I_N^{(1)} = \{1,2\}$, $\boldsymbol{A}$ 分块为

$$\boldsymbol{B}^{(1)} = \begin{bmatrix} 1 & 0 & 0\\ 0 & 1 & 0\\ 0 & 0 & 1 \end{bmatrix} \text{ 和 } \boldsymbol{N}^{(1)} = \begin{bmatrix} -2 & 1\\ 1 & -2\\ 1 & 1 \end{bmatrix},$$

因此 $(\boldsymbol{B}^{(1)})^{-1}\boldsymbol{N}^{(1)} = \begin{bmatrix} -2 & 1\\ 1 & -2\\ 1 & 1 \end{bmatrix}$. 分块的目标函数梯度向量为

$$\nabla_B f(\boldsymbol{x}^{(1)}) = \begin{bmatrix} 0 \\ 0 \\ 0 \end{bmatrix}, \quad \nabla_N f(\boldsymbol{x}^{(1)}) = \begin{bmatrix} 1 \\ -1 \end{bmatrix}.$$

计算简约梯度和搜索方向:

$$\boldsymbol{r}_N^{(1)} = -((\boldsymbol{B}^{(1)})^{-1}\boldsymbol{N}^{(1)})^{\mathrm{T}}\nabla_B f(\boldsymbol{x}^{(1)}) + \nabla_N f(\boldsymbol{x}^{(1)}) = \begin{bmatrix} 1 \\ -1 \end{bmatrix}.$$

$$\begin{aligned} \boldsymbol{d}_N^{(1)} &= \begin{bmatrix} 0 \\ 1 \end{bmatrix}. \\ \boldsymbol{d}_B^{(1)} &= -(\boldsymbol{B}^{(1)})^{-1}\boldsymbol{N}^{(1)}\boldsymbol{d}_N^{(1)} \\ &= \begin{bmatrix} 2 & -1 \\ -1 & 2 \\ -1 & -1 \end{bmatrix} \begin{bmatrix} 0 \\ 1 \end{bmatrix} = \begin{bmatrix} -1 \\ 2 \\ -1 \end{bmatrix}. \end{aligned}$$

因此 $\boldsymbol{d}^{(1)} = \begin{bmatrix} 0 \\ 1 \\ -1 \\ 2 \\ -1 \end{bmatrix}$.

由于 $\|\boldsymbol{d}^{(1)}\| \nleqslant 0.01$, 要沿 $\boldsymbol{d}^{(1)}$ 进行一维搜索. 计算

$$\alpha_{\max}^{(1)} = \min\left\{-\frac{x_3^{(1)}}{-1}\right\} = \min\left\{-\frac{2}{-1}\right\} = 2,$$

求解

$$\min_{0\leqslant\alpha\leqslant 2} f(\boldsymbol{x}^{(1)} + \alpha\boldsymbol{d}^{(1)}) = \min_{0\leqslant\alpha\leqslant 2} -\alpha,$$

得 $\alpha_1 = 2$. 于是得到下一个迭代点

$$\boldsymbol{x}^{(2)} = \boldsymbol{x}^{(1)} + \alpha_1\boldsymbol{d}^{(1)} = \begin{bmatrix} 0 \\ 0 \\ 2 \\ 2 \\ 5 \end{bmatrix} + 2\begin{bmatrix} 0 \\ 1 \\ -1 \\ 2 \\ -1 \end{bmatrix} = \begin{bmatrix} 0 \\ 2 \\ 0 \\ 6 \\ 3 \end{bmatrix}.$$

第 2 次迭代.

$\boldsymbol{x}^{(2)}=\begin{bmatrix}0\\2\\0\\6\\3\end{bmatrix}$, 故 $I_B^{(2)}=\{2,4,5\}$, $I_N^{(2)}=\{1,3\}$, $\boldsymbol{A}$ 分块为

$$\boldsymbol{B}^{(2)}=\begin{bmatrix}1&0&0\\-2&1&0\\1&0&1\end{bmatrix} \text{ 和 } \boldsymbol{N}^{(2)}=\begin{bmatrix}-2&1\\1&0\\1&0\end{bmatrix},$$

因此 $(\boldsymbol{B}^{(2)})^{-1}\boldsymbol{N}^{(2)}=\begin{bmatrix}-2&1\\-3&2\\3&-1\end{bmatrix}$. 分块的目标函数梯度向量为

$$\nabla_B f(\boldsymbol{x}^{(2)})=\begin{bmatrix}-1\\0\\0\end{bmatrix},\quad \nabla_N f(\boldsymbol{x}^{(2)})=\begin{bmatrix}1\\0\end{bmatrix}.$$

计算简约梯度和搜索方向:

$$\begin{aligned}\boldsymbol{r}_N^{(2)}&=-((\boldsymbol{B}^{(2)})^{-1}\boldsymbol{N}^{(2)})^{\mathrm{T}}\nabla_B f(\boldsymbol{x}^{(2)})+\nabla_N f(\boldsymbol{x}^{(2)})\\&=-\begin{bmatrix}-2&-3&3\\1&2&-1\end{bmatrix}\begin{bmatrix}-1\\0\\0\end{bmatrix}+\begin{bmatrix}1\\0\end{bmatrix}=\begin{bmatrix}-1\\1\end{bmatrix}.\end{aligned}$$

$$\boldsymbol{d}_N^{(2)}=\begin{bmatrix}1\\-x_3^{(2)}\cdot 1\end{bmatrix}=\begin{bmatrix}1\\0\end{bmatrix}.$$

$$\begin{aligned}\boldsymbol{d}_B^{(2)}&=-(\boldsymbol{B}^{(2)})^{-1}\boldsymbol{N}^{(2)}\boldsymbol{d}_N^{(2)}\\&=-\begin{bmatrix}-2&1\\-3&2\\3&-1\end{bmatrix}\begin{bmatrix}1\\0\end{bmatrix}=\begin{bmatrix}2\\3\\-3\end{bmatrix}.\end{aligned}$$

因此 $\boldsymbol{d}^{(2)}=\begin{bmatrix}1\\2\\0\\3\\-3\end{bmatrix}$.

由于 $\|\boldsymbol{d}^{(2)}\| \nleqslant 0.01$, 要沿 $\boldsymbol{d}^{(2)}$ 进行一维搜索. 计算

$$\alpha_{\max}^{(2)} = \min\left\{-\frac{x_5^{(2)}}{-3}\right\} = \min\left\{-\frac{3}{-3}\right\} = 1,$$

求解

$$\min_{0\leqslant\alpha\leqslant 1} f(\boldsymbol{x}^{(2)} + \alpha\boldsymbol{d}^{(2)}) = \min_{0\leqslant\alpha\leqslant 1} -2-\alpha,$$

得 $\alpha_2 = 1$. 于是得到下一个迭代点

$$\boldsymbol{x}^{(3)} = \boldsymbol{x}^{(2)} + \alpha_2\boldsymbol{d}^{(2)} = \begin{bmatrix} 0\\2\\0\\6\\3 \end{bmatrix} + \begin{bmatrix} 1\\2\\0\\3\\-3 \end{bmatrix} = \begin{bmatrix} 1\\4\\0\\9\\0 \end{bmatrix}.$$

第 3 次迭代.

$\boldsymbol{x}^{(3)} = \begin{bmatrix} 1\\4\\0\\9\\0 \end{bmatrix}$, 故 $I_B^{(3)} = \{1,2,4\}$, $I_N^{(3)} = \{3,5\}$, $\boldsymbol{A}$ 分块为

$$\boldsymbol{B}^{(3)} = \begin{bmatrix} -2 & 1 & 0\\ 1 & -2 & 1\\ 1 & 1 & 0 \end{bmatrix} \text{ 和 } \boldsymbol{N}^{(3)} = \begin{bmatrix} 1 & 0\\ 0 & 0\\ 0 & 1 \end{bmatrix},$$

因此 $(\boldsymbol{B}^{(3)})^{-1}\boldsymbol{N}^{(3)} = \begin{bmatrix} -\frac{1}{3} & \frac{1}{3}\\ \frac{1}{3} & \frac{2}{3}\\ 1 & 1 \end{bmatrix}$. 分块的目标函数梯度向量为

$$\nabla_B f(\boldsymbol{x}^{(3)}) = \begin{bmatrix} 1\\-1\\0 \end{bmatrix}, \quad \nabla_N f(\boldsymbol{x}^{(3)}) = \begin{bmatrix} 0\\0 \end{bmatrix}.$$

计算简约梯度和搜索方向:

$$\boldsymbol{r}_N^{(3)} = -((\boldsymbol{B}^{(3)})^{-1}\boldsymbol{N}^{(3)})^{\mathrm{T}}\nabla_B f(\boldsymbol{x}^{(3)}) + \nabla_N f(\boldsymbol{x}^{(3)})$$

$$= -\begin{bmatrix} -\frac{1}{3} & \frac{1}{3} & 1 \\ \frac{1}{3} & \frac{2}{3} & 1 \end{bmatrix}\begin{bmatrix} 1 \\ -1 \\ 0 \end{bmatrix} + \begin{bmatrix} 0 \\ 0 \end{bmatrix} = \begin{bmatrix} \frac{2}{3} \\ \frac{1}{3} \end{bmatrix}.$$

$$\boldsymbol{d}_N^{(3)} = \begin{bmatrix} -x_3^{(3)} \cdot \frac{2}{3} \\ -x_5^{(3)} \cdot \frac{1}{3} \end{bmatrix} = \begin{bmatrix} 0 \\ 0 \end{bmatrix}.$$

$$\boldsymbol{d}_B^{(3)} = -(\boldsymbol{B}^{(3)})^{-1}\boldsymbol{N}^{(3)}\boldsymbol{d}_N^{(3)} = \begin{bmatrix} 0 \\ 0 \\ 0 \end{bmatrix}.$$

因此 $\boldsymbol{d}^{(3)} = \boldsymbol{0}$.

现在 $\|\boldsymbol{d}^{(3)}\| = \boldsymbol{0}$, 算法结束, 输出解 $\boldsymbol{x}^{(3)} = \begin{bmatrix} 1 \\ 4 \\ 0 \\ 9 \\ 0 \end{bmatrix}$. ■

## 11.3 罚函数法

罚函数法的基本思想是把约束条件转移到目标函数上, 如果约束条件不满足, 则给目标函数带来一个很大的增量, 这个增量就是一种“惩罚”. 由于 (CP) 的目标是最小化目标函数, 这就迫使约束条件能够被满足. 通过这样的方法, 就把约束优化问题转换成了无约束优化问题.

罚函数法主要包括两类方法, 即外点罚函数法和内点罚函数法. 这是根据求到的解是位于可行域的外部还是内部来划分的.

### 11.3.1 外点罚函数法

外点罚函数法有时也简称为罚函数法.

首先来看等式约束优化问题的处理方法. 对于等式约束问题

$$\min \quad f(\boldsymbol{x}) \tag{CPE}$$

$$\text{s.t.} \quad h_j(\boldsymbol{x}) = 0, \quad j \in H.$$

可定义辅助函数

$$F_1(\boldsymbol{x}, M) = f(\boldsymbol{x}) + M\sum_{j\in H} h_j^2(\boldsymbol{x}), \tag{11.3.1}$$

其中 $M$ 为参数, 取值为很大的正数. 这样就能把原问题 (CPE) 转化为无约束优化问题

$$\min \quad F_1(\boldsymbol{x}, M). \tag{11.3.2}$$

显然, 上述优化问题 (11.3.2) 的最优解必使得 $h_j(\boldsymbol{x})$ 接近于 0, 因为如若不然, (11.3.1) 式等号右端的第 2 项将是很大的正数, 当前解必不是 (11.3.2) 的极小点.

因此, 求解 (11.3.2) 能够得到 (CPE) 的近似解, 在此 "近似解" 的含义是目标函数值不是最优值而只是接近于最优值, 并且允许有限程度违反 (CPE) 的约束.

再来看不等式约束问题的处理方法. 对于不等式约束问题

$$\begin{aligned} \min \quad & f(\boldsymbol{x}) \\ \text{s.t.} \quad & g_i(\boldsymbol{x}) \geqslant 0, \quad i \in G. \end{aligned} \tag{CPI}$$

辅助函数的形式与等式约束情形不同, 但构造辅助函数的基本思想是一致的, 即, 在可行点处辅助函数的值等于原来的目标函数值, 在不可行点处辅助函数的值等于原来的目标函数值加上一个很大的正数.

根据这样的原则, 对于不等式约束问题 (CPI), 我们定义辅助函数

$$F_2(\boldsymbol{x}, M) = f(\boldsymbol{x}) + M \sum_i \left(\max\{0, -g_i(\boldsymbol{x})\}\right)^2, \tag{11.3.3}$$

其中 $M$ 是很大的正数.

当 $\boldsymbol{x}$ 为可行点时, $\max\{0, -g_i(\boldsymbol{x})\} = 0$. 当 $\boldsymbol{x}$ 为不可行点时, $\max\{0, -g_i(\boldsymbol{x})\} = -g_i(\boldsymbol{x})$, 这样就给 $F_2(\boldsymbol{x}, M)$ 带来很大的惩罚.

辅助函数中惩罚部分的另一种写法是使用 min 函数, 比如 $\min\{g_i(\boldsymbol{x}), 0\}$. 当 $g_i(\boldsymbol{x}) \geqslant 0$ 时, $\max\{0, -g_i(\boldsymbol{x})\} = 0$, $\min\{g_i(\boldsymbol{x}), 0\} = 0$, max 函数和 min 函数的值相等. 当 $g_i(\boldsymbol{x}) < 0$ 时, $\max\{0, -g_i(\boldsymbol{x})\} = -g_i(\boldsymbol{x}) > 0$, $\min\{g_i(\boldsymbol{x}), 0\} = g_i(\boldsymbol{x}) < 0$, max 函数和 min 函数的值相反, 但 $(\max\{0, -g_i(\boldsymbol{x})\})^2$ 和 $(\min\{g_i(\boldsymbol{x}), 0\})^2$ 的值相等. 因此, 在辅助函数中也可用 $\min\{g_i(\boldsymbol{x}), 0\}$ 替代 $\max\{0, -g_i(\boldsymbol{x})\}$.

于是, 优化问题 (CPI) 就转化为无约束问题

$$\min \quad F_2(\boldsymbol{x}, M). \tag{11.3.4}$$

通过求解 (11.3.4), 就能求得 (CPI) 的近似解.

把上述思想加以综合, 对于一般形式的约束优化问题 (CP), 其辅助函数定义为

$$F(\boldsymbol{x}, M) = f(\boldsymbol{x}) + M \cdot P(\boldsymbol{x}),$$

其中

$$P(\boldsymbol{x})=\sum_{i}\phi(g_i(\boldsymbol{x}))+\sum_{j}\psi(h_j(\boldsymbol{x}))$$

为对不等式约束函数 $g_i$ 和等式约束函数 $h_j$ 做进一步处理 (指 $\phi$ 和 $\psi$) 之后得到的函数. $\phi$ 用于处理不等式约束, 要求是满足以下性质的连续函数:

$$\begin{cases}\phi(y)=0, & y\geqslant 0,\\ \phi(y)>0, & y<0.\end{cases}$$

$\psi$ 用于处理等式约束, 要求是满足以下性质的连续函数:

$$\begin{cases}\psi(y)=0, & y=0,\\ \psi(y)>0, & y\neq 0.\end{cases}$$

函数 $\phi$ 和 $\psi$ 典型取法如

$$\phi(y)=(\max\{0,-y\})^{\alpha},$$

$$\psi(y)=|y|^{\beta},$$

其中 $\alpha\geqslant 1$, $\beta\geqslant 1$ 均为给定常数, 通常取作 $\alpha=\beta=2$.

这样, 把约束优化问题 (CP) 转化为无约束优化问题

$$\min\quad F(\boldsymbol{x},M), \tag{11.3.5}$$

其中 $M$ 是很大的正数.

根据定义, 当 $\boldsymbol{x}$ 是可行点时, $P(\boldsymbol{x})=0$, 从而有 $F(\boldsymbol{x},M)=f(\boldsymbol{x})$. 当 $\boldsymbol{x}$ 不是可行点时, 在 $\boldsymbol{x}$ 处, $MP(\boldsymbol{x})$ 是很大的正数, 它的存在是对点脱离可行域的一种惩罚, 其作用是在极小化过程中迫使迭代点靠近可行域.

因此, 求解 (11.3.5) 就能够得到 (CP) 的近似解, 而且 $M$ 越大, 近似程度越好. 通常将 $MP(\boldsymbol{x})$ 称为**惩罚项**, $M$ 称为**罚因子**.

**例 11.3.1** ([7]) 用外点罚函数法解下列问题.

$$\begin{aligned}&\min\quad x\\ &\text{s.t.}\quad x-2\geqslant 0.\end{aligned}$$

**解** 通过将约束条件转移到目标函数上, 构造无约束优化问题

$$\min\quad F(x,M)=x+M(\max\{0,2-x\})^2$$

$$F(x,M)=\begin{cases}x, & x\geqslant 2,\\ x+M(2-x)^2, & x<2.\end{cases}$$

函数 $F(x,M)$ 的图像如图 11.3.1 所示.

$$\frac{\mathrm{d}F}{\mathrm{d}x}=\begin{cases}1, & x\geqslant 2,\\ 1-2M(2-x), & x<2.\end{cases}$$

令 $\dfrac{\mathrm{d}F}{\mathrm{d}x}=0$, 解得

$$\bar{x}_M=2-\frac{1}{2M}.$$

显然, $M$ 越大, $\bar{x}_M$ 越接近问题的最优解 $x^*=2$. 当 $M\to+\infty$ 时, $\bar{x}_M=2$. ∎

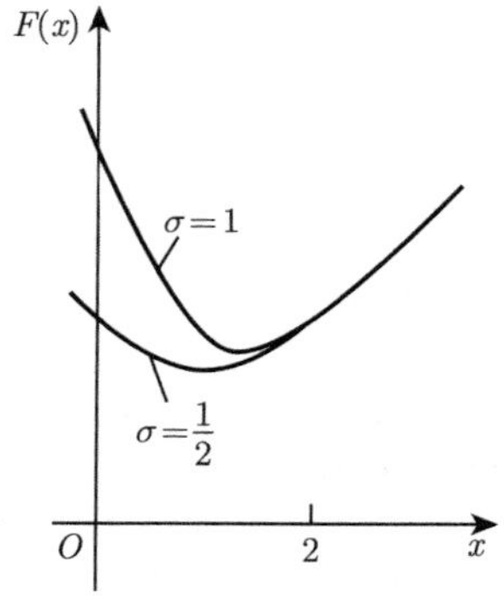


图 11.3.1

**例 11.3.2** ([7]) 解下列问题.

$$\begin{aligned}\min\quad & (x_1-1)^2+x_2^2\\ \text{s.t.}\quad & x_2-1\geqslant 0.\end{aligned}$$

**解** 定义罚函数

$$\begin{aligned}F(\boldsymbol{x},M)&=(x_1-1)^2+x_2^2+M(\max\{0,-(x_2-1)\})^2\\ &=\begin{cases}(x_1-1)^2+x_2^2, & x_2\geqslant 1,\\ (x_1-1)^2+x_2^2+M(x_2-1)^2, & x_2<1.\end{cases}\end{aligned}$$

用解析法求解 $\min F(\boldsymbol{x},M)$.

$$\frac{\partial F}{\partial x_1}=2(x_1-1),$$

$$\frac{\partial F}{\partial x_2} = \begin{cases} 2x_2, & x_2 \geqslant 1, \\ 2x_2 + 2M(x_2 - 1), & x_2 < 1. \end{cases}$$

令 $\frac{\partial F}{\partial x_1} = 0, \frac{\partial F}{\partial x_2} = 0$, 解得

$$\bar{\boldsymbol{x}}_M = \begin{bmatrix} 1 \\ \frac{M}{1+M} \end{bmatrix}.$$

令 $M \to +\infty, \bar{\boldsymbol{x}}_M \to \begin{bmatrix} 1 \\ 1 \end{bmatrix}$. 而 $\begin{bmatrix} 1 \\ 1 \end{bmatrix}$ 恰为原问题的最优解. ■

如图 11.3.2 所示, 例 11.3.2 的辅助函数的等值线 $F(\boldsymbol{x}, M) = k^2$ 由两部分组成. 在原问题的可行域 $(x_2 \geqslant 1)$ 内 (即图中虚线 (含) 以上的部分), 是以 $(1,0)$ 为圆心的圆的一部分, 其方程是

$$(x_1 - 1)^2 + x_2^2 = k^2.$$

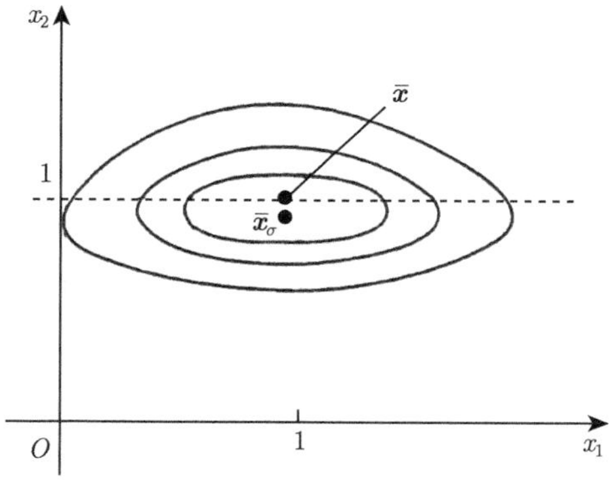


图 11.3.2

在原问题的可行域外 (即图中虚线 (不含) 以下的部分), 是椭圆的一部分, 其方程是

$$(x_1 - 1)^2 + x_2^2 + M(x_2 - 1)^2 = k^2.$$

该方程等价于

$$(x_1 - 1)^2 + \frac{\left(x_2 - \frac{M}{1+M}\right)^2}{1/(M+1)} = k^2 + \frac{M^2}{M+1} - M.$$

可以看出, 此椭圆的中心为 $\begin{bmatrix} 1 \\ \dfrac{M}{1+M} \end{bmatrix}$.

由以上两例可以看出, 当罚因子 $M \to +\infty$ 时, 无约束问题的最优解 $\bar{\boldsymbol{x}}_M$ 趋向一个极限点 $\bar{\boldsymbol{x}}$, 这个极限点正是原约束问题的最优解.

无约束问题的最优解 $\bar{\boldsymbol{x}}_M$ 往往不满足原问题的约束条件, 它是从可行域外部趋向 $\bar{\boldsymbol{x}}$ 的. 因此, $F(\boldsymbol{x}, M)$ 也称为**外点罚函数**, 相应的优化方法称为**外点罚函数法**, 简称外点法.

外点罚函数法的计算步骤如下.

**算法 11.3.1** 外点罚函数法.

输入: 约束优化问题 (CP), 目标函数和约束函数均为连续函数. 初始点 $\boldsymbol{x}^{(1)}$, 初始罚因子 $M_1$, 放大系数 $c > 1$, 允许误差 $\epsilon > 0$.

输出: 满足精度要求的点 $\bar{\boldsymbol{x}}$.

(1) $k \leftarrow 1$.

(2) **while** $M_k P(\boldsymbol{x}^{(k)}) > \epsilon$ **do**

(3) $\quad M_{k+1} \leftarrow c M_k$, $k \leftarrow k+1$.

(4) $\quad$ 以 $\boldsymbol{x}^{(k-1)}$ 为初点, 求解无约束问题

$$\min \quad f(\boldsymbol{x}) + M_k P(\boldsymbol{x}),$$

设其极小点为 $\boldsymbol{x}^{(k)}$.

(5) **endwhile**

(6) **return** $\bar{\boldsymbol{x}} \leftarrow \boldsymbol{x}^{(k)}$.

需要注意, 外点罚函数法有失效的时候. 比如下面的例子.

**例 11.3.3** 用外点罚函数法解

$$\begin{aligned} \min \quad & (x_1-1)^2 + (x_2-2)^2 \\ \text{s.t.} \quad & x_1 + x_2 \leqslant 6. \end{aligned}$$

**解** 定义罚函数

$$\begin{aligned} F(\boldsymbol{x}, M) &= (x_1-1)^2 + (x_2-2)^2 + M(\max\{0, x_1+x_2-6\})^2 \\ &= \begin{cases} (x_1-1)^2 + (x_2-2)^2, & x_1 + x_2 \leqslant 6, \\ (x_1-1)^2 + (x_2-2)^2 + M(x_1+x_2-6)^2, & x_1 + x_2 > 6. \end{cases} \end{aligned}$$

下面用解析法求解 $\min F(\boldsymbol{x}, M)$.

$$\frac{\partial F}{\partial x_1}=\begin{cases}2(x_1-1), & x_1+x_2\leqslant 6,\\ 2(x_1-1)+2M(x_1+x_2-6), & x_1+x_2>6.\end{cases}$$

$$\frac{\partial F}{\partial x_2}=\begin{cases}2(x_2-2), & x_1+x_2\leqslant 6,\\ 2(x_2-2)+2M(x_1+x_2-6), & x_1+x_2>6.\end{cases}$$

令 $\dfrac{\partial F}{\partial x_1}=0, \dfrac{\partial F}{\partial x_2}=0$, 得到

$$\begin{cases}(x_1-1)+M(x_1+x_2-6)=0,\\ (x_2-2)+M(x_1+x_2-6)=0,\end{cases}$$

解得

$$\bar{\boldsymbol{x}}_M=\begin{bmatrix}\dfrac{7M+2}{2M+1}-1\\ \dfrac{7M+2}{2M+1}\end{bmatrix}.$$

当 $M\to+\infty$ 时, $\bar{\boldsymbol{x}}_M\to\begin{bmatrix}2.5\\3.5\end{bmatrix}$, 并不是问题的最优解. 实际上, 当 $M=0$ 时, $\bar{\boldsymbol{x}}_0=\begin{bmatrix}1\\2\end{bmatrix}$ 为问题的最优解.

将 $\bar{\boldsymbol{x}}_M$ 代入约束 $x_1+x_2\leqslant 6$, 可以得到, 无论 $M$ 取何值, 约束总是满足的. 外点罚函数法在这个例子上失效的原因, 在于 $\bar{\boldsymbol{x}}_M$ 并不是 "外点". ∎

### 11.3.2 内点罚函数法

内点罚函数法也称为障碍罚函数法. 其特点是从可行域的内部出发, 保持从可行域内部进行搜索以接近最优解. 可行域的边界是由约束函数表达的, 这种约束函数将被转换为 "障碍函数" 累加到目标函数上, 使得搜索因最小化目标函数值而自动避开障碍, 以达到在可行域内部进行搜索的目的.

由于障碍函数的构造方法, 这种搜索适用于只有不等式约束的约束优化问题 (CPI). 为阅读方便, 将 (CPI) 重写如下.

$$\begin{aligned}\min\quad & f(\boldsymbol{x})\\ \text{s.t.}\quad & g_i(\boldsymbol{x})\geqslant 0,\quad i\in G.\end{aligned}$$

两种最重要的障碍函数的形式为

$$B(\boldsymbol{x})=\sum_i \frac{1}{g_i(\boldsymbol{x})}$$

及

$$B(\boldsymbol{x})=\sum_i \log \frac{1}{g_i(\boldsymbol{x})}.$$

添加了障碍函数之后的目标函数为 $f(\boldsymbol{x})+\mu B(\boldsymbol{x})$, 其中 $\mu$ 为很小的正数. 具有新的目标函数的优化问题为

$$\begin{aligned} \min \quad & G(\boldsymbol{x},\mu)=f(\boldsymbol{x})+\mu B(\boldsymbol{x}) \\ \text{s.t.} \quad & \boldsymbol{x}\in \operatorname{int} S. \end{aligned} \tag{11.3.6}$$

其中 $S$ 为原问题的可行域. 求解原约束优化问题, 转化为求解新的约束优化问题.

在求解 (11.3.6) 的过程中, 若 $x$ 趋向边界, 目标函数 $G(\boldsymbol{x},\mu)\to+\infty$. 若 $\boldsymbol{x}$ 远离边界, 由于 $\mu$ 的取值很小, 目标函数 $G(\boldsymbol{x},\mu)$ 的值近似等于 $f(\boldsymbol{x})$ 的值. 这样, 由于 $B(\boldsymbol{x})$ 的存在, 在原问题可行域 $S$ 的边界形成 "围墙", 因此约束优化问题 (11.3.6) 的解 $\bar{\boldsymbol{x}}_\mu$ 必含于可行域 $S$ 的内部. 因此, 尽管 (11.3.6) 是约束优化问题, 但从计算的观点来看, (11.3.6) 可当作无约束优化问题来处理.

**算法 11.3.2**　障碍罚函数法 (内点罚函数法).

输入: 约束优化问题 (CPI). 初始点 $\boldsymbol{x}^{(1)}$, 初始参数 $\mu_1$, 缩小系数 $\beta\in(0,1)$, 允许误差 $\epsilon>0$.

输出: 满足精度要求的点 $\bar{\boldsymbol{x}}$.

(1) $k\leftarrow 1$.

(2) **while** $\mu_k B(\boldsymbol{x}^{(k)})>\epsilon$ **do**

(3) 　$\mu_{k+1}\leftarrow\beta\mu_k$, $k\leftarrow k+1$.

(4) 　以 $\boldsymbol{x}^{(k-1)}$ 为初点, 求解问题

$$\begin{aligned} \min \quad & f(\boldsymbol{x})+\mu_k B(\boldsymbol{x}) \\ \text{s.t.} \quad & \boldsymbol{x}\in \operatorname{int} S \end{aligned}$$

　设其极小点为 $\boldsymbol{x}^{(k)}$.

(5) **endwhile**

(6) **return** $\bar{\boldsymbol{x}}\leftarrow\boldsymbol{x}^{(k)}$.

**例 11.3.4**　用障碍罚函数法解

$$\min \quad \frac{1}{12}(x_1+1)^3+x_2$$

$$\text{s.t.} \quad x_1 - 1 \geqslant 0,$$
$$x_2 \geqslant 0.$$

**解** 定义障碍函数

$$G(\boldsymbol{x},\mu) = \frac{1}{12}(x_1+1)^3 + x_2 + \mu\left(\frac{1}{x_1-1} + \frac{1}{x_2}\right).$$

下面用解析法求解 $\min\{G(\boldsymbol{x},\mu) \mid \boldsymbol{x} \in \text{int}S\}$. 令

$$\frac{\partial G}{\partial x_1} = \frac{1}{4}(x_1+1)^2 - \frac{\mu}{(x_1-1)^2} = 0,$$
$$\frac{\partial G}{\partial x_2} = 1 - \frac{\mu}{x_2^2} = 0,$$

解得

$$\bar{\boldsymbol{x}}_\mu = \begin{bmatrix} \sqrt{1+2\sqrt{\mu}} \\ \sqrt{\mu} \end{bmatrix}.$$

当 $\mu \to 0$ 时, $\bar{\boldsymbol{x}}_\mu \to \begin{bmatrix} 1 \\ 0 \end{bmatrix}$, 即, 问题的最优解. ■

**例 11.3.5** 用障碍罚函数法解

$$\min \quad (x_1-1)^2 + (x_2-2)^2$$
$$\text{s.t.} \quad x_2 \leqslant 6.$$

**解** 定义障碍函数

$$G(\boldsymbol{x},\mu) = (x_1-1)^2 + (x_2-2)^2 + \frac{\mu}{-x_2+6}.$$

下面用解析法求解 $\min\{G(\boldsymbol{x},\mu) \mid \boldsymbol{x} \in \text{int}S\}$. 令

$$\frac{\partial G}{\partial x_1} = 2(x_1-1) = 0,$$
$$\frac{\partial G}{\partial x_2} = 2(x_2-2) + \frac{\mu}{(6-x_2)^2} = 0,$$

解得

$$\bar{\boldsymbol{x}}_\mu = \begin{bmatrix} 1 \\ \dfrac{\Delta}{6} + \dfrac{32}{3\Delta} + \dfrac{14}{3} \end{bmatrix},$$

其中

$$\Delta = \left(-512 - 54\mu + 6\sqrt{81\mu^2 + 1536\mu}\right)^{1/3}.$$

当 $\mu \to 0$ 时, $\Delta \to -8$, $\bar{\boldsymbol{x}}_\mu \to \begin{bmatrix} 1 \\ 2 \end{bmatrix}$, 即, 原问题的最优解. ∎

例 11.3.5 中的一元三次方程可在 Maple 软件中使用命令

```
solve(2*(x2-2)*(6-x2)*(6-x2) + r = 0, x2)
```

解出.

## 11.4 习　　题

1. 用有效集法求解下列二次规划.

(a)

$$\begin{aligned} \min \quad & 9x_1^2 + 9x_2^2 - 30x_1 - 72x_2 \\ \text{s.t.} \quad & -2x_1 - x_2 \geqslant -4, \\ & x_1, x_2 \geqslant 0. \end{aligned}$$

(b)

$$\begin{aligned} \min \quad & x_1^2 - x_1x_2 + 2x_2^2 - x_1 - 10x_2 \\ \text{s.t.} \quad & -3x_1 - 2x_2 \geqslant -6, \\ & x_1, x_2 \geqslant 0. \end{aligned}$$

2. 写出使用外点罚函数法求解如下约束规划时, 构造的无约束优化问题.

(a)

$$\begin{aligned} \max \quad & -x_1 + x_2 \\ \text{s.t.} \quad & 2x_1 - x_2 = 2, \\ & x_1^2 + x_2^2 \leqslant 5. \end{aligned}$$

(b)

$$\begin{aligned} \min \quad & x_1^2 + x_2^2 \\ \text{s.t.} \quad & x_1 + x_2 = 1. \end{aligned}$$

3. 写出使用内点罚函数法求解如下约束规划时, 构造的无约束优化问题.

$$\begin{aligned}\min \quad & \frac{1}{12}(x_1+1)^3+x_2 \\ \text{s.t.} \quad & x_1 \geqslant 1, \\ & x_2 \geqslant 0.\end{aligned}$$

4. 使用外点罚函数法求解下列约束规划.

(a)

$$\begin{aligned}\min \quad & x_1^2+x_2^2 \\ \text{s.t.} \quad & x_1+x_2=1,\end{aligned}$$

(b)

$$\begin{aligned}\min \quad & x_1^2+x_2^2 \\ \text{s.t.} \quad & 2x_1+x_2-2 \leqslant 0, \\ & -x_2+1 \leqslant 0.\end{aligned}$$

# 第 12 章　若干基本的数学概念和定理

## 12.1　$n$ 维空间中的点与集合

设 $S$ 是 $\mathbb{R}^n$ 上的点集. 对于任意的 $\boldsymbol{x} \in \mathbb{R}^n$, 其与 $S$ 的关系, 从 $\boldsymbol{x}$ 的邻域的角度来分, 一共有下列三种情况:

(1) 存在 $\boldsymbol{x}$ 的一个 $\delta$ 邻域 $N_\delta(\boldsymbol{x})$ 完全落在 $S$ 中, 这时称 $\boldsymbol{x}$ 是 $S$ 的**内点**. $S$ 的内点全体称为 $S$ 的**内部**, 记为 $\text{int}S$.

(2) 存在 $\boldsymbol{x}$ 的一个 $\delta$ 邻域 $N_\delta(\boldsymbol{x})$ 完全不落在 $S$ 中, 这时称 $\boldsymbol{x}$ 是 $S$ 的**外点**.

(3) $\boldsymbol{x}$ 的任意 $\delta$ 邻域既包含 $S$ 中的点, 又包含不属于 $S$ 的点, 那么就称 $\boldsymbol{x}$ 是 $S$ 的**边界点**. $S$ 的边界点的全体称为 $S$ 的**边界**, 记为 $\partial S$.

注意, 内点必属于 $S$, 外点必不属于 $S$, 而边界点可能属于 $S$, 也可能不属于 $S$.

若存在 $\boldsymbol{x}$ 的一个邻域, 其中只有 $\boldsymbol{x}$ 属于 $S$, 则称 $\boldsymbol{x}$ 是 $S$ 的**孤立点**. 显然, 孤立点必是边界点.

若 $\boldsymbol{x}$ 的任意邻域都含有 $S$ 中的无限个点, 则称 $\boldsymbol{x}$ 是 $S$ 的**聚点**. 显然, $S$ 的内点必是 $S$ 的聚点, $S$ 的边界点, 只要不是 $S$ 的孤立点, 也必是 $S$ 的聚点. 因此, $S$ 的聚点可能属于 $S$, 也可能不属于 $S$. 例如, 0 是点集 $\left\{\dfrac{1}{n}\middle| n = 1, 2, \cdots\right\}$ 的聚点, 但不属于这个点集.

**定义 12.1.1**　设 $S$ 是 $\mathbb{R}^n$ 上的点集. 若 $S$ 中的每一个点都是内点, 则称 $S$ 为**开集**.

**定义 12.1.2**　设 $S$ 是 $\mathbb{R}^n$ 上的点集. 若 $S$ 包含了它的所有的聚点, 则称 $S$ 为**闭集**.

由定义 12.1.1 和定义 12.1.2, 可知 $S$ 是开集当且仅当 $S$ 的每个边界点都不属于 $S$; $S$ 为闭集当且仅当 $S$ 的每个边界点都属于 $S$; $S$ 既是开集又是闭集, 当且仅当 $S$ 的边界为空集 (如 $\varnothing$ 和全集).

**定义 12.1.3**　设 $S$ 是 $\mathbb{R}^n$ 上的点集. 若 $S$ 的直径

$$\delta(S) := \sup_{\boldsymbol{x}, \boldsymbol{y} \in S} ||\boldsymbol{x} - \boldsymbol{y}||$$

是有限的, 则称 $S$ 为**有界集**.

## 12.2 连续和一致连续

**定义 12.2.1** 设函数 $f(x)$ 在点 $x_0$ 的某个邻域内有定义, 并且成立

$$\lim_{x\to x_0} f(x) = f(x_0),$$

则称函数 $f(x)$ 在点 $x_0$ **连续**.

由函数极限的定义, "函数 $f(x)$ 在点 $x_0$ 连续" 也可表述为

$$\forall\epsilon>0,\ \exists\delta>0,\ \forall x \text{ 满足 } |x-x_0|<\delta, \text{ 都有 } |f(x)-f(x_0)|<\epsilon.$$

在 "函数 $f(x)$ 在点 $x_0$ 连续" 的表述中, $\delta>0$ 与两个因素有关: 它既依赖于 $\epsilon$, 同时也依赖于所讨论的点 $x_0$. 也就是说, $\delta$ 应表述为 $\delta=\delta(x_0,\epsilon)$.

而一致连续是比连续更强的概念. 在一致连续的定义中, $\delta>0$ 只与 $\epsilon$ 有关, 而与具体的点无关.

**定义 12.2.2** 设函数 $f(x)$ 在区间 $X$ 上有定义, 若对任意给定的 $\epsilon>0$, 存在 $\delta>0$, 只要 $x',x''\in X$ 满足 $|x'-x''|<\delta$, 就成立 $|f(x')-f(x'')|<\epsilon$, 则称函数 $f(x)$ 在区间 $X$ 上**一致连续**.

需要指出的是, 一致连续既与所讨论的函数 $f(x)$ 有关, 也与所讨论的区间 $X$ 有关. 任给 $f(x)$ 和 $X$, $f(x)$ 在 $X$ 上不一定是一致连续的.

由连续和一致连续的定义, 可以知道

$$f(x) \text{ 在区间 } X \text{ 上一致连续} \Rightarrow f(x) \text{ 在区间 } X \text{ 上连续}.$$

## 12.3 无穷小量与无穷小量的阶

**定义 12.3.1** 给定函数 $f(x)$. 若 $\lim_{x\to x_0} f(x)=0$, 则称当 $x\to x_0$ 时 $f(x)$ 是无穷小量.

**说明** 定义中的极限过程可以扩充为 $x\to x_0^+$, $x\to x_0^-$, $x\to\infty$, $x\to+\infty$, $x\to-\infty$ 等情况.

设 $u(x)$, $v(x)$ 是两个变量 (变化的量), 当 $x\to x_0$ 时, 它们都是无穷小量. 虽然它们都是无穷小量, 但它们趋于零的速度可能会有差别. 我们根据 $\dfrac{u(x)}{v(x)}$ 的极限比较它们趋于零的快慢.

(1) 若 $\lim_{x\to x_0}\dfrac{u(x)}{v(x)}=0$, 则表示当 $x\to x_0$ 时, $u(x)$ 趋于零的速度比 $v(x)$ 快. 我们称当 $x\to x_0$ 时, $u(x)$ **关于** $v(x)$ **是高阶无穷小量** (或 $v(x)$ 关于 $u(x)$ 是低阶

无穷小量), 记为

$$u(x) = o(v(x)) \quad (x \to x_0).$$

(2) 若存在 $A > 0$, 当 $x$ 在 $x_0$ 的某个去心邻域中, 成立

$$\left|\frac{u(x)}{v(x)}\right| \leqslant A,$$

则称当 $x \to x_0$ 时, $\dfrac{u(x)}{v(x)}$ 是有界量, 记为

$$u(x) = O(v(x)) \quad (x \to x_0).$$

(3) 若存在 $A > 0$ 以及 $a > 0$, 当 $x$ 在 $x_0$ 的某个去心邻域中, 成立

$$a \leqslant \left|\frac{u(x)}{v(x)}\right| \leqslant A,$$

则称当 $x \to x_0$ 时, $u(x)$ 与 $v(x)$ 是**同阶无穷小量**.

显然, 若 $\lim_{x\to x_0} \dfrac{u(x)}{v(x)} = c \neq 0$, 则 $u(x)$ 与 $v(x)$ 是同阶无穷小量.

(4) 若 $\lim_{x\to x_0} \dfrac{u(x)}{v(x)} = 1$, 则称当 $x \to x_0$ 时, $u(x)$ 与 $v(x)$ 是**等价无穷小量**, 记为

$$u(x) \sim v(x) \quad (x \to x_0).$$

## 12.4 一元函数可微和微分

设 $y = f(x)$ 是一个给定的函数, 在点 $x$ 附近有定义. 若 $f(x)$ 的自变量在 $x$ 处产生了一个变化量 (增量, 可正可负)$\Delta x$, 即由 $x$ 变为 $x + \Delta x$, 那么它的函数值也相应地产生一个变化量

$$\Delta y = f(x + \Delta x) - f(x).$$

**定义 12.4.1** ([2]) 对函数 $y = f(x)$ 定义域中的一点 $x_0$, 若存在一个只与 $x_0$ 有关, 而与 $\Delta x$ 无关的数 $g(x_0)$, 使得

$$\Delta y = g(x_0)\Delta x + o(\Delta x) \quad (\Delta x \to 0),$$

则称 $f(x)$ 在 $x_0$ 处的微分存在, 或称 $f(x)$ 在 $x_0$ 处**可微**.

若函数 $y = f(x)$ 在某一区间的每一个点都可微, 则称 $f(x)$ 在该区间上**可微**.

由定义 12.4.1 知道, 若 $f(x)$ 在 $x$ 处是可微的, 那么当 $\Delta x \to 0$ 时, $\Delta y$ 也是无穷小量, 且当 $g(x) \neq 0$ 时, 成立等价关系

$$\Delta y \sim g(x)\Delta x.$$

"$g(x)\Delta x$" 这一项也被称为 $\Delta y$ 的**线性主要部分**. 很明显, 当 $|\Delta x|$ 充分小的时候, 干脆就用 "$g(x)\Delta x$" 这一项来代替因变量的增量 $\Delta y$, 所产生的偏差将是很微小的.

于是, 当 $f(x)$ 在 $x$ 处时可微且 $\Delta x \to 0$ 时, 我们将 $\Delta x$ 称为**自变量的微分**, 记作 $\mathrm{d}x$, 而将 $\Delta y$ 的线性主要部分 $g(x)\mathrm{d}x$ (即 $g(x)\Delta x$) 称为**因变量的微分**, 记作 $\mathrm{d}y$ 或 $\mathrm{d}f(x)$, 这样就有了以下的微分关系式

$$\mathrm{d}y = g(x)\mathrm{d}x.$$

需要注意的是, 若函数 $f(x)$ 在 $x$ 处是可微的, 那么当 $\Delta x \to 0$ 时必有 $\Delta y \to 0$, 即 $f(x)$ 在 $x$ 处连续, 所以我们有**可微必连续**的结论. 但要注意该结论的逆命题不成立 (参见 [2] 例 4.1.2).

## 12.5 二元函数可微和全微分

一般地, 对于函数 $z = f(x, y)$, 记它的**全增量**为

$$\Delta z = f(x_0 + \Delta x, y_0 + \Delta y) - f(x_0, y_0).$$

**定义 12.5.1** ([2]) 设 $D \subset \mathbb{R}^n$ 为开集,

$$z = f(x, y), \quad (x, y) \in D$$

是定义在 $D$ 上的二元函数, $(x_0, y_0) \in D$ 为一定点.

若存在只与点 $(x_0, y_0)$ 有关而与 $\Delta x, \Delta y$ 无关的常数 $A$ 和 $B$, 使得

$$\Delta z = A\Delta x + B\Delta y + o\left(\sqrt{\Delta x^2 + \Delta y^2}\right),$$

这里 $o\left(\sqrt{\Delta x^2 + \Delta y^2}\right)$ 表示在 $\sqrt{\Delta x^2 + \Delta y^2} \to 0$ 时比 $\sqrt{\Delta x^2 + \Delta y^2}$ 高阶的无穷小量. 则称函数 $f$ 在点 $(x_0, y_0)$ 处是**可微的**, 并称其**线性主要部分** $A\Delta x + B\Delta y$ 为 $f$ 在点 $(x_0, y_0)$ 处的**全微分**, 记为 $\mathrm{d}z(x_0, y_0)$ 或 $\mathrm{d}f(x_0, y_0)$.

若 (在 $\sqrt{\Delta x^2 + \Delta y^2} \to 0$ 时将自变量 $x, y$ 的微分 $\Delta x, \Delta y$ 分别记为 $\mathrm{d}x, \mathrm{d}y$, 那么有全微分形式

$$\mathrm{d}z(x_0, y_0) = A\mathrm{d}x + B\mathrm{d}y.$$

两点说明.

首先, 可以明显看出, 如果函数 $f$ 在点 $(x_0, y_0)$ 处可微, 则 $f$ 在点 $(x_0, y_0)$ 处是连续的, 即**可微必连续**. (值得回忆的是, 对于一元函数而言, **可导必连续**; 对于多元函数而言, **可偏导未必连续**. )

其次, 若 $\Delta y = 0$, 便得到

$$f(x_0 + \Delta x, y_0) - f(x_0, y_0) = A\Delta x + o(\Delta x),$$

于是,

$$\lim_{\Delta x \to 0} \frac{f(x_0 + \Delta x, y_0) - f(x_0, y_0)}{\Delta x} = A,$$

所以 $\dfrac{\partial f}{\partial x}(x_0, y_0) = A$. 同理可证 $\dfrac{\partial f}{\partial y}(x_0, y_0) = B$. 因此**可微必可偏导**.

## 12.6 泰勒公式

### 12.6.1 带佩亚诺余项的泰勒公式

**定理 12.6.1** 设函数 $f(\boldsymbol{x})\colon \mathbb{R}^n \to \mathbb{R}$ 在 $\bar{\boldsymbol{x}}$ 处具有二阶连续偏导数, 则存在 $\bar{\boldsymbol{x}}$ 的一个邻域, 对于该邻域内的任一点 $\boldsymbol{x}$ 都有

$$f(\boldsymbol{x}) = f(\bar{\boldsymbol{x}}) + \nabla f(\bar{\boldsymbol{x}})^{\mathrm{T}}(\boldsymbol{x} - \bar{\boldsymbol{x}}) + \frac{1}{2}(\boldsymbol{x} - \bar{\boldsymbol{x}})^{\mathrm{T}}\nabla^2 f(\bar{\boldsymbol{x}})(\boldsymbol{x} - \bar{\boldsymbol{x}}) + o(||\boldsymbol{x} - \bar{\boldsymbol{x}}||^2).$$

上式称为 $f(\boldsymbol{x})$ 在 $\bar{\boldsymbol{x}}$ 处的带佩亚诺余项的二阶泰勒展开式, 其中 $o(||\boldsymbol{x} - \bar{\boldsymbol{x}}||^2)$ 称为佩亚诺余项.

关于定理 12.6.1 的进一步解释读者可参考 [2](定理 5.3.1) 和 [9](8.4 节定理 4).

### 12.6.2 带拉格朗日余项的泰勒公式

令 $S \subseteq \mathbb{R}^n$ 为凸集. 对任意的 $\bar{\boldsymbol{x}}, \boldsymbol{x} \in S$, 带拉格朗日余项的泰勒公式为

$$f(\boldsymbol{x}) = f(\bar{\boldsymbol{x}}) + \nabla f(\bar{\boldsymbol{x}})^{\mathrm{T}}(\boldsymbol{x} - \bar{\boldsymbol{x}}) + \frac{1}{2}(\boldsymbol{x} - \bar{\boldsymbol{x}})^{\mathrm{T}}\nabla^2 f(\hat{\boldsymbol{x}})(\boldsymbol{x} - \bar{\boldsymbol{x}}),$$

其中 $\hat{\boldsymbol{x}} = \lambda\bar{\boldsymbol{x}} + (1 - \lambda)\boldsymbol{x}$, $\lambda$ 是 $(0, 1)$ 中的某一个数. 在此处的泰勒展开式中, 展开到了一阶导数处, 后面的 $\dfrac{1}{2}(\boldsymbol{x} - \bar{\boldsymbol{x}})^{\mathrm{T}}\nabla^2 f(\hat{\boldsymbol{x}})\ (\boldsymbol{x} - \bar{\boldsymbol{x}})$ 称为拉格朗日余项.

若泰勒公式仅展开到 $f(\bar{\boldsymbol{x}})$ 处, 则有

$$f(\boldsymbol{x}) = f(\bar{\boldsymbol{x}}) + \nabla f(\hat{\boldsymbol{x}})^{\mathrm{T}}(\boldsymbol{x} - \bar{\boldsymbol{x}}).$$

此时格朗日余项为 $\nabla f(\hat{\boldsymbol{x}})^{\mathrm{T}}(\boldsymbol{x}-\bar{\boldsymbol{x}})$. 若 $f$ 为一元函数, 则有

$$f(x)=f(\bar{x})+f'(\hat{x})(x-\bar{x}),$$

即

$$f'(\hat{x})=\frac{f(x)-f(\bar{x})}{x-\bar{x}},$$

此时即得到拉格朗日中值定理. 因此, 泰勒公式是拉格朗日中值定理的推广. 带拉格朗日余项的泰勒公式也被认为是一种中值定理.

## 12.7 方向导数

**定义 12.7.1** ([2]) 设 $D\subset\mathbb{R}^2$ 为开集, $f(\boldsymbol{x})$ 是定义在 $D$ 上的函数, $\bar{\boldsymbol{x}}\in D$ 为一定点, $\boldsymbol{d}=\begin{bmatrix}\cos\alpha\\ \sin\alpha\end{bmatrix}$ 为一个方向. 函数 $f$ 在点 $\bar{\boldsymbol{x}}$ 的沿方向 $d$ 的**方向导数** $\dfrac{\partial f}{\partial \boldsymbol{d}}(\bar{\boldsymbol{x}})$ 定义为

$$\frac{\partial f}{\partial \boldsymbol{d}}(\bar{\boldsymbol{x}})=\lim_{\lambda\to0^+}\frac{f(\bar{\boldsymbol{x}}+\lambda\boldsymbol{d})-f(\bar{\boldsymbol{x}})}{\lambda},$$

如果此极限存在. ∎

上述定义可以很容易地扩展到 $n$ 元函数的情形.

**定义 12.7.2** ([7]) 设 $S$ 是 $\mathbb{R}^n$ 中的一个集合, $f$ 是定义在 $S$ 上的实函数, $\bar{\boldsymbol{x}}\in\mathrm{int}S$, $\boldsymbol{d}$ 是非零方向, $f$ 在 $\bar{\boldsymbol{x}}$ 处沿方向 $\boldsymbol{d}$ 的**方向导数** $\mathrm{D}f(\bar{\boldsymbol{x}};\boldsymbol{d})$ 定义为

$$\mathrm{D}f(\bar{\boldsymbol{x}};\boldsymbol{d})=\lim_{\lambda\to0}\frac{f(\bar{\boldsymbol{x}}+\lambda\boldsymbol{d})-f(\bar{\boldsymbol{x}})}{\lambda},$$

若此极限存在. 符号 $\mathrm{int}S$ 表示集合 $S$ 的内部. ∎

$f$ 在 $\bar{\boldsymbol{x}}$ 处沿方向 $\boldsymbol{d}$ 的右侧导数定义为

$$\mathrm{D}^+f(\bar{\boldsymbol{x}};\boldsymbol{d})=\lim_{\lambda\to0^+}\frac{f(\bar{\boldsymbol{x}}+\lambda\boldsymbol{d})-f(\bar{\boldsymbol{x}})}{\lambda},$$

假设上述此极限存在.

$f$ 在 $\bar{\boldsymbol{x}}$ 处沿方向 $\boldsymbol{d}$ 的左侧导数定义为

$$\mathrm{D}^-f(\bar{\boldsymbol{x}};\boldsymbol{d})=\lim_{\lambda\to0^-}\frac{f(\bar{\boldsymbol{x}}+\lambda\boldsymbol{d})-f(\bar{\boldsymbol{x}})}{\lambda},$$

假设上述此极限存在.

一般来说, $\mathrm{D}^+f(\bar{\boldsymbol{x}};\boldsymbol{d})$ 与 $\mathrm{D}^-f(\bar{\boldsymbol{x}};\boldsymbol{d})$ 不一定相等. 如果两者相等, 则存在定义 12.7.2 所定义的方向导数.

根据以上定义, 显然有 $\mathrm{D}^+f(\bar{\boldsymbol{x}};\boldsymbol{d}) = -\mathrm{D}^-f(\bar{\boldsymbol{x}};-\boldsymbol{d})$.

**定理 12.7.3**　设 $f\colon \mathbb{R}^n \to \mathbb{R}$ 是凸函数, 则对任意 $\boldsymbol{x} \in \mathbb{R}^n$ 及非零方向 $\boldsymbol{d}$, $f$ 在 $\boldsymbol{x}$ 点沿方向 $\boldsymbol{d}$ 的方向导数存在.

**定理 12.7.4** ([7, p19], [12])　如果函数 $f$ 在 $\bar{\boldsymbol{x}}$ 处可微, 则 $f$ 在 $\bar{\boldsymbol{x}}$ 处沿任何方向 $\boldsymbol{d}$ 的方向导数是有限的, 其值等于

$$\mathrm{D}f(\bar{\boldsymbol{x}};\boldsymbol{d}) = \boldsymbol{d}^{\mathrm{T}}\nabla f(\bar{\boldsymbol{x}}),$$

其中 $\nabla f(\bar{\boldsymbol{x}})$ 是 $f$ 在 $\bar{\boldsymbol{x}}$ 处的梯度.

**证明**　令 $\varphi(\lambda) = f(\bar{\boldsymbol{x}} + \lambda\boldsymbol{d})$. 则

$$\begin{aligned}\varphi'(0) &= \lim_{\lambda\to 0}\frac{f(\bar{\boldsymbol{x}}+\lambda\boldsymbol{d}) - f(\bar{\boldsymbol{x}})}{\lambda}\\ &= \mathrm{D}f(\bar{\boldsymbol{x}};\boldsymbol{d}).\end{aligned}$$

另一方面, $f(\bar{\boldsymbol{x}} + \lambda\boldsymbol{d})$ 是由一个一元向量值函数 $h(\lambda) = \bar{\boldsymbol{x}} + \lambda\boldsymbol{d}$ 和一个多元单值函数 $f(\boldsymbol{x})$ 构成的复合函数. 由复合函数求导的链式规则 [2, 定理 12.2.1], $\varphi'(\lambda) = \nabla f(\bar{\boldsymbol{x}} + \lambda\boldsymbol{d})^{\mathrm{T}}\boldsymbol{d}$. 因此

$$\varphi'(0) = \nabla f(\bar{\boldsymbol{x}})^{\mathrm{T}}\boldsymbol{d}.$$

定理证毕. ∎

# 参考文献


[1] 刁在筠, 刘桂真, 戎晓霞, 王光辉. 运筹学. 4 版. 北京: 高等教育出版社, 2016.

[2] 陈纪修, 於崇华, 金路. 数学分析. 2 版. 北京: 高等教育出版社, 2004.

[3] 孙文瑜, 徐成贤, 朱德通. 最优化方法. 2 版. 北京: 高等教育出版社, 2010.

[4] 袁亚湘, 孙文瑜. 最优化理论与方法. 北京: 科学出版社, 1997.

[5] 王宜举, 修乃华. 非线性最优化理论与方法. 3 版. 北京: 科学出版社, 2019.

[6] 蓝以中. 高等代数简明教程. 北京: 北京大学出版社, 2002.

[7] 陈宝林. 最优化理论与算法. 2 版. 北京: 清华大学出版社, 2005.

[8] 杨庆之. 最优化方法. 北京: 科学出版社, 2015.

[9] 卓里奇 B A. 数学分析. 7 版. 李植, 译. 北京: 高等教育出版社, 2019.

[10] Agrawal M, Kayal N, Saxena N. Primes is in P. Annals of Mathematics, 2004, 160(2): 781–793.

[11] Ahuja R K, Magnanti T L, Orlin J B. Network Flows: Theory, Algorithms, and Applications. Upper Saddle Rive: Prentice Hall, 1993.

[12] Avriel M. Nonlinear Programming: Analysis and Methods. Upper Saddle Rive: Prentice Hall.,1976.

[13] Bellman R. Dynamic programming treatment of the travelling salesman problem. Journal of the ACM, 1962, 9(1): 61–63.

[14] Berge C. Two theorems in graph theory. Proceedings of the national academy of science of the united states of America, 1957, 43: 842–844.

[15] Busacker R, Gowen P. A procedure for determining a family of minimum cost network flow patterns. Technical Report ORO Technical paper 15, Operational Research Office, Baltimore: John Hopkins University, 1961.

[16] Busacker R, Saaty T. Finite Graphs and Networks. New York: McGraw-Hill, 1965.

[17] Li C, Kyng R, Liu Y, Peng R, Gutenberg M P, Sachdeva S. Maximum flow and minimum-cost flow in almost-linear time. Proceedings of the 63rd Annual IEEE Symposium on Foundations of Computer Science (FOCS), 2022: 612–623.

[18] Cormen T, Leiserson C, Rivest R, Stein C. Introduction to Algorithms. 3rd ed. Cambridge: The MIT Press, 2009.

[19] Duan R, Pettie S. Linear-time approximation for maximum weight matching. Journal of the ACM, 2014, 61(1): 1–23.

[20] Edmonds J. Maximum matching and a polyhedron with (0,1) vertices. Journal of Research National Bureau of Standards, 1965, 69:125–130.

[21] Edmonds J. Paths, trees, and flowers. Canadian Journal of Mathematics, 1965, 17: 449–467.

[22] Edmonds J, Johnson E L. Matching: a well-solved class of integer programs. Proceedings of the Calgary International Conference on Combinatorial Structures and Their Applications, 1970: 69–87.

[23] Edmonds J, Karp R. Theoretical improvements in algorithmic efficiency for network flow problems. Journal of the ACM, 1972, 19: 248–264.

[24] Elias P, Feinstein A, Shannon C E. A note on the maximum flow through a network. IRE Transaction on Information Theory, 1956, IT2: 117–119.

[25] Fletcher R, Reeves C. Function minimization by conjugate gradients. The Computer Journal, 1964, 7(2): 149–154.

[26] Floyd R W. Algorithm 97 (SHORTEST PATH). Communications of the ACM, 1962, 5(6): 345.

[27] Ford L, Fulkerson D. Maximal flow through a network. Canadian Journal of Mathematics, 1956, 8: 399–404.

[28] Ford L, Fulkerson D. A simple algorithm for finding maximal network flows and an application to the hitchcock problem. Canadian Journal of Mathematics, 1957, 9: 210–218.

[29] Ford L, Fulkerson D. Flows in Networks. Princeton: Princeton University Press, 1962.

[30] Garg N, Vazirani V, Yannakakis M. Approximate max-flow min-(multi)cut theorems and their applications. SIAM Journal on Computing, 1996, 25: 235–251.

[31] Goemans Michel, Williamson D. A general approximation technique for constrained forest problems. SIAM Journal on Computing, 1995, 24(2): 296–317.

[32] Goemans M, Williamson D. Improved approximation algorithms for maximum cut and satisfiability problems using semidefinite programming. Journal of the ACM, 1995, 42(6): 1115–1145.

[33] Hall M. An algorithm for distinct representatives. American Math. Monthly, 1956, 63: 716–717.

[34] Hall P. On representatives of subsets. Journal of the London Mathematical Society, 1935, 10: 26–30.

[35] Held M, Karp R. A dynamic programming approach to sequencing problems. Journal of SIAM, 1962, 10(1): 196–210.

[36] Hillier F, Lieberman G. Introduction to Operations Research. 10th ed. New York: McGraw-Hill, 2015.

[37] Horst R, Pardalos P M, Thoai N V. Introduction to Global Optimization. 2nd ed. Boston: Kluwer Acadmeic Publishers, 2000.

[38] Iri M. A new method for solving transportation-network problems. Journal of the Operations Research Society of Japan, 1960, 3: 27–87.

[39] Jain K, Vazirani V. Approximation algorithms for metric facility location and k-median problems using the primal-dual schema and lagrangian relaxation. Journal of the ACM, 2001, 48(2): 274–296.

[40] Jewell W. Optimal flow through networks. Technical Report Interim Technical Report 8, MIT, 1958.

[41] Karger David, Stein C. A new approach to the minimum cut problem. Journal of the ACM, 1996, 43(4): 601–640.

[42] Karmarkar N K. A new polynomial-time algorithm for linear programming. Combinatorica, 1984, 4(4): 373–395.

[43] Karush W. Minima of functions of several variables with inequalities as side conditions. Master's thesis. Chicago: University of Chicago, 1939.

[44] Khachiyan L G. A polynomial algorithm for linear programming. Doklady Akad. Nauk USSR, 1979, 244(5): 1093–1096.

[45] Klee V, Minty G J. How good is the Simplex Algorithm// Shisha O. Inequalities Ⅲ, pages 159–175. New York: Academic Press, 1972.

[46] König D. Graphs and matrices. Matematikaiés Fizikai Lapok, 1931, 38: 116–119.

[47] Korte B, Vygen J. Combinatorial Optimization: Theory and Algorithms. 5th ed. New York: Springer, 2012.

[48] Kuhn H. The hungarian method for the assignment problems. Naval Research Logistics Quarterly, 1955, 2: 83–97.

[49] Kuhn H, Tucker A. Nonlinear programming//Neyman J. Proceedings of the Second Berkeley Symposium on Mathematical Statistics and Probability, pages 481–492, California: University of California Press, 1951.

[50] Leighton T, Rao S. Multicommodity max-flow min-cut theorems and their use in designing approximation algorithms. Journal of the ACM, 1999, 46(6): 787–832.

[51] Micali S, Vazirani V V. An $O(\text{sqrt}(|V|)\ |E|)$ algorithm for finding maximum matching in general graphs. Proceedings of the 21st Annual IEEE Symposium on Foundations of Computer Science(FOCS), 1980: 17–27.

[52] Munkres J. Algorithms for the assignment and transportation problems. Journal of the Society for Industrial and Applied Mathematics, 1957, 5: 32–38.

[53] Nagamochi H, Ibaraki T. Computing edge connectivity in multigraphs and capacitated graphs. SIAM Journal on Discrete Mathematics, 1992, 5(1): 54–66.

[54] Orlin J. A faster strongly polynomial minimum cost flow algorithm. Operations Research, 1993, 41: 338–350.

[55] Papadimitriou C, Steiglitz K. Combinatorial Optimizatoin: Algorithms and Complexity. New York: Dover Publications Inc., 1998.

[56] Petersen J. Die theorie der regulären graphs. Acta Mathematica, 1891, 15: 193–220.

[57] Schrijver A. Theory of Linear and Integer Programming. New York: John Wiley & Sons, 1987.

[58] Shor P W. Algorithms for quantum computation: Discrete logarithms and factoring. Proceedings of the 35th Annual IEEE Symposium on Foundations of Computer Science (FOCS), 1994: 124–134.

[59] Spielman D A, Teng S H. Smoothed analysis of algorithms: Why the simplex algorithm usually takes polynomial time. Journal of the ACM, 2004, 51(3): 385–463.

[60] Stoer M, Wagner F. A simple min-cut algorithm. Journal of the ACM, 1997, 44(4): 585–591.

[61] Tomizawa N. On some techniques useful for solution of transportation network problems. Networks, 1971, 1: 173–194.

[62] Vazirani V V. Approximation Algorithms. Berlin Heidelberg: Springer-Verlag, 2001.

[63] Warshall S. A theorem on boolean matrices. Journal of the ACM, 1962, 9(1): 11–12.

[64] Williamson D P, Shmoys D B. The Design of Approximation Algorithms. Cambridge: Cambridge University Press, 2011.

# 索　引

## J



## K



## L



## N



## P



## Q



## R



## S



## T



## W

**X**



**Y**



**Z**



**其他**